Android开发关键技术之旅

Java程序员快速学习通道

颜建华 著

中国铁道出版社

CHINA RAILWAY PUBLISHING HOUSE

内 容 简 介

以 iPhone 的发布为开端，以 Android 系统的全面普及为标志，新型智能手机的广泛应用宣布了新的互联网时代的到来。时至今日，看看市场上琳琅满目、满山满谷的各种品牌、各种外观、各种配置、各种功能的 Android 手机和设备吧，Android 系统取得了巨大成功。移动互联网时代，下一个主流的开发平台和生态系统也将会围绕着这个小机器人来展开。

本书主要面对有一定基础的 Java 程序员，是一本程序员写给程序员的著作。本书从手机互联网应用的角度出发，探讨了使用 Android 开发系统来开发 Android 应用的相关的各种概念、技术、过程和工具，让开发者能够了解和掌握用于开发 Android 网络应用程序应有的知识和技能，为他们在 Android 平台上实现自己的开发梦想提供坚实的基础。

图书在版编目（CIP）数据

Android 开发关键技术之旅 ： Java 程序员快速学习通道 / 颜建华著. — 北京 ： 中国铁道出版社，2012.7
ISBN 978-7-113-14535-4

Ⅰ. ①A… Ⅱ. ①颜… Ⅲ. ①移动终端－应用程序－程序设计 Ⅳ. ①TN929.53

中国版本图书馆 CIP 数据核字（2012）第 069670 号

书　　名：Android 开发关键技术之旅——Java 程序员快速学习通道
作　　者：颜建华　著

策划编辑：荆　波　　　读者服务热线：010-63560056
责任编辑：荆　波　　　特邀编辑：刘　媛
责任印制：赵星辰

出版发行：中国铁道出版社（北京市西城区右安门西街 8 号　　邮政编码：100054）
印　　刷：三河兴达印务有限公司
版　　次：2012 年 7 月第 1 版　　2012 年 7 月第 1 次印刷
开　　本：787mm×1092mm　1/16　印张：26.5　字数：623 千
书　　号：ISBN 978-7-113-14535-4
定　　价：59.80 元

前　言 Foreword

欢迎来到移动互联网的时代。

以 iPhone 的发布为开端，Android 系统的全面普及为标志，新型智能手机的广泛应用宣布了新的互联网时代的到来。时至今日，看看市场上琳琅满目、满山满谷的各种品牌、各种外观、各种配置、各种功能的 Android 手机和设备吧，显然已经不用笔者再次强调 Android 系统取得的巨大成功。移动互联网时代的 Windows 不再是 Windows 而是 Android，那么，下一个主流的开发平台和生态系统也将会围绕着这个小机器人来展开。

本书就是为广大有志于加入这个生态圈的开发者而准备的。本书定位为有一定的开发基础的读者，是一本程序员写给程序员的著作，要求读者至少已经能够比较熟练使用 Java 语言，自己已经开发过一些小程序，对开发环境比较熟悉。所以，本书第 1 章对目前 Android 开发作简单概述之后，直接进入 Android 开发的关键技术环节的讲解，而 Android 开发的核心关键，就是手机在网络应用环节中的处理。本书探讨了使用 Android 开发系统来开发 Android 应用的相关的各种概念、技术、过程和工具，让开发者能够了解和掌握用于开发 Android 网络应用程序应有的知识和关键技能，为他们在 Android 平台上实现自己的开发梦想提供坚实的基础。

本书的章节安排

本书分为 12 章，系统地讲解和分析了 Android 应用开发所涉及的相关技术要点。

第 1 章：Android 技术发展的历史和开发概述。

第 2 章：了解 Android 开发环境的搭建过程和相关组成、功能。

第 3 章：开发一个简单的单机程序，了解 Android 开发的基本流程。

第 4 章：数据处理，是所有应用程序开发中不可不讨论的问题。

第 5 章：程序运行出现错误怎么办？在这里需要了解程序调试的相关技术和常见错误处理和分析。

第 6 章：使用不同寻常的方式搭建一个应用数据服务器。

第 7 章：Android 网络应用的基础技术。

第 8 章：网络应用的高级开发技术。让你的程序更安全、更智能、更好用。

第 9 章：作为开发者，除了写代码，还应该了解些什么呢？更好更快地开发，包括测试、优化、团队开发和软件发布。

第 10 章：Socket，是所有网络通信技术的基础。

第 11 章：Web，也是网络应用的一个重要方向，Android 在这方面也做好了准备。

第 12 章：其他和 Android 应用和系统相关的内容，包括获取系统信息、电话功能、定位和地图应用、蓝牙和 NFC、传感器等等，Android 的强大和丰富，在这里得到充分的体现！

谁适合阅读本书

- 你是一个程序员，并对 Java 和 Android 应用开发抱有浓厚的兴趣；
- 你有初步的 Java 开发经验，包括 Java 语言和开发工具的使用；
- 你具有基本的 IT 技术知识，如网络、编程语言、数据库和服务器系统等等；
- 你具有较好的逻辑分析、概念理解、联想、解决问题的能力。

随感和致谢

对于笔者而言，自己进行开发工作是一回事，而将开发的思想进行组织并有效表达则是另外一回事。中间涉及到很多内容和材料的组织、取舍，逻辑关系的理顺、澄清，资料和信息的充实、验证。更重要的是，笔者重视在消化理解基础上的内容原创性，强调自己的角度、观点和方法论。这些内容，已经超出了一般作为工具或者手册的图书的范畴，而是想要提供给读者或者开发者更大的参考价值，提供一种"价值观"。没错，开发者应该有自己的价值观，作者也有自己的价值观，那么作品也应该有自己的价值观。

首先应该了解，Android 开发相关的技术非常新，并不存在绝对的权威和正确，有时只是理解和角度的不同，此外，由于水平和精力所限，文中的缺陷和遗漏在所难免。笔者鼓励并引导读者进行认真思考和交流，共同找出本书中存在的不足和错误，提升对 Android 开发的理解和业务水平。

其次，笔者认为，软件开发，最重要的是概念的澄清和理解。代码是死的，人是活的。在书中，包括在网上甚至经典教程当中，有很多代码在实际应用的环境中也会出现问题，那是因为很多人忘记了这些代码的约束条件和前后因果关系。为了改善这一点，笔者尽量在书中明确程序执行的前后关系、具体的步骤和过程，并试图更多地使用图形来说明问题，就是让读者能够更加直观地了解尽可能多的基本概念，减少理解的过程和各种疑问，最终能够达到举一反三的效果。

在本书中，笔者不想进行代码的堆砌，重点在于代码的分析，如果实在需要，力求简单但能够说明问题，这样能够排除无效信息的干扰，让读者能够更专注于特定具体问题的理解和解决。笔者鼓励"知其然，知其所以然"，读者应该知道如何做，更应当能够体会到为什么这样做，哪些东西可以不必要做，做到"大道至简"。

此外读者还需要理解，在开发和学习的过程中，应该客观认真对待各种技术和工具的缺点和不足，不要只抓一点，无论其余。

我在这里需要感谢负责本书的编辑。虽然没有见过面，但我能够感受她的认真和专业，给了我很多非常好的意见和鼓励，让这本书能够成型并逐渐完善。还要感谢出版社，能够帮助我将很多零碎的想法和理解变成书本上的文字，并促使我在业务上得到提升。还有互联网，人类有史以来最伟大的发明，它填平了如我一样的普通人和天才之间巨大的知识和信息鸿沟，让我们有机会分享一些世界上最优秀、最新鲜的知识和想法。

本书成文期间，世上失去了一个为数不多的可称之为“伟大”的人物。他的伟大不仅在于他带领了杰出的公司，创造了卓越的产品，开创了全新的时代，更在于他践行了最朴素的价值观——秉承专业的精神，认真的对待你的产品、用户，以至于人生。

如果有幸，默以此书献给史蒂夫·乔布斯。

颜建华

2012年4月

目　录 Contents

第 3 章 Android 开发基础

第4章 数据存取

第5章 Android 开发调试

第 6 章 服务器

第 7 章　客户端——访问网络数据服务（基础）

第 8 章　客户端——访问网络数据服务（高级）

第 9 章 测试、优化、团队开发和发布

第 10 章 Socket 编程

第 11 章 Android 浏览器和 Web 视图技术

第 12 章 系统内容和硬件相关应用

第 1 章　Android 开发概述

欢迎来到 Android 开发的世界！

在这一章中，我们先来充实一下相关的背景知识，初步了解什么是 Android 系统，Android 系统的发展简史和现状，Android 系统的基本架构和组成、主要功能特点和相关硬件产品。最后，我们会对手机应用开发的特点进行初步的探讨。

这里想要强调一下，与通常的书籍开篇的泛泛而谈不同，笔者认为这一章的内容非常重要，它让我们能够理解为什么要在这样的系统上进行应用程序的开发和开发的基本原则，这是一个非常重要的开始和基础。本章还要让开发者能够脱离开发的细节问题，进而从更高的层面来看待 Android 应用开发的工作，有助于提升开发者对自己工作的认识。

1.1　什么是 Android

Android，中文名称译为安卓或安致，是基于 Linux 开源内核开发的面向手持移动设备应用的操作系统平台，这一操作系统由谷歌公司于 2007 年 11 月 5 日正式发布。

图 1-1　Android 图标

Android 一词最早出现于法国作家利尔亚当在 1886 年发表的科幻小说《未来夏娃》中。他将外表像人的机器起名为 Android，所以 Android 系统的标志也是一个机器人（图 1-1）。

最早搭载 Android 系统的商品化手机是 HTC Dream（G1，如图 1-2），在 2008 年 9 月在全球正式发布并上市。通常人们认为这一事件标志着 Android 商业帝国的正式开启。

然而，Android 系统原来并不完全是谷歌公司自己的产品，其早期由原名为“Android”的公司开发，谷歌在 2005 年收购了这个公司后，对其的开发和运营进行了持续大力的投入。鉴于移动互联网市场的发展出乎意料的迅猛，谷歌已经将这个产品作为公司移动互联网战略的核心，加大了投入力度，投入的资金前后已有十数亿美元之巨。

谷歌对 Android 的运营借鉴了在 PC 界的微软的 Windows 系统，即操作系统和硬件平台的分离，谷歌主要提供标准化的操作系统、应用及服务软件平台以及硬件系统的开发和集成规范，而由其合作的各个上下游厂商具体完成操作系统、硬件、应用软件和服务的整合，最终为用户提供创建的终端产品和应用体验。

前面已经提到，与其他的产品和系统不同，谷歌对 Android 进行了战略性的规划。为此谷歌和相关企业建立了开放手持设备联盟（Open Handset Alliance，简称 OHA）。其成员包括 HTC、摩托罗拉（Motorola）、SAMSUNG、LG、Intel、NVIDIA、SiRF、Skype、KUPA Map 、MTK 以及中国电信在内的三十四家无线通信技术和应用的领军企业。涵盖了手机和应用芯片、手机制造商、网络设备商、电信运营商、操作系统和应用软件开发商、内容服务商等完整的移动互联网产业链条，意图打造围绕 Android 系统的移动互联网经济生态环境。

图 1-2　第一台正式销售的 Android 手机-HTC Dream G1

我们可以注意到，这三十四家企业中并不包含最大的手机和移动设备制造厂商 Nokia 公司、后起智能手机霸主苹果公司、桌面操作系统巨头微软，特立独行的手持设备厂商加拿大 RIM 公司和它的 Blackberry 也被排除在外面。因为它们都有自己的手机核心技术和生态系统，并且和 Android 系统形成了某种竞争关系。

我们知道，iPhone 的成功，不仅仅是提供了一个优秀的软硬件产品平台，还基于这个平台创造了一种全新的软件开发到销售的方式（App Store）。同样，在应用开发方面，谷歌也致力于建设类似的应用开发生态系统。

这个生态系统如图 1-3 所示，由开发者、合作伙伴和应用市场（Android Market）构成，Google 和其合作伙伴提供相关的开发资源和平台，如 Android 操作系统、OS 定制工具、SDK 开发工具包、各种扩展类库和工具等等，开发者基于这些资源开发各种应用程序，并且在应用市场（包括 Google 或者其他商家维护的）上进行软件的销售和分发。

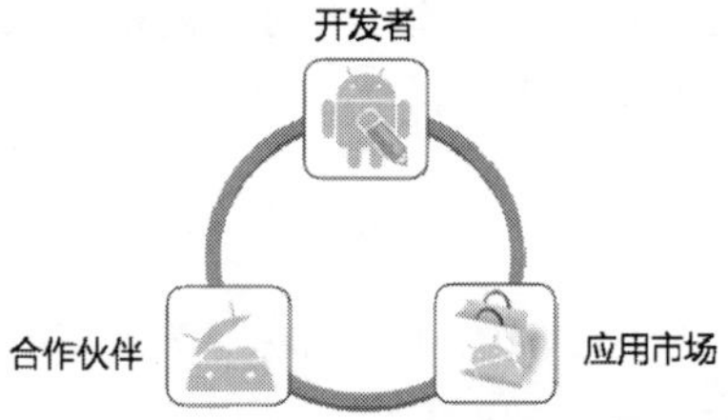

图 1-3　Android 应用开发生态系统

特别需要指出，应用市场是一个重要的发展方向和模式，因为它使用在线的销售和分发方式，从而打破了传统由软件巨头对软件开发和销售渠道的垄断，颠覆了基于光盘和许可的软件销售模式，使小型的软件商有机会向广大用户快速推广和销售自己的软件产品，因为他们不需要花费很大的精力去考虑销售渠道的建设、市场推广和财务管理问题，可以专注在为目标客户提供真正满足用户需求的产品之上，只要你的产品足够优秀，就能够在市场上占有一席之地。在这个方面，成功的案例不胜枚举，像 Flight Control（飞行控制）、Angry Birds（愤怒的小鸟）等等，包括 iPhone 的 Remote Control，都不是大公司或者大团队的制作，但都取得了非常好的销售成绩。

在了解了 Android 的基本情况之后，我们下面来看一下 Android 的发展过程。

1.2　Android 的发展

罗马不是一天建成的，Android 也不是一天就发展到现在这个比较强大和完善的状态的。初步了解一下 Android 系统的发展历史，可以帮助我们了解整个技术发展的过程和脉络。下面通过表 1-1

来快速回顾一下这个发展过程。

表 1-1　Android 系统各个版本

版本/API 级别	代　　号	发布时间	主要新特性	代表机型
Beta		2007.11	基本系统	
1.0/Level 1		2008.8	Android 市场 全功能 Web 浏览器 Google 联系人/日历 电子邮件程序及同步 Google Talk 即时消息 闹钟 API 示例 浏览器 计算器 摄像头 开发工具包 拨号应用 地图 （包含街景） 信息服务 音乐 图片 设置	HTC Dream（G1） 图 1-2
1.1/Level 2		2009.2	过渡版本	
1.5/Level 3	Donut （甜甜圈）	2009.4	更精致的用户界面 性能增强（相机、GPS、浏览器、邮件） 屏幕软键盘 主屏幕部件 视频录制和回放 蓝牙立体声，自动配对和体验增强 浏览器增强（复制粘贴、页面内搜索） 联系人图片 新的 Linux 内核 2.6.27 SD 卡自动文件系统检测和修复 SIM 应用工具箱 Google 应用程序 上传视频到 YouTube 以及 Picasa	HTC Magic（G2）
1.6/Level 4	Cupcake （纸杯蛋糕）		增强的信息搜索 支持 802.1x、VPN 文本声音转换引擎 支持 WVGA（800×480） 支持操控手势 应用市场集成	HTC Hero（G3）
2.0/Level 5	Éclair （小松饼）		多账号同步支持 Exchange 支持 更多屏幕尺寸和分辨率	Moto XT710

续表

版本/API 级别	代　　号	发布时间	主要新特性	代表机型
2.0.1/Level 6		2009.10	过渡版本	
2.1/Level7		2010.1	活动壁纸控制 电话状态和信号强度 增强的 Webkit 增强视图控制	HTC Legend （G6）
2.2/Level 8	Froyo （冻酸奶）		大幅度性能提升（JIT 引擎） 浏览器 JS 引擎-V8 Flash 支持 3G 网络共享（USB 和 Wifi） 安装应用程序到 SD 卡 软件商店	Google Nexus One HTC Desire（G7）
2.3/Level 9	Gingerbread （姜饼）		近场通信支持 NFC 更多传感器支持（陀螺仪、气压计） 超大屏幕支持（WXGA） 下载管理器 互联网呼叫（SIP VoIP）	Google Nexus S
2.3.3/Level 10			过渡版本	
3.0/Level 11	Honeycomb （蜂巢）	2011.2	面向平板电脑 新的界面特性（大屏幕） 支持多核处理器和硬件加速 程序内购买	Motorola Xoom
3.1/Level 12		2011.5	Gmail 优化 全面支持 Google Maps	
3.2/Level 13		2011.7	屏幕缩放支持 从 SD 卡直接加载媒体文件 外屏支持 API 更精确的 UI 操控	
4.0（未来版本）	IceCream Sandwich （冰激凌三明治）	2011.10	手机和平板电脑的统一平台	

从这个表中我们可以了解到，经过 4 年快速的发展，Android 系统已经比较成熟和稳定，所有应该具备的功能和配置都基本上具备了，同时在应用开发方面，从开发者和应用软件的数量上来看，也逐渐和 iOS 看齐，主流的，广受欢迎的软件都逐渐有了 Android 的版本，在这个意义上，已经逐渐形成了和 iOS 分庭抗礼之势。

目前（2011 年下），最新版本为 Android 2.4 Gingerbread 和 Android 3.0 Honeycomb。而使用最广泛的版本是 2.2 和 2.3 系统，约占整个 Android 系统保有量的 45%和 38%。这个可以作为我们开发 Android 应用目标系统版本的一个重要依据。这些信息可以在 developer.android.com 的 resource 的 Platform Versions 页面找到最新的内容（图 1-4）。

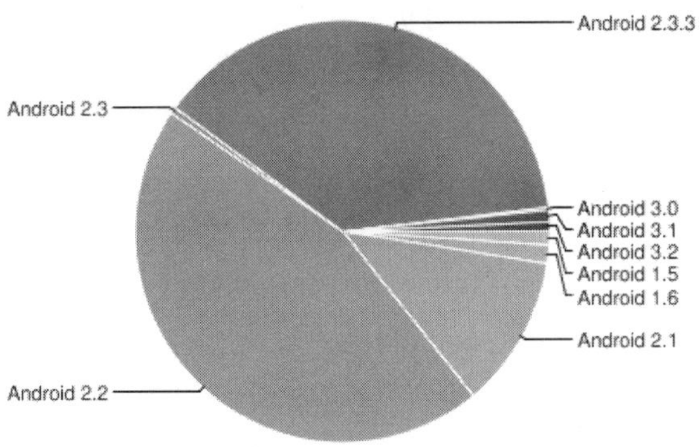

图 1-4　Android 各个版本保有量分配

但是，在上面这个表格中，我们并没有看到整个智能手机市场的发展。实际上，Android 并不是孤立发展的，这个发展历程和格局基本上是在 iPhone 引领和 Android 的追赶下形成的，短短四五年时间，智能手机市场由波澜不惊到天翻地覆，传统的智能手机巨头如诺基亚和微软节节败退，摩托罗拉起死回生，HTC 和三星易帜崛起，联想戴尔变道介入，Palm 和黑莓前途未卜，市场重新划分和整合，移动互联网时代已经呼之欲出。

那么，为什么会出现这样的情况？或者更确切地说，为什么会是苹果和谷歌，而不是诺基亚、摩托罗拉或微软呢？

笔者认为，简单来讲，出发点和定位不同。苹果打破了业界对于“手机”的常规认知，从“可以打电话的电脑”入手，打出融合了多点触控技术、自主手机操作系统、优秀的用户界面和体验、应用商店、集成的内容服务等的漂亮的组合拳，快速准确地切入并且专注于高端市场，取得了巨大的成功，异军突起，引领了新型智能手机的发展；谷歌看准了新型智能手机和移动互联网市场的发展趋势，借鉴了苹果的成功经验和模式，同时利用了苹果系统相对的封闭性和空出的市场空间，适时布局和发展了 Android 系统，也成为另一个大赢家；HTC 和摩托罗拉，跟随谷歌押宝 Android，一个成为智能手机新贵，一个起死回生（而且已经被谷歌收购）；而诺基亚和微软仿佛还沉浸在过去的成功和辉煌当中，也各有原来的包袱（塞班和 Windows Mobile），缺乏壮士断腕和重头再来的勇气，行动犹豫和迟缓，无法跟上快速变化的市场，暂时处于下滑的状态。其实市场还足够巨大，并且开放性也比 PC 市场要好，应该容得下三到四家平台厂商，诺基亚和微软本身实力和基础其实都足够强大，只要解决好战略和执行的问题，还是有很大的机会。而 Palm 和黑莓却不容乐观，它们本来定位于小众特色市场，但突然需要和巨头进行正面交锋，实力匮乏，挑战严峻，前途未卜。以上这些因素，都造成了在 Android 发展过程中，现在这样一个市场的整体态势。

了解了 Android 和市场的发展之后，我们下面分析一下 Android 的现状。

1.3　Android 的现状

了解 Android 系统的现状，能够帮助我们更加理解为什么要做 Android 应用的开发以及把握技术发展的方向。为了更好地说明这个问题，这里尝试使用 SWOT 的方法来帮助分析（SWOT 是一种全面分析事物的方法论，通过列举优势（Strong）/劣势（Weakness）/机会（Opportunity）和趋势（Trend），我们可以相对客观全面地对一个事物进行分析）。

（1）S：Strong，优势

Android 系统的优势是其成功的一个重要因素，Android 并不是第一个智能手机操作系统，在和 iOS 对抗的过程中，Android 能从 Windows Mobile，Symbian，WebOS 等系统中脱颖而出，肯定有其内在的成功要素。和传统的手机操作系统相比，Android 脱胎于桌面操作系统（iOS 也是），能够提供更好的扩展性和多媒体性能，就为其强大的功能和出色的用户体验打下了良好的基础。不过这一点也是所有新型智能手机共同的特点，Android 并不算突出。

笔者认为，和其他直接竞争对手相比较，Android 系统的优势主要在于：

- Google

第一个要素当然是谷歌，有了财大气粗，技术精湛的谷歌公司的支持，可以保证其有了一个相对稳定持久的技术和商业发展环境。

- OHA

开放手持设备联盟，这勉强算一个，起码在这一点上谷歌对 Android 系统具有比较明确的定位，并制定了完备的市场发展规划，架构了比较完善和紧密的移动互联网产业链条。

- Java

这个优势同样非常重要。Java 为 Android 的应用开发打开了一个宽敞的大门。它使原来的广大的 Java 开发者们可以快速迁移到 Android 应用开发出来，大大降低了 Android 应用开发的门槛，加快了 Android 应用普及的速度。

- 丰富的硬件支持

相对于 iOS 的封闭和专注，Android 的发展大大超出了本来的定位：智能手机。很多厂商利用其平台开发性，开发出了很多新鲜的硬件产品，如车载电脑，智能电视，商业手持设备等等。大大扩展了 Android 的应用领域。

（2）W：Weakness，劣势

人无远虑，必有近忧。Android 系统现在虽然风光，但也有一些值得担忧的地方。下面列举几项。

- 分化的危险

在战略层面，Android 可能会遇到和 Linux 相同的问题，不太严格而且宽松开放的的开发规范，直接造成的结果就是一致性比较差的用户应用体验。另外可能会造成一些系统层面的分化。比如现在很多手机厂商和运用商都在基于开源的 Android 标准系统开发“自己的”手机操作平台、用户界面套件和相关应用软件，如中国移动的 oPhone，点心 OS，HTC 的 Sence 界面等等。

这样显然会给很多开发者带来困扰，因为他们不知道基于标准开发平台设计的应用程序是否能够完全正常的运行在这些“变种”平台上。

- 专利的困扰

另外，由于 IT 系统的复杂性，Android 系统也不可避免地卷入专利大战的漩涡当中，如果处理不好，也会对其健康发展造成不利的影响。比如微软，本身来说它拥有自己的 Windows Phone 手机平台系统，手握大量的关于 Linux 系统技术的专利，就对基于 Linux 系统构建的 Android 体系造成和很大的威胁，据说，微软已经和 HTC 达成协议，每部 Android 手机收取 5 美元专利，并且进一步向三星要求每部 15 美元的授权费用收取，这些行为都会大幅度影响手机厂商的产品发展战略态势和运营成本。

Linux 系统只是一部分。Android 的核心：Java，其知识产权的网络更是说不清道不明。Oracle 也随微软其后，准备在 Android 专利大战中获利。就连相对独立的苹果，由于握有产品设计、用户界面和触控技术等专利，也可以通过专利诉讼对 Android 发展加以一定程度的遏制。

- 技术的短板

和传统的手机相比，Android 系统存在着通话性能不稳定、硬件配置要求高、耗电严重等问题，这些都严重地影响着使用者的应用体验。

严格而言，所有智能手机都在这些方面存在问题，Android 系统在这些方面并不突出，这是由于技术的复杂性和不成熟造成的。而这些都会随着技术的进一步发展得到很好的解决。

（3）O：Opportunity，机会

由于历史的机缘巧合，Android 系统面临着一个前所未有的良好的发展机会，从某种意义上来说，Android 没有真正意义上的正面的竞争对手。苹果相对独立，具有自己独特的产品定位和市场，而且其发展在技术和市场方面逐渐遇到了“天花板”；诺基亚在智能手机市场上节节败退，和微软的结盟看起来进展缓慢；其主要硬件合作伙伴 HTC、Moto 和三星却冲劲十足，在各电信运营商的大力支持下，为 Android 发展开疆拓土。

因此，在外部条件相对稳定的情况下，谷歌可以在前期良好的应用基础之上，进一步对 Android 精耕细作，在这里领域建立不可动摇的市场地位。

（4）T：Trend，趋势

经过短短四年的发展，智能手机本身的发展和市场已经迅速成熟，在硬件和软件平台本身，已经有走上 PC 发展老路的趋势，处理器频率越来越高，屏幕越来越大，那么，智能手机的发展方向又如何呢？Android 系统又会向哪个方向发展呢？以下为笔者自己的猜测和判断，供读者参考：

- 更丰富的硬件平台

谷歌已经决定在 Android 4.0 版本中将用于手机和平板电脑的系统进行统一，而且，似乎也无意大力发展原本用于上网本系统的 Chrome 操作系统，我们有理由认为，由于太过成功，谷歌将扩大 Android 系统的优势和应用范围，今后 Android 可能会远远超越智能手机系统的应用范围，而作为主流的嵌入式操作系统平台，出现在更多种类的硬件设备当中，如手机、平板电脑、上网本、MID、智能电视（如图 1-5）、智能家电、POS 机、汽车电脑和工控机等等。这就意味着 Android 的应用前景明显比 iOS 更加广泛和开阔。

- 外部设备集成

在一个系统的应用当中，Android 可以作为一个操作系统装入一个设备来实现某些应用，当然，也可以将一个 Android 设备作为核心，通过各种软硬件接口来控制和驱动各种外部设备，这种方式经常出现在工业控制、商业、医疗、智能家电等应用场合。从这一点来看，Android 拥有的比 iOS 更好的开放性和灵活性，是非常具有优势的。

图 1-5　装备 Android 操作系统的电视

- 内容和服务集成

本来作为互联网厂商，谷歌应该在这方面具有很大的优势。但可能考虑到系统的开放性和公平性，它并没有在 Android 系统中直接内置谷歌的各项互联网服务，如地图、定位、照片、社交、邮件、音乐、视频、图书、支付等等，而是通过扩展包的形式提供。

下一步的发展中，谷歌也可以考虑在这方面做得更好，但这一点需要谷歌和其提供类似服务的合作伙伴达成一定的谅解和平衡，但这通常不是一个技术上的问题，而是产品发展策略方面的考量。

- 更高的安全性

一个操作系统应用越广泛，越受到用户的欢迎，就意味着越受到黑客和病毒的关注。Android 系统和 Windows 系统非常类似，很快就会遇到的类似的问题和苦恼。Android 系统本身是开源和开放的，本身的发展和系统策略也需要保持足够的开放性，于是在 Android 的开发机制中，提供了应用程序签名和系统授权配置和提示等方式来对应用程序的分发和使用过程进行限制，从而防止应用程序的滥用和非法复制。同时，Linux 系统内核和 Dalvik 虚拟机的运行方式也提供了比 Windows 更好的安全和稳定性，这些都使 Android 系统具有一个很好的系统安全体系和基础。但谷歌也需要考虑更好的方式来进一步在安全和开发之间达到一个比较好的平衡，比如对某些重点和使用广泛的应用进行官方认证和审核？

无论如何，Windows 系统上发生的事情，不应该出现在 Android 系统上。在手机上安装杀毒软件，并不是一个很好的主意，因为 Android 系统是一个手持设备应用，本身系统就比较紧凑，杀毒软件的运行必然占用一定的系统资源，而且具有较高的系统权限，本身就有比较大的风险，所以这一部分，还是交给系统来进行处理比较合适。

- 更好的用户体验

不可否认，由于 Android 系统的开放性，它需要支持更多的不同配置的硬件系统，在应用体验和一致性方面，肯定不如 iOS 做到那么好。但 iOS 虽然经典，却过于单一，显得有点千篇一律，并且已经有产生审美疲劳的趋势。Android 虽然默认的界面有点朴素简单，但也有自己的特色，系统和应用外观的可塑性很好，更加灵活，用户可以根据自己的需求选择和配置。像桌面小部件，灵活的解锁界面，通知系统等等，都是非常好的应用案例。除此之外，各个 Android 厂商也利用了这一点，开发了具有自己特色的界面套件（图 1-6）。当然 Android 自身也在不断发展，在系统已经稳定成熟之后，谷歌可以在这方面多下点功夫，提供给用户和开发者更好的界面和操控体验。

图 1-6　各大厂商的 Android 界面套件

- 更好的商业模式

全球化时代的竞争，已经从简单的产品和技术的竞争升级成为商业模式和产业链条的竞争。

iPhone 和 Android 的成功，不仅仅取决于其技术的优势，甚至可以说技术因素在成功的要素中占有的比例并不大，它们的成功，在于苹果和谷歌一上来就围绕着核心产品建立一个一整套的商业生态系统来展开竞争。所以，移动互联网和 Android 的发展，还在于如何更加完善现有的商业模式或者创造新的商业模式。手机制造，甚至手机操作系统，都只是这个商业模式中的一个环节而已。

现在，作为开发者，我们需要初步了解一下 Android 系统在技术方面的一些特性。

1.4　Android 系统架构

作为一个专门为移动设备打造的真正开放和完整的移动软件操作系统，Android 采用了软件分层和模块化架构，这个结构非常精巧而富有弹性，它由 Linux 内核、资源库、应用执行环境、框架和应用软件等部分组成（如图 1-7 所示）。

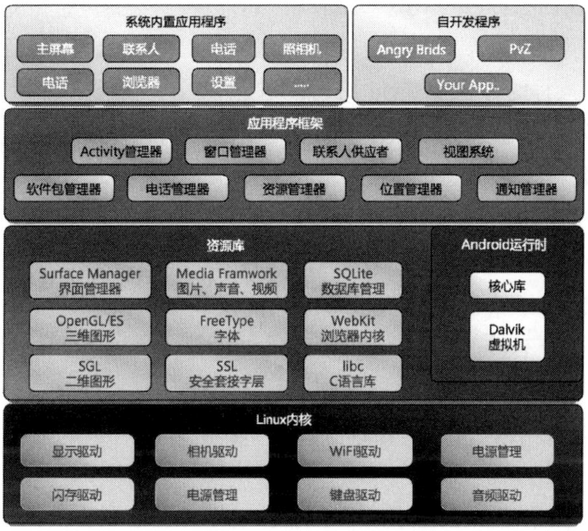

图 1-7　Android 系统架构和组件

（1）Linux Kernel（Linux 内核）

Android 基于 Linux 2.6 提供核心系统服务，包括安全、内存管理、进程管理、网络堆栈、驱动模型等组件。作为一种操作系统内核，Linux Kernel 同时也作为硬件和软件之间的抽象层，它可以为应用程序隐藏具体硬件细节而为上层组件提供统一的服务。

这种层次化的结构的的好处就是使用下层提供的服务而为上层提供统一的服务，从而屏蔽本层及以下层的差异，当本层及以下层发生了变化后，不会影响到上层。也就是说各层各尽其职，各层按照层次设计的约定提供相对固定的服务访问点（Service Access Point，SAP），这样，在层次内能够提供高内聚性，而在层次间能够提供低耦合性。各个层次的开发者可以专注于本层次的实现，简化了整个系统的开发和协作的工作。当然，通常对于开发者而言，不需要深入了解 Linux Kernel 层。

（2）Android Runtime（Android 运行环境）

Android 的应用程序和中间层多以 Java 实现，为此，和 Java 系统类似，也为 Java 应用程序的执行提供了 Java 运行环境，通常就是 Java 虚拟机。但在 Android 中并不采用我们熟知的标准 Java 虚拟机的运作方式，而是选择一种特殊的，名为 Dalvik 虚拟机技术。

大多数 Java 虚拟机包括标准的 JVM 都是基于堆栈的，而 Dalvik 虚拟机则是基于寄存器的。两种架构各有优劣，一般而言，使用堆栈技术需要更多指令，而基于寄存器的虚拟机的指令较少，但单条指令更大更复杂。针对这个特点，Dalvik 虚拟机提供了格式为.dex 可执行文件格式，它是专为 Dalvik 设计的一种压缩格式，特别适合内存和处理器速度有限的系统，比如手持设备系统。

Dalvik 虚拟机的运行还有一个特点，就是支持多实例，即每个 Android 应用程序都用一个自属的 Dalvik 虚拟机来执行，相比而言，Java 虚拟机通常只有一个实例，它需要同时管理多个应用程序。Dalvik 虚拟机同时为在一个设备上运行多个虚拟机进行了优化，这种多实例的设计让手持设备操作系统在执行程序时更适合于多样的、小型应用程序的执行和切换。

这样，在 Android 中，基于 Dalvik 虚拟机的程序运行编译和执行过程和方式也和标准 Java 应用有很大的差异，右图 1-8 可以清晰的说明这一点。

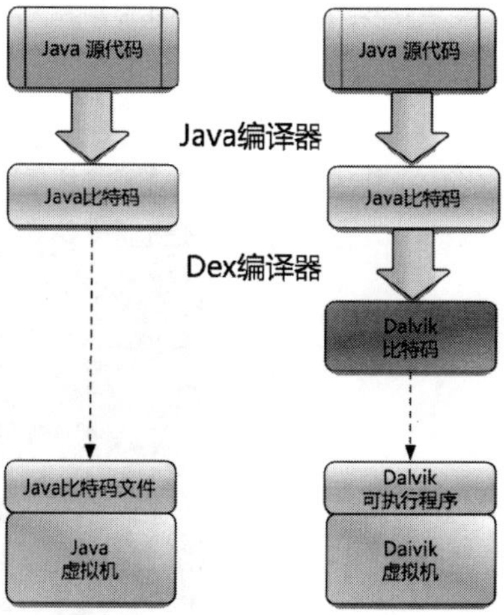

图 1-8　Java 和 Dalvik 执行方式的差异

在 Dalvik 应用程序执行时，会将 Java 比特码进一步通过 Dex 编码器编译成为基于 Dalvik 比特码的 Dalvik 可执行文件，即.dex 格式，dex 可以包含多个.class 文件（Java 类），并可以进一步进行相应的优化（如.odex 格式）。从而让程序能够在 Dalvik 虚拟机中进行执行。最后，Dalvik 虚拟机依赖于 Linux 内核提供基本功能，如线程和底层内存管理，而不是自己实现这些功能。这样的修改使 Java 应用更适合于在移动设备平台上执行，同时，系统对于应用程序和运行资源的管理更加紧凑有力。

但需要说明的是，在 Android 应用开发过程中，对于开发者而言，在合适的开发工具支持下，Dalvik 程序的编译和调试过程是完全透明的，和普通 Java 程序没有任何不同，因此 Java 程序员基本上可以不需要为开发 Android 应用改变其开发流程和习惯，可以很快的适应。

（3）Library（资源库）

Android 包含一个系统库的集合，基于执行效能的考虑，它们通常由 C/C++语言编写，供 Android 系统的各个组件使用。这些功能通过 Android 的应用程序框架（Application Framework）进一步暴露给开发者。图中列出列出了一些常用的核心库。

（4）Application Framework（应用程序框架）

Android 通过应用程序框架提供开放的开发平台和接口，使开发者能够编写极其丰富和新颖的应用程序。通过这个框架，开发者可以自由地利用设备硬件优势、访问位置信息、运行后台服务、设置闹钟、向状态栏添加通知等很多系统的功能。

应用程序框架的设计旨在简化应用组件包括系统标准组件的重用，在符合框架执行的规范的前提条件下，任何应用程序都能发布他的功能且任何其他应用程序可以使用这些功能。同时，这一机制还允许用户替换组件。

在 Android 系统中，所有的应用程序其实是一组服务和系统，它们包括：

（5）视图（View）

它提供了丰富的、可扩展的用户界面元素集合，可用于构建一个应用程序的图形化用户界面。比如列表、网格、文本框、按钮、图片，甚至是内嵌的网页浏览器。

- 内容提供者（Content Providers）

使应用程序能访问其他应用程序（如通信录）的数据，或共享自己的数据；

- 资源管理器（Resource Manager）

提供访问非代码资源，如本地化字符串、图形和布局文件；

- 通知管理器（Notification Manager）

使所有的应用程序能够在状态栏显示自定义警告；

- 活动管理器（Activity Manager）

管理应用程序和功能片段执行的整个生命周期,提供通用的导航回退功能；

- 位置管理器（Position Manager）

用于提供透明的 GPS 系统定位信息和相关服务；

- 电话管理器（Telephony Manager）

用于提供电话拨打、短消息发送等电话相关的功能；

- 软件包管理器（Package Manager）

用于提供软件的安装和卸载服务，通常 Android 中的软件包在分发时使用 apk 格式。

（6）Application（应用程序）

作为一个“开箱即用”的操作系统，Android 内置了很多常用的应用，包括电子邮件客户端、SMS 程序、日历、地图、浏览器、联系人和系统设置等等。所有应用程序都是用 Java 编程语言写的。唯一区别就是它们是谷歌自己开发的，但其实也没有什么特殊之处。而更加丰富的应用程序和更好的功能就有待开发者来实现了。

那么，作为一个开发人员，在进行 Android 应用开发过程当中，需要了解哪些手机应用开发方面的特点和应该注意哪些问题呢？我们在下一节进行详细的说明。

1.5　手持设备应用开发的特点和原则

为以手机为代表的手持设备开发程序，和以 PC 为代表的桌面电脑的应用，是有很大不同的。开发人员应该深刻的理解和认识这一点，才能理解什么是“好”的手机应用程序，才能够开发出更好的或者说更适合于手持设备应用的软件，当然也包括运行于 Android 系统上的相关应用。

首先我们需要了解，现在的新型手持设备具有哪些特点，下面例举了几项：

（1）操控体验的进步

苹果公司的 iPhone 之所以被评为年度最佳发明，并不是因为它简单的使用了触摸屏技术，因为这个技术已经存在并且发展了很长的时间，而是因为它将“触控”（通常称之为多点触控，Multi Touch，参见图 1-9）技术实用化并

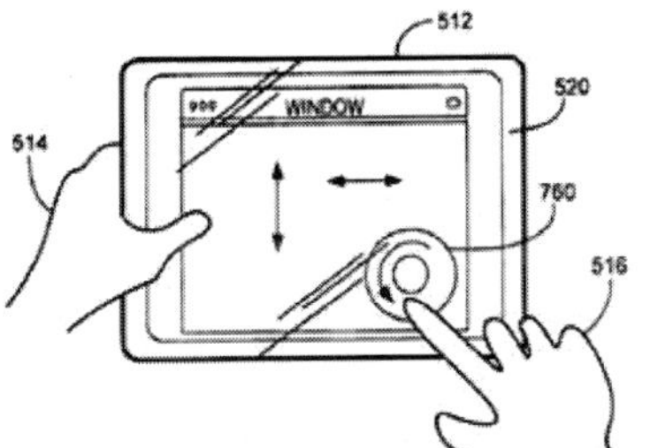

FIG. 27D

图 1-9　多点触控专利文档插图

赋予了新的意义。

这个多点触控技术的意义，其实比我们想象的要重大，它是在继键盘和鼠标后，又一次革命性的人机交互技术，代表着计算机操控技术的未来，它必将（其实已经）作为主流的手持设备人机交互方式。

虽然表面上来看，从用户而言，触摸技术的操作都差不多，但如果我们深入分析，从机制上而言，多点触控技术和传统触摸技术具有本质的不同。

其一是实现的原理和操作的逻辑截然不同，原有 PC 或者传统“手写”手机屏幕中使用的触摸屏幕本质上还是一个“指点定位”设备，也就是说，它并不是直接将屏幕作为操控设备，而是通过屏幕来模拟一个鼠标来进行定位，其基本工作方式、后面的操作逻辑和过程和鼠标是一样的，而多点触控屏幕自己就是一种定位和操控设备，不需要模拟鼠标来进行操作。比如最常用的点击按钮的操作，原有的操作需要先将指点光标（鼠标）定位到按钮的位置，然后再进行“按下”的操作，这一看起来简单的动作却包含着非常复杂的实现机制，人们并不是直接进行操作，而是通过操作一个（其实是两个，鼠标和光标）中间设备来实现的，这就是通常我们在刚开始使用鼠标时都需要有一个适应过程的原因。而触控技术就非常直接，直接可以响应在相应位置的点触操作，将定位和操作合二为一，不需要中间设备或机制的过渡，这一更加接近于人类“动手”操作的本能，更加直观，也更加贴近于人们日常的操作习惯和行为；

传统的触摸屏幕通常使用电阻屏幕或者表面声波的工作原理，而新型的多点触控屏幕却不同，它通常使用电容屏幕技术，它使用生物体轻触放电技术来实现屏幕的定位，无需明显的物理接触，具有更好的触控操作体验，也可以更好的支持多点触控和定位的工作方式。

其二是需要系统的配合，由于多点触控屏幕不是鼠标，而是一种新型的定位和操控设备，因此需要为其开发和原有的鼠标光标图形操控界面不同的，新型的交互驱动软件系统，就像当初为鼠标开发的 UI 体系一样，这个需要系统级的工作，所以，多点触控不仅仅意味着新的操控设备，还意味着新的操控方式、体系和软件系统。

其三是更加丰富的内涵和外延。多点触控技术为基于“手势”的操作带来了更多可能。原有的鼠标操作实现的动作有限，如只有点击、双击、拖放等不多的标准动作，而且是“单任务的”（通常只支持一套鼠标光标）；而新的多点触控技术已经包括点击、双击、拖动、扫掠、双指点击、双指扫掠、捏合/扩展、旋转等操作手势，已经使常规的应用操作妙趣横生，而且这项技术还在发展当中，以后的多对象处理、抓取、组合操作等方式还有更大的发展和想象空间。

（2）功能的丰富性

和传统 PC 平台主要通过外部接口（PCI、USB、Firewire…）进行扩展和集成不同，手机系统提供了高度的内部化集成。现在的新型手机平台更是将这个集成化做到了极致。它不仅能够提供常规的电话和计算机系统组件（CPU、内存和外存），还能够提供集成扩展的网络（3G、Wifi），多媒体，照相摄像，蓝牙，USB，NFC，GPS，各种传感器等丰富的功能。

下图 1-10 展示了 HTC Eov 4G 手机的主板布局，它能够让我们体会新型智能手机的高度集成性。

我们再来看一下当前主流的 Android 智能手机的硬件规格，可以为我们的开发做一个参考，如表 1-2 所示：

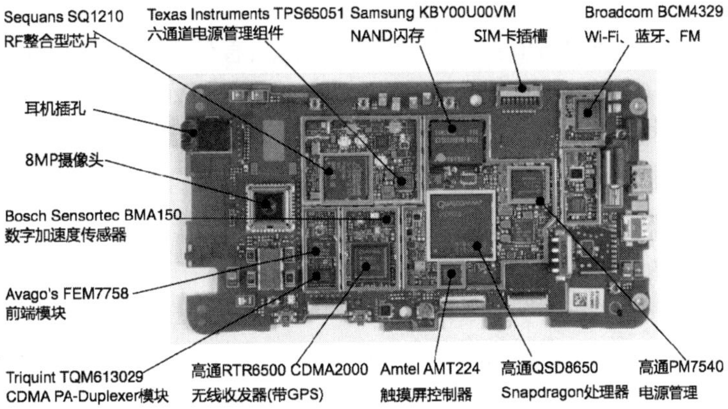

图 1-10　HTC Eov 4G 手机主板

表 1-2　当前主流的 Android 智能手机的硬件规格

项　目	高　　端	中　低　端
代表机型	HTC Incredible S	HTC Legend
CPU	1G+/双核	600M
内存	512M+	256M+
闪存	8G+/SD	4G/SD
媒体加速	3D 加速，高清音视频解码加速	音视频解码
屏幕	800×480 /4 寸 支持多点触控	480*320 / 3.2 寸 支持多点触控
电话/网络	2G/3G/4G/WiFi/蓝牙	2G/3G/WiFi/蓝牙
图像	正面/背面摄像头/500W+/闪光/高清视频	背面摄像头/200W +/视频录制
传感器	GPS/方向/加速度/背景亮度/接近/陀螺仪	
接口	USB/HDMI	USB
其他	FM 收音机*，温湿度*，气压*，磁场*	

说明：*号为研究中或不常用的项目
　　项目和参考机型并未严格对应

当然，功能的丰富性就带来了系统软件和应用编写的挑战，在这一点上，Android 做的非常好，我们在前面的内容已经有所了解，并且在后面的开发学习过程中也可以体会到，它搭建了一个非常好的应用框架，提供了丰富和实用的接口，将硬件设备高度标准化和抽象化了，开发者可以不用担心硬件的实现、驱动和接口，只需要按照开发规范，就可以有效充分的利用这些硬件系统的功能。

（3）软硬件环境的限制

无论手机的硬件系统如何发展，相比桌面和主流便携标准计算机系统而言，都会存在巨大的性能差距，因为这一类设备的主要诉求是便携性和无线（电源和网络）性。因此，我们在进行开发的过程中，需要正确的认识和对待这些"限制"，特别是不应该将它们看成一种束缚，而应该更多的将它们认为是一种手持设备应用的特点。这些特点主要集中在下面几个方面：

- 屏幕

作为和用户交互输出的重要渠道——屏幕，是一个非常直观的要素。经过很长时间的“直线”发展，现代主流桌面电脑的屏幕都是基于液晶平板技术，通常在 20 寸左右，分辨率在 1920×1200（所谓的高清），这样的设计是比较适合的体积，显示的内容幅度，操作空间和人体工学上达到了一个比较好的平衡。笔记本电脑的主流屏幕尺寸在 13~15 寸，因为它需要显示和桌面电脑相同的内容。然而，鉴于便携性的要求，手机屏幕永远也不应该超过 4 寸，便于手持和装入口袋，而平板电脑显然也不宜超过 10 寸。就分辨率而言，iPhone 的“视网膜”屏幕在 3.5 寸上提供了 960×640，每英寸的像素达到了 333 个，已经超过了人眼能够分辨的极限，如果再高，已经没有实际意义。而且，即使能够支持到更高的分辨率，在使用的时候，显示的文字、操作的菜单和控件也会太 小 而 变 得需要反复缩放，容易丧失实用性。所以，我们在设计应用程序的时候，需要充分考虑到屏幕的大小、密度和应用程序 UI 直接的关系和限制，让用户可以容易识别和操作各种 UI 元素。

- 性能

所谓性能，在手持设备上，并不是简单的指芯片和系统的运算速度和能力，而是更加综合的参数，是在性能和耗电等多个要素实现一个较好的平衡。其原因是，对于现有的应用需求而言，所有手机系统性能的最大限制不是来自处理器和存储系统，而是电池。因为手机和计算机的应用环境和方式完全不同，人们不可能接受只能独立工作不到 4 个小时的手机，无论它的功能如何强大，而这个时间已经是比较长的便携式电脑的工作时间了。因此，通过像桌面计算机系统那样，通过快速提高处理器频率、增加处理器数量、增加外部配置的方式来快速提升系统性能方式，在手持设备上是行不通的或者代价高昂的。

因此，在无法通过“外放式”的快速的硬件配置提高的方式来改善移动应用性能的前提下，挖掘应用程序本身的潜能，通过优化代码、改善流程、资源的有效利用等方式来改善，就成为另外一条提升应用程序执行效率并且体现软件优势和价值的方式，这就需要移动应用的开发者更加精心的设计程序的架构和代码的实现。

- 网络

随着 3G 和 WiFi 的发展，现在主流 3G 手机设备的联网能力也超过了普通的笔记本电脑系统，因为它提供了多模式的“永远在线”的网络连接能力。但也应该注意到，无线网络和有限网络相比，容易受到外部环境的干扰，网络的稳定性不是很好，另外，特别是 3G 网络，还有网络延迟、按流量计费和功耗的问题，这就要求开发者在进行网络应用的开发过程中，特别注意网络应用中网络访问相关部分的设计，尽量提高网络连接和数据传输的效率。如更多的考虑利用本地数据存储和缓存，多线程网络访问，离线应用等技术。

- 存储

得益于闪存技术的飞速发展，现在我们基本上不需要担心手持设备的存储问题了。但也应当注意，现在在手持设备上可选的应用程序的数量和规模也在突飞猛进，同时需要处理的多媒体内容也在快速增加，这些因素对于存储要求的影响还不太明朗。比如，Android 系统原来是将应用程序安装在系统分区当中，对于现在应用的需求而言，明显受到了限制，而在 2.2 版本之后，它支持将程序安装到 SD 卡上，就大大的缓解了这个矛盾。

上面我们已经了解了手持设备在开发技术方面的一些应用方面的特点。下面，我们就可以自然的来讨论针对这些特点，开发手持设备应用程序应该遵循的一些基本原则和做法了。

1．强调应用体验

首先应当认识到，软件和系统是给用户使用的，而不是给计算机专家使用的。软件也不应当纯粹的提供某些功能和特性，更应当成为用户和系统之间有效沟通的桥梁，要让用户能够心情愉悦、快速高效的完成操作过程，才能实现优秀的软件应用体验。

当然，任何一个应用软件都会强调自己是“人性化”的，它们会强调自己是“图形界面”，“向导式操作”，以为有了图标、菜单和鼠标就是用户体验了。所以，我们的桌面上也充斥着各种功能强大（不管你是否真正需要）、界面复杂花俏、操作繁琐、运行缓慢而用户却不得不去用的应用程序。因此，我们更加应该明确什么是更好的应用体验。

笔者认为，应用体验主要包括下面三个要素：简单、快速和美观。

大简不凡。简单，是所有应用体验中最基本和核心的，也是我们开发和设计的第一原则。这一点，在手持设备应用开发上应当格外突出。

在移动互联网的应用环境中，设备的应用更应该是一个体系，而不是单一孤立的应用程序或者软件。部署在移动设备上的应用程序，应当更加接近与这个体系的“客户端”，主要负责数据展现和用户的操作交互（命令和数据输入）数据，而复杂的数据处理和存储工作，则应该交给服务器端或者更进一步的“云”系统来进行。这样，就为设计简单的用户应用客户端创造了条件。

速度，其实是和简单相辅相成的。简单的界面、简单的操作、简单的数据，必然能够带来处理速度的提高。最重要的是，速度能够满足人们的一种“心理需求”，更容易对应用系统产生好感和依赖。

美观，当然能够锦上添花。当然主要也是从心理层面出发，更加美观漂亮的用户界面，能够提高应用的愉悦度，但其前提是不能明显影响前两个体验要素。因为通常增强美观性的界面主题、图片和动画效果和趣味性通常和它们是相互制约的。

最后，还需要注意这些要素都不是绝对的，重要的是依据实际的需求达到一个比较好的平衡。那么，具体应该怎样操作和实现呢？笔者下面提供了一些观点和作法，读者可以参考。

（1）直观并且容易理解

进行软件操作需要一本操作手册的时代已经过去了，现有的计算机软件技术和用户交互系统已经完全可以支持更直观的，更自然化的操作过程，而用户也通常并非完全没有任何基础，多多少少有操作电脑、手机或者电器的经验，所以，一个良好设计的用户界面和流程本身就应该可以指导用户自然的完成需要的操作，满足使用的要求。

（2）减少用户操作步骤

过多的操作步骤会使用户对你的应用程序产生复杂和厌烦的感觉，并且降低用户的耐心和信心，进而可能会敬而远之。在可能的情况下，所有的主要操作都不应该超过三个步骤，其他操作不应该超过五个步骤。

（3）减少用户输入操作

设备硬件和应用环境的限制决定了手持设备并不适合于输入和处理大量的信息。最好是能够用选择代替输入，比如将程序做得更加“智能”，能够提供给用户比较有效的选项。如果输入信息不可避免，也应该改进和优化这一过程，如记录用户输入的信息，作为下次输入的选项，或者使用用户输入的部分信息，补充生成用户想要输入的内容等等。

（4）快速响应和反馈

在手机上执行的应用通常都是“碎片化”，“短平快”的应用，就需要在操作响应方面更加及时。

比如不管操作是否成功，都应该及时向用户反馈操作状态，但最后不要影响用户当前的操作（如一些状态的确定）对话框并不是一个很好的做法）。再如在性能有问题的情况下，可以考虑分批量加载或者操作数据，来缩短用户等待时间等等。

（5）提升应用的“趣味性”

新奇有趣的操作方法往往让用户更加开心和乐于使用。一个典型的正面例子是 iPhone 的“滑动解锁”，在当年堪称“惊艳”。当然后来 Android 有进一步发展了“滑动图案解锁”和“Fack Unlock”也非常不错。

2. 重视内容和服务

信息技术已经发展到了一个相当的程度，技术本身已经不是一个核心的问题，重要的是如何让技术能够更好的满足应用的需求，提供更加优质的服务和内容。谷歌的核心业务——搜索，就是一个典型的例子，它将搜索的操作最大程度的简化，而且完全屏蔽技术的复杂性，只为用户提供更加精准有效的搜索结果。这个例子对于我们的开发工作应该具有很大的借鉴意义，技术是用来支撑为我们为用户提供内容和服务的平台，不应该为了技术而使用技术。

此外，通过内容和服务，可以增强用户的“粘性”，能够提升产品在竞争中的区别度，更高地体现其价值。

最后，我们总结一下本章讨论的内容。

1.6 总结

在这一章节中，我们了解了 Android 系统的基本状态和其发展过程，并从技术的角度出发，讨论了其系统的架构和组成，并进一步探讨了 Android 应用包括手持设备应用开发的特点和基本原则，这些内容具有很强的指导性，帮助我们更好的开展 Android 应用开发的学习和实践工作。

思考题：

1. Android 商业生态系统主要由那些部分组成？
2. 相对于其他手持设备操作系统，Android 的主要优势体现在哪里？
3. 你认为 Android 流行和成功的主要因素是什么？
4. 你认为 Android 的系统和发展还有那些不足和需要改进的地方？
5. Android 操作系统的基本架构和组成是怎样的？
6. 为什么要使用 Dalvik 虚拟机技术？
7. 手持设备应用程序的开发特点和原则是什么？

第 2 章　Android 应用的开发环境

"工欲善其事，必先利其器"，要做好 Android 应用的开发，熟悉和掌握其开发环境是一个必不可少的基础和环节。在本章节中，我们将会深入的了解 Android 的开发工具和环境，包括以下主要内容:

- Android 开发环境的构成
- Android 开发环境安装和配置的流程
- 熟悉和了解 Android SDK
- 熟悉和了解 Android Develop Tools （Eclipse Plug-in）
- 模拟器和虚拟设备

我们在此章节中不仅仅将了解如何安装和配置这些工具和环境，还会深入的讨论它们的主要构成，基本工作原理和方式，以及它们如何支持开发工作以及相关应用场景等等，目的是让读者能够深刻的理解和掌握这些开发工具和过程，为实际的开发工作提供一个良好的基础。

2.1　Android 开发环境及其组成

对于某种开发平台或者语言而言，有一个成功的关键因素，就是能否提供优秀、高效、易用的开发环境。Android 应用和开发的逐渐流行，是和 Android 的开发体系密不可分的。而在以下几个现代开发体系中需要重点考虑的方面，Android 的开发相关的生态系统（图 2-1）都做的比较好。

图 2-1　Android 开发生态系统

（1）操作系统平台

Android 开发体系支持 Windows、Mac OS X 和 Linux 操作系统作为开发平台，就为程序员和开发工作的组织提供了非常高的灵活性，让他们能够按照自己喜欢的方式工作。

（2）编程语言和平台

Android 开发基于 Java 技术，而 Java 是最流行的全功能跨平台编程语言。经过多年发展，在全世界有着众多的程序员和非常丰富的开发支持资源和文档。这些都是保证开发支持广泛性的重要基础。

（3）集成开发工具

现在最流行的 Android 开发模式是以 Java 上主流的开发工具 Eclipse 作为基础，通过集成 ADT 插件，来更好的支持 Android 程序开发和调试工作。对于广大的 Java 程序员而言，这个集成的开发工具和流程屏蔽了过去手机应用开发的一些独特和晦涩之处，再加上原本就熟悉的语言和开发环境，使他们能够快速适应和转换。

具体而言，典型的 Android 的开发环境的构成如图 2-2 所示：

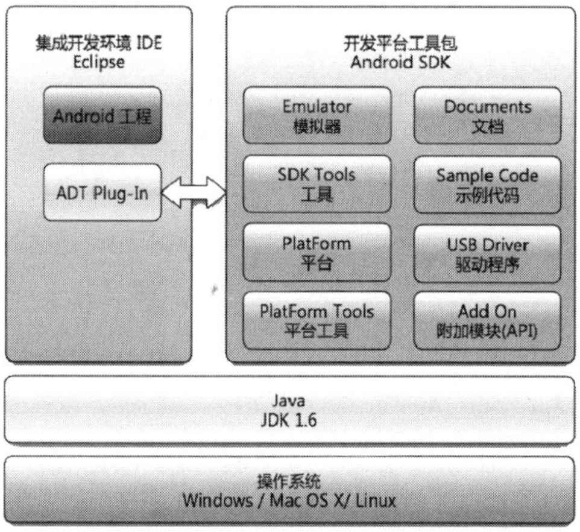

图 2-2 Android 开发环境架构

Android 开发环境以 Android SDK 和 Eclipse 为核心。它们可以在 Java 的支持下运行在兼容的操作系统之上，当然实际上 SDK 并不一定是用 Java 开发的，但它的一些工具和组件需要 Java 的支持。下面简单介绍一下重点的相关部件。

（1）Android SDK

Android SDK 是 Google 公司提供和维护的用于开发 Android 应用程序的工具集、类库、API 和相关规范。它主要由平台系统（Platform），模拟器系统，开发支持工具（如管理器、调试桥等）和参考文档等组成。

（2）Platform （平台）

Android SDK 是一个整体通用的 Android 开发工具箱。而我们知道 Android 有很多版本（包括一些衍生版本），这些版本具有不同的功能特性，它们的一些类库和函数的定义也可能有差异，如果要为特定版本的设备开发应用程序，就需要针对特定的平台进行开发和调试。平台就是为了解决进行多版本开发和兼容性问题而产生的。每个平台都有自己的编号（一般称为 Level），对应着兼容的 Android 系统的版本。表明这个平台可以进行相应 Android 版本系统应用的开发。

这样，我们就可以使用一套 Android SDK 和开发工具完成兼容多个操作系统平台的应用程序的开发工作，并且这个分层次的架构是可以根据需求定制的，如我们可以选择应用或者裁减特定的平台版本，并且也为以后增加新的平台版本提供了扩展性。

Platform 不和 SDK 一起安装，而是在 SDK 安装完成后根据开发的需要来确定，要在 SDK 上安装 Platform，可以使用 Android SDK 管理器程序。

需要注意的是：Android SDK 本身也有版本（如最新为 V12），一般也是和最新的 Android 版本对应的，它可以保证向下的兼容性，所以尽量安装最新版本的 SDK。

（3）模拟器

最终而言，Android SDK 是为实际的手持设备开发而诞生的。但是，想象一下，为成千上万不同配置、不同屏幕、不同的功能特性的手机来调试一个程序，测试和观察它们在实际设备上运行的情况，实际上是不可能完成的任务。Google 为此提供了一个解决方案，使用一个程序来模拟实际的设备，让程序员可以进行方便的配置和测试。当然，Google 也提供了可以在实际设备上测试程序的方法，我们都会在后面的章节中深入讨论。

（4）ADT（Android Develop Tools）

Google 不仅提供了 Android SDK，为了进一步方便使用 Eclipse 的开发者，还提供了一个用于 Eclipse 开发工具的插件。这个插件可以很好的集成到 Eclipse 中，为整个 Android 应用开发的过程提供强大的支持。Eclipse 之所以成为 Android 开发的事实标准，主要就是这个插件的功劳。

（5）Java

在前面的章节中，我们了解到普通的 Android 应用程序本质上就是 Java 应用，而 Android 应用的开发也离不开 Java。Eclipse 和 Android SDK 都需要 Java 的运行环境。正因为有了这个特性，Android 的跨平台开发才能够实现。

（6）操作系统

理论上而言，只要支持 Java 的操作系统，Android 开发相关的 SDK、集成编辑和调试工具都可以在上面运行来开展 Android 应用的开发。但实际上还需要考虑很好的支持图形界面，操作的便利性和兼容性。一般主流的 Android 开发操作系统平台包括：

- Windows 系统（Windows XP 或 Windows 7, 32 位或 64 位）；
- Mac OS X 10.5 以上；
- Ubuntu 10.10 Desktop （建议）；

本文中的所有案例均以 Windows XP SP2 简体中文版作为标准参考开发平台。其他平台在 Android 开发和调试操作方面和 Windows 系统并没有本质区别，仅在一些小的方面有一些差异，我们也会在重要的地方有所提及。因此，在本书中，如果没有特别指明，使用的环境配置和各个组件的版本如下：

- 操作系统： Windows XP SP2 简体中文版（32 位）；
- 开发语言： Java，Java SDK Windows （jdk-6u25-windows-i586）；
- 开发工具： Eclipse 3.7 Indigo for JavaEE + ADT Plugin R12；
- Android SDK： R12 for Windows。

2.2　从零开始搭建和配置开发环境

下面我们实际来看看如何从最基本的环境开始来搭建和配置这个开发环境。依次包括操作系统的配置、Java 运行环境（通常是 JDK）、开发工具 Eclipse、Android 开发支持套件 SDK，以及 Eclipse 的 Android 开发工具插件（ADT）。

2.2.1　操作系统配置

Android 应用开发有一个非常大的优点就是跨平台。基于 Java 技术的开发工具和套件可以让开发者可以选择自己熟悉和喜欢的开发用操作系统，包括 Windows、Mac OS X 和 Linux 等等。但在不同的平台上进行实际的开发系统的配置还是略有差别的。

在 Windows 上提供了比较完善的图形化工具以及第三方支持工具；而在 Mac OS X 和 Linux 操作系统上，开发者们可能更倾向于使用一些命令行工具，当然就图形化界面而言，Mac OS X 和 Linux 都有自己的一套运作方式，但其开发平台的核心 Eclipse 的界面和操作基本上没有什么太大的差别。

此外，在 Mac OS X 和 Linux 系统上，还需要注意它们应用程序的安装和部署方式，文件的组织和权限也有自己的特点，在这里我们主要以 Windows 系统为主，就不再深入探讨了。

另外，我们在安装过程中操作系统的配置方面需要注意的地方包括：

（1）互联网连接

和传统的开发模式不同，我们现在使用的开发系统和模式都是“在线”化的，如相关软件包的下载、内容更新、文档和参考资料的搜索等等，很多功能都需要联网完成，就要保证所使用的操作系统可以随时连接并正常访问到互联网。否则的话，会凭空增加很多手动配置的工作和麻烦。

（2）目录规划

另外，为了管理方便，我们建议在操作系统的文件系统中，规划好整个开发相关内容的结构和布局。如对于 Windows 系统，我们建议建立一个目录（例如 C:/Develop），将来将 Eclipse，WorkSpace（工作空间），Document（帮助文件），Android SDK，和其他下载的打包文件等等都可以放在这个文件夹下面，方便进行配置，内容搜索，管理和备份等工作。

2.2.2 下载和安装 Java SDK

首先需要安装 Java 运行环境，具体而言是 Java SDK（最好不要选择 JRE，在开发方面的支持有限）。我们可以在 Oracle 的 Java SE 的下载页面找到这些内容（如图 2-3 所示）。

图 2-3　Java SDK 下载页面

这里可以根据需要下载相应的操作系统的 Java SDK 软件包的安装文件，对于我们的环境而言是 Java SE 的 Windows X86（32 位）版本，当前的最新版本是 6u25，具体文件名为 jdk-6u25-windows-i586.exe。

简单说明一下：

（1）Java SE 的主页现在是在 Oracle 公司维护之下，这个页面可以直接搜索“Java SE”获得。

（2）我们需要的是 Java 的运行环境，所以选择 Java SE 就可以了（包含了 JDK）。

（3）Java SE 的下载页面，列出了对主要操作系统的支持和相应版本的下载链接。

（4）一般 Windows 用的都是 32 位版本（Windows x86）。

下载的内容是一个可执行的安装文件，为了避免麻烦，安装时可以完全采用默认的配置，系统会自动进行相关的配置。安装完成后需要校验一下 Java 环境是否配置正确。要测试这一点，可以在 Windows 下打开命令行方式，运行以下命令：

```
java  -version
```

如果一切正常，系统会显示当前安装 java 的版本号如图 2-4 所示。

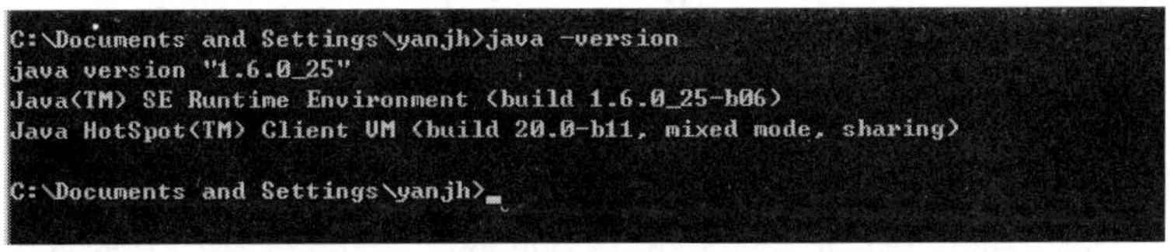

图 2-4　Java 环境测试

2.2.3　下载并安装 Android SDK

有了 JDK 之后，就可以安装 Android SDK 了。在 Android 开发的官方网页（http://developer.android.com）可以下载到最新的 SDK（如图 2-5）。

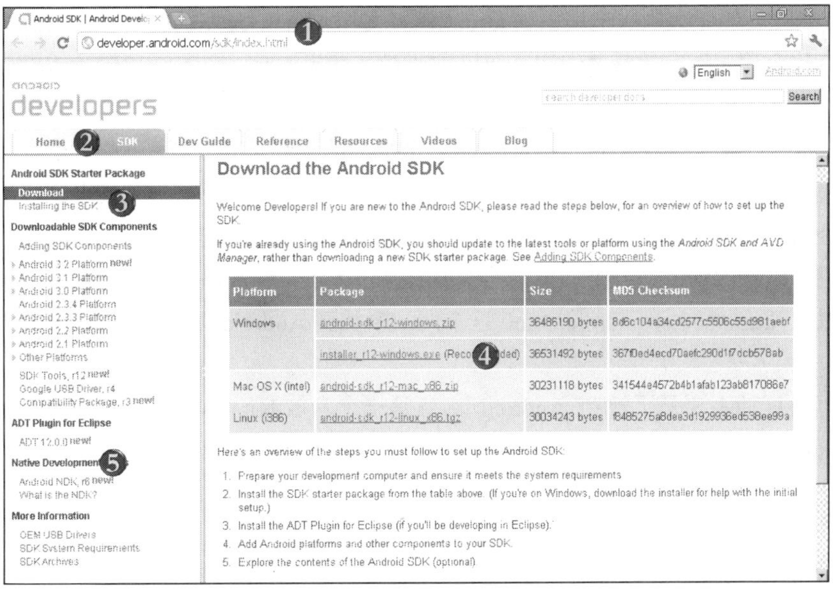

图 2-5　Android SDK 下载页面

简单说明一下：

（1）Android Developer 开发者主页为 developer.android.com，作为开发者需要记住；

（2）Android SDK 主页；

（3）SDK 下载页；

（4）针对不同操作系统的 SDK 软件包，我们选择针对 Windows 系统的 android-sdk_r12-windows.zip 这个压缩文件；

（5）如果需要离线安装 ADT，可以在此链接页面中单独下载。

注意：在这里我们不下载 Platform（图中左侧），而是在 ADT 安装完成后使用 Android SDK 管理器来进行下载。

下载完成之后，我们可以将压缩包解压到前面规划好的 c:\develop 这个文件夹中，这样，解压缩后的 android-sdk-windows 文件夹将作为 Android SDK 的根目录（Home）。

除了下载 SDK 开发包外，作为 Android 开发的大本营，在这个网站中可以找到很多非常有价值的资源，如最新的 SDK 全套的文档，安装说明，最新动态等等。事实上，本章节涉及到的搭建 Android 开发环境的操作流程等大部分内容就来源于此（当然那些都是英文的）。

在这个地方，有几个内容我们可以稍微扩展的了解一下：

（1）USB Drivers

如果需要用实际设备进行开发和测试工作，在 Windows 下需要安装 USB 的驱动程序让 Windows 和 Eclipse 能够识别这个设备，并能够使用调试模式。

（2）Android NDK

这里我们可以看到 Android NDK，这是一个高级选项，如果你需要开发如三维图像处理、高清视频编解码等对处理性能特别敏感的应用，又觉得 Android 本身的 Java 架构不能满足需求，可以考虑使用 Android NDK（Native Development Kit）。它的优势是可以直接访问更底层的系统资源，并使用（可能）效率较高的 C 语言。但根据 Android 官方文档，NDK 开发的应用程序仍然运行在虚拟机架构中，没有改变程序运行的整体结构，所以不要对其期望太高。

（3）Source Code（源代码）

相对于 iOS 和 Windows Phone，Android 有一个很大的优势是开放源代码，这个也是继承了 Java 和 Linux 的光荣传统，虽然由于这个原因在最近惹上了很多专利官司，但从技术角度出发，程序员对此是很欢迎的。简单的讲，我们可以查看一下 Android 那些类库和方法是如何定义和实现的；复杂而言，我们可以修改和定义一个“自己的”手机操作系统，就和联想和中国移动做的那样。

我们可以在 http://source.android.com/ 这个网站中找到 Android 开放的所有源代码（最近开放到 2.3）。

我们这里的目的主要是了解到 Android 本身是一个开放源码的项目以及在那里寻找相关的资源，不会深入讨论如何获取和利用这些源码。

2.2.4 下载安装 Eclipse

Eclipse 是 Java 世界中最流行的开发工具，以前被非常广泛的应用于 Java 项目开发。现在，由于其对 Android 开发良好的支持和跨平台的特性，Eclipse 已经成为 Android 开发的事实标准。

按照下列步骤我们可以找到、下载并安装 Eclipse 软件包（如图 2-6）：

图 2-6　Eclipse 下载页面

（1）Eclipse 官方网站的地址是：www.eclipse.org；

（2）在 Eclipse 的主页中包含了下载页面的链接，导航到这个页面，可以下载 Eclipse 系列相关产品；

（3）在下载列表中可以列出操作系统 Windows 支持的 Eclipse 软件；

（4）在列表中选择要下载的产品，具体是：Eclipse IDE for Java EE Developers（Windows 32 bit），当前版本为 3.7，代号 Indigo（深蓝）。

下载后这里我们会得到一个压缩文件，我们将其解压缩到 Android 开发目录中，生成一个 Eclipse 文件夹。这时我们可以打开此文件夹，找到并运行其中的 Eclipse.exe 可执行文件（如图 2-7 所示）。

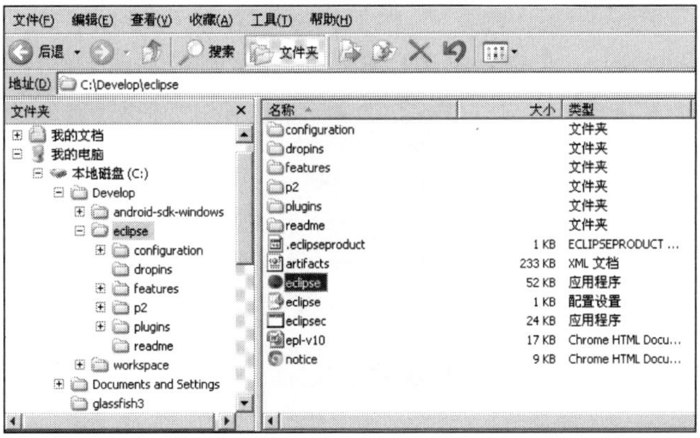

图 2-7　Eclipse 安装文件夹

由于 Eclipse 没有标准的 Windows 安装过程，解压缩就完成了软件的安装。所以其执行程序不会出现在 Windows 开始菜单中，我们需要为其手工创建一个快捷方式放在桌面或者快速启动工具栏中，方便以后的调用。

由于 Android SDK 是通过 ADT Plugin for Eclipse 与 Eclipse 进行集成的，所以后续的安装和配置工作都可以在 Eclipse 环境中在线进行。

注意：在 Mac 和 Linux 系统中下载和安装的过程可能稍有不同，它们的压缩格式是 gz，也有可执行文件，可能需要配置执行权限。而在 Eclipse 启动后，其操作和 Windows 平台就没什么差别了。

2.2.5 配置和运行 Eclipse

Eclipse 是一个可以高度定制化的开发平台，每个开发者都可以按照自己的需求打造适合于自己使用的 Eclipse 软件。所以，作为一个良好的习惯，我们建议在安装 Eclipse 后进行一些系统设置的工作。

首先考虑的是文本和项目编码。作为中国的开发者，开发工程的国际化是不可避免的问题。为了避免额外的麻烦，如果没有特殊的要求，我们建议将所有相关文件编码格式都设为 UTF-8，实际上，UTF-8 也是 Android 应用的编码方式。修改 Eclipse 默认编码的方式如下：

（1）在 Eclipse 安装文件夹中找到 Eclipse 可执行文件，双击就可以启动 Eclipse（如图 2-8）。

图 2-8　Eclipse 启动画面

（2）选择和配置工作空间。

如果是第一次打开 Eclipse，会提示建立工作空间，我们建议将此工作目录设置到 Android 开发目录下，以后的所有新的开发工程文件默认也会放在这个工作目录下（这里是 C:/Develop/workspace)。(如图 2-9)。

（3）在菜单中选择 Window- Preferences，打开 Preferences（系统配置）对话框（如图 2-10）。

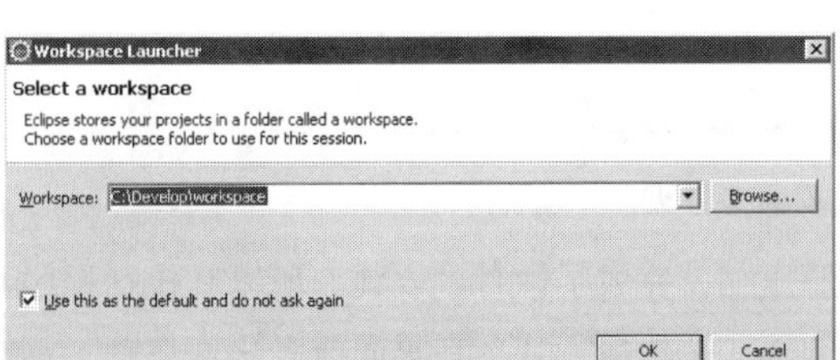

图 2-9　选择工作空间位置

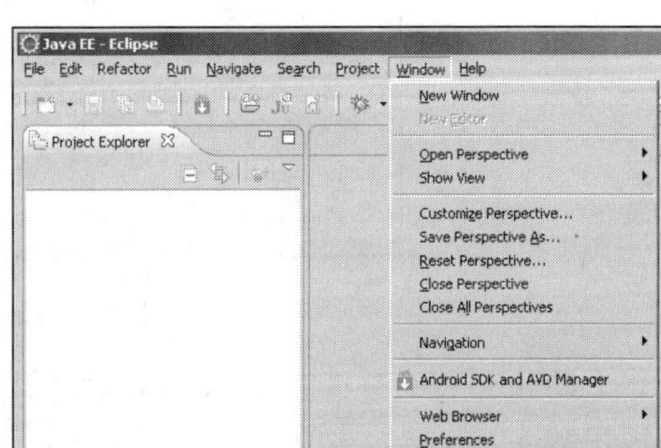

图 2-10　Preferences（系统设置）菜单项目

Preferences 对话框就是 Eclipse 系统的“控制面板”，在这里可以完成几乎所有配置项目的设置，我们需要的编码设置主要涉及两个方面，Content Type（内容）和 Workspace（工作空间）。

（4）第一个地方：选择 General-Content Types，选择 Text 项目，修改 Default-Encoding 项目的内容为 UTF-8，并点击“Update”更新生效（图 2-11）。

（5）第二个地方，选择 General-Workspace，在 Text file encoding 项目中，选择 Other 设置为 UTF-8，点击“Apply”应用生效（图 2-12）。

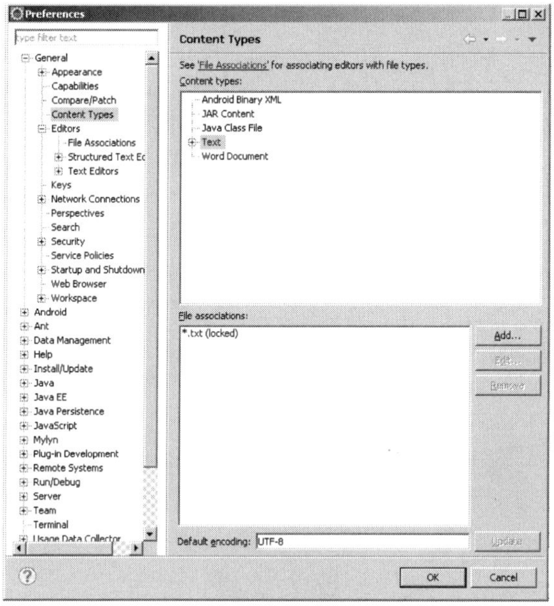

图 2-11 Content Type 编码类型

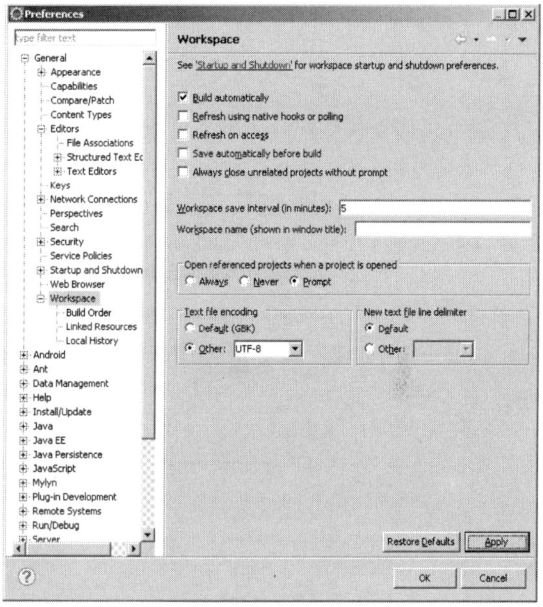

图 2-12 Workspace 编码类型

（6）关闭并重新启动 Eclipse，使相关设置能够生效。

当然，用户还可以按照自己的需求来对 Eclipse 进行配置，如编辑器，快捷键等等，很多是一种个性化的配置，完全取决于开发者的喜好，这里不再累述。

2.2.6 安装 Android Develop Tools（ADT）

前面已经提到，Android Develop Tools（以下简称 ADT） 是为在 Eclipse 环境中开发和调试 Android 应用的设计工具集，它作为插件的形式在 Eclipse 中进行安装和集成。ADT 的安装可以在 Eclipse 中完成具体操作如下：

（1）运行 Eclipse，选择菜单 Help-Install New Software（图 2-13），会弹出 Install 对话框。

这里说明一下，Eclipse 是一个可扩展的开发工具平台，可以在运行时直接通过访问网络上的软件库进行功能的扩展和更新。这一特性是就是通过 Help 菜单中的 Install New Software 命令来调用的。

（2）在 Install 对话框中点击“Add...”（添加）按钮。

ADT 并不是在 Eclipse 内置的插件库中的。这里需要为 Eclipse 中提供 ADT Plugin 所在的软件库的地址，Eclipse 可以根据这个地址来检索可以安装的软件包，并完成安装过程。

（3）在“Add Repostory”（增加软件库）对话框中填写下面的内容并确定（图 2-15）。

- Name:　ADT Plugin （可任意指定）
- Location:　https://dl-ssl.google.com/android/eclipse/

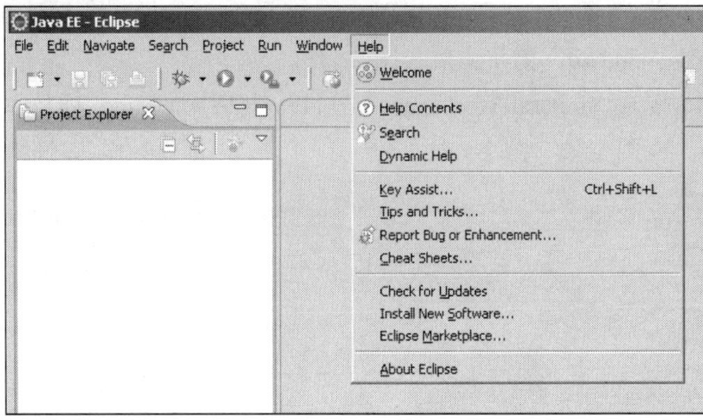

图 2-13　Install New Software（安装新软件）菜单

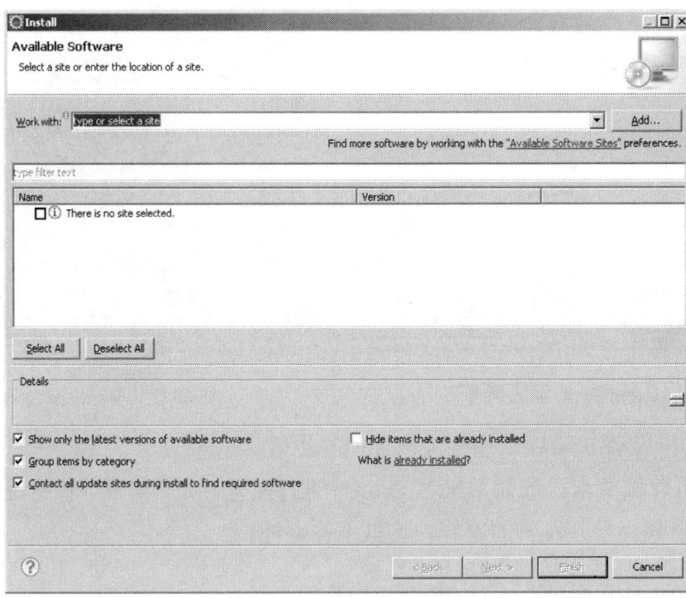

图 2-14　Eclipse 插件安装

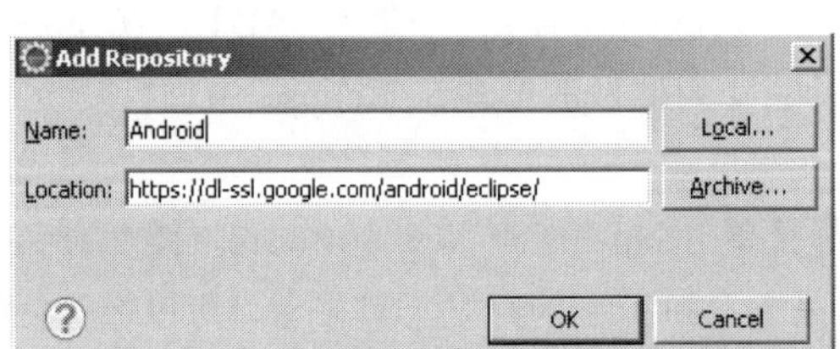

图 2-15　配置 ADT 软件仓库地址

注意：这里的 Location 是 ADT 在网络上的下载位置，需要严格匹配，但有时后会出现问题，可以尝试使用 http 而不是 https 协议。

ADT 也可以离线安装，在 SDK 的主页中提供了 ADT 的下载方式（图 2-5），下载后，可以在

Add Reposity 对话框中点击“Local”按钮将 ADT 加载安装进来。

（4）在 Work With 列表中选择刚创建的软件仓库项目，系统开始在网络上搜索并显示名为 Develop Tools 的可用于安装的组件。

（5）选择所有组件，继续安装过程，接受许可协议，完成安装过程（如图 2-16）。

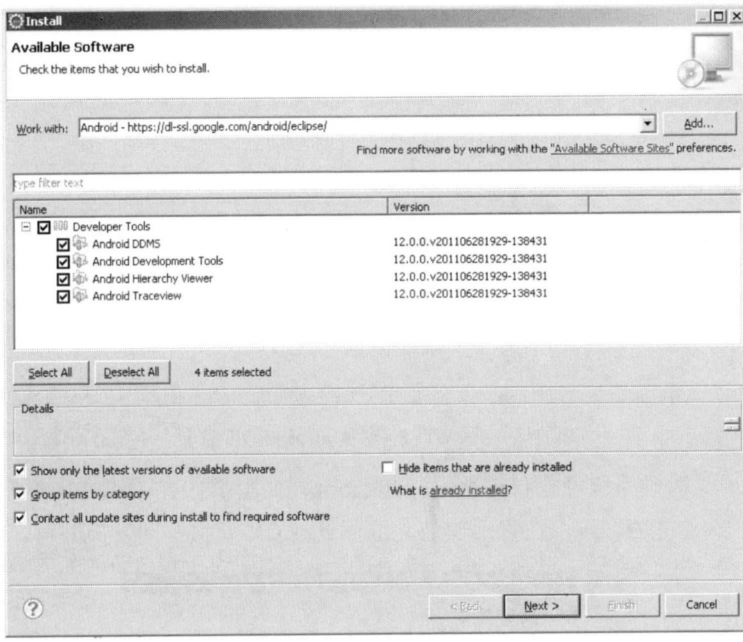

图 2-16 安装 ADT 各个组件

这里有四个组件，其实就是 ADT 提供的四个方面的功能，我们在后面会进行深入的讨论。

（6）按照系统提示重新启动 Eclipse（图 2-17）。

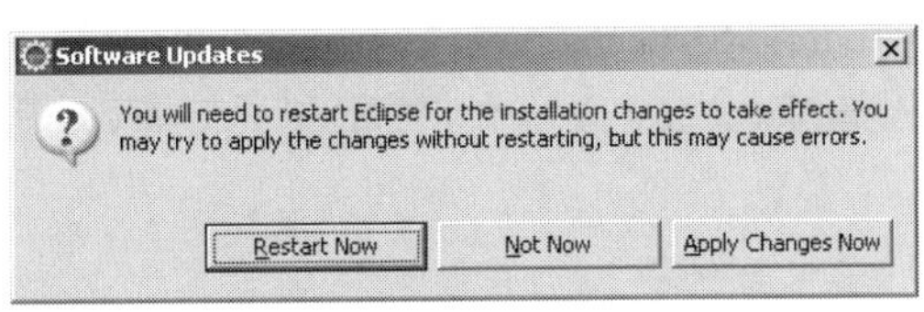

图 2-17 重新启动 Eclipse

2.2.7 为 ADT 配置 Android SDK

ADT 安装完成，重新启动 Eclipse 后，我们会在 Eclipse 的 Windows 菜单下看到“Android SDK and AVD Manager”的菜单项目，这个就是 ADT 用于管理 SDK 相关配置的工具，但如果现在点击这个菜单，系统会提示找不到 SDK。因为本质上来说 ADT 和 SDK 是相互独立的，ADT 安装完成后，并不会自动的知道 SDK 的存在，就需要为其指定 Android SDK 的安装位置，让它能够和 SDK 建立联系。这一操作是在 Eclipse 的系统配置中完成的，具体操作过程如下：

（1）选择菜单 Window- Preferences，打开 Preference 对话框。

（2）找到 Android 项目，并注意 SDK Location 的内容。

（3）如果内容为空，点击旁边的 Browser...，并定位到 SDK 的安装位置（如图 2-18）。

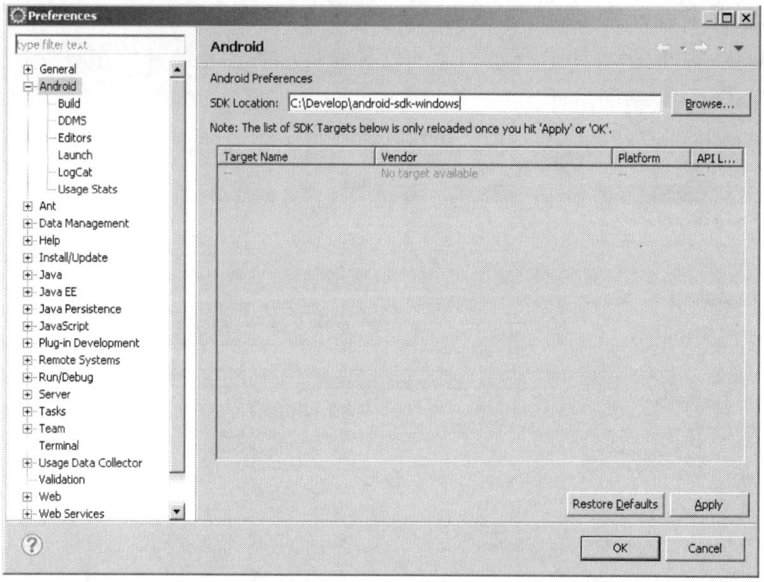

图 2-18　为 ADT 指定 Android SDK 位置

（4）点击 OK，这时候系统可能会提示没有 Platform（如图 2-19），如果 Platform 确实没有安装，我们暂时忽略，因为这些内容可以在以后安装，这里点击 OK 直接关闭窗口即可。

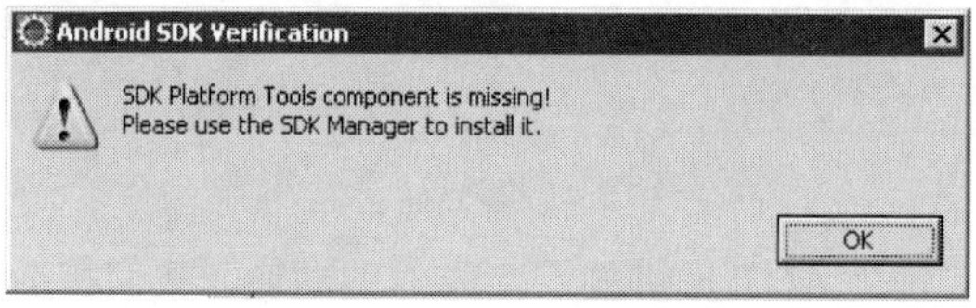

图 2-19　Platform Tools 组件未安装的提示

（5）再次点击 Window -Android SDK and AVD Manager 菜单项目。

（6）如果能够正常显示 Android SDK and AVD Manager 对话框，表明在 Eclipse 中，Android SDK 已经成功配置。

2.2.8　安装 Platform

我们已经告知 Eclipse Android SDK 的位置，下面可以进一步为 SDK 安装 Platform。这一操作仍然在 Eclipse 环境中完成，过程如下：

（1）点击 Window -Android SDK and AVD Manager 菜单项目。

（2）在出现的 Android SDK and AVD Manager 对话框（如图）左侧，选择 Available Package，会列出可以安装的项目（图 2-20）。

这是一个 Android SDK 工具，实际上这个工具也可以独立执行，你可以在 Android SDK 目录下找到这个工具的可执行文件。

（3）根据应用开发的需求，选择安装相应的内容，建议安装的内容包括：

- 版本：1.6，2.1，2.2，3.1 等版本
- 相应版本的示例程序

- Android Compatibility Package 兼容性软件包
- Platform tools，针对平台的工具

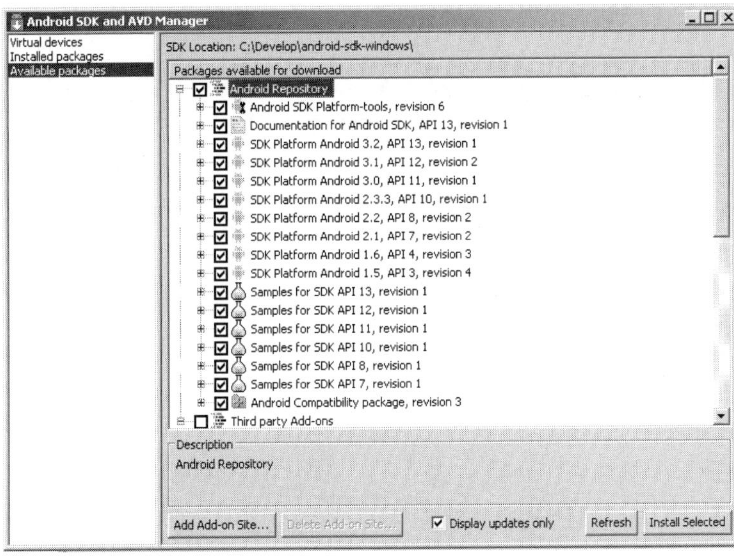

图 2-20　Android SDK and AVD Manager

另外，可以根据需要来安装一些扩展或第三方厂商提供的针对特定硬件设备和版本的 API，如 Google API 等等。ADT 同样也是一个可扩展的结构，可以通过点击 Add Add-on Site..来增加新的 ADT 软件库。

（4）点击 Install Selected 按钮，接受许可协议（Accept All），开始下载和安装的进程（图 2-21）。

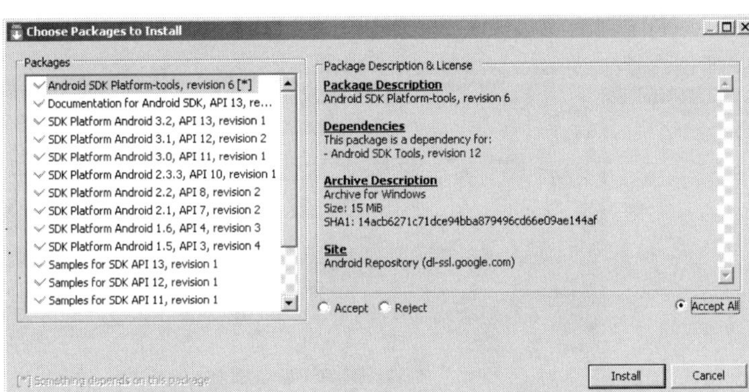

图 2-21　Android SDK 软件安装一览

（5）安装过程完成后，可以在 Installed Packages 标签中查看已经安装的平台相关软件包。

当然，在此界面中，也可以删除和更新相关的 ADT 组件（图 2-22）。

其实到这里，我们已经完成了整个 Android SDK 和 ADT 的安装和配置工作，可以进行 Android 应用程序的开发了。但是，如果需要进一步进行程序的调试，还差一个步骤，就是需要一个最终应用程序运行和进行调试的平台，因为这些程序是需要最终在手机平台而不是开发平台上运行的。

理论上而言，这个运行和调试平台应该是一部真实的手持设备硬件系统，但考虑到开发的方便，Android SDK 提供了虚拟设备（Virtual Device）技术，它使用一个软件（模拟器）来模拟一个真实

的设备，为应用程序提供了一个相同的运行环境，包括操作系统、功能模块和接口以及一些硬件功能性的模拟等等，这样，开发者就不需要考虑为应用程序开发配置种类繁多、配置各异的各种硬件设备，这些都可以在软件中配置实现，这样就大大简化了开发的流程和降低了开发的成本。

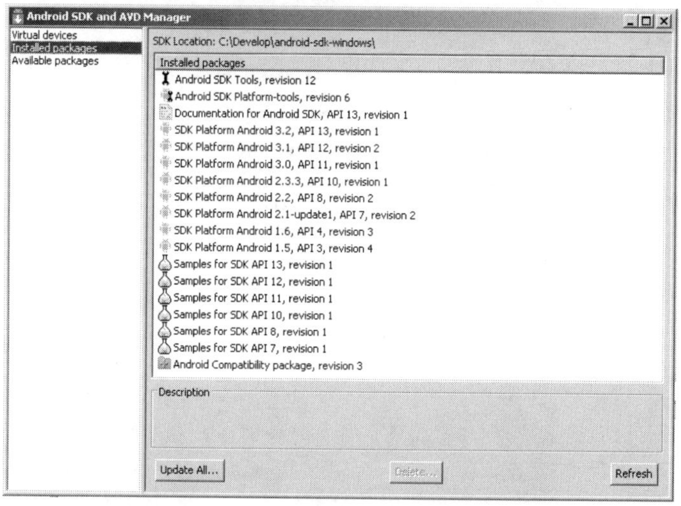

图 2-22　查看已经安装的 ADT 组件

下面的两个步骤哦中，我们就继续开发环境配置的过程，为应用程序的开发配置一个虚拟设备并且建立一个最基础的 Android 应用程序，来对整个应用环境的配置做一个简单的测试。

2.2.9　配置虚拟设备（Virtual Device）

虚拟设备的配置过程如下（图 2-23）：

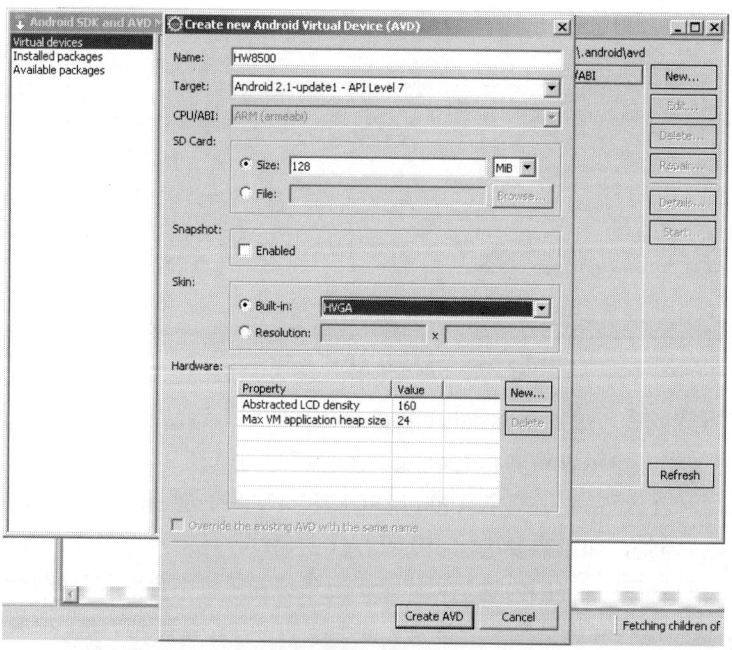

图 2-23　Android 虚拟设备（AVD）创建和配置

（1）运行 Eclipse，点击 Window -Android SDK and AVD Manager 菜单项目。

（2）在出现 Android SDK and AVD Manager 对话框左侧，选择 Virtual Devices。

（3）对话框会列出当前已配置好的虚拟设备。

（4）点击右侧的“New”可以增加一个虚拟设备。

（5）例如，我们这里以华为的 U8500 型手机作为参考开发平台，就选择下列的配置（图 2-23）。

- Name: HW8500–名称
- Target: 2.1- Level7 –虚拟设备操作系统的版本
- SD Card: 128M – 虚拟 SD 卡的大小，你可以向其中放置图片、声音、视频等内容用于测试
- SnapShot: Enable – 允许 AVD 的快照
- Skin: Build-in HVGA –屏幕大小，我们选择 HVGA（320*480）
- Hardware: 默认配置

（6）点击“Create AVD”，确认新建的虚拟设备出现在列表中，这个配置是可以在以后进行修改的。

到此处，我们的开发环境基本上已经配置好了，我们拥有了一个标准的用于 Java 开发和调试的 Eclipse IDE，安装了 ADT-Plugin，并为其指定了 SDK 的位置，并安装了可用的 Platform，配置了虚拟设备，下面就可以创建一个项目来实际测试一下整个开发环境是否已经就绪。

2.2.10　应用测试

现在，我们就可以创建一个 Android 应用程序来验证一下我们的开发环境是否配置完成。不用担心，我们并不是现在就开始来开发一个真正的 Android 应用，这个测试主要的目的是看一下整个运行环境是否工作正常，这一过程不需要我们编写或者理解任何一行代码，按照流程进行操作就可以了。

（1）在 Eclipse 菜单中选择 File-New-Project...（图 2-24），会出现一个新建工程的向导。

（2）在新建工程的对话框中找到并选择 Android Project 向导（图 2-25）。

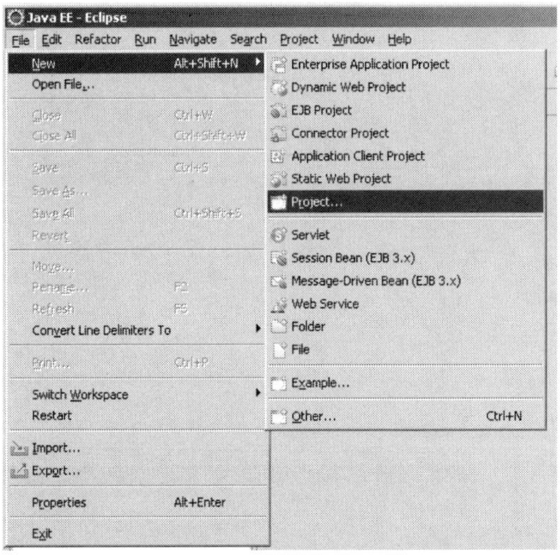

图 2-24　创建新的 Android 工程（ Project）

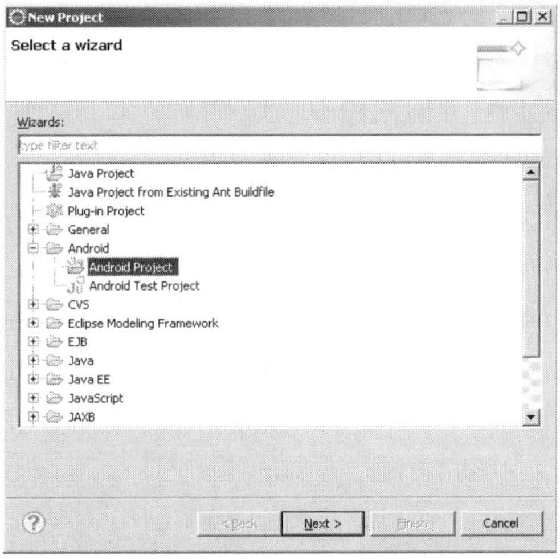

图 2-25　新建 Android 工程选项

（3）在“New Android Project”对话框中填写和选择以下必要项目（图 2-26）：（其他都可按照默认值）

- Project Name： HelloAndroid （工程名称）
- Target： Android 2.1 （运行目标平台）
- Package Name： cn.myapp （应用包名）

（4）点击下方的“Finish”按钮。此时应该可以在 Eclipse 左方的项目浏览器中看到刚才创建的名为 HelloAndroid 的应用程序项目。有时这个项目有一个错误标识，通常不用担心，这是系统正在编译程序，通常稍等片刻就会恢复正常。可以通过留意 Eclipse 右下角的状态栏来确认这一点。

（5）如图 2-27 所示，点击项目文件夹以选择这个项目①，再次点击工具栏上的 Run（运行）图标②。

（6）系统会弹出 Run As 对话框，这是让用户选择程序运行的方式（如图 2-27）。

（7）选择 Android Application③，点击 OK④。

这一过程也可以简单的在项目文件夹上使用右键菜单来完成（图 2-28）。

（8）系统会启动模拟器（如图 2-29）。

（9）模拟器启动后（大约 1 分钟），会运行我们创建的应用程序，如果看到下面的结果，则说明程序已经正常运行（图 2-30 注意模拟器中显示的文字）。

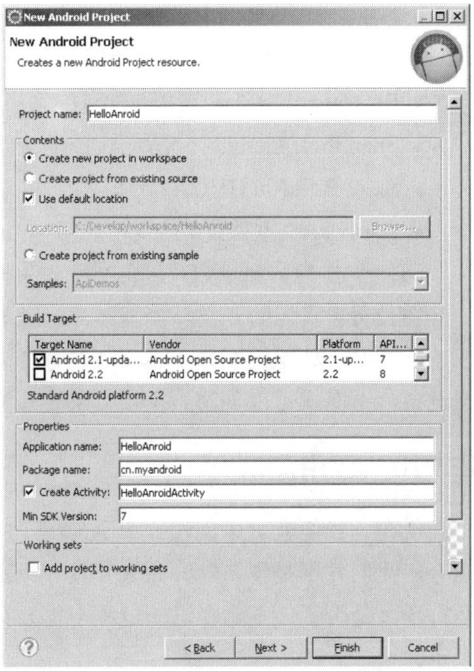

图 2-26 新建 Android 工程设置

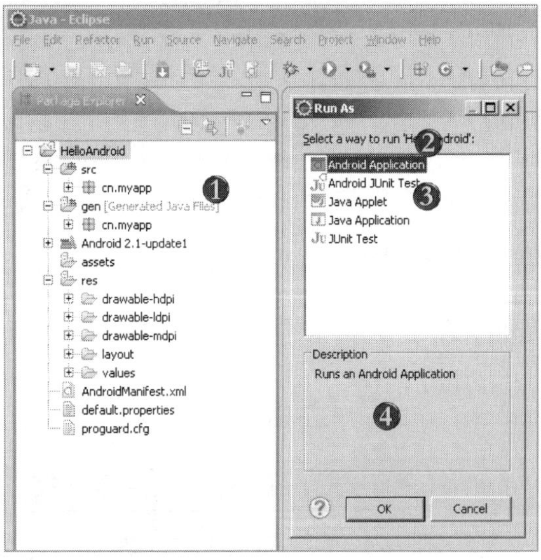

图 2-27 Android 项目运行方式

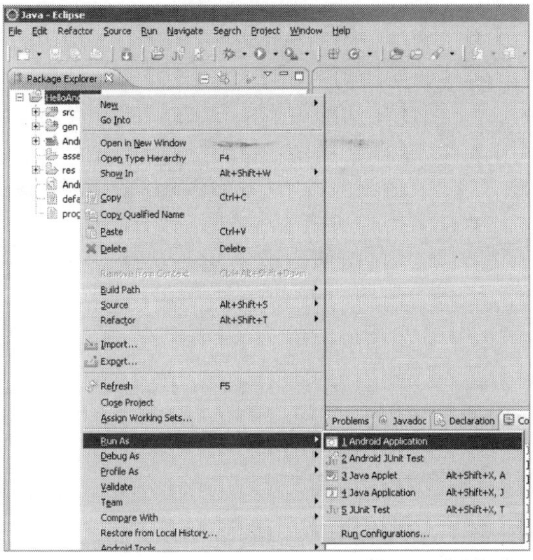

图 2-28 Android 项目运行菜单项

图 2-29　虚拟设备正在启动

模拟器启动的时间确实比较长，但实际开发调试过程中我们不需要频繁的重新启动虚拟机。程序重新编译部署和运行都可以在已经打开的模拟器上执行。

图 2-30　正常运行测试程序的虚拟设备

（10）点击模拟器右边的 Home 按钮，我们可以看到模拟器的主屏幕（图 2-31）。

这个和我们在实际设备上看到的界面的是一样的，包括屏幕的大小、版本等特性都可以体现出来，如这里就是 Android 2.1 在 HVGA 屏幕上的主界面。实际上这个时候你可以像操作一个真正的手机一样来使用模拟器，如运行其中的程序，甚至模拟电话的拨打和接收等等。

图 2-31　模拟器主界面

2.2.11　实机调试环境

Android SDK 虽然提供了模拟器来辅助开发和调整过程，但 Google 还是强烈建议在最终的软件发布之前，应用程序能在实际的设备上完成测试，是开发者能够了解应用程序在最接近实际的环境中运行的状况和体验，从而能够提升和保障应用程序的品质。另外，模拟器并不能百分之百或者方便的提供硬件的模拟功能，如 GPS、数字指南针、加速度计、照相机等等，很多还是需要真实的物理设备才能方便的进行开发和调试。

不幸的是，并不是每一台能够运行 Android 系统的手机都可以作为这个实机开发平台（虽然 Google 声称这是可以的，但实际上特别是一些小型的厂商和冷门型号还是有问题的，特别是驱动程序和系统支持），作为系统厂商，Google 提供了四个型号的手机给开发者用于系统和应用开发，它们是 Android Develop Phone 1，Android Develop Phone 2，Google Nexus One，Google Nexus S（图 2-32），其中前两种基本上是 HTC Dream 和 Magic 的改版机，操作系统版本和硬件配置相对也较落后，后两者打着 Google 的品牌（实际上是 Samsung 代工的），配置和规格都较新，开发者可以根据自己的需求选择。

图 2-32　Android 开发手机

Google 开发用手机还有一个特性是它的 SIM 卡和操作系统启动器（bootloader）都是解锁的，可以支持任意兼容的运营商，最重要的是开发者可以自己安装（刷新）Android 操作系统，这个特性对于需要对 Android 做“深度定制”的厂商和开发者是非常重要的。

开发手机是通过 USB 接口和开发用计算机相连接的，首先操作系统会将手机识别为一个兼容的 USB 设备，然后 SDK 就可以进一步识别为一个调试目标 Android 设备。因此，除了 Google 推出的 Android 开发手机外，一些大的 Android 手机厂商如 HTC，Motorola，Samsung 等等，它们的大部分型号的手机也支持进行 Android 应用开发，其关键是这些厂商能够根据其生产的硬件系统提供相应的兼容 USB 驱动程序（OEM USB Drivers）。

为 Android 配置实机调试设备的步骤如下：

（1）下载 OEM USB Driver 驱动程序。

在 Android SDK 主页的 OEM USB Drivers 页面中（图 2-33），根据现有用于调试的手机型号和厂商，我们可以找到兼容的硬件设备的厂商和驱动程序的链接地址，根据这些链接地址下载并安装好驱动程序，如果是压缩包，则先解压到一个合适的目录中，这和普通的 Windows 硬件驱动程序的安装过程是一样的。

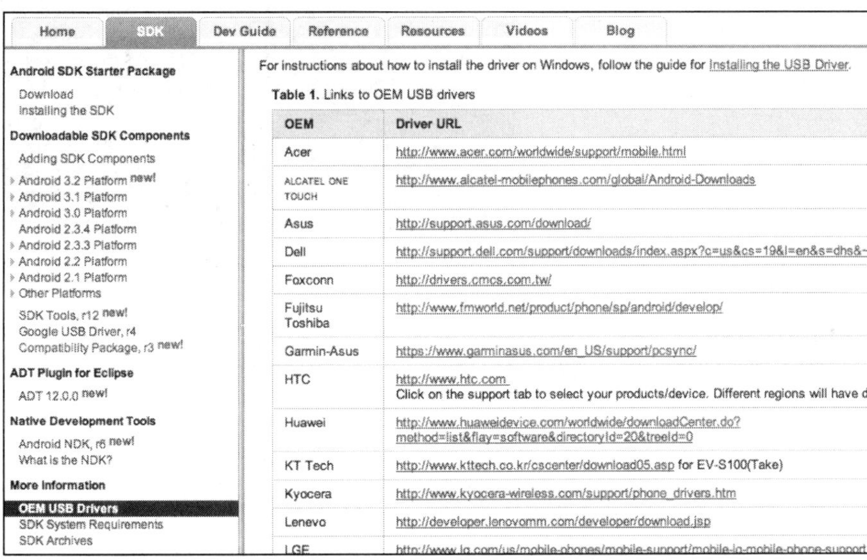

图 2-33　OEM USB Drivers 下载

（2）使用 USB 线缆连接开发计算机和手机。

（3）系统会提示找到某个 USB 设备，并且启动一个硬件安装向导（图 2-34），按照这个向导要求自动安装软件或者找到相应的驱动程序文件夹，完成驱动程序安装过程。

（4）打开 Windows 设备管理器，确认驱动程序安装正确，一般可能包含两个设备：ADB Interface Driver 和 USB Mass Storage Device（如图 2-35）。

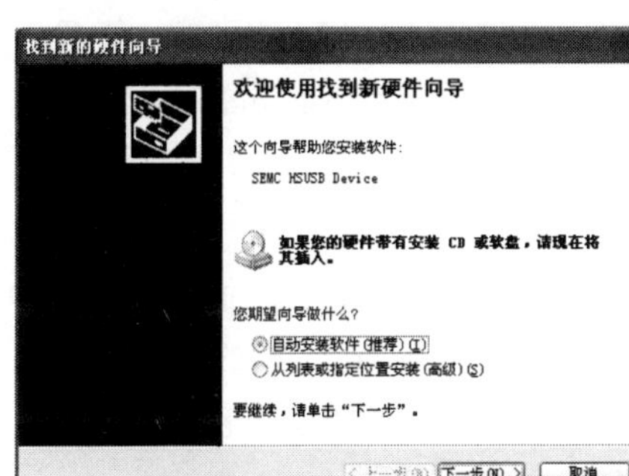

图 2-34　Android 手机驱动程序安装向导

（5）检测 ADB 对手机设备的识别。

下一步我们检测一下开发环境对于手机设备是否能够正确识别，打开 Windows 命令行程序，定位到 SDK 的 platform-tools 目录下，执行下列命令：adb devices （如图 2-36），在命令响应中我们应该可以看到这个手机设备（有一个序列号，并且不是虚拟设备 emulator.xxx），我们会在后面的章节详细讨论 adb 这个命令。

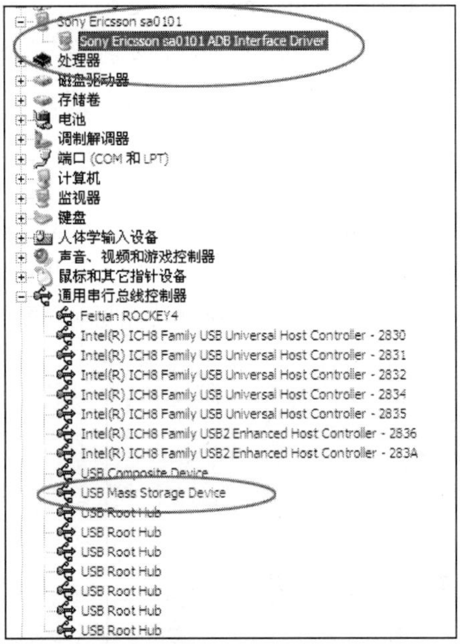

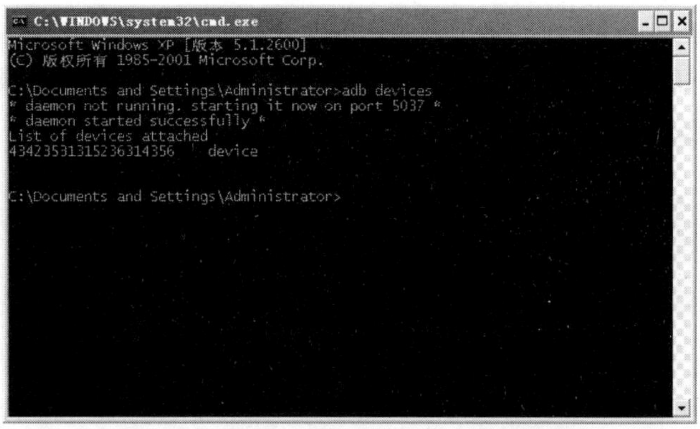

图 2-35　Android 设备驱动程序　　　　图 2-36　使用命令行命令 adb 检测设备

至此，我们也配置好了一个实机调试环境，如果要使用这种调试模式，后续的工作还包括在 Android 应用工程文件中选择实机设备作为目标和对 Android 应用配置文件进行相关配置，我们会在相关的章节中进一步讨论。

2.3　熟悉和了解 Android SDK

至此，我们已经基本上完成了开发环境的安装工作。但先不要着急着马上就进行开发工作，磨刀不误砍柴工，我们先来了解一下我们安装的这些内容，会帮助我们理解 Android 开发的一些基础知识。先来看一看 Android SDK 具体包括那些内容。

2.3.1　Android SDK-目录结构

首先，我们来分析一下 Android SDK 的目录和文件结构（如图 2-37 所示）：

图中，Android SDK 的目录主要有：tools，platform，docs，samples，extras，add-ons 等等。下面讨论一下其中的重点内容。

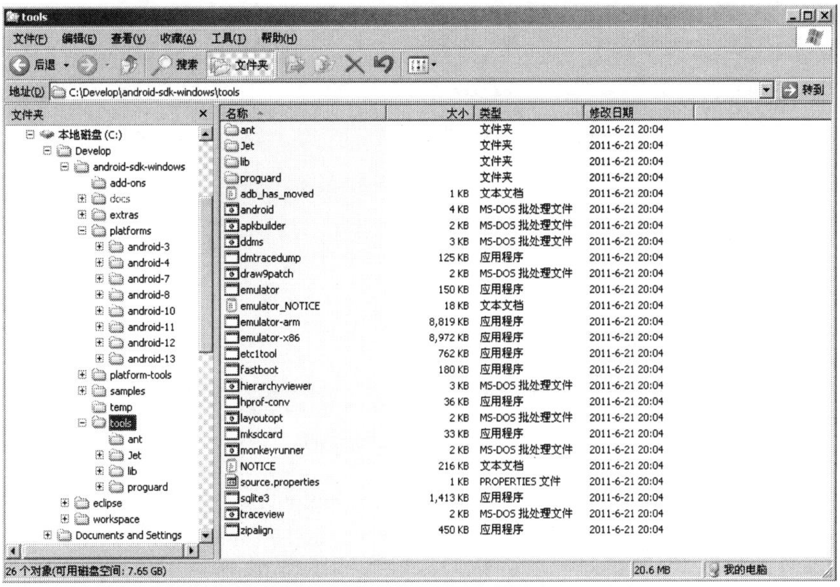

图 2-37　Android SDK 文件夹

2.3.2　Android SDK – tools 和 platformtools

这两个目录的功能差不多，都包括了相关的工具程序，开发者经常接触到的包括：

- **SDK Manager（SDK 管理器）**

这个程序在 Android SDK 根目录下，用于管理 SDK 组件的安装和虚拟设备管理，实际上就是我们前面已经接触到的 Eclipse 中"Android SDK and AVD Manager"工具，实现的功能也是一样的。

- **Emulator（模拟器）**

这个就是模拟器程序，它会加载用户定义的配置以运行一个虚拟的 Android 操作系统。

- **Ant （Java 程序部署工具）**
- **ant　部署工具**

这个文件夹中保存了 java 的 ant 部署工具的一些相关配置。

- **ADB （Android Debug Bridge）调试桥接程序**

这个程序在 platform-tools 文件夹下，这个工具其实非常重要，因为在开发调试过程中，程序实际上是在模拟器虚拟操作系统中执行的，调试命令和信息都通过这个程序在应用程序和 Eclipse 间传递。

- **Sqlite3　数据库工具**

Android 支持基于 Sqlite3 技术的嵌入数据库系统，这个工具可以帮助程序员从桌面系统访问移动设备内的数据库系统。

2.3.3　Android SDK – samples

这个目录下包括了一些示例代码（如图 2-38），这是一个非常好的快速学习的工具，通过运行这些示例程序并且研究它们的源代码，我们可以熟悉和了解在 Android 中如何实现某种功能和利用 Android 提供的新的特性。

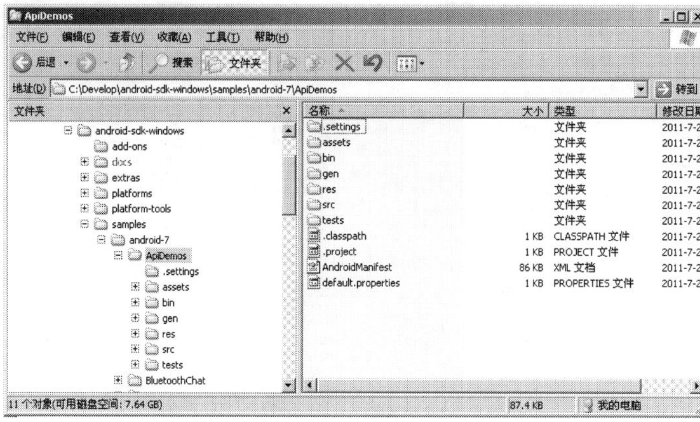

图 2-38　Android Samples（示例）文件夹

每个文件夹都是一个完整的 Android 工程，比如 ApiDemos 这个示例演示了 Android 系统中常用的各种界面元素和常规项目的实现和使用，其实非常有参考价值，我们以此为例，了解一下如何导入和利用这些示例代码。

（1）点击 File-New-Android Project，启动 Android Project 新建对话框（图 2-39）。

（2）选择 Create project from existing sample 并且在 Build Target 列表中，选择 Android 2.1。

（3）在 Samples 列表中选择 ApiDemos，并点击 Finish。

（4）如果能正常运行出现在 Eclipse 左侧项目浏览器中的 AppDemos 工程（如图 2-40），表明该示例程序已经正确安装。

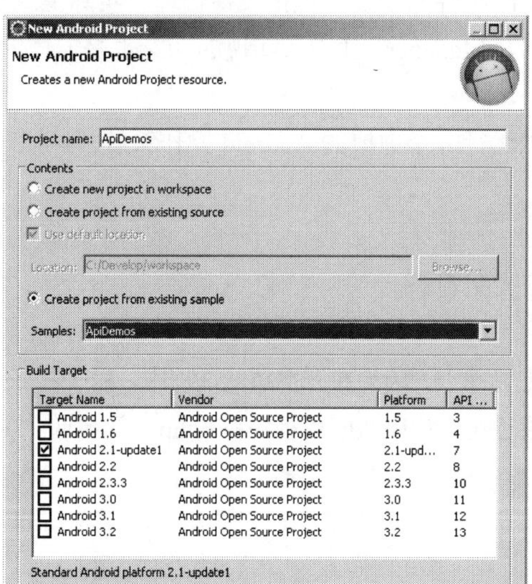

图 2-39　从示例代码中创建项目

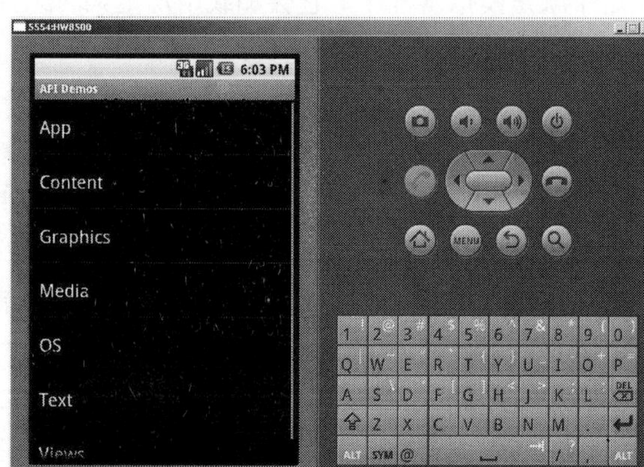

图 2-40　API Demos 示例程序

有时可能虚拟系统中已经有了一个 AppDemos 程序，系统会提示由于冲突而不能运行，这时可以将此程序从虚拟系统中删除，然后重新运行就可以了。

注：类似的，我们也可以导入一些已存在的工程文件，但和导入示例工程不同，这种情况下，我们选择的是 Create project from existing source （从已经存在的源文件中创建工程）项目。导入过程中可以

选择直接使用此项目或者复制项目到工作空间。导入项目后还需要注意一些环境的配置情况，如 Android 版本，虚拟设备的版本等等是否和运行需求匹配，这些情况都可能导致导入的工程不能正常运行。

2.3.4　Android SDK – documents

Android SDK 中另一个重要的内容是它的开发参考文档，它位于 docs 文件夹中（如图 2-41），它基本上是一个网站目录，我们使用浏览器打开它的主页（index.html）。

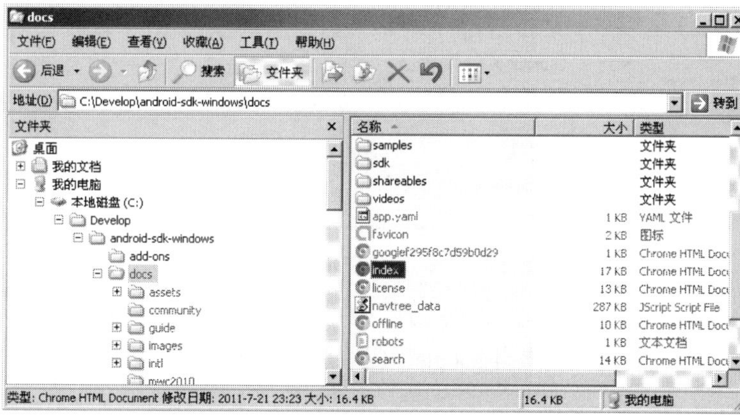

图 2-41　Android SDK 开发文档目录

如果经常访问 android 开发者主站，我们会看到非常熟悉的画面（图 2-42），就是说 docs 这个文件夹基本上是 developer.android.com 站点的一个副本。

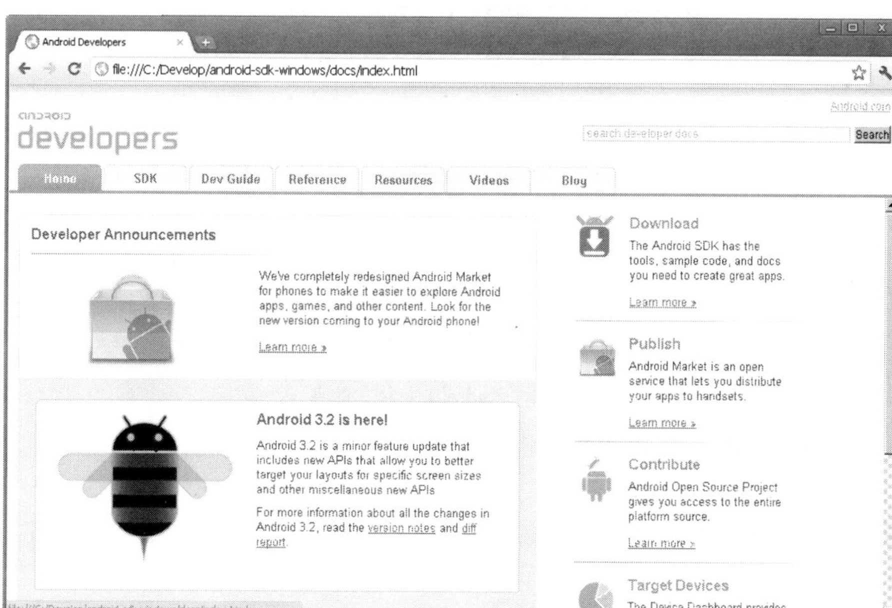

图 2-42　本地开发文档主页

作为 SDK 文档，我们最关心的是 API 的参考内容，可以访问页面中的 References 标签，就可以看到类似于 Java 标准文档的组织方式（图 2-43）：

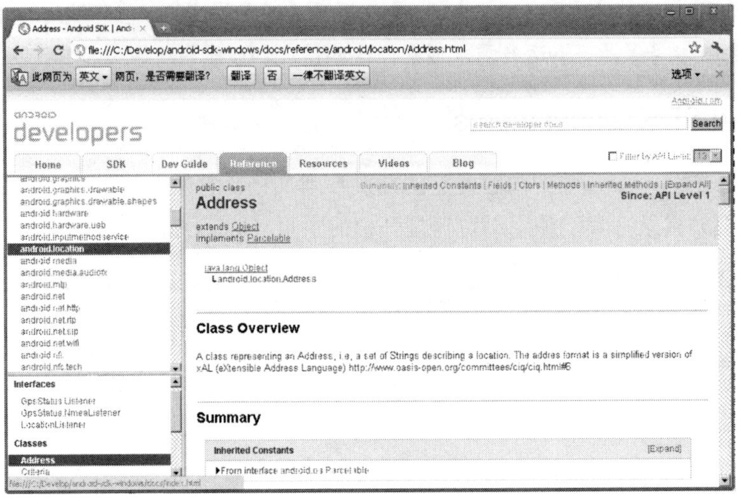

图 2-43 Android SDK 参考文档

这个目录下包括了一些示例代码，在这个地方我们可以查看所有 Android SDK 使用到的类库的分类定义和参考，这个内容是直接来自 google，应该是非常权威和官方的。

2.3.5 Android SDK – platforms

这个文件夹的内容是当前安装的所有平台（如图 2-44）。每个平台都有自己的独立的文件夹，内容基本上是和平台对应的版本相关的。

图 2-44 Android 平台文件夹

在这个文件夹我们值得注意的内容包括：

（1）android.jar

这个是当前平台版本对应的参考 java 类库包，这是我们开发工作最主要的一个引用类库，在没有特殊情况下也应该是唯一引用的一个类库。

（2）/res 文件夹

这个文件夹保存了 Android 系统用的一些资源文件，如多语言字符串资源，图片和图标资源。这个其实非常有用，比如你在自己的应用程序中想要一些类似于系统的界面元素，就可以到这里面来寻找。另外，你也可以通过查看里面的内容来理解 Android 如何实现国际化，如何实现界面主题等等。

Android SDK 还包括模拟器和虚拟设备的内容，鉴于这一部分比较重要，我们在后面专门有一个章节进行单独讨论。

2.4　Android Develop Tools

前面我们已经了解了 Android SDK 的一些具体情况，而在开发工具 Eclipse 这一端，相关联的是 Android Develop Tools 这个扩展插件。这一部分我们来初步了解一下 ADT 是如何对 Eclipse 进行扩展的，它主要体现在下面几个方面：

2.4.1　Android 工程模板

在我们前面创建 Android 工程时，有一个工程向导来帮助我们完成一些相关的工作，这个就是 Android 工程模板，它帮助我们能够生成 Android 应用工程的完整框架和一些初始化的配置，并以此为依据为我们自动生成一个可以执行的 Android 应用开发工程。

2.4.2　Android 文件模板

在 Android 系统中，需要很多类型的配置和资源信息来支持整个应用，如界面布局、国际化字符串资源、用户界面主题等等，它们都是以 XML 文件的形式保存的，统称为 Android XML 文件。同样的 ADT 也提供了一套这样的模板，帮助开发者创建和编辑这些内容。

在 Eclipse 新建向导中，我们可以找到 Android XML File 项目（图 2-45）。

这个项目可以启动 New Android XML File 对话框，开发者可以使用该对话框创建符合 Android 格式要求的 XML 文件（图 2-46）。

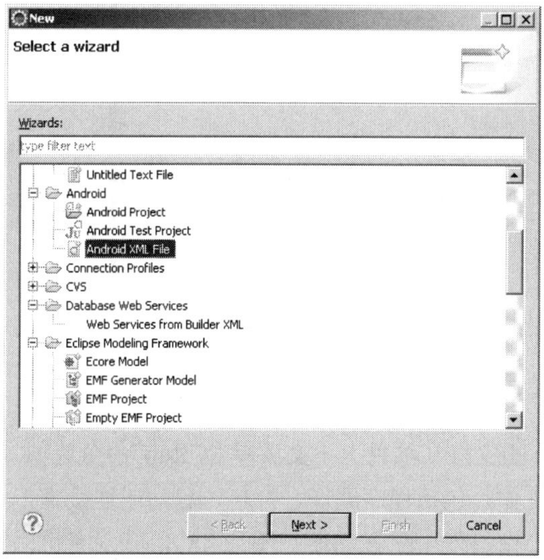

图 2-45　Android XML File 项目

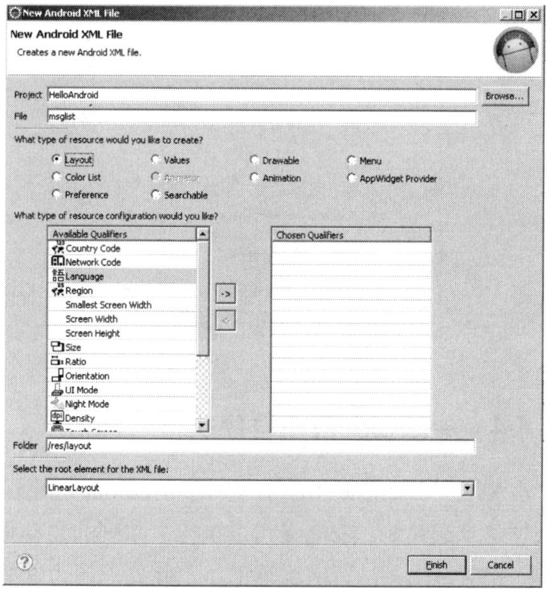

图 2-46　Android XML 文件模板

ADT 提供了很多中类型 XML 模板，包括：

- Layout：用户界面布局
- Values：字符串资源
- Drawable：位图图片资源
- Menu：选项菜单资源
- Color List：颜色定义资源
- Animator/Animation：动画效果资源
- AppWidget Provider：桌面小工具
- Preference：应用程序设置项目
- Searchable：搜索定义资源

同时，还提供了资源应用环境配置方式（Qualifiers），使相关资源能够匹配不同的应用环境，以适应如国际化或者同时支持多个屏幕大小和密度的情况。这个特性提高了程序在不同硬件设备和应用需求中的适应性。

2.4.3 Android 应用配置文件工具

对于 Android 应用程序的配置文件 AndroidManifest.xml，我们可以手动进行编辑，也可以利用 ADT 提供的图形化的配置工具来直观的完成这些配置内容（图 2-47）：

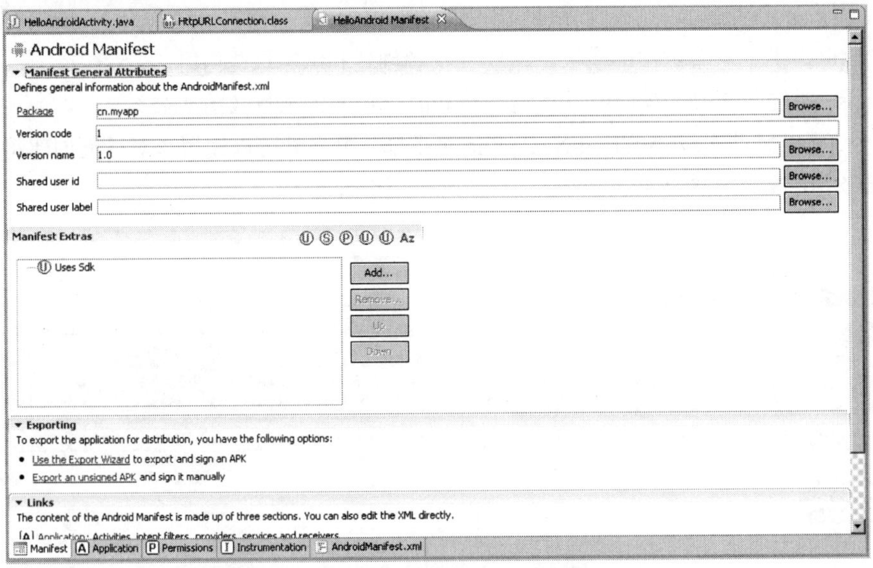

图 2-47　Android 应用程序可视化配置工具

2.4.4 Android 应用程序执行（Run…）配置

ADT 在 Eclipse 中添加了对于 Android 应用运行的支持（项目上下文菜单和"Run"命令选项），根据这个配置中，Eclipse 可以执行一系列的自动化工作，包括程序编译、打包、启动或连接虚拟设备、部署应用、运行应用等工作。此外，还为这些操作提供了配置选项（图 2-48），开发者可以在这里设置选择运行的目标，初始化界面和一些其他配置（这个工具可以使用 Eclipse 菜单 Run-Run configuration…调出）。

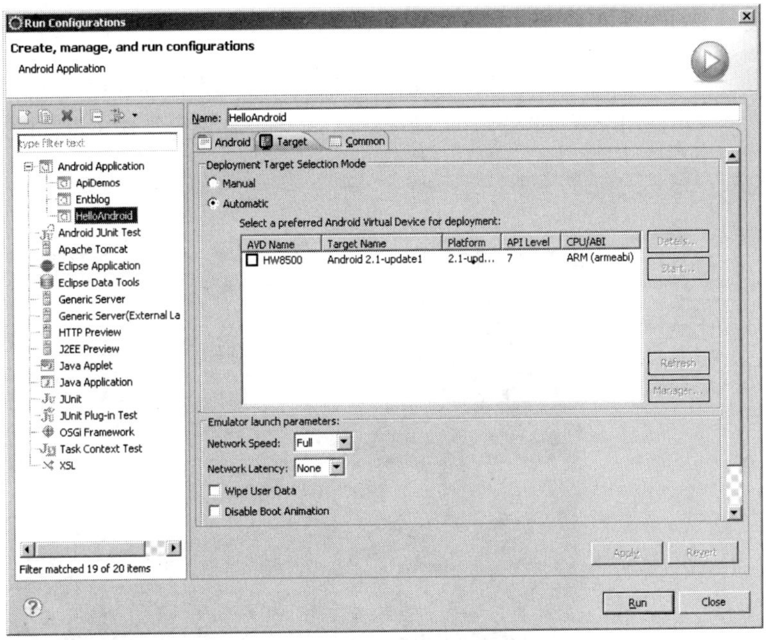

图 2-48　Android 应用程序执行配置

2.4.5　调试工具集 DDMS

在 Eclipse 中，ADT 提供了强大的 Android 高级应用调试工具集（如图 2-49 所示），名为 Dalvik Debug Monitor Server （DDMS），并作为一个视图集布局提供。在这个视图布局中，可以完成虚拟设备管理，进程/线程/堆分析，执行日志分析（logcat），模拟器控制，虚拟系统文件管理，屏幕截图等等相关功能。关于这个工具集的详细应用，我们会在调试章节中详细分析。

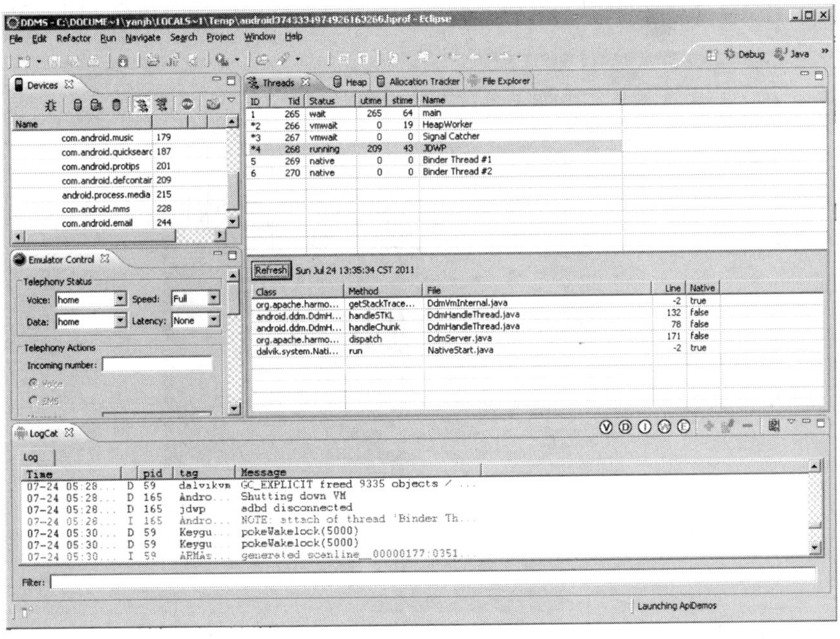

图 2-49　DDMS 视图布局

2.4.6 应用程序用户界面视图结构 Hierarchy View

这个工具帮助开发者了解和设计应用程序的图形操作界面体系，能够很直观的显示程序中各个UI 元素的继承、隶属和调用关系（图 2-50）。但这个工具本身并不能直接来设计用户界面。

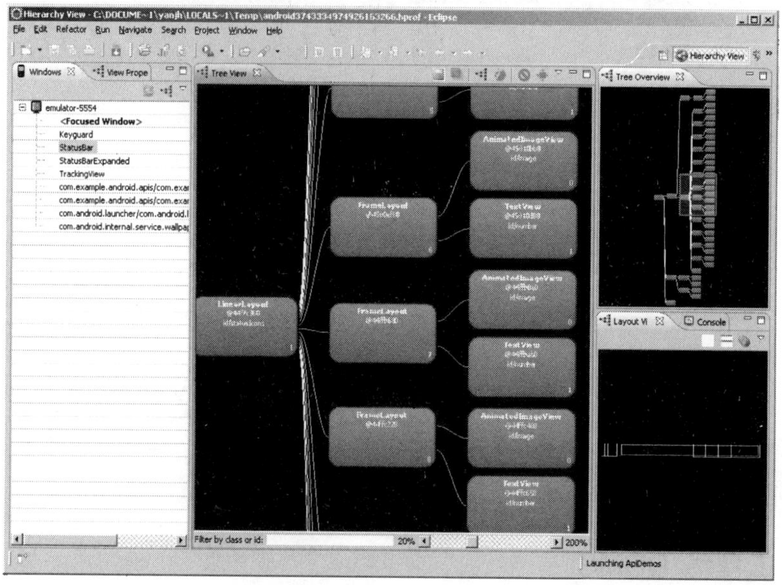

图 2-50 Hierarchy View

2.4.7 界面设计工具

ADT 确实也提供了用户界面设计工具。名为 Graphic Layout，使用这个工具，你可以进行所谓"可视化"的用户界面设计，即用鼠标直观的拖放、调整各种用户图形界面元素（图 2-51）。

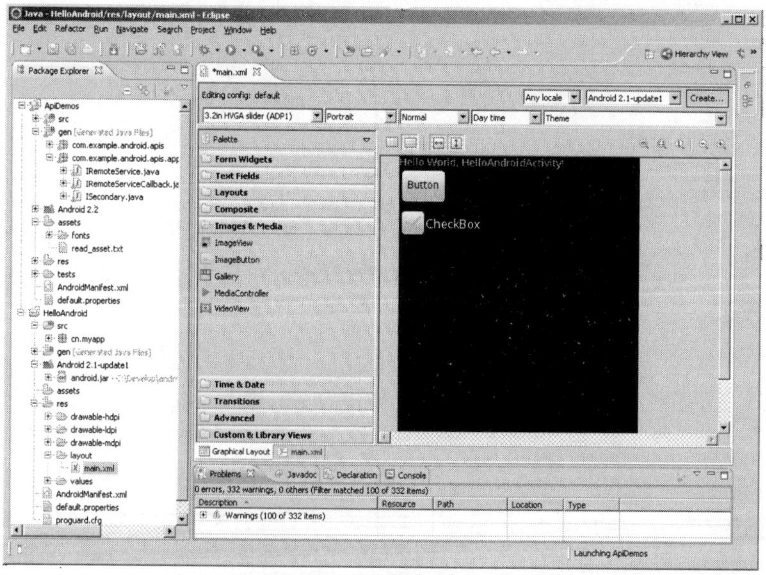

图 2-51 Graphic Layout 图形化布局

本质上而言这个工具实际上是一个 XML 解析工具，因为所有图形元素的最终定义都会保存在一个 xml 文件中。

2.4.8　Android 工具菜单

为了更好的支持 Android 应用的开发， ADT 专门在 Eclipse 中扩展了一个上下文菜单项目（如图 2-52)，用于处理 Android 应用工程，包括创建测试工程，创建资源文件，导出签名或者未签名应用程序安装包（apk）文件，显示 dex 字节码，添加兼容库文件，修正项目属性等等管理功能。

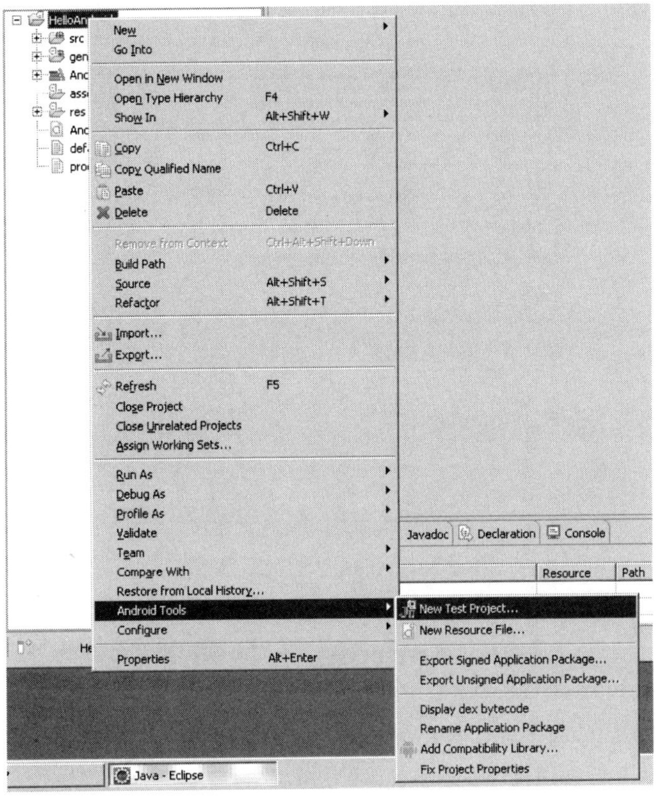

图 2-52　Android Tools 菜单

2.4.9　测试工具集

Android SDK 和 ADT 还提供了基于 junit 技术的测试工具和环境，由于应用程序是在虚拟设备中远程执行的，这个测试过程和环境是和标准 Java 略有不同。

通常情况下，我们可以在 Android 中创建一些测试用的类和方法来完成测试工作。而 ADT 和提供了更好的方式：Android 测试用工程。

在我们创建一个新的 Android 开发工程的时候，除了普通的 Android 工程模板外，还可以选择“Android Test Project”(Android 测试工程，如图 2-53)，用于创建一个测试用的工程，开发者可以在这些工程中编写测试用例，并可以对其他的 Android 工程（开发的工程）来进行“解耦”式的测试。

在这里我们并没有对相关的内容进行深入探讨，只是让读者初步了解一下 ADT 提供的工具和功能，我们会在后面的章节会有进一步的探讨。

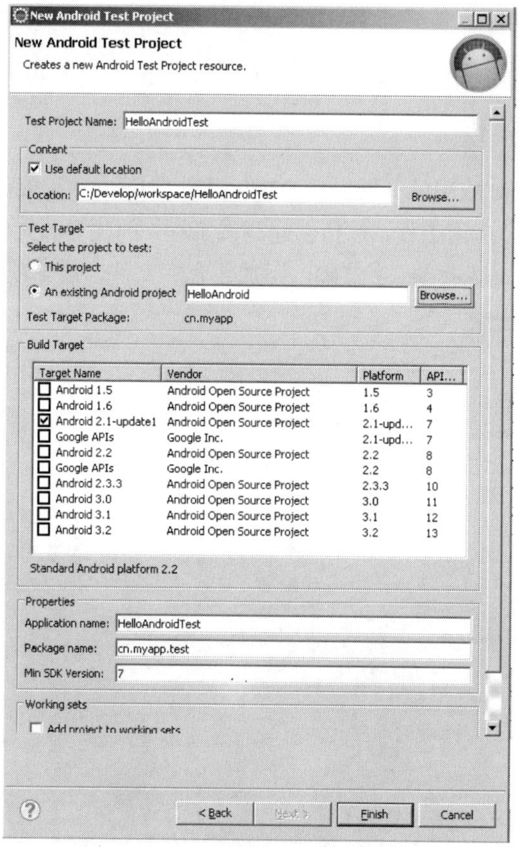

图 2-53　Android 测试项目模板

2.5　Android 工具命令行

如果是日常使用 Windows 系统，您可能认为所有的任务都应该在用户图形界面（GUI）环境中执行。但作为 Java 的开发者应该了解，Java 开发和应用是跨平台的，特别是在 Lunix/Unix（包括 Mac）这些操作系统中，作为一个传统，更习惯于使用命令行来完成任务；此外 Java 应用的一个特点是分层次、模块化的，对于 Android 系统也是类似的，我们应该理解，它的各个开发相关组件也是可以独立工作的，Eclipse 只不过是一个将它们可以比较好的组织在一起的平台工具而已。

也就是说，理论上而言，我们可以不需要任何集成开发环境（IDE），使用 SDK，操作系统基础环境（命令行），基础应用平台（JDK）和标准文本编辑器就可以完成 Android 应用开发。当然谁也不会实际去这么做，因为这样的开发过程过于繁复导致开发操作的工作量太大，影响开发效率。

这样我们就知道，在 Android SDK 中，很多工具和功能也是以可执行文件的方式提供的，它们可以在操作系统的命令行环境中执行（特别是在 Lunix/Unix/Mac），我们能够在 Android SDK 安装目录的 tools 和 platfrom-tools 文件夹中找到这些工具。考虑到在某些情况下，使用命令行和脚本可以为开发平台提供强大的功能和便利的特性，我们对此做适当的了解，也是有一定必要的。

这里我们先了解一些基础知识，有初步的概念，在后续的章节中我们会结合实际应用对相关内容进行深入学习。

（1）环境变量 Path 设置

在使用命令行之前，将 tools 目录添加到搜索路径是个不错的主意。这样可以保证在任何地方都能运行这些命令。例如，如果你将 Android SDK 安装在 c:\develop\android-sdk-windows 下，则可以在 Windows 计算机的命令窗口中执行以下操作将 Android SDK 添加到搜索路径（如图 2-54）：

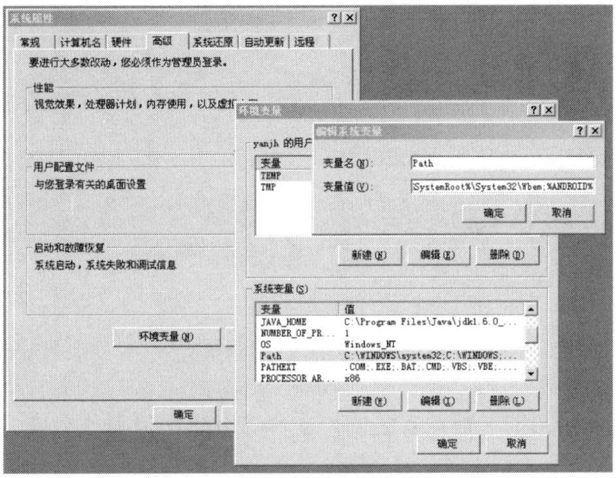

图 2-54　为 Android 命令行工具设置 Windows 环境变量

① 右击“我的电脑”在弹出的菜单中单击“属性”。

② 在系统属性窗口中，选择“高级”—“环境变量”。

③ 点击“新建”，在“新建系统变量”窗口中，填写变量名为 ANDROID，变量值为：C:\Develop\android-sdk-windows\tools;C:\Develop\android-sdk-windows\platform-tools。

④ 点击确定，确认该变量出现在系统变量列表中。

⑤ 双击系统变量中的 Path 变量。

⑥ 在编辑系统变量窗口中，在变量值的最后添加：

```
;%ANDROID%。
```

⑦ 确认并关闭所有窗口。

这里做了一个小小的处理，先将 tools 和 platform-tools 路径放在 Android 变量中，然后再将 Android 变量放到 Path 变量中。变量设置完成后，由于修改的是系统变量，一般需要重新启动后生效，但也使用下列方法使设置即时生效。

⑧ 进入命令行方式，输入：set Path=C:，关闭 DOS 窗口。

⑨ 再次进入命令行方式，输入：echo　%Path%。

⑩ 执行 adb，如果配置正确，应该可以看到命令已经能够执行。

Android SDK 中，常见的工具和所涉及的命令行程序包括：

（2）android

Android 命令可以启动 SDK 和 AVD 管理程序（以前的操作都是在 Eclipse 的菜单中启动的）。也可以直接用这个程序加上一些参数执行相关的命令，如：

```
android list
Available Android targets:
```

```
id: 1 or "android-3"
     Name: Android 1.5
     Type: Platform
     API level: 3
     Revision: 4
     Skins: HVGA (default), HVGA-L, HVGA-P, QVGA-L, QVGA-P
id: 2 or "android-4"
     Name: Android 1.6
     Type: Platform
     API level: 4
     Revision: 3
     Skins: HVGA, QVGA, WVGA800 (default), WVGA854
id: 3 or "android-7"
     Name: Android 2.1-update1
     Type: Platform
     API level: 7
     Revision: 2
     Skins: HVGA, QVGA, WQVGA400, WQVGA432, WVGA800 (default), WVGA854
```

这个命令会枚举当前可用的（已经安装的）平台，请注意 id 是平台在当前环境的标识符。

```
android create avd --target 3 --name hw8500 --skin HVGA
```

这个命令创建一个名为 hw8500，平台为相应标识符对应的版本（如 Android 2.2），屏幕为 HVGA 的虚拟设备。

（3）mksdcard 创建 sdcard 镜像文件

```
mksdcard -l cui-sd 512M vsd1
```

这个命令创建了一个名为 vsd1，大小 512M 的虚拟 SD 卡。 是一个镜像文件，可以在虚拟设备启动时挂载到虚拟设备上，就像在手机上插入了一张 sdcard 一样。

（4）Emulator 模拟器

Android 设备模拟器命令，主要用于运行和控制虚拟设备。如：

```
emulator -avd hw8500 -sdcard vsd1
```

启动名为 hw8500 的虚拟设备。并挂载虚拟 SD 卡 vsd1。

（5）Android Asset Packaging Tools（Android 资源封装工具 ，AAPT）

如其名字所示，它的作用是对开发工程的资源进行封装和打包，就是说，它能够对将我们的 Android 开发工程和相关进行分析，封装为可以在 Android 设备上安装和运行的 apk 文件。

（6）Android Debug Bridge （Android 调试桥，ADB）

这是一个非常重要的工具，它就是在开发过程中，执行 Android 应用程序是将将我们的开发环境和模拟器及虚拟设备连接起来的桥梁，当然，它也允许我们直接通过命令行或脚本与模拟器进行交互。

ADB 和 Emulator（虚拟设备）系统使用网络客户端/服务器模式工作，并使用 TCP 作为通信协议，因此我们在开发过程中看到的虚拟设备的名字都是类似于：emulator-5554，表示这个虚拟设备实例可以通过 TCP 5555 端口和 ADB 进行通信。

ADB 的功能非常强大，可以完成很多相关工作，如虚拟设备枚举，连接，虚拟设备系统文件操作，apk 软件包管理，logcat 控制台等等，下面是一些例子如：

```
adb devices
```

枚举当前运行的虚拟设备

```
adb shell
```

可以进入 Android 操作系统命令行，如果有多个虚拟设备，可以使用 –d <标识符> 进行指定。进入后可以基本上将 Android 系统作为标准的 Linux 环境进行操作。

```
adb shell rm /data/app/Chapter2.apk
```

使用命令行删除一个 apk 软件包；

```
adb install <your_bin_path>.apk
```

安装一个.apk 软件包；

```
adb shell sqlite3
```

访问设备中的 sqlite3 数据库，进行相关数据库操作；

```
adb logcat
```

虚拟设备控制台（日志工具）。

（7）DDMS

执行这个命令会运行一个独立的 DDMS 工具（不需要 Eclipse，如图 2-55）。

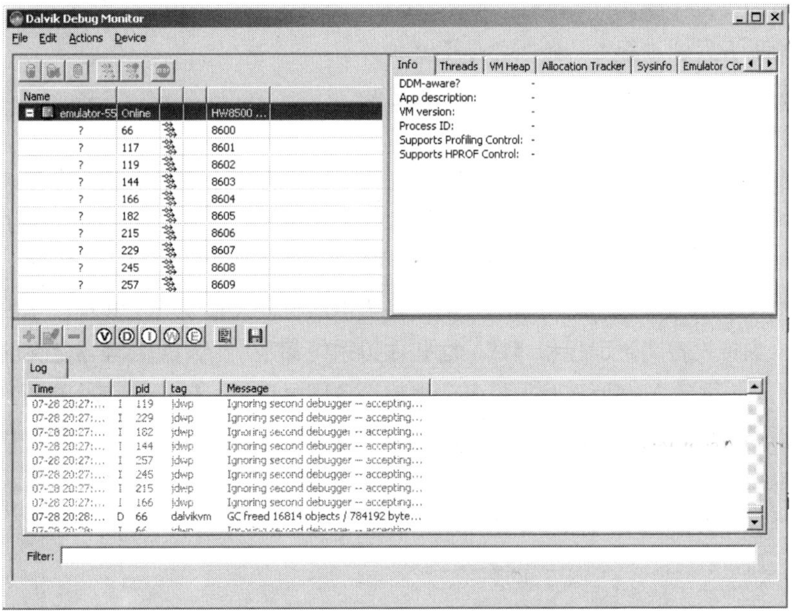

图 2-55　独立运行的 DDMS 工具

（8）Telnet

Telnet 不是 Android SDK 工具，而是一个系统工具，但它可以和虚拟设备联系起来执行一些操作，如控制虚拟设备的运行，执行一些电话功能等等。

要连接一个正在运行的虚拟设备的命令如下：

```
telnet localhost 5554
```

连接成功后可以使用 help 命令查看可以操作的项目。

2.6 模拟器和虚拟设备

最后，让我们来熟悉一下开发过程中经常打交道的模拟器和虚拟设备。内容主要包括了模拟器的原理、作用和配置，以及对虚拟设备的运行和使用进行的分析了解。

2.6.1 模拟器 Emulator

前面已经简单的提到过，手机应用程序开发和其他嵌入式应用的开发都有一个特点，开发和应用的平台是分离的。完整的开发环境包括开发平台、目标设备和中间连接的电缆。为了使开发的过程更加简单和标准化，设备厂商开发出来使用软件程序来模拟实际的硬件设备，在这个软件中建立一个和硬件系统相同的软件运行环境和各种接口，使开发好的应用软件可以在这个环境中运行，这种模拟硬件系统用的软件就叫做模拟器。而这种开发方式就成为基于模拟器的开发（图 2-56）。

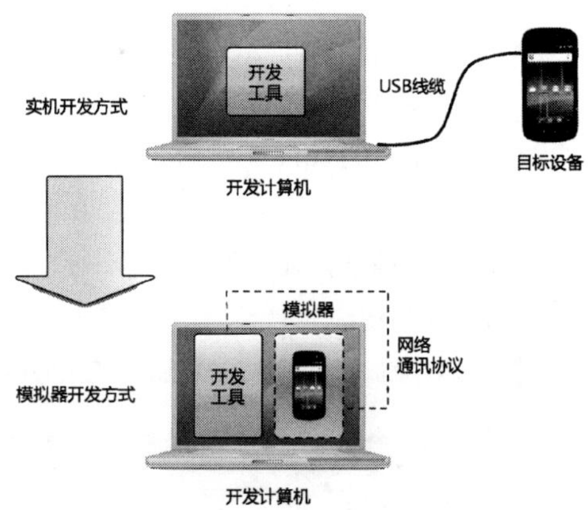

图 2-56　从实机开发到模拟器开发

在使用模拟器开发的过程中，还需要使用某种技术手段，能够在开发和调试工具可以和模拟器之间建立联系的通道，从而能够控制应用软件在模拟器中运行，比如能够反馈各种运行中状态和错误信息（日志记录）、发送调试命令和控制调试过程等等，就是所谓的调试桥，在 Android 开发中，使用就是 Android Debug Bridge 调试桥接程序。而可以使用桥接程序实施开发调试，是应用程序在开发阶段和最终使用阶段最大的不同。

为了提供更灵活的调试选项，Android SDK 将模拟器机制又做了分层和模块化的处理，使模拟器可以支持多个虚拟设备同时运行和调试，这些虚拟系统都是用 AVD 管理器定义的，它们的配置和版本都可以不同。那么，在调试时如果多个虚拟设备同时运行，Eclipse 怎么进行区分呢？

这个问题涉及到 adb 的运作机制，原来，adb 和调试客户端采用的类似于网络中 C/S 架构的方式，不同的虚拟设备，运行是占用的端口不同，adb 通过这些端口区分这些设备以及和它们进行通信，监控其运行状态并且发送调试指令（如图 2-57）。

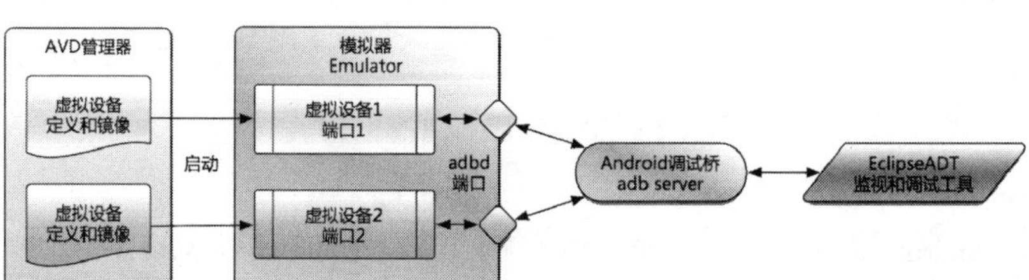

图 2-57　Android 运行和调试系统架构

如图 2-58 中就显示了在 emulator 中同时运行两个虚拟设备（2.1 和 2.2 系统）的情况：

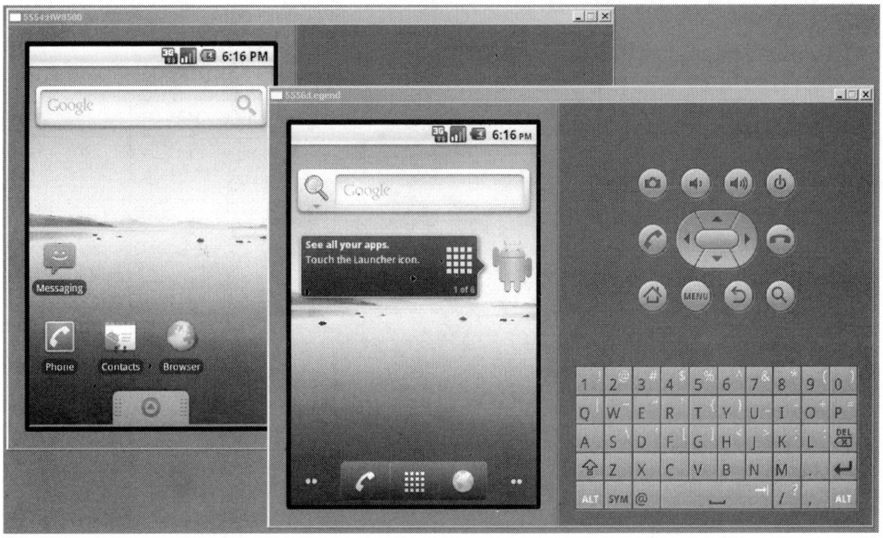

图 2-58　在模拟器中同时运行两个虚拟设备（不同版本）

模拟器的这个特性极大的提高了开发的灵活性，开发者可以测试同一个应用在不同平台上的表现，也可以为多个应用程序共享一个虚拟系统。但是需要注意，虽然我们可以配置多个虚拟设备，但是对于我们进行开发的 Android 应用工程而言，在同一时间只能为其指定特定的操作系统版本和虚拟设备（目标系统），而且在开发环境中引用的类库版本（Level）和虚拟设备中必须要一致，程序才能安装和运行。当然这个配置是可以切换的，如我们为 2.2 系统开发的应用，想要测试一下它在 2.1 系统上的兼容性，就可以重新引用和定义目标系统，并切换虚拟设备进行调试和测试。

另外，虚拟设备不仅可以用于运行开发用的 Android 应用程序，还可以在更逼真的程度上模拟真实设备的一些特性，如模拟手机的电话操作功能，多媒体内容播放，GPS 定位模拟等等。这样为我们开发和系统功能相关的一些应用程序提供了便利，关于这些特性，我们会在后面相应的章节进行深入讨论。

2.6.2　虚拟设备配置

在前面我们已经提到，要在模拟器上运行和调试，首先要创建可用的虚拟设备，而在创建过程中，基于开发和应用的要求，可能需要重点考虑下面一些要素：

（1）目标系统版本

为谁开发应用软件，应该是我们开展工作时提出的第一个问题，而他们正在使用什么样的设备，就是一个重点要考虑的问题。Google 定期会统计全球用户使用 Android 系统的状况，我们来看看现在用户都在使用那些版本，见图 2-59。

可以看到，现在 Android 系统的主流运行环境是 2.1，2.2 和 2.3，这是我们考虑应用程序兼容性的一个依据，其他的因素包括软件的特性和功能是否需要特定的版本和平台，软件的目标用户现有的平台情况等等。

比如 2.2 系统有几个重要的特性，包括在 SD 卡上安装软件，更高效的 JIT 运行引擎等等，但同时带来的问题是这些手机都是高端手机，另外可能有些 API 和原来的系统有比较大的差异？而 2.1

系统的手机主要中低端市场（特别是在中国），面向性价比都比较高，可能是主流的目标客户群……这些因素都需要综合考虑来做出选择。

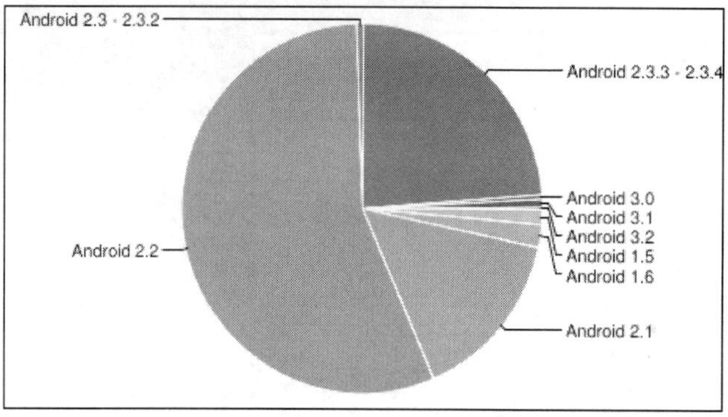

图 2-59　Android 系统版本分布（2011.8.1 来自 android.com）

一般而言，我们为新开发的程序考虑的主要支持版本是 2.1 或者 2.2。

（2）屏幕分辨率

手机的屏幕是用户选择手机的一个非常重要的因素，也是开发者开发应用程序的一个非常重要的考虑，它直接决定了应用程序用户界面的布局、内容和操作方式。

下表例举了常见的智能手机的型号、屏幕分辨率、屏幕尺寸、纵横比和屏幕密度的对比：

表 2-1　常见智能手机屏幕型号、尺寸、分辨率纵横比、密度对比情况

手机型号	屏幕规格	尺寸（英寸）	分辨率（像素）	纵横比	密度（ppi）
Nokia N95	QVGA	2.8	320*240	4:3	178
Samsung GT-S5260	WQVGA	3.0	400*240	5:3	155
iPhone	HVGA	3.5	480*320	3:2	163
Nokia5230	nHD	3.2	640*360	16:9	229
Dopod 900	VGA	3.6	640*480	4:3	216
Google Nexus One	WVGA	3.7	800*480	5:3	254
Moto Droid X2	FWVGA	4.3	854*480	16:9	228
iPhone4	4*HVGA	3.5	960*640	3:2	326
iPad	XGA	9.7	1024*768	4:3	132

各个分辨率的名称来自和标准 VGA 幅度的比较：

- QVGA：Quarter VGA，VGA 的四分之一
- WQVGA：Wide QVGA，宽屏 QVGA
- HVGA：　Half VGA，VGA 的一半（横向）
- nHD：720P HD 的四分之一（2x2），1080P HD 的九分之一（3x3）
- VGA：Video Graphics Array，标准为 640*480
- WVGA：Wide VGA，宽屏 VGA
- FWVGA：Full Wide VGA，全宽屏 VGA
- SVGA：Super VGA，超级 VGA

- XGA：Extended VGA，扩展 VGA

屏幕分辨率和屏幕大小是没有关系的。从开发的角度来看，屏幕分辨率越高，可以显示的内容就越多，但是，现在大部分手机和应用还有一个特点是单一的纵向屏幕布局，所以主要考虑的是手机横向的像素数量，而纵横比主要影响在纵向上可显示的内容。这些因素都会直接影响到开发者如何布置用户界面中的内容和控件的显示。

由于 iPhone 基本上最早采用了 HVGA 的标准（当时的大屏幕智能手机通常是 QVGA），很好的平衡了应用程序支持、设备便携性、显示质量、运行效能这几个要素，逐渐建立了新型智能手机的一个事实上的标准。以后的 Android 手机很多也是按照这个规格来的，当然后来一些 Android 手机厂商为了突出其硬件的竞争力，将屏幕分辨率拉高到 WVGA（800*480），当然也带来了 UI 幅面兼容性的问题（iPhone4 用来一种恐怖的方式来解决 UI 幅面兼容的问题，直接将纵横像素都乘以二，达到了 960*640，原有应用程序不需要做任何修改即可匹配）。这样，手机屏幕由此基本上发展到了一个天花板，会基本稳定在现有的规格了。

为了开发的方便，我们通常把手持设备的屏幕大小和屏幕密度分为以下几个类型（图 2-60）。在后面，我们就可以根据这些分类在应用程序中进行相关的设置以提供在对应的硬件设备上执行的能力。

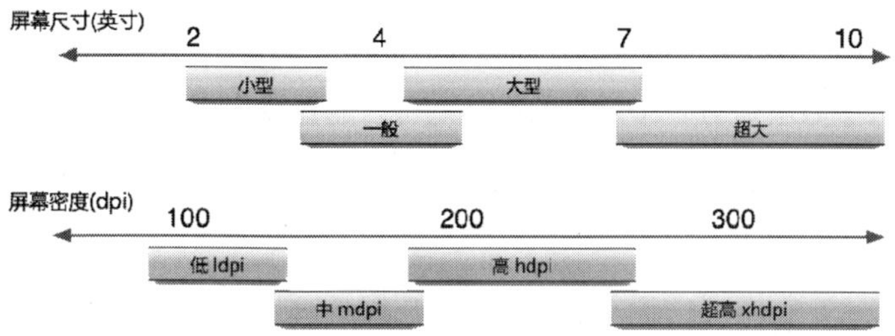

图 2-60　Android 设备屏幕分类

（3）像素密度

还有一个和屏幕大小和分辨率紧密相关的因素是像素密度，通常使用它使用 dpi 来表示，意为在正则方向上每英寸有多少个像素点，对于用户来说像素密度主要影响显示的细腻程度和画面质量。而对于开发者来说，其主要影响的是同一个图形元素在不同像素密度的屏幕上的观感是不一样的，同时也影响 UI 的布局。例如，对于一个 32*32 像素的按钮图标，它在不同像素密度上的屏幕上显示的实际大小是不一样的。一个极端的例子是 iPhone 和 iPhone4 的像素密度相差一倍，如果不做处理按照 1∶1 像素显示的话，它们的大小也会相差一倍，这样就非常影响操作控制和整体 UI 的一致性了。

针对这种情况，Android 提供了一个解决方案，针对不同的屏幕分辩密度，可以使用不同类型的图形元素配置，这样，一个 Android 应用程序就可以适应不同类型的屏幕了，大大降低了应用开发和维护的工作量。

具体做法是，首先将可绘制对象（drawable，就是位图）分为三种类型，low，middle 和 high，分别用于 160-dpi，160~240dpi，240+dpi 的像素密度和屏幕尺寸。对应的在资源文件夹中，为每个类型都创建相应的文件夹和资源文件（如图 2-61）。这样，系统在安装时会把这些资源文件都编译和封装到软件包中，直到运行时由程序根据当前的环境决定使用哪一套资源文件。通常资源文件这样组织和分配：

- drawable-ldpi：存放低分辨率的图片,如 QVGA （240x320）
- drawable-mdpi：存放中等分辨率的图片,如 HVGA（320x480）
- drawable-hdpi：存放高分辨率的图片,如 WVGA （480x800）

上面的规则其实已经简化，如果需要更细致的话，还应该为不同的分辨率来组织资源文件。当然一般情况下这样的处理已经可以满足要求了。

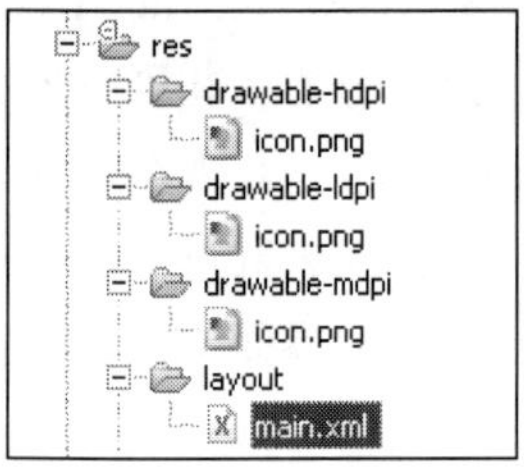

图 2-61　像素密度版本目录

而对于位图资源，也需要不同的像素密度提供不同的版本。比如同样的一个位图文件，如果在标准 dpi 下的大小是 32x32 的话，如果在不同密度的屏幕上希望要取得同样的观感，需要按照比例进行缩放，提供不同分辨率的版本（如图 2-62）。

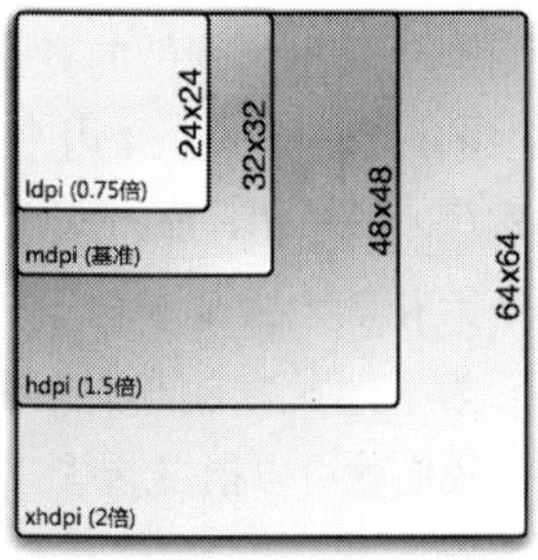

图 2-62　分辨率版本

通过上面的分析，我们可以了解到，作为企业应用，首先要考虑支持 HVGA/mdpi 的屏幕，其次是 WVGA/hdpi 的屏幕，这是两个最常见的情况。

（4）SD 卡

可选的，在创建虚拟设备时，可以创建虚拟的 SD 卡（镜像文件），由于在 Android2.2 版本后有一个重要的特性是可以选择将应用程序安装到 SD 卡上，并且可能需要我们的应用程序具备读写外部文件特别是 SD 卡上的文件的特性，所以在 AVD 中使用一个 SD 卡也是必要的，通常我们调试的话，复制一些媒体文件，安装一些程序，128M 就足够用了。

（5）硬件支持

Android 虚拟设备的有关硬件相关设置是可以调整的。在创建或者修改 AVD 的对话框中（图 2-63），可以设置如支持加速度传感器、支持 GPS、硬键盘、摄像头等等，有了这些设置，虚拟设备就可以提供相关的功能模拟来支持开发的工作。

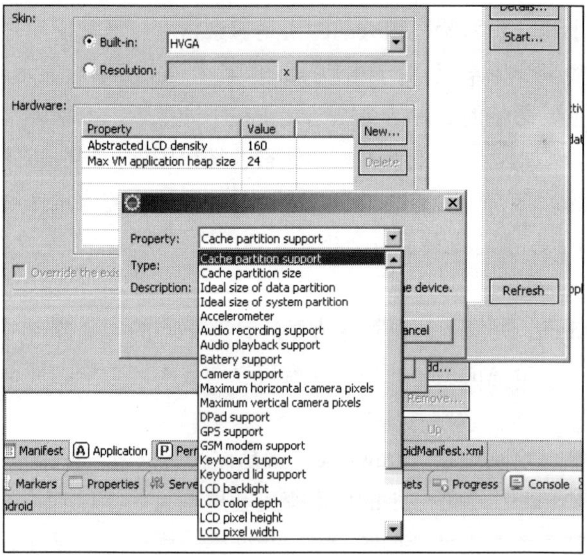

图 2-63　Android 虚拟设备硬件设置

2.6.3　虚拟设备操作和使用

这一节我们来熟悉一下模拟器和虚拟设备的操作和使用。如果你已经熟悉了 Android 手机的使用，对这些内容应该不会陌生，但尤其要注意的是虚拟设备和真实设备之间的差异和联系。

（6）界面和主要按键

图 2-64 指示了模拟器中可以调用的一些功能和用户界面元素。为了更好的叙述，这里展示的是 2.2 系统的默认主屏幕，和本书中的 2.1 系统相比略有不同。

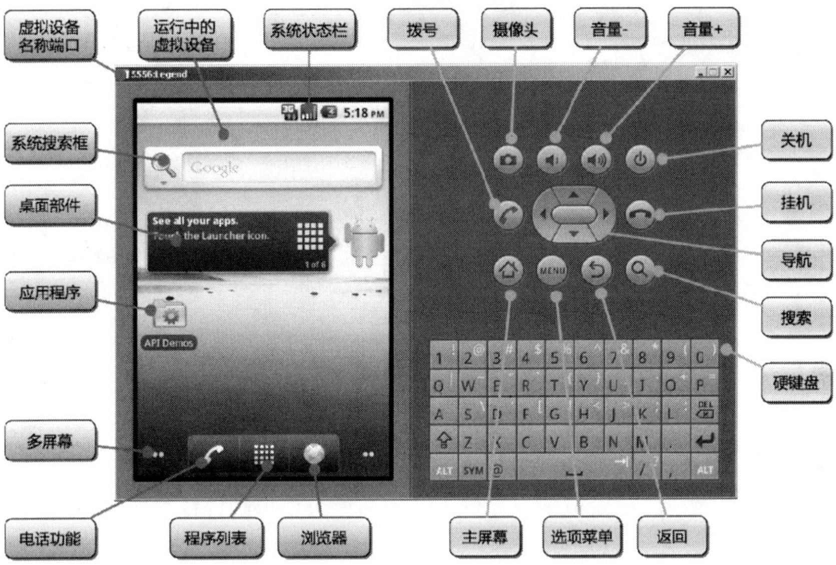

图 2-64　Android 模拟器界面

其中，主屏幕、选项菜单、返回和搜索按键是 Android 标准的系统级操作按键，其他按键基本上是通用的手机按键功能如拨号、挂机、操作导航等等。

- 主屏幕：控制当前程序关闭并返回主界面。
- 选项菜单：可以显示当前界面相关的菜单，在应用开发中可以自己定义这个菜单的内容和响应。
- 返回：这一按键可以控制程序返回上一级屏幕或者关闭对话框和菜单选项，它有点类似于浏览器的返回菜单，这个操作是系统级的，也就是说默认情况下是由系统来定义这个键的功能和行为。当然 SDK 也提供了相关接口，开发者可以截获这个按键事件编写自己的功能。
- 搜索：调用全局搜索程序，执行统一的本地和网络搜索。
- 模拟拨打和接听电话。

模拟器中提供了拨打和接听电话的按键，其操作方式基本上和真正的手机是一样的。它们会调用系统中的电话相关程序来执行相应的操作。开发系统提供这样的功能主要是帮助开发者模拟在程序运行中调用手机相关功能以及测试用户的程序与手机相关功能之间的干扰和影响。

（7）摄像头

不知道是由于硬件的问题还是 SDK 版本的问题，在笔者的模拟器中摄像头按键是不能使用的。但是“相机”应用程序是可以使用的（即便没有摄像头硬件，而且还可以切换到视频模式），还提供了一张已有的图片作为照相的结果来模拟照相的过程（图 2-65）。

（8）音量控制

这个音量控制功能是有效的（图 2-66），模拟器可以将开发计算机的声卡定向到虚拟设备中提供声音播放的功能。但是，这里有趣的地方是，这个音量控制键是可编程的，开发者可以在自己的应用程序中为音量控制开发自己的用途（比如在项目间导航等等）。

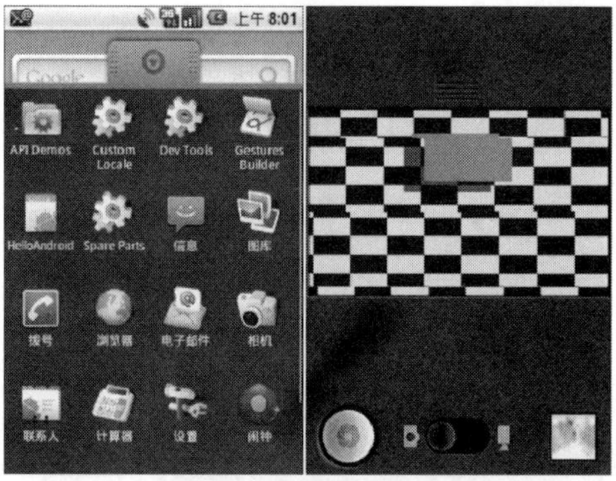

图 2-65　照相模拟程序

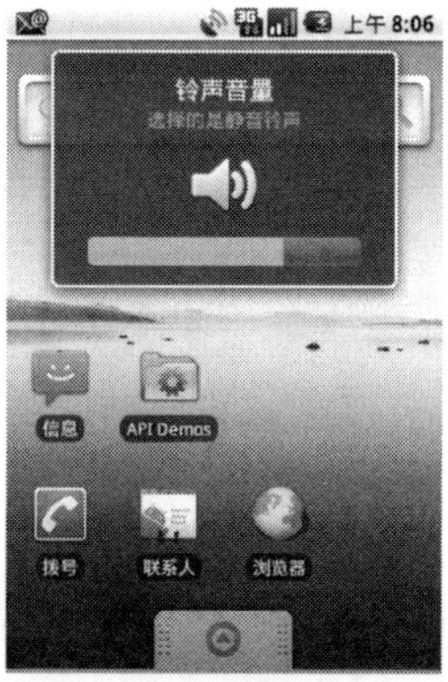

图 2-66　音量控制按键效果

（9）硬件键盘

第一部 Android 手机（HTC）是有硬件的键盘的。但后来随着手机功能的日益强大和人们使用习惯的变迁，硬件键盘好像变得可有可无了（主要是 iPhone 的影响力实在太大）。但 Android 还是保留了硬件键盘的开发接口。在模拟中也提供了键盘面板来模拟硬件键盘发出的各种按键指令。

（10）切换屏幕方向

有些应用需要屏幕横向放置，以获取更好的应用体验，如视频播放，宽屏网络浏览，游戏等等，使用快捷键可以模拟切换屏幕的方向，按【Ctrl+F11】组合键，模拟器会变成以下的显示方式：（如图 2-67，笔者觉得这个设计不太好，直接设计一个屏幕方向切换按钮应该更直观方便）。

图 2-67　横向屏幕显示方式

（11）执行和关闭程序

所有可执行的程序都在程序列表中可以找到，点击即可启动，按下主屏幕按钮即可关闭程序回到主屏幕。按住程序图标不放，可以将程序图标从列表中放到主屏幕上，相当于创建快捷方式。

Android 系统本身已经提供了很多应用程序，如图 2-68 是 Android 联系人、电话和短信程序：

图 2-68　Android 联系人、电话和短信程序

图 2-69 是 Android 网络浏览器，全局搜索（本地和网络）和电子邮件应用：

图 2-69　Android 浏览器、全局搜索和电子邮件

还有一些是一些媒体和工具程序，如图片、音乐播放、闹钟和计算器（图 2-70）：

图 2-70　图片、音乐、闹钟和计算器

还有一些程序是和开发相关的工具（图 2-71），包括 API Demos（Android 官方功能示例程序）、Dev Tools（开发支持工具集）、Custome Locale（自定义本地化设置）、Gestures Builder（手势编辑器）、Spare Parts（备件）等等，在真实的手机设备中里面应该是没有的。

图 2-71　开发支持工具程序

但是，在我们这个环境的模拟器中缺少的程序和功能包括：

- Google Map，无法模拟定位、方向指示和导航功能
- Android Market，无法模拟程序的在线购买和安装
- 视频播放器，无法演示视频播放
- 日历程序，无法模拟日程安排，这个比较难以理解

这里再说明一下，虚拟设备中没有相关的程序，不代表 SDK 的 API 中没有相关的功能，具体的功能应用需要查看开发文档，但没有相应的系统程序，确实为开发工作带来了一些不便。

（12）切换语言环境

Android 的默认语言环境是英文，当然 Android 系统是一个多语言系统，我们可以将其默认语言切换到中文。操作方式和手机上相同，启动 Setting 程序（图 2-72），依次选择 Language & Keybroad，Select Language，中文（简体），系统将会切换到中文（图 2-73）。

图 2-72　Android 语言和键盘设置

图 2-73　Android 语言和键盘设置（续）

在 Android 系统中，如果修改了语言设置，如果相关的程序支持国际化功能，它会以相应的语言显示操作界面，如图中的 Setting 程序。同样的，Android 系统的用户主界面本质上也是一个程序，它也会以国际化的方式显示相应的内容，如我们可以看到程序的名称也可以使用中文显示了。

（13）卸载程序

Android 应用开发时有时会遇到应用程序和虚拟设备中已有的程序冲突的情况，这时候需要将虚拟设备上的程序卸载，就需要使用卸载功能（图 2-74 和图 2-75）。

启动 Setting 程序，依次选择应用程序—管理应用程序找到需要卸载的程序，点击并按照提示操作就可以卸载，我们前面也提到过，这一功能其实也可以使用命令行操作完成。

图 2-74　Android 程序卸载

图 2-75　Android 程序卸载（续）

（14）GPS 和定位

虽然在模拟中没有 Google Map 程序。但是结合 ADT 提供的相关功能，是可以给模拟设备发送虚拟的定位信号，开发人员可以利用这一特性使用模拟器来开发和调试基于定位的应用程序（LBS）。

这一节我们熟悉了在虚拟设备中如何进行一些常见的配置和操作，有关于进一步的具体使用虚拟设备或者真实设备进行软件开发和调试操作的内容，会在后面的章节中详细阐述。

（15）姿态和运动

在模拟器中是无法模拟设备的运动的，也就是说 Android 暂时没有提供软件模拟硬件速度和方位感应的机制。但感谢 Android 的开放性，有第三方厂商开发出了能够模拟加速度和方位的模拟器工具调试程序。如 SensorSimulator （来自 OpenIntents）。（如图 2-76）

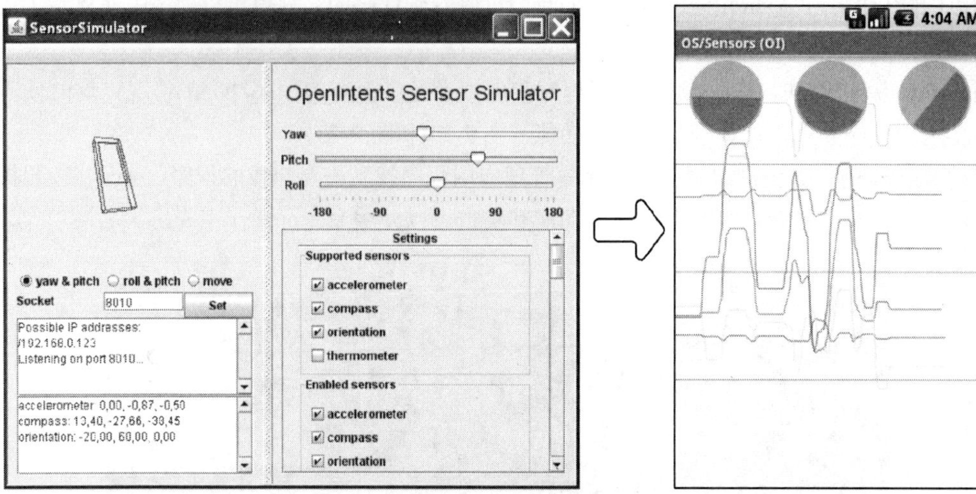

图 2-76　传感器模拟控制和模拟程序

这一特性在开发一些游戏程序或者需要引入姿态操控机制的一些程序来说，是非常有价值的。

2.7　总结

在本章节中，我们讨论了 Android 应用开发环境的组成，明确了具体搭建的过程和步骤，并且初步了解了其各个组成部分和其功能特性。这些内容都为我们后续的开发工作提供了一个良好的基础。具体的内容包括：

- Android 开发环境的构成
- Android 开发环境搭建和配置过程
- 了解 Android SDK 构成和功能
- 了解 ADT 的构成和功能
- 了解模拟器和虚拟设备的使用

Java 应用开发的一个特点是讲究模块化和可扩展性，通过 Android Develop Tools 这个扩展插件，Eclipse 作为 Android 应用开发已经比较完善和成熟了。当然，这个开发体系也有一些问题和不足，或者可以改进的地方，主要表现在下面几个方面：

- 虚拟设备执行的效率不能令人满意，启动速度比较慢，而且占用的系统资源也比较多
- 有时候自动编译的功能不是完全可靠
- 毕竟 ADT 是作为插件来对 Eclipse 进行扩展的，整体性和专注性不是特别强
- 没有很好的界面布局和资源管理工具
- 除了 Eclipse 之外，Android SDK 对于其他 IDE 工具的支持比较弱
- 模拟器缺乏对高级硬件模拟的简单有效的支持

思考题：

1．典型的 Android 应用开发环境由哪些部分组成？

2．为什么说针对 Android 应用可以实现跨平台的开发？

3．为什么 Android SDK 和 Platform 是分别安装的？

4．Android SDK 主要包含哪些内容？

5．为什么 Eclipse 会成为 Android 应用开发的主流环境？

6．使用模拟器开发有什么优势和不足？

第 3 章　Android 开发基础

在本章节中，我们将要学习一些关于 Android 开发的基础知识和技术，并着手编写一些相关的示例程序，在完成了本章节后，我们应该可以了解：

- Android 以及手持设备应用开发的特点
- Android 应用程序工程的基本结构
- Android 应用程序执行的基本流程
- Activity、Intent、Bundle 等的概念和应用
- 接触列表、对话框等基本的用户界面组件已经如何进行自定义
- 了解在 Android 开发过程中如何将业务对象和流程与开发技术进行结合

3.1　手持设备应用开发特点和规范

我们已经注意到，Android 是为手持设备设计的操作系统，那么我们的应用也应当是为手持设备设计的。通常，我们认为手持设备的应用具有以下特点：

- 手持设备通常屏幕有限，显示内容的能力有限，而且这是一个结构化的问题；
- 手持设备的信息处理能力有限，有受到电池能力的限制，需要特别注意应用和代码的效率；
- 现代手持设备有强大的网络连接能力，基本上可以实现“永远在线”，但同时要考虑传输的速度和流量并不适合持续海量数据传输和对实时性要求非常高的应用；
- 一般而言，手持设备不适合进行大量的信息输入和编辑的工作(如文字)；
- 手持设备通常不会独立承担所有信息处理的工作，而更适合于在网络互联环境中工作；
- 用户对于手持应用交互性和操作体验的要求更高；
- 手持设备应用通常是“单窗口”和线性的，通常不会有太复杂的窗口布局和管理。

针对这些特点，相比普通的桌面应用程序的开发，我们在开发手持设备应用的时候，就不能简单的照搬桌面应用，而是需要结合手持设备应用的特点进行优化，比如可以考虑以下的一些做法和原则：

- 手持设备和服务器系统相互配合，平衡信息处理和传输：
  - 原则上手持设备充当信息呈现和简单处理的工作，复杂海量的信息处理在服务器端完成

  - ➢ 强化在服务器端信息搜索的能力
- 为手持设备精心设计操作流程和界面。
  - ➢ 以业务需求为核心，追求简洁高效，减少冗余数据的处理和传输
  - ➢ 原则上从用户查找信息到信息处理完成不应当超过 4 个步骤
  - ➢ 在主页面中直接显示需要处理的内容
  - ➢ 在手持设备上只显示必要的信息，充分利用宝贵的屏幕空间
  - ➢ 省略或简化用户登录流程
  - ➢ 尽量减少确认对话框和界面切换
  - ➢ 充分利用后台服务和通知功能，让用户可以在不打开应用程序的情况下获取更新的信息
  - ➢ 简化内容管理，如自动增量更新，自动内容删除等等
  - ➢ 强化应用集成，如可以在应用中直接访问网站，拨打电话和发送邮件等等

3.2　实例应用 第一步

在本部分和后面的章节中，我们会通过一个实例程序和若干个示例程序来逐步的学习使用 Android 应用程序的开发。其中，实例程序将会贯穿我们整本书籍，从简单到复杂构建一个完整的客户/服务器应用体系；而示例程序是我们为了重点说明某个特定功能特性而例举的小程序或者片段。

这里我们将开始实例程序的第一个部分，这一部分的目的从应用程序模板创建一个最基本的应用程序，实际上我们在上一章已经做过这样的工作，但上一章的主要目的是验证开发环境的配置是否正常，而这一章我们将会在此基础上进一步熟悉 Android 应用程序开发工程文件的结构、组成和作用，从而进一步理解应用程序开发的一些核心知识和过程。

按照章节 2.2 的方法，创建一个名为 Entblog 的 Android 应用程序。创建参数如下(其他保持默认)：

- Project Name: Entblog
- Build Target: 2.1
- Package Name: cn.myapp

执行这个应用程序，应当能够在模拟器中看到执行结果，以确保所有组件和配置都工作正常。在进入下一个阶段之前，我们先来看看这个工程文件的组成和结构，如图 3-1 所示：

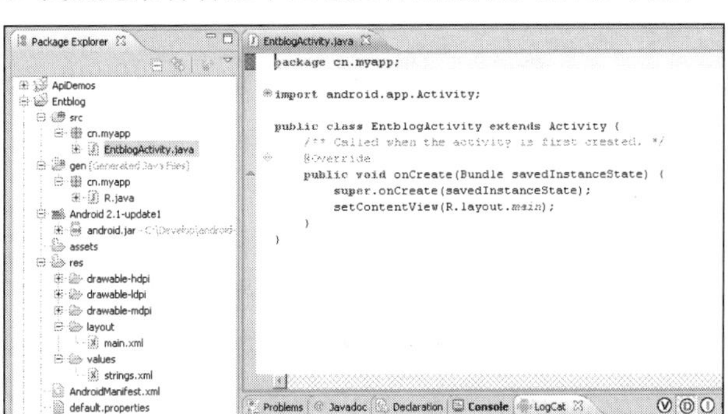

图 3-1　Android 项目文件

在这个图中，我们可以看到，一个 Android 应用工程下面包括一些文件夹和文件，我们重点需要了解下面几个部分：

（1）src

这个是源文件所在目录，和一般的 java 工程一样，我们把所有 java 类定义和代码都放在这个文件夹。我们编辑代码的主要工作都在这里完成。这个目录同样支持 java 包的组织方式。

（2）gen

这个目录名称 gen 实际上表示这是一些自动生成的资源，里面有一个名为“R”的类（R.java），实际上这个类是 Android 根据工程的一些配置和资源自动生成的（我们会在后面详细讨论）。需要注意的是，虽然我们可以查看甚至编辑这个类的源文件，但实际上并没有什么作用，因为每次修改配置文件或者资源文件，都会由系统来重新自动生成，而不需要开发者自己来维护。

（3）Android 2.1

这是平台类库，里面有一个叫 android.jar 的类库包，这是当前平台所能够引用的类库，也是 Android SDK 提供的核心 API。其实这个类库相当于一般 Java 工程里的 Build Path 和 JRE System Lib，但虽然 android 工程本质上也是 java 项目，但建议如果没有必要的话，不要引入太多的第三方外部类库，尽量只使用这个特定包中的资源，因为这个类库中的内容和真正的 Android 操作系统中提供的类库是一样的，而且有平台兼容的问题，而且，它已经能够提供绝大多数应用功能的要求，如果不这么做，容易造成系统兼容和性能方面问题。

我们可以通过修改工程文件配置来切换平台版本。通过这个特性，我们可以检查我们应用程序针对不同平台的兼容性和可移植性。

（4）assets 资产文件夹

可以让用户管理任意类型的文件夹和文件，但由于 Android 已经提供了比较完善的应用数据和资源管理方式，这个功能不是很常用。

（5）res 资源文件夹

在这个文件夹中我们可以定义和保存各种资源文件，如 layout 界面布局，values/string 字符串，drawable 界面元素（图片），主题，颜色，甚至声音视频等等内容。

（6）Android Manifest.xml（非常重要！）

这是当前 Android 应用工程的配置文件，相当于 Java EE 工程文件中的 web.xml。在这个文件中可以定义当前 Android 应用程序的相关配置，包括应用程序名称，版本，图标等内容，以及应用权限，所包含的视图和行为等等。

这样，我们对整个工程文件的组成和结构就有了一个初步的了解。可能读者会有这样的疑问，我们使用了这种方式创建了 Android 应用工程文件，但是我们并没有编写一行代码啊，这个程序怎么就可以运行了并且显示了运行结果呢？

原因是这样的，虽然我们没有编写代码，并不代表没有代码，而是在创建应用工程的过程中，ADT 使用了一个 Android 应用程序模板，利用我们在创建过程中提供的相关信息，为我们创建了一个 Android 应用程序框架，包括了一个应用程序的基本配置信息，一个视图类（用户界面），以及相关的支持资源文件。这个系统虽然简单，却是一个完整的可执行的基本应用程序结构。

打开工程文件夹 src，可以看到里面只有一个 EntblogActivity.java 文件，而这个文件实际上就是我们的项目主文件，也是程序的入口文件和第一个屏幕视图。这个文件只有如下的代码：

```
EntblogActivity.java
public class EntblogActivity extends Activity {
        @Override
        public void onCreate(Bundle savedInstanceState) {
            super.onCreate(savedInstanceState);
            setContentView(R.layout.main);
        }
}
```

可以看到，这是一个类，它继承自 Activity，当看起来和我们通常 Java 应用程序的 main()入口方法不太相同，看来，重点在这个 Activity 的类，那么如何来理解呢？

这就需要引入和讨论一下关于 Android 应用程序的结构和几个相关的重要概念。首先我们进入这个重要的类：Activity。

3.3　理解 Activity

请观察这一行代码：

```
public class EntblogActivity extends Activity
```

显然，这里是对一个类（EntlogActivity）的定义，而这个类继承自一个名为 Activity 的基类。

Activity（其实没有特别贴切的中文的释义，笔者暂时译为活动）通常是 Android 开发应用中第一个碰到也是最重要的概念之一，因为它就是 Android 程序提供给用户显示信息和进行交互的界面。从 MVC 开发模式而言，Activity 可以理解为其中的视图（View）。但和桌面系统应用程序的“窗口”相比，笔者倒是觉得 Activity 更加接近于 Web 应用开发中的页面，因为 Android 应用的一个特点是在同一时间内一般只显示一套用户界面，通常并不需要像桌面系统那样同时管理多个窗口和操作。

好了，我们知道了这个文件和类用于在程序启动后显示第一个界面，那么这个界面是如何来调用的呢，我们并没有看到调用它的代码，也没有看到程序向这个界面输入信息或者编写显示内容的代码啊？

我们还是以 Web 应用为例，当我们访问一个网站，输入网站地址，Web 服务器是如何知道应该把那个具体的页面显示给访问者呢？对了，这些信息是在 Web 服务器的配置文件中定义的。在 Android 中，也采用了类似的机制，通过一个配置文件来定义程序启动时的一些配置信息。这个文件就是我们前面提到过的 AndroidManifest.xml 文件。Manifest，英文意为表示或者显露，那么这个文件就应该是定义 Android 程序如何进行表示的配置文件了。

让我们打开这个文件，会看到如下的内容：

```
res/AndroidManifest.xml
<?xml version="1.0" encoding="utf-8"?>
<manifest xmlns:android="http://schemas.android.com/apk/res/android"
     package="cn.myapp"
     android:versionCode="1"
     android:versionName="1.0">
   <uses-sdk android:minSdkVersion="7" />
```

```
    <application android:icon="@drawable/icon" android:label="@string/app_name">
        <activity android:name=".EntblogActivity"
                android:label="@string/app_name">
            <intent-filter>
                <action android:name="android.intent.action.MAIN" />
                <category android:name="android.intent.category.LAUNCHER" />
            </intent-filter>
        </activity>
    </application>
</manifest>
```

如果熟悉 java EE 的开发，这些内容不难理解，这是一个标准的 xml 文件，无非就是定义了一些关于 manifest、application 和 activity 的配置。在这个阶段，这个配置文件是非常基础的，实际上还有很多其他的配置项目和选项，我们在后续的开发中会逐步补充和熟悉。

在 activity 项目中，可以找到我们感兴趣的内容。请注意这一行：

```
<activity android:name=".EntblogActivity"
```

不就是表明这个 Activity 对应的是 EntblogActivity 的类吗？再继续往下看，在这个 Activity 的项目中包括了这么一行：

```
<action android:name="android.intent.action.MAIN" />
```

这里定义了一个 action（行动），我们应该可以想到，这是应该是涉及到这个 activity 的如何行动（运行）的配置。那么这一行的意思就应该是说："系统将会使用 android.intent.action.MAIN" 的方式来启动这个 activity。猜对了，这个定义表明了这个 activity 是这个程序的 "Main 页面"（就是所谓的程序入口），将会在程序启动后首先进行显示。

当然我们还会注意到，这个定义是被配置在 "Intent-filter" 项目中，其实 Intent 是 Android 中另外一个重要的概念，我们会在后面详细讨论。

这里还有几个常见的 Android 配置项目属性可以进行配置，如表 3-1 所示：

表 3-1　常见的 Android 配置项目属性配置

项　目	引　用	具　体　值
程序图标	android:icon	@drawable/icon
标题栏内容	android:label	@string/app_name
配置项目的名称	android:name	用于配置项目标识

这里@drawable/icon 等是 Android 资源文件引用的表示方法，它代表将 res/drawable/icon 这个文件作为 Android 应用程序的图标，@string/app_name 的概念也类似，关于 Android 资源文件的引用，我们也会在后面详细讲解。

小结一下，结合这个配置文件和 EntblogActivity.java 这个类文件，我们就会初步了解到，Android 应用程序可能是这样启动的：

（1）用户对操作系统发出程序执行的指令（比如点击应用程序图标）；

（2）操作系统会查看配置文件 AndroidManifest.xml；

（3）找到定义为 MAIN 的 activity 项目，将其作为程序的入口和第一个界面（主界面）；

（4）执行并显示这个 Activity；

（5）应用程序启动（对于用户来说是看到了应用程序的界面）。

好了，应用程序已经启动，而且这个 Activity 也将进行显示，但程序是怎么知道要在界面上显示什么内容，已经显示的过程是怎么样的呢？这个是程序中控制的。让我们回到 EntblogActivity.java 文件，发现在这个文件中没有别的内容，只有一个 onCreate() 方法。

```
EntblogActivity.java
@Override
public void onCreate(Bundle savedInstanceState) {
     super.onCreate(savedInstanceState);
     setContentView(R.layout.main);
}
```

我们先来看看这个 onCreate()方法，也不难理解，@Override 表明这是一个重写的方法，是从 Activity 类中继承而来的。结合方法名称和基于面向对象的编程思想，这应该是一个事件触发方法，就是在这个 Activity 类实例创建（Create）的时候触发调用的方法，这样，在实际的业务应用开发过程中，我们就可以把一些 Activity 初始化时需要运行的代码或者任务放在这里。

事实却是如此，在这个方法中，除了继承性的调用父类的同样的方法外，还有一行代码：

```
setContentView (R.layout.main);
```

从字面上来理解就是，“依据 R.layout.main 来设置内容视图”，这个显然应该就是显示用户界面的代码了。这个方法用于设置内容视图，而设置的依据来自 R.layout.main。

这里的 R 应该是一个类，但我们没有定义或者编写这个类啊，看起来有点神奇，那么什么又是 R 呢？我们在下一节来进行进一步的探讨。

3.4　认识神奇的“R”

我们上节提到，在我们设置 Avtivity 的内容时，引用了一个 R 类文件，这个类中的内容我们确实没有具体编写，但其并非不存在。如果搜索工程文件目录，我们在 gen/ 中可以找到这个 R 类。它确实是一个完整的类的源文件，甚至我们还可以打开它看到这个类的定义和内容（图 3-2）：

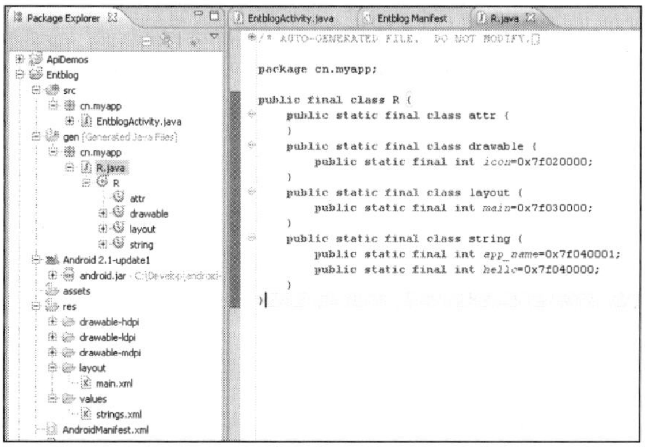

图 3-2　用户“R”和类定义

但这段代码好像不是我们写的啊？当然不是，其实，这个 R 是一个自动生成的类，它的定义和内容由 ADT 和 Eclipse 根据资源文件来自动维护，通常不需要开发者来操心。那么这个类又是怎样来使用的呢？我们再次看看程序中的引用：

```
setContentView(R.layout.main);
```

它引用的是 R 类中 layout 子类的 main 属性，对照这段代码和 R.java 类文件中的定义，可以看到 R.layout.main 实际上是一个整数常量（int main=ox7f030000）。这个数据是什么意思，在这里仍然没有太多头绪。

不要着急，我们试着再在项目文件中搜索一下，会发现在 res/目录下有一个 layout 目录下，目录下有一个文件 main.xml 的文件，是不是两种直接有什么关联呢？

答案应该明了了，这个 res/layout/main.xml 应该就是 R.layout.main！

原来，R 类是 android 对相关程序资源定义和建立索引的一种方式，R 代表资源（Resourse）的意思。R 中的每个整数常量都对应这一个资源的具体定义，它可能是一个 xml 文件，一个图片文件或者一个字符串资源。再次提醒一下，R 只是资源的索引，可以在开发过程中代码中进行引用，而真正资源的内容实体在 /res 目录之下，开发者可以在程序中使用 R 资源的值来对资源进行识别，而系统通过对于的 R 资源的名字在实际的资源文件中检索资源的内容。这样，资源的引用和实体两者就分开了，资源作为可配置的项目在程序外部实现并用唯一的标识符（int 整数常量）进行引用。这是一种非常好的资源组织方法，可以提高程序设计的灵活性，实际上，像多语言支持、程序主题等等特性其实都是在此基础上实现的。

让我们稍微再深入一点。具体分析 R 的定义我们可以看到，在这里我们还可以配置的项目包括：

- Layout：界面的布局资源，不同的 activity 可以引用不同的布局文件。
- String: 字符串资源，其中我们可以定义如界面标题/程序标题。
- Drawable:可绘制资源，其实就是图片了，如程序的图标、背景等等。在这里我们有一个默认的程序图标文件在 Drawable。

在这里有很多 Drawable 目录，可以适应不同的屏幕密度 dpi（不是屏幕大小），这些内容我们在第二章中已经讨论过，通常我们使用中等密度 mdpi，大约 160dpi。

前面是一些系统定义好的资源类型，其实这个 R 类的定义也是可以根据需要进行扩展的，比如如我们可以定义颜色资源 color，菜单资源 menu，raw 文件资源（音视频、通用文件、用户自定义格式的文件等等），在需要的时候我们进行阐述。

有时候我们会发现特别是在复制代码的时候，代码的 R 类引用会出错，引用到其他项目的 R 类了，或者 R 类出了问题，导致项目中非常多的引用错误，这时候可以删除这个类，并等待系统重新生成。

另外，有时在引入 R 类的时候，可能会出现两个选项（图 3-3），一个是我们自己的 R 类，而另一个是系统的 R 类，注意不要引用错误了，一般情况下都是我们自己程序相关的 R 类。而来自 android 的 R 类（android.R）包含了很多系统预置的常量，在使用一些系统预置的信息中会用到，两者的功能和作用是完全不同的，要特别注意。

当然，除了我们自己的 R 类，在很多场合下，我们也可以直接利用系统 R 类提供的相关资源，而不用自己编写。我们打开 android.jar 包，就可以看到 R 类的结构（图 3-4）：

在这个结构中，我们看到了和程序中 R 类相似的内容。其实，系统 R 类封装和提供了比较完善和常用的资源可以供程序直接使用，如系统图标、字符串、布局、样式等等，开发者如果能够了解、熟悉和应用这些内容，将会在开发工作中感到极大的方便。

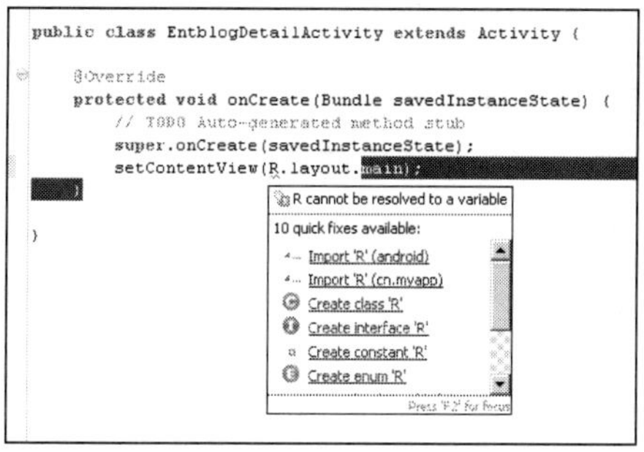

图 3-3　系统 R 类和应用 R 类导入选择

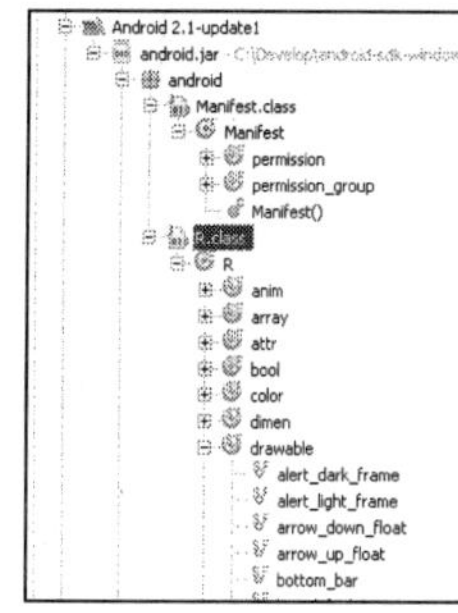

图 3-4　系统 R 类资源结构

要在资源文件中引用系统的资源，可以使用类似于下面内容的代码：

```
@android:drawable/ic_menu_help
```

这个内容实际上是在引用 Android 系统的 help 图标，如果在程序里，同样的资源，可以这样表示：

```
andorid.R.drawable.ic_menu_help
```

在讨论和了解了神奇的 R 类后，下一节我们继续来看看这个 R.layout.main 所对应的具体资源：res/layout/main.xml。

3.5　视图布局 layout

我们已经知道，在 setContentView() 方法中引用了一个资源 R.layout.main，它对应着布局资源文件：res/layout/main.xml。打开这个文件，可以看到类似于下面的内容：

```
res/laytout/mail.xml
<?xml version="1.0" encoding="utf-8"?>
<LinearLayout xmlns:android="http://schemas.android.com/apk/res/android"
        android:orientation="vertical"
        android:layout_width="fill_parent"
        android:layout_height="fill_parent"
        >
<TextView
        android:layout_width="fill_parent"
        android:layout_height="wrap_content"
        android:text="@string/hello"
        />
</LinearLayout>
```

同样是标准的 xml 文件，在文件中定义了一个布局（LinearLayout）项目，其中有一个文字视图（TextVeiw）项目。

顾名思义，<LinearLayout>是一个线性布局。布局，在 Android 中是一个容器，是用于对图形界面元素（视图）进行组织和编排的和工具，布局可以包含和容纳视图（View），类似于 Web 页面的 body 和 div。而视图，用于提供具体的信息显示和用户操作接口，类似于 Web 页面中的各种标签和表单控件，在这里<TextView>是用于显示文字的视图。布局和视图都有很多属性可以定义，开发者可以通过这些属性的设置定义布局和视图的形态、内容和行为。在 Android 系统中，通常的用户界面都是都是由这两个部分组成的。

好了，我们可以了解，这是一个线性的布局，其中有一个视图，在这个 TextView 里面有一个属性 android:text，它应该代表在这个视图中显示的内容了。这里它的值并不是一个常规的字符串，而是是“@string/hello”，@在这里代表一个变量，虽然这里的定义形式和我们前一节学习到的资源引用方式略有不同，但我们也能够想到这是一个字符串引用，引用的值是 R.string.hello。对应的值可以在字符串资源文件中找到。

```
res/values/string.xml:
<?xml version="1.0" encoding="utf-8"?>
<resources>
    <string name="hello">Hello World, EntblogActivity!</string>
    <string name="app_name">Entblog</string>
</resources>
```

在这个文件中我们确实能够找到一个名为 hello 的 string 资源的定义，实际的值为“Hello World, EntblogActivity!”，而这个值，就是最后显示在程序运行后的主界面的内容。

为什么不将 hello 的内容直接放在 android:text 属性中，而是使用一个变量来引用呢？理由和使用 R 类进行引用是一样的，实现具体资源和引用的分离。

除了我们这里看到 Linearlayout 和 TextView 之外，在 Android 中常见的布局的类型包括：线性布局、相对布局、表格布局；而常见的视图类型包括：文字视图、输入框、按钮、图片、画廊、媒体播放器/视图、检查框、单选框、进度条、数值选择条、日期/时间选择器等等；这方面的内容太多，这里就不一一阐述了，我们会在具体使用到的地方加以说明。

除了布局和视图之外，相关元素的属性和值，在 Android 系统中也有一套引用的规范，这里只讨论几个涉及到的和比较常用的属性内容和可选的值，如表 3-2 所示：

表 3-2　Android 常用布局属性和设置

元素属性	引用	可选值/示例
元素宽度和高度：	android:layout_width android:layout_height	fill_parent（填满父元素） wrap_content（由内容确定）
布局方向：	android:orientation	vertical（垂直） horizontal（水平）
对齐方式：	android:gravity	top bottem left right center-vertical fill_vertical center_horizontal fill_horizontal center fill clip_vertical clip_horizontal
补白	android:padding	12dip

续表

元素属性	引用	可选值/示例
空白	android:layout_marginBottom	20dip
元素文本	android:text	@string/hello （R 中可以引用）
元素背景	android:background	#AA000000
元素标识	android:id	@+id/my_button （R 中可以引用）
元素资源	android:src	@drawable/golden_gate
元素事件响应	android:onClick	对应方法名

注：在对齐的设置中，在逻辑正确的情况下，可以进行多种方式的组合，如要满足在底部的水平中间对齐，可以使用“center_horizontal|bottom”两者的组合（但显然不能使用 top|bottom 的组合）。

布局和视图的定义都是在 xml 文件中表述的，我们当然可以将其作为普通的文件文件进行编辑，但 ADT 和 Eclipse 提供了一个图形化工具来帮助我们编辑视图，我们打开 main.xml 文件，会发现除了源代码编辑窗口外，还有一个 Graphical Layout 视图（图 3-5），我们也可以利用它来进行布局设计。但实际上，Eclipse 的这个“可视化”界面编辑工具做到并不是特别好，容易造成整个开发工具响应比较慢，如果布局文件的编辑比较熟练，而又没有其他特别的原因，一般都通过直接修改 xml 文件完成界面设计和配置。

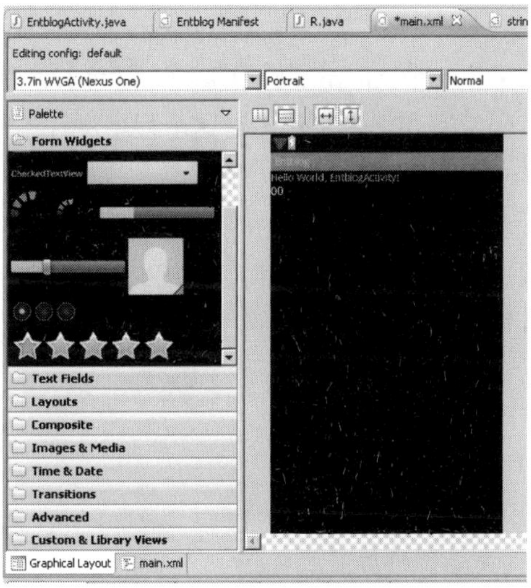

图 3-5　可视化布局设计

到这里，我们终于能够完整的了解这个看起来很简单的程序是怎样运行的了，如图 3-6：

下面简单分析一下：

（1）程序开始

（2）系统分析 AndroidManifest.xml 中的内容，找到入口 Activity（android.intent.action.MAIN）

（3）对 EntblogActivity 进行实例化

（4）实例化过程会触发 onCreate ()方法

（5）调用 setContentView()方法

（6）加载 layout/main.xml

（7）加载 strings/xml 中的 hello string 资源，并设置到 TextView 中

（8）显示主界面

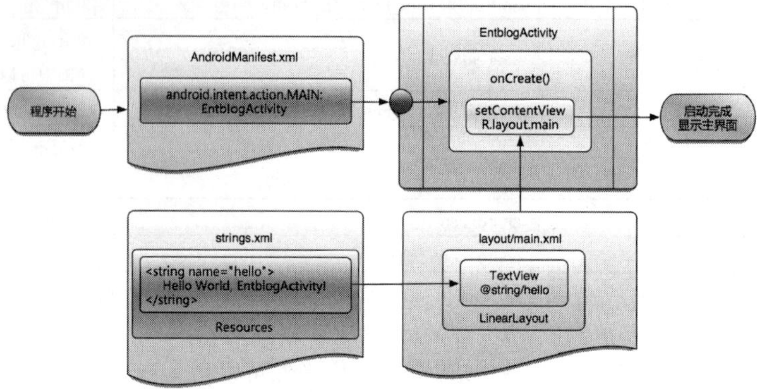

图 3-6　默认 Android 程序启动过程分析

这样，我们就可以看到显示一条文本信息的 Android 应用程序的第一个界面了。也了解到 Android 应用程序的结构和执行的流程。下面，我们将按照应用的需求对这个程序进行一些改进。

3.6　实例应用 第二步

到目前为止，我们已经创建了一个 Android 应用工程，但尚未编写任何一行代码。在这一节中，我们将开始着手一些实际的代码编写和配置工作，对这个程序进行一些改造，可以初步实现下列一个很常见的设计构想：

- 显示一个列表
- 点击列表项目，可以显示该项目的详细信息

根据这个需求，我们具体的改造的工作包括：

（1）将主界面改造成为列表项目显示的模式

（2）将列表中填入一些示例的数据

（3）编写响应点击列表项目的代码

（4）创建一个新的界面用于显示示例数据的详情

（5）实现点击列表项目切换到详情界面的代码

3.6.1　使用列表显示数据

首先要把原来主程序界面的 TextView 转变成一个列表视图。虽然我们知道 Android 中有一个 ListView 视图类，但我们这里先不打算使用 ListView 视图，因为在 Android 中提供了更好的技术——ListActivity。ListActivity 继承自 Activity，除了所有 Activity 具备的功能之外，这个类中封装了有关于列表视图的相关功能，使用起来比独立的 ListView 更加方便。

在这一部分，修改 EntblogActivity.java 文件的步骤为：

（1）修改 EntblogActivity 为继承自 ListActivity：

```
public class EntblogActivity extends ListActivity {
```

（2）删除对默认布局资源文件的调用：

```
@Override
public void onCreate (Bundle savedInstanceState) {
    super.onCreate(savedInstanceState);
    //setContentView(R.layout.main);  //不使用布局资源模板文件了
    listData();
}
```

这里我们将 setContentView()这个方法注释了起来，因为实际上由于我们继承了 ListActivity，这个类内置了处理列表视图项目的能力，我们就不需要外部的布局模板文件了。

另外，我们在此方法中调用了 listData()方法，这个方法在后面定义和执行，将会在 Activity 中建立和显示列表。作为一个比较好的编程习惯，我们不建议在 onCreate()方法中直接编写相关业务的代码，而是建议先放在其他方法实现，然后在 onCreate()或其他系统方法中进行调用。

（3）编写列表创建和显示的方法

```
    private void listdata(){
        // 创建一个内容列表，这里暂时使用字符串列表
        String[] names = new String[]
                    { "Linux", "Windows7", "Eclipse", "Suse","Ubuntu", "Solaris",
"Android", "iPhone"};
        // 基于列表创建 ArrayAdapter
        this.setListAdapter(new
ArrayAdapter<String>(this,android.R.layout.simple_list_item_1, names));
    }
```

分析如下：

① 为了简单起见，我们先使用一个字符串数组 names 作为填充数据：

```
    String[] names = new String[] { "Linux", "Windows7", "Eclipse", "Suse","Ubuntu",
"Solaris", "Android", "iPhone"};
```

② 基于这个列表创建一个列表数据适配器 ArrayAdapter。

在 Android 中通常不直接向 ListView 对象填充数据，而是使用一种数据适配器（ArrayAdapter）的技术来实现列表数据的加载，它可以在列表视图和数据列表中建立一种有机的联系。

new ArrayAdapter<String>是 ArrayAdapter 的构造方法，它的有三个参数，分别是当前的 Activity，列表条目视图样式和数据数组。

这里的列表条目视图使用了 android.R.Layout.simple_list_items_1，这是一个 android 预定义的列表条目的显示样式（注意这里使用了 android.R 这个系统类，它已经预置和很多资源和格式定义，我们可以直接使用）。ListActivity 将使用这个样式来显示列表。

③ 调用 setListAdapter()方法将这个新建的适配器设置到 ListActivity 上。

（4）实现列表条目事件响应方法：

列表能够显现相关的信息后，我们当然也希望这个列表可以进行“操作”，就需要编写相应的操作事件响应的代码，在 ListActivity 中，是通过重写 onListItemClick()方法实现的：

```
@Override
protected void onListItemClick(ListView l, View v, int position, long id) {
    super.onListItemClick(l, v, position, id);
    // 获取被点击的项目
    Object o = this.getListAdapter().getItem(position);
    String keyword = o.toString();
    // 进行一些操作
    Toast.makeText(this, "您选择的是: " + keyword, Toast.LENGTH_LONG).show();
}
```

分析如下：

① 先使用 getListAdapter().getItem()方法，从数据适配器中取出当前操作的条目，参数 position 是传入此方法的当前条目在列表（数组）中的位置；

② 将这个条目转换为对象；

③ 其实这个对象就是字符串，因为这里列表本身就是字符串列表，进一步调用 tostving()方法获取对于的字符串内容；

④ 转化为的为了简单起见，我们先使用一个字符串数组 names 作为填充数据。

完成后，我们试着执行一下这个程序，应当可以看到下面的列表，点击其中的项目，可以看到一个提示框。如图 3-7 所示：

图 3-7　列表程序的运行

此处就是使用 ListActivity 的方便所在，可以直接用来处理相关事件。当在这个列表中有特定的项目（视图）被点击的时候，这个方法会被触发，需要注意的是，这个方法需要使用位置参数 position 和 getItem（position）方法从列表适配器中来确定被点击的项目，然后获取里面的内容，传递给后面显示消息的方法，具体的代码如下：

```
Object o = this.getListAdapter().getItem(position);
String keyword = o.toString();
```

为了显示相关的信息，我们使用了一个 Toast 类：

```
Toast.makeText(this, "您选择的是: " + keyword, Toast.LENGTH_LONG).show();
```

这个类通常用于在 Android 中显现一个自动化的消息框，它会在屏幕上显示一个消息框，持续一段时间后自动消失，它的好处是“调用后不管”，可以用于提醒，状态更新等场合。

它的使用也非常方便，任何时候直接调用 Toast.makeText().show()方法就行了，注意其第一个参数是一个 Context 上下文，如果在 Activity 中调用，直接使用 this 就可以了，如果在其他的对象进行调用，可以将 context 作为参数传到那个对象中或者使用。

我们也可以将这段代码进一步封装，方便我们取用：

```
public void showMessage(CharSequence charSequence) {
    Toast.makeText(this, charSequence, Toast.LENGTH_LONG).show();
}
```

相应的调用方法如下：

```
showMessage("您选择的是: " + keyword);
```

这样，我们已经就有了一个列表，并且能够响应我们的选择和点击。下一步，我们需要建立一个新的用户界面（Activity），用于显示被点击的列表条目的详细情况。

3.6.2 创建新的 Activity

现在我们已经有了一个 Activity，这是我们主界面，但它是由系统的向导在工程创建过程中自动创建的，我们现在需要自己增加一个新的 Activity。实际上 Activity 也是一个 Java 类，因此我们的操作和创建 Java 类一样：

（1）在项目上点击右键菜单 New-Class（图 3-8），因为 Activity 就是一个 Java 类；

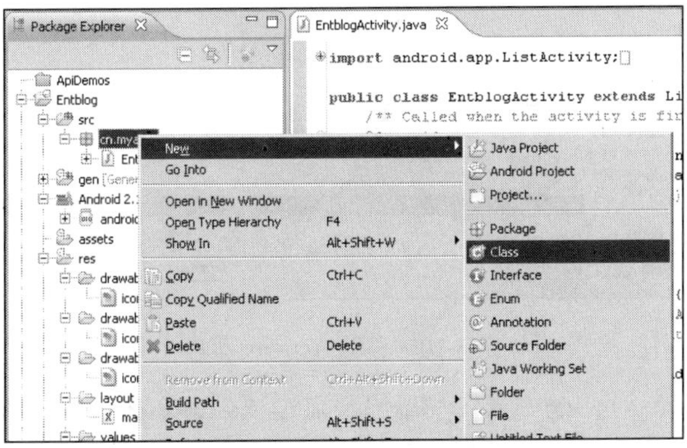

图 3-8 新建 Activity 菜单

（2）在 New Java Class 对话框中（图 3-9），填写以下参数；

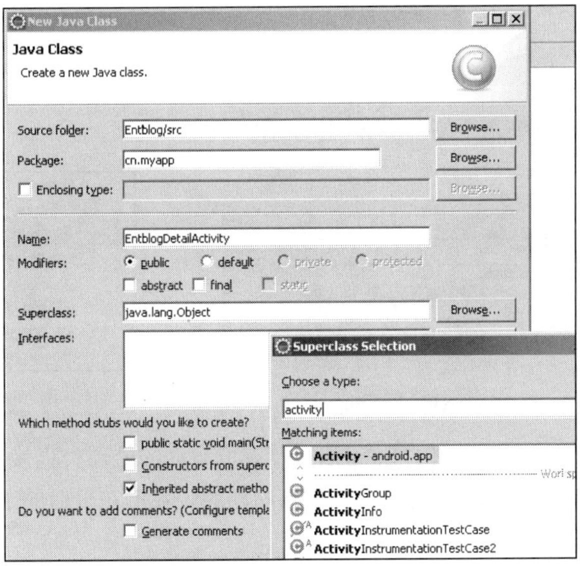

图 3-9 新建 Activity 对话框

```
Name: EntblogDetail (新的 Activity 名称)
Superclass: android.app.Activity (可以点击 Browser…按钮，从超类选择的对话框中取得)
```

（3）点击 Finish 完成创建，这时项目中会出现并打开一个新的 EntblogDetailActivity.java 的文件，请注意这个 Java 类一定是要继承自 Activity 类；

（4）项目整理；

这一步骤并不是必须的，但考虑到以后的工程文件结构会越来越复杂，我们将对项目进行一下整理工作，方式是创建一个 Java 包用于保存所有的 Activity，这是一个良好的开发习惯和规范。

要创建一个新的包并把现有的两个 Activity 移动到其中的操作需要用到 Eclipse 的 Refactor 功能（如图 3-10：在项目上点击右键菜单-Refactor-Move）：

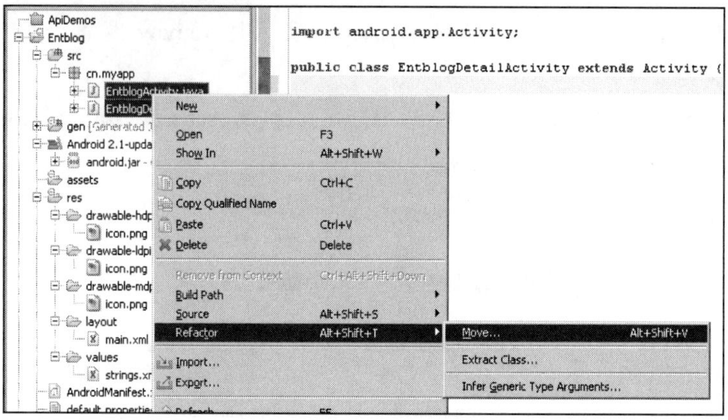

图 3-10　移动 Activity 菜单

在随后弹出的 Move 对话框中（图 3-11），点击“Create Package”按钮，创建一个新的包 cn.myapp.activity，点击 OK，就可以看到如图 3-12 所示的 Activity 包和类结构：

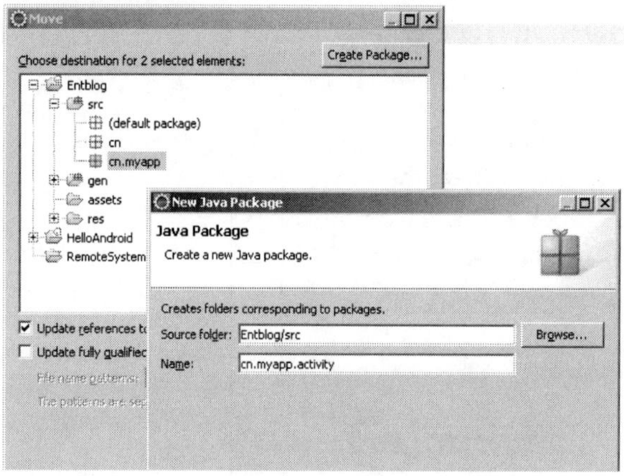

图 3-11　移动 Activity 对话框

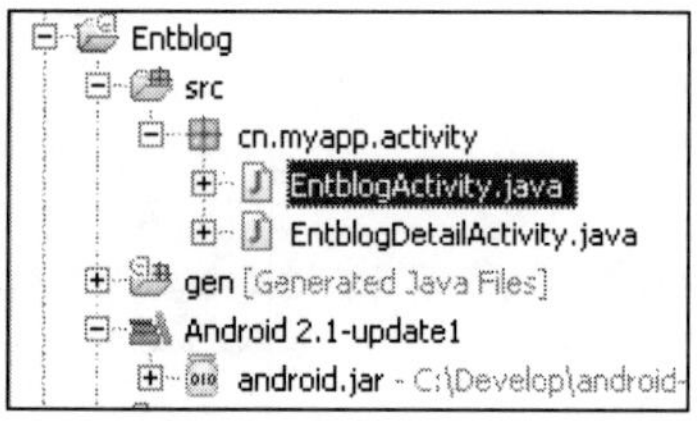

图 3-12　新的 Activity 包结构

使用这种方式来处理 Java 类文件，Eclipse 会帮我们自动的处理类直接的引用关系和配置关系，为我们节省了很多不必要的代码和结构维护工作。同样的，我们在以后的工作中也可以按照应用的需要创建一些类似的分类包结构。

（5）重写 onCreate()方法

新的 Activity 定义之后，我们可以看到它里面的内容完全是空的，和我们创建工程文件和主界面 Activity 的情况是不一样的，这当然不是我们希望的结果，我们可以参照第一个 Activity，来重写 onCreate()方法。同样可以使用 Eclipse 的 Refactor 方法，在代码区域中点击右键，选择 Sources-Override/ Implement Methods…（图 3-13），调用 Override/ Implement Method 对话框。

在对话框（图 3-14）中我们可以看到所有可以重写的方法，找到并且选择 onCreate()方法，点击 OK。

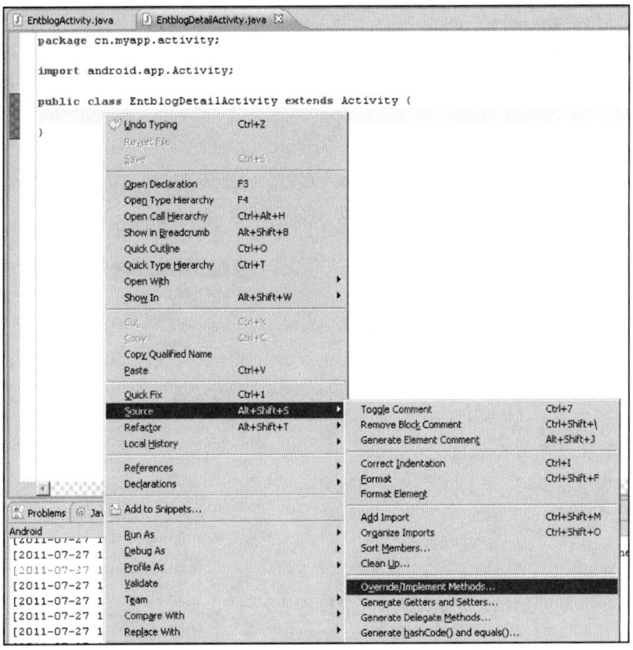

图 3-13　Override/Implement 菜单

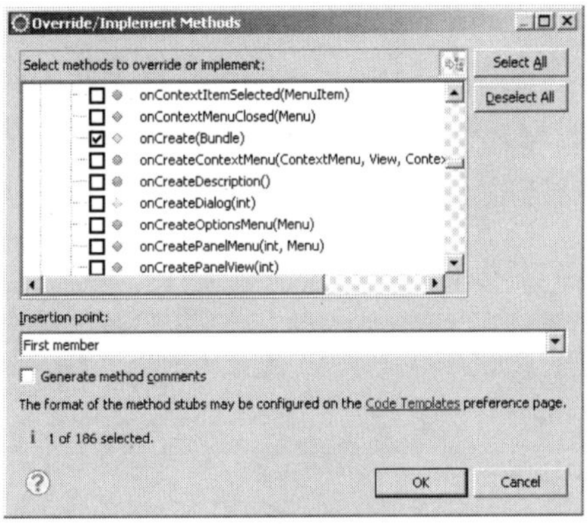

图 3-14　Override/Implement 对话框

然后，我们会在 EntblogDetailActivity 代码区中看到重写的 onCreate()方法，和我们看到的第一个 Activity 非常相似，但内容为空。同理，我们在 onCreate()方法中也可以加入对布局模板的引用，我们预先假设我们对模板文件的定义名称为 blogdetail，就可以加入下面的代码：

```
EntblogDetailActivity.java
    @Override
    protected void onCreate(Bundle savedInstanceState) {
    super.onCreate(savedInstanceState);
    setContentView(R.layout.blogdetail);
    }
```

当然，这个布局模板文件现在还不存在，Eclipse 中会出现代表错误的红叉，并且告知我们 R.layout.blogdetail 这个资源是不存在的，这个工作我们随后完成。

3.6.3 为 Activity 创建布局模板

现在，我们需要为这个 Activity 创建布局模板，让这个用户界面可以以我们希望的方式显示信息。ADT 也提供了相关的模板和工具，操作过程如下：

（1）首先在 Layout 项目上点击右键，New-Other（图 3-15），调出新建文件向导（3-16），找到 Android XML 文件类型，因为本质上而言所有布局模板资源都是 xml 文件。

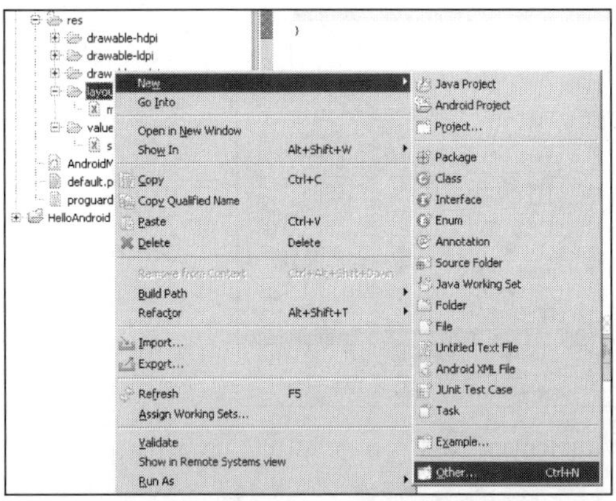

图 3-15 Android XML 文件创建菜单项

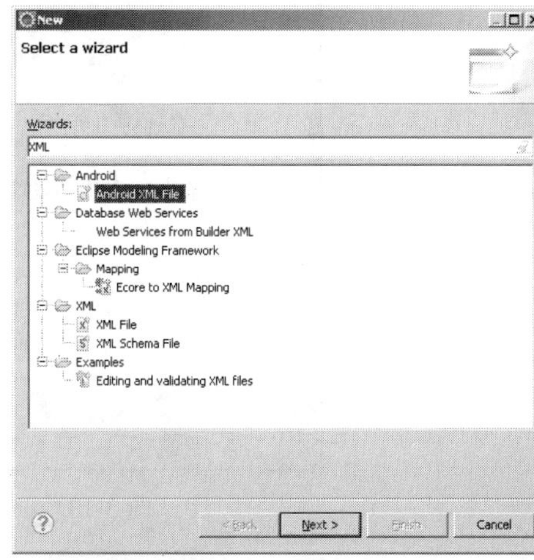

图 3-16 新建 Android XML 文件向导

（2）在新建 Android XML 文件对话框中（图 3-17），填写如下信息：

```
File: blogdetail (文件名称)
Type: Layout(类型为布局)
XML root: LinearLayout (根为 LinearLayout)
```

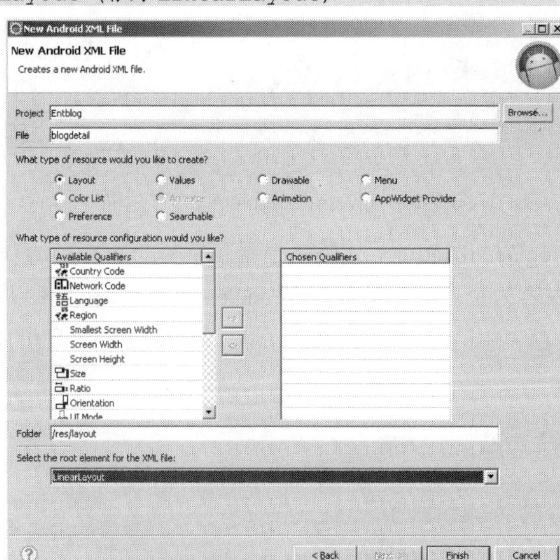

图 3-17 Android XML 文件创建对话框

（3）点击 Finish，系统就会在工程的 Layout 文件夹下生成并打开 blogdetail.xml 文件；

（4）在打开的文件中，点击下面的 Graphical Layout 标签，可以切换到图形界面，从模板区域

（左边）向内容区域（右边）拖放下面两个元素：Large（TextView）和 Button。（如图 3-18）

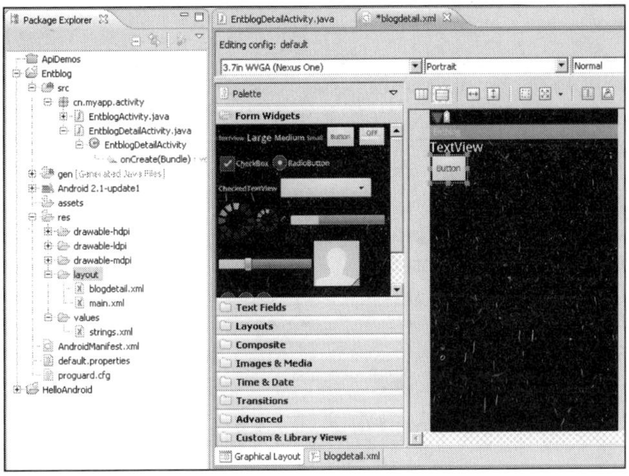

图 3-18　可视化布局设计

虽然这里表面上是一种“可视化”的设计方式，但实际上其最终生成的内容还是保存在相应的 xml 文件中，我们可以随时使用编辑器进行编辑。

此外，通过上面的步骤，我们可以了解到，在 Eclipse 里面提供了很多工具可以“可视化”和“向导”的方式完成很多的内容创建工作（如“New Android XML File”对话框），但在实际的开发工作中，很多开发者会觉得这种方式反而效率比较低，因为可能会觉得操作的步骤较多，图形化程序运行速度慢等等，他们更喜欢直接来编辑或复制代码和配置文件，进行简单修改后就可以应用到新的场合。不过这种情况要求开发人员对于开发工具、环境、程序语言、配置、结构等方法都非常熟悉和了解，才能够实现更高的开发效率。

（5）小结

这里小结一下，我们已经为新的 Activity 创建了新的 Activity 类，被并为其定义了界面布局的模板，并在 Activity 中定义了内容视图设置的方法将两者联系了起来，完整的相关代码如下：

```
EngblogDetailActivity.java:
package cn.myapp.activity;

import cn.myapp.R;
import android.app.Activity;
import android.os.Bundle;

public class EntblogDetailActivity extends Activity {
   @Override
   protected void onCreate(Bundle savedInstanceState) {
       super.onCreate(savedInstanceState);
       setContentView(R.layout.blogdetail);
   }
}
res/Layout/blogdetail.xml
<?xml version="1.0" encoding="utf-8"?>
<LinearLayout
```

```
    xmlns:android="http://schemas.android.com/apk/res/android"
    android:orientation="vertical"
    android:layout_width="fill_parent"
    android:layout_height="fill_parent">
      <TextView android:textAppearance="?android:attr/textAppearanceLarge"
          android:layout_width="wrap_content"
          android:id="@+id/textView1"
          android:layout_height="wrap_content"
          android:text="TextView"/>
      <Button android:text="Button"
          android:id="@+id/button1"
          android:layout_width="wrap_content"
          android:layout_height="wrap_content"/>
</LinearLayout>
```

下一步的工作就是如何在主界面中调用和显示这个新的 Activity 了。

3.6.4 Activity 的调用和显示

这一节中我们要实现如何把我们的列表视图和详情视图联系起来，即我们需要修改一下列表视图中响应点击列表条目事件的代码，让它能够调用显示详情视图的方法，这段代码本身很简单，先来看看修改后的代码：

```
EntblogActivity.java
    @Override
    protected void onListItemClick(ListView l, View v, int position, long id) {
        super.onListItemClick(l, v, position, id);
        // 获取被点击的项目
        Object o = this.getListAdapter().getItem(position);
        String keyword = o.toString();
        Toast.makeText(this, "您选择的是: " + keyword, Toast.LENGTH_LONG).show();

        Intent it= new Intent(this,EntblogDetailActivity.class);
        it.putExtra("title", keyword);
        startActivity(it);
    }
EntblogDetailActivity.java
    @Override
    protected void onCreate(Bundle savedInstanceState) {
       super.onCreate(savedInstanceState);
        setContentView(R.layout.blogdetail);
        showdata();
    }

    private void showdata(){
        String title = getIntent().getStringExtra("title");
        TextView tv= (TextView) findViewById(R.id.textView1);
        tv.setText("您选择的是"+title);
    }
```

这里的修改主要体现在两个方面：

（1）在 EntblogActivity（源）中，修改 onListItemClick（）方法，增加了 startActivity()方法，可以用来调用 EntblogDetailActivity，并向其传递所需要的数据。

（2）在 EntblogDetailActivity（目标）中，增加并编辑了显示传入数据的方法 showdata()。

在上述两个地方都会涉及到 Android 中的 Intent 类，简单来讲，Intent 可以用于定义相关联的 Activity 和在 Activity 之间传递数据，Intent 本身作为在 Android 中开发的另一个非常重要的概念，我们将下一节中重点讨论。

我们这里就先把问题简化一下，已知相应的数据（title）已经通过 Intent 传递到目标 Activity 中，现在的重点研究一下这个信息是如何展现在用户界面上的？

在用户界面上展示数据的方法有很多种，在前面的学习中，我们已经知道可以从资源文件里加载并显示在布局模板上，但显然，这是一种静态的信息。在一个实际的应用中，这些数据应该是根据运行情况和操作不断变化的，即需要通过程序控制界面显示的内容。

还有一个问题是在于，在 Activity 的布局中可能有很多图形元素，要将信息展现在这些具体的元素上，需要对它们进行识别和确定。通过分析布局模板文件，我们知道，在界面中我们已经设计了一个 TextView 用来显示标题信息，这样在程序里就需要使用某种方式来找到这个 TextView 视图，并且将相应的信息赋予它。在实例中，我们是这样实现的：

```
EntblogDetailActivity.java
…
TextView tv= (TextView) findViewById(R.id.textView1);
tv.setText("您选择的是"+title);
…
```

分析如下：

（1）通过 findViewById 能够找到 Activity 中某个视图的实例；

（2）检索的依据是 R.id.textView1，这是一个索引标识符（整型常量），它的定义来自 Activity 布局文件 layout/blogdetail.xml 中对 TextView 属性，请注意下面的表示方法：

```
android:id="@+id/textView1"
```

在@+id 表示一个资源标识，textView1 是这个资源标识的名字，表示资源可以使用 R.id.textView1 的方式来进行检索。android 中可以使用这种方式在布局文件中定义视图对象，然后在程序中通过 R.id.xxx 配合 findViewById 来进行检索，以找到程序对象集合中对应的视图对象实例。

（3）找到这个视图实例后，通过调用其 setText()方法可以修改其包含和显示的内容。

findViewById()方法是 Android 中获取某些视图对象（文本、按钮、图片....）的最常用的方式。几乎所有跟图形界面元素内容编程相关的场合都会使用到，需要非常熟悉和掌握。

3.6.5 运行 Activity

分析到这里，先从逻辑上来说，各个项目已经关联起来了，但这时如果直接运行这段方法的话，列表会正常显示，但如果现在就点击列表条目，通常会出现如图 3-19 的结果。

它会提示应用程序异常终止，这是怎么回事呢？

其实，这里涉及到在 Android 开发中对 Activity 的一个重要的处理，就是所有 Activity 必须要在

AndroidManifest.xml 中进行注册后，才能使用。但这里的错误提示做的不好，起码没有提供必要的参考信息（如错误和 Activity 调用相关）。

所以我们需要修改 AndroidManifest.xml 文件，在 Application 节点中添加下列设置代码：

```
AndroidManifest.xml
<activity android:name=".activity.EntblogDetailActivity" />
```

这个代码注册了一个 Activity 类项目，类的定义是.activity.EntblogDetailActivity。这就告诉系统，如果有关于这个类的调用，应该可以正常的调用，当然在 Activity 定义中还可以设置相关的属性，我们这里简单起见就简化了。

再次启动程序，如果一切正常的话运行，我们看到下面的结果应该如图 3-20 所示：

图 3-19　程序运行错误

图 3-20　正确的运行结果

上述的界面显示，不仅从源 Activity 列表中点击条目可以切换到新的界面，条目的相关信息也可以正常的传递并且能够显示在目标 Activity 界面当中了。

要退出当前 Activity，可以点击模拟器中的返回按钮，可以看到当前的详情视图会关闭并重新显示列表视图。如果观察仔细的话还会发现切换视图的时候还有动画效果，有意思的是，我们并没有编写一行代码来实现详情视图的关闭和视图切换动画，这些功能都是由 Android 系统来提供的，我们后面会结合 Intent 的内容深入探讨这些机理。

至此，在这一节中我们就完成了如何调用和显示另一个 Activity，达成了这一部分基本的设计需求。下一节我们将结合 Intent 的讲解深入的理解这个过程是怎样实现的。

3.7　理解 Intent

和 Activity 一样，Intent 也是一个 Android 系统类，同样也是一个非常具有 Android 特性的概念和技术。我们这一节来详细探讨一下它的基本概念和具体的应用方式。

3.7.1　何为 Intent

前面已经提到过，在 Android 中，Activity 的显示和切换是基于 Intent 类和相关技术实现的，所以，Intent 是一个和 Activity 紧密关联的概念。Intent 英文意思为意向，这个好像不是很容易理解，我们试着用一个形象的例子来说明。

回忆一下我们乘坐火车的情况，如果我们要乘火车从广州到成都，需要一个怎样的过程呢？可能如下所述：

（1）需要在广州站购买一张车票；

（2）这个车票的目的地是成都站；

（3）在票面中会包含很多相关信息（车次、时间、实名制还包括乘车人等信息）；

（4）开车时持票进站乘坐相应车次。

类似的，在 Android 中，我们就可以把 Intent 理解成为如图 3-21 的这张火车票。在 Intent 中，可以定义来源（出发地）和要切换到的 Activity（目的地），并且可以携带参数（附带信息）传递到新的 Activity 中进行处理，Intent 在 Android 中通过 startActivity()方法来调用（上车检票）。所有这些相关要素都被有逻辑的组织在一起来实现一个 Activity 切换的功能。

图 3-21　Intent 车票示例

下面我们再来看看在 Android 开发中，Intent 是怎样具体应用的。

3.7.2　Intent 的使用

我们前面已经提到，Intent 可以用来调用 Activity，下面是一个典型的调用代码片段：

```
Intent it = new Intent(this, EntblogDetailActivity.class);
it.putExtra("title","标题")
startActivity (it);
```

具体实现的细节是：

（1）首先创建一个新的 Intent 类实例，构造函数包括两个部分，第一个是当前的 Activity 实例；二为所需要调用的 Activity 类的定义，这个信息告诉 Intent，在执行的时候具体的目标是哪里。

（2）向 Intent 实例中放入需要传递的一些外部数据，Intent 中定义了一系列外部数据关联的方法（如 putExtra），可以用于在两边的 Activity 中放入和取出数据。

（3）以 Intent 为参数调用 startActivity()方法，系统会以 Intent 为线索找到目标 Activity 类并将其实例化，然后显示出来。

图 3-22 说明了这一执行过程和相关的要素：

一般情况下，我们使用 startActivity()是一种单向的数据传递，即我们可以使用 Intent 将数据传送给调用的 Activity，但当这个 Activity 关闭的时候，不会对源 Activity 产生影响。如果希望目标 Activity 在结束调用后能够通知源 Activity 任务执行的结果或者需要返回一些数据，可以使用 startActivityForResult()方法，我们将在后面的内容中结合具体的应用详解讲解。

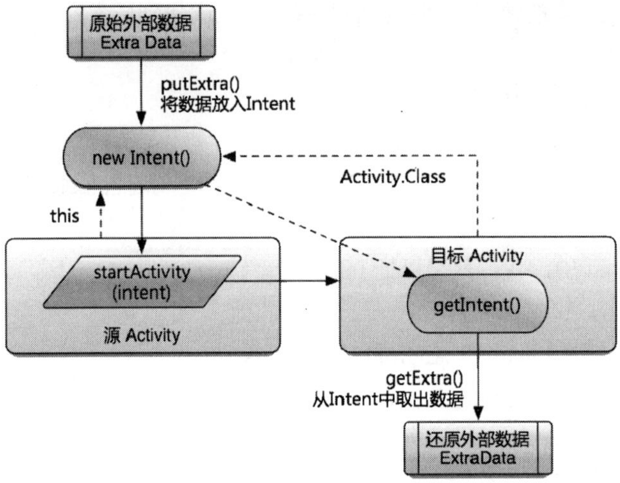

图 3-22 Intent/Activity 及数据调用关系

另外，Activity 使用的是一种“栈”的结构，比如，在一个源 Activity 中调用了另一个目标 Activity，当相关操作完成，目标 Activity 关闭的时候，默认是回到和显示源 Activity 的。这个就是在实例程序中，我们没有编写返回代码，当按下系统“返回”键的时候，目标 Activity 关闭，源 Activity 重新显示的原因。在这里这个返回按键，它的行为和浏览器的“返回”按钮非常类似，点击后页面会返回到前一个页面。同时，这种栈的结构也可以用于维护多个 Activity 连续调用的情况，这个也和网站中多个页面跳转的情况类似。

3.7.3 数据的放入和取出

向 Intent 中放入数据和从 Intent 中取出数据分别使用 putExtra 和 getExtra 系列方法。这些信息是以 key-value（键-值）的方式进入存储和读取的。

想要将一个字符串放入一个 intent，可以使用下面的方法：

```
intent.putExtra("title","标题");
```

这个方法需要调用 intent 的 putExtra()方法，第一个参数是放入变量的名称，第二个参数是放入变量的值。而如果在目标 Activity 端要取出相应的数据，则需要两个步骤，首先是获取这个 intent：

```
intent=getIntent()
```

这里使用了 getIntent()方法，它属于当前的 Activity，它可以从 Activity 实例中获取其关联的 Intent。而这个 Intent 包含了我们需要传送的数据。

然后再使用 getStringExtra()方法取出数据，其参数当然是和装入数据一致的变量名称了，通常我们可以将这些名称作为字符串常量，在两个 Activity 之间调用，这样就不会出错。

```
title=intent.getStringExtra("title");
```

还有就是读取数据使用的方法是和数据类型相关的，Intent 提供了相应类型的 getExtra()方法，如 getStringExtra()、getIntExtra()等。

上面是对于简单数据的处理方式，虽然 Intent 可以处理很多类型的数据，但遗憾的是，Intent 并不能够直接处理通用的对象类型，这样在实际应用中就不能直接将业务对象放到 Intent 中了。那么我们在进行处理的时候就比较麻烦，为了改善这一问题，Android 提供了一个 Bundle（束）类，可以用于对业务对象进行封装并通过 Intent 进行传递。关于 Bundle 的具体应用，我们会在后面结合业务对象和处理进行探讨。

这样，我们就了解了如何使用 Intent 结合 Activity 进行用户界面切换和信息传递的了，并且已经了解到 Android 应用程序开发的基本要点和步骤，下一步我们就着手进一步改进实例应用程序，使之更加完善，接近实用的要求。

3.8　实例应用 第三步

在这一节中，我们将对实例程序进行进一步的改进工作，改进的目的是通过在 Android 应用程序中使用一系列相关的技术，让实例程序成为一个相对完整的客户端程序，根据业务的需求提供一系列相关数据显示和操作的功能，同时，在这个过程中熟悉 Android 开发所涉及到的一些具体的特性和技术。

为此，我们先为这一阶段的开发提出下列技术要求：

- 实现国际化和本地化的能力
- 通过业务类提供业务相关的数据展示和操作功能
- 改进的业务信息显示
- 改进的业务信息操作和管理
- 可以进行系统参数的设置和配置
- 可以进行业务数据的存储和管理

为了让读者有一个感性的认识，我们这里先展示一下改造完成后的一些程序界面（图 3-23）：

在这一阶段完成之后，我们就应当拥有了一个相对完善的本地应用程序和基本完整的开发技能，为我们再继续将其发展成为一个网络应用程序打下良好的基础。

图 3-23　改造后的应用程序界面

3.8.1　国际化和本地化

首先，是让我们的应用程序成为一个国际化的程序。国际化是指应用程序能够提供多语言多地区的操作环境和资源（又称为 I18N，Internationalization）；而本地化使之应用针对某个特点的语言地区环境的支持（称为 L10N，Localization）。因为一个中文应用程序，对于任何开发平台和语言而言，本身就是一个本地化的应用程序，我们只需要再做多一点点工作，就可以将其改造成为国际化的应用程序。

国际化有很多方面的要素，通常我们考虑的只是简单的对一些本地语言和格式的支持。在 Android 中实现国际化是非常方便的。因为我们在前面讨论 Android 资源管理方式的时候已经了解到，Android 应用将资源的索引和资源分隔开来，这样就为包括国际化在内的很多应用环境（如支持不同大小的屏幕）的支持提供了相关的条件。

简单的来说，其具体实现的基本原理就是先为国际化的应用程序针对不同的本地环境（locale）建立相应的资源，然后修改本地环境的设置，程序就会根据这个设置调用相应的资源，这样，就实现本地化的应用程序。

我们下面以对中文的支持为例进行说明。基本上需要两个步骤。

第一步是建立本地化的资源，通常为字符串资源，在 Android 程序中表现为 res/values 这个文件夹和里面的字符串资源文件。这里的资源文件都是默认的资源，要创建本地化的资源，就需要按照相关的格式和要求，一一创建本地化的资源文件夹和文件，当然最简单的方式就是直接“复制-粘贴”整个 values 文件夹，并将新的文件夹以本地化标识符来重新命名。如简体中文的本地化标识符为 -zh-cRN，我们就将复制后的文件夹命名为 res/values-zh-rCn （如图 3-24）。

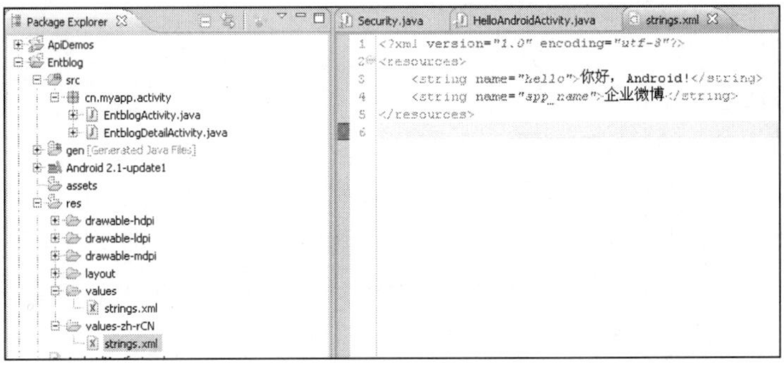

图 3-24　本地化资源文件夹

这里的文件夹名称的格式是 Android 中规定好的，如 values-zh-rCN，实际上是两个部分的组合，zh 代表国家编码，CN 是地区语言编码（r 表示地区），用横线连接进行组合，其他常见的语言和地区编码有 en-rUS（美国英语）、jp（日文）、fr（法文）等等。命名完成后，这个文件夹已经成为 Android 应用程序可以使用的本地化资源文件夹了，再通过编辑这个文件夹中资源文件的具体内容，就可以实现本地化。比如我们编辑 strings.xml 内容的内容如下：

```
res/values-zh-rCN/strings.xml
<?xml version="1.0" encoding="utf-8"?>
<resources>
    <string name="hello">你好，Android!</string>
    <string name="app_name">企业微博</string>
</resources>
```

我们这里只修改了一个字符串资源“app_name”，它的值为“企业微博”，这个字符串在程序中有两个地方进行了引用，都在应用程序的配置文件 AndroidManifest.xml 中，分别是 Application 的设置和 Activity 的设置：

```
AndroidManifest.xml
...
    <application android:icon="@drawable/icon" android:label="@string/app_name">
        <activity android:name=".activity.EntblogActivity"
                android:label="@string/app_name">
…
```

请注意其中的@string/app_name，我们已经知道这是一种字符串资源引用的方式。

这里只完成了第一步，建立了本地化的资源。而要使本地化能够体现处理，需要在系统中为应用程序设置本地化的环境，这一应用程序才会依照本地化环境来调用相应的本地化资源。

因此，第二步的设置要在 Android 系统中完成。我们在第二章中已经了解了相关的设置操作，在“设置”应用程序中，将系统的本地化环境设置为“中文（简体）”就可以了。

再次运行应用程序，可以看到如图 3-25 的效果。注意应用程序的名字和界面标题栏上的内容，都改成了相应的“企业微博”了。我们也可以看到，原来的很多系统程序（如“联系人”）也同样本地化了，说明它们也是国际化的应用程序，可以根据系统的设置而本地化。

图 3-25　本地化的程序名称和标题栏

因此，本地化过程是自动的，有应用程序根据本地化设置而进行对应资源的调用，当在本地环境中找不到相应的字符串资源，系统会使用默认资源（如 values/）。另外，对于其他资源文件如图片、布局或者声音文件，都可以使用同样的类似的方式来进行处理，同样可以实现像在不同的语言环境下显示不同的图标或者使用不同的界面布局等应用需求。

遗憾的是，Android 似乎不支持应用程序级的本地化，即不能在程序中进行本地化的控制，比如在一个中文环境里，控制应用程序的本地设置为英文，并调用相应的英文资源来显示界面。

本质上来说，对于国际化的支持在 Android 中并没有什么特殊的处理，只不过是针对不同的应用环境设置不同的应用资源而已，即使用所谓的“资源切换”的方式来实现的。所以，使用类似的方式，Android 不仅可以实现国际化和本地化，也可以实现对于不同屏幕大小，横屏竖屏状态，或者不同的 UI 主题状况下应用程序的支持。而且它们是可以组合起来的，比如下面的文件夹名称：

```
res/drawable-zh-rCN-port-160dpi-finger-keysexposed -480x320/
```

这个例子有点夸张，但很能说明问题，它限定了这个文件夹下的图片资源可以用于简体中文、横屏、160dpi、触控、有键盘、HVGA 的应用环境。

了解了 Android 的国际化问题后，我们再来看看在如何将我们的业务类和业务过程在应用程序中实现。

3.8.2 业务类

在这一阶段，我们可以向应用程序添加和业务相关的类，用于处理和实现具体的业务流程。根据需求，我们现在需要建立一个名为 Entblog 的业务类，它应该包括下列属性和方法，如表 3-3 所示。

表 3-3 业务类的属性和方法

名称：Entblog	企业微博条目对象
属性/方法	说明
Long id	条目编号，长整型
String body	微博条目内容
publish_at	发布时间
publish_user	发布人
receive_at	接受时间
Entblog()	构造方法 包括带参数的构造方法，可以用于简化代码，包括来自业务对象属性值，或者 json 对象（来自网络数据）
to_bundle()	转换为 bundle 对象
getXxx() setXxx()	常规 getter 和 setter 方法

创建这些业务对象的方法很简单，就是创建普通的 Java 类，设置属性和 getter/setter 方法，和常规的 JavaSE 开发没有太大不同。相关的代码如下：

```
Entblog.java
package cn.myapp.domain;
public class EntBlog {
    public final static String EBI_ID="EBI_ID";
    public final static String EBI_BODY ="EBI_BODY";
    public final static String EBI_EXTRA="EBI_EXTRA";
    public final static String EBI_FROM = "EBI_FROM";
    public final static String EBI_PUBLISH="EBI_PUBLISH";
    public final static String EBI_OPTION="EBI_OPTION";
    public final static String EBI_BUNDLE="EBI_BUNDLE";

    public final static String  TIME_FORMAT = "yyyy-MM-dd kk:mm:ss";

    private long id;
    private String body;
    private String publish_user;
    private Date publish_at;
    private Date receive_at;
    private long ref_id;
    private String extra;

    // 空构造函数
    public EntBlog(){}
```

```
        // 构造函数
        public EntBlog(long id, String body,Date publish_at, String publish_user){
            this.id=id;
            this.body=body;
            this.publish_at=publish_at;
            this.publish_user=publish_user;
        }
        // 转换为 Bundle 的方法
        public Bundle to_bundle(){
            Bundle bd=new Bundle();

            bd.putLong(EBI_ID, this.id);
            bd.putString(EBI_BODY, this.body);
            bd.putString(EBI_EXTRA,this.extra);
            bd.putString(EBI_FROM, this.publish_user);
            SimpleDateFormat ff=new SimpleDateFormat(TIME_FORMAT);
            bd.putString(EBI_PUBLISH, ff.format(this.publish_at));
            return bd;
        }
    ….
    // 下面是 getter 和 setter 方法…
```

这里的要点在于：

（1）相关业务对象类应当在归类在统一的包路径下，如这里为所有的业务类创建一个类包：cn.myapp.domain；

（2）编写合适的构造方法可以在创建对象时简化操作；

（3）这里增加了一个 to_bundle 方法，简单来讲就是可以将当前业务对象转换为 Bundle 对象；关于 Bundle 和其操作的方式，在本章末有详细的讲解；

（4）如果某个属性是时间，则最好统一时间格式，并注意类型的转换。

这样，我们的一个简单的业务类就建立好了，我们将在应用程序中选择合适的时机进行使用。下面来看看如何改进应用程序中信息的列表显示。

3.8.3　改进的列表显示

这一部分我们来改进一下信息的列表显示，在先前实例中的列表的结构非常简单（所谓的简单列表项目），只能显示一个字符串，不能满足业务的要求。我们现在希望列表的条目可以显示更多样的信息和采用更加灵活的布局方式。为了达到这个目标，我们需要建立可自定义布局的列表和列表条目，具体的操作主要包括下面几个步骤：

（1）创建列表条目布局模板

（2）创建列表数据适配器

（3）为列表视图设置适配器

（4）创建示例数据生成器

（5）向列表数据适配器加载示例数据

下面按照步骤详细分析：

（1）建立列表项目模板

可自定义的列表和以前的简单列表的最大不同在于原有列表的每个项目的形式都是固定的，虽然它本质上也是一个视图，但这个视图的布局已经被固定下来了。而自定义列表则需要开发者能够自己来定义这个视图的布局以及处理相关的布局初始化和事件处理。

我们已经知道，在 Android 中可以使用布局模板来定义视图的显示，那么，同样的道理，列表是由很多具体条目而构成的，每个条目在视图结构上应当也是一致的，它们的差异只在于具体的内容不同而已。因此，自定义列表显示的第一个步骤就是为列表条目定义一致的自定义的布局模板，这个模板的定义和普通的界面布局模板没有什么大的区别，而且我们可以将它看成一个独立的用户界面，并使用标准的布局技术来处理。针对我们的应用需求，我们希望在列表条目中显示企业博客条目的图片（如发布人的头像）、主体内容和附加信息（发布人和发布时间），并作出合理的布局安排，最后我们希望达到的效果如图 3-26：

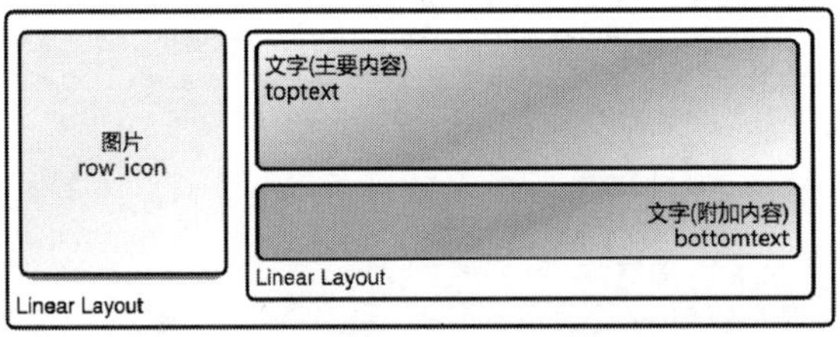

图 3-26　列表条目布局模板结构

针对这个需求，我们需要在 layout 目录创建具有以下内容的模板文件 blog_row.xml：

```
res/layout/blog_row.xml
<?xml version="1.0" encoding="utf-8"?>
<LinearLayout xmlns:android="http://schemas.android.com/apk/res/android"
    android:layout_width="fill_parent"
    android:layout_height="?android:attr/listPreferredItemHeight"
    android:padding="6dip">
    <ImageView
        android:id="@+id/rowicon"
        android:layout_width="wrap_content"
        android:layout_height="fill_parent"
        android:layout_marginRight="6dip"
        android:src="@drawable/icon" />
    <LinearLayout
        android:orientation="vertical"
        android:layout_width="0dip"
        android:layout_weight="1"
        android:layout_height="fill_parent">
        <TextView
            android:id="@+id/toptext"
            android:layout_width="fill_parent"
            android:layout_height="0dip"
            android:layout_weight="1"
            android:singleLine="true"
            android:gravity="center_vertical"
            android:textSize="20sp"
            android:textStyle ="bold"
        />
        <TextView
```

```
            android:layout_width="fill_parent"
            android:layout_height="0dip"
            android:layout_weight="1"
    android:layout_marginTop="2dip"
            android:id="@+id/bottomtext"
            android:ellipsize="marquee"
            android:textSize="12sp"
          />
      </LinearLayout>
    </LinearLayout>
```

这个模板的结构和我们的设想相同。为了布局的方便，每个列表条目布局都是一个线性布局，在其中包括了一个图像视图和一个并排的（默认布局方式）线性布局，在这个布局中有包括了垂直排列（android:orientation="vertical"） 的两个文本视图，分别用于显示主要文字内容和附加信息。而且在其中使用了一些属性和参数来控制整个布局的外观。

有了布局模板后，下一步的问题就是需要考虑如何在界面（Activity 中）中利用和加载这个模板了。

（2）创建列表数据适配器类

前面我们提到过，在 ListActivity 中，是使用列表适配器来将数据填充到列表视图中的，比如下面的代码:

```
    this.setListAdapter(new ArrayAdapter<String>(this,android.R.layout.simple
_list_item_1, names));
```

它使用了一个系统预置布局（simple_list_item_1）作为模板，但在我们的应用场景中，需要使用自己的模板，而且我们需要处理相对复杂的业务对象，显然这个简单的字符串 ArrayAdapter 适配器已经不能满足要求了。因此，我们需要新建一个继承的适配器类，在里面实现具体的信息填充和事件处理的相应功能。

为了方便组织程序，我们先新建一个类包 cn.myapp.helper，在这个包中将主要包含了应用相关的一些辅助类。在这个包里，我们创建一个 BlogListAdapter 类，具体内容如下：

```
    BlogListAdapter.java
    package cn.myapp.helper
    public class BlogListAdapter extends ArrayAdapter<EntBlog> {
       private ArrayList<EntBlog> items;
       private Context ctx;

       public BlogListAdapter(Context context, int textViewResourceId, ArrayList
<EntBlog> items) {
             super(context, textViewResourceId, items);
             this.items = items;
             ctx=context;
    }

       @Override
       public View getView(int position, View convertView, ViewGroup parent) {
          View v = convertView;
          if (v == null) {
             LayoutInflater vi = (LayoutInflater)ctx.getSystemService (Context
.LAYOUT_INFLATER_SERVICE);
```

```
                v = vi.inflate(R.layout.blog_row, null);
            }
            EntBlog blog = items.get(position);
            if (blog != null) {
                SimpleDateFormat ft=new SimpleDateFormat(EntBlog.TIME_FORMAT);
                TextView tt = (TextView) v.findViewById(R.id.toptext);
                TextView bt = (TextView) v.findViewById(R.id.bottomtext);
                if (tt != null)  tt.setText(blog.getBody());
                if (bt != null)  bt.setText(ft.format(blog.getPublish_at())+" by
"+blog.getPublish_user());
            }
            return v;
        }

        // 从一个业务对象列表装置数据
        public void setList(ArrayList<EntBlog> b_list){
            this.clear();
            if(b_list != null && b_list.size() > 0)  for(int i=0;i<b_list.size();
i++) this.add(b_list.get(i));
            this.notifyDataSetChanged();
        }
    }
```

① 这个类继承了 ArrayAdapter<EntBlog>类，请注意它使用了我们的业务类 EntBlog 作为类的泛型，这样方便我们进行业务的处理；

② 定义了两个成员变量 Context 和 ArrayList<Entblog>，分别是需要引用的 Context 和适配器列表对象数组；

③ 模仿父类，定义了一个构造方法 BlogListAdapter()，并将参数传递到父类中；

④ 最重要的是这个重写的 getView()方法，它让我们能够在绘制每个列表条目的时候，让我们自己来进行相关界面元素的设置和编程；

⑤ 在初始调用的时候，这个 View 可能为空（null），就需要使用 LayoutInflater 从资源文件中将视图模板中加载进来，但这时候的 View 应该还是初始状态，没有填写任何内容，具体内容需要根据当前包含的对象内容确定；

⑥ 从适配器中从当前位置取出对于的业务对象；

⑦ 使用 findViewById()方法获取需要填充的视图元素，并使用业务对象的数据进行填充；

⑧ 完成后向系统返回修改过的 View；

⑨ 为了使用方便，我们编写了一个 setList()方法，可以将一个外部 ArrayList<EntBlog>设置到适配器上，它首先清除适配器（clear），随后遍历业务对象列表添加到适配器上，最后发送更新通知（notifyDataSetChanged）让 UI 来更新视图。

至此，我们已经准备好了一个用于自定义的列表视图的适配器类了，下一步就可以在数据加载过程中使用它了。

（3）为列表视图设置适配器

和普通的 ListActivity 一样，我们在列表视图中使用适配器来进行数据的装载，只不过现在可以使用我们自动定义的修改后的适配器类了，就要对原有的代码进行修改：

```
EntBlogActivity.java
….
    private BlogListAdapter b_adapter;
    /** Called when the activity is first created. */
    @Override
    public void onCreate(Bundle savedInstanceState) {
        super.onCreate(savedInstanceState);
        // 设置主列表数据适配器
        b_adapter = new BlogListAdapter(this, R.layout.blog_row,new ArrayList<EntBlog>() );
        setListAdapter(b_adapter);
        // 调用装载数据方法，在后面定义
        listData();
    }
….
```

① 在类中先声明一个适配器成员变量，这样只需要创建一次适配器，在需要时直接调用适配器实例的数据设置方法就可以了，而避免了重复创建和设置适配器；

② 在 onCreate()方法中创建适配器实例，布局模板使用自定义的模板文件，数据暂时为空数组；

③ 调用 setListAdapter()方法将创建的适配器实例绑定到到当前的 ListActivity 实例中；

④ 使用 listData()装载示例数据，这个 listData()方法在后面具体实现和讨论。

这里我们已经为ListActivity设置好了数据适配器，以后可以直接调用这个适配器来更新Activity内容了。

（4）创建示例数据生成器

在一个实际的网络应用中，相关的业务数据可能都是从网络上获取或者传送的，我们在现在的应用程序中先使用一些数据和程序来模拟这一过程，如下面的类（同样是放在 cn.myapp.helper 包中）可以简单的模拟从网络获取和生成一系列示例数据，可以用于测试，这个生成器返回的结果是一个业务对象 EntBlog 的数组。

```
BlogSample.java
package cn.myapp.helper
public class BlogSample {
    private  static long idfrom=0;
    public static ArrayList<EntBlog> loadData(){
        ArrayList<EntBlog> b_list = new ArrayList<EntBlog>();
        EntBlog blog=null;
        for (int i=0;i<5;i++){
            idfrom++;
            blog=new EntBlog(idfrom,"内容"+idfrom,(new Date()),"用户"+idfrom);
            b_list.add(blog);
        }
        return b_list;
    }
}
```

① 创建一个 EntBlog 对象数组；

② 使用循环，在循环中使用相应的变量创建 EntBlog 对象；

③ 将 EntBlog 对象添加到数组中；

④ 返回生成的数组。

（5）向适配器装置示例数据

下面的代码实现了 listData（），这个方法从数据生成器使用 getData()中获取一些示例数据，首先然后调用列表适配器的 setList()方法将这些数据装载到适配器中。

```
EntblogActivity.java
    private void listData(){
        // 从数据生成器获取数据
        ArrayList<EntBlog> b_list= BlogSample.getData();
        // 将数据装载到适配器中
        b_adapter.setList(b_list);
    }
```

到此处，我们就完成了对列表显示界面的改造，实现的效果如图 3-27 所示：

图 3-27　改造后的列表视图和测试数据

3.8.4　改进列表事件处理

上一节我们已经对列表的界面进行了改造，这一节我们来看看如何根据需求改进对列表事件的处理。现有的列表条目事件也是非常简单，就是点击后跳转到详情界面，但我们的操作模式应该不会这么简单，我们还希望能够针对特定的列表条目进行多种方式的操作，现有的“查看”是一种，我们还希望增加“回复”，“删除”等操作方式，可以使用菜单来满足这个要求。

先来看看希望实现的效果吧，在点击某个条目后，我们希望出现针对该条目的类似于图 3-28 的操作选项菜单：

在这里，虽然看起来像是一个菜单，但实际上这个效果是基于 Android 的 Dialog 对话框技术实现的。具体的操作的过程和相关代码如下：

（1）定义对话框项目

我们先决定在对话框中需要使用那些项目，然后将它们定义为一个 Array 资源，并编写在 strings.xml 文件当中：

```
res/values-zh-rCN/strings.xml
 …
<string-array name="ctx_menu_items">
        <item>查看</item>
        <item>回复</item>
        <item>删除</item>
        <item>取消</item>
 </string-array>
```

图 3-28　操作选项菜单

这里我们了解到，字符串数组也可以作为资源保存在资源文件当中，它使用<string-array>进行组织和命名，这里的名字是“ctx_menu_items”，在程序中可以使用 R.array.ctx_menu_items 进行引用。

（2）定义对话框标识

在一个 Activity 中可以使用很多对话框，而它们都共享同一个 onCreateDiaglog()方法，就需要一个标识让系统能够识别现在正在处理那一个对话框对象。对话框标识通常定义为整型常量：

```
EntblogActivity.java
    public static final int DIALOG_NEW=201;
    public static final int DIALOG_OP=202;
    public static final int DIALOG_REPLY=203;

    public static final int DIALOG_DEL_CFM=211;
    public static final int DIALOG_CLR_CFM=212;
    public static final int DIALOG_RPL_CFM=213;

…
```

我们这里暂时定义了几个标识，其中 DIALOG_OP 就对应着我们现在需要的这个“菜单”对话框。具体的数组其实关系不大，重要的是在调用和处理时需要匹配。

（3）基于标识重写 Activity 的 onCreateDialog()方法

先看看代码，这里实现了对话框的界面定义和事件响应：

```
EntblogActivity.java
….
  @Override
    protected Dialog onCreateDialog(int id) {
      switch (id) {
        case DIALOG_OP:
          final String[] op=getResources().getStringArray(R.array.ctx_menu_items);
            return new AlertDialog.Builder(this)
                .setTitle("操作选项")
                .setItems(op, new DialogInterface.OnClickListener() {
                    public void onClick(DialogInterface dialog, int which) {
                        switch (which) {
                        case 0: // 显示详情
                            showDetail();
                            break;
                        case 1: //回复
                            //showDialog(DIALOG_REPLY);
                            break;
                        case 2: //删除
                             deleteItem();
                            break;
                        }
                    }
                })
                .create();
        //其他对话框
      ….
      }
      return null;
  }
```

要点如下：

① 这个方法的参数是调用时的标识符，依据标识符可以区别实现具体的对话框操作；

② 使用 switch 对标识符加以区别；

③ 使用 getResources().getStringArray（R.array.ctx_menu_items）可以从资源文件中获取我们前面定义的对话框项目字符串资源；

④ new AlertDialog.Builder 创建了一个新的对话框构造器，参数中的 this 表示当前的 Activity；

⑤ setTitle()设置对话框标题；

⑥ setItems()设置对话框项目，这里是一个列表对话框，参数分别为字符串列表和项目侦听器；

⑦ new DialogInterface.OnClickListener()创建一个侦听器；

⑧ 重写侦听器的 onClick()方法，设置该列表对话框项目对于事件的相应；

⑨ 以参数中的 which（字符串数组索引）为依据判断哪个项目被点击，并实现具体操作；

⑩ 调用 showDetail()方法，在这个方法中将会实现跳转到详情界面的代码；

⑪ 最后，对话框构造器创建对话框对象实例，并且返回给系统。因为此方法的返回类型是一个 Dialog 类型；

⑫ 如果没有符合的标识符，则返回 null。

（4）调用对话框

调用这个对话框是在列表项目点击时进行的，我们就需要修改 onListItemClick()中的代码：

```
EntblogActivity.java
   private int current_position;
   …
   @Override
   protected void onListItemClick(ListView l, View v, int position, long id) {
      super.onListItemClick(l, v, position, id);
      current_position=position;
      showDialog(DIALOG_OP);
   }
```

说明如下：

① 这里先定义了一个 current _position 变量，表示当前列表条目是当前点击的列表条目，这个变量会在需要获取当前列表条目的情况下进行引用；

② 调用 showDialog()方法，参数是希望显示的那个对话框的标识，此方法调用时，如果对话框对象为空，则会触发 onCreateDialog()方法对对话框进行实例化。

（5）依据菜单项目执行业务操作

我们这里暂时先只定义了跳转到详情 Activity 的业务操作，实现了 showDetail()的方法，其实就是将原来 onListItemClick()中的代码移了出来：

```
EntblogActivity.java
   private void showDetail() {
     Intent it= new Intent(this,EntblogDetailActivity.class);
```

```
        EntBlog blog=(EntBlog)b_adapter.getItem(current_position);
        it.putExtras(blog.to_bundle());

        startActivity(it);
    }
```

改动之处在于：

① 使用适配器的 getItem()方法可以从当前的位置获取业务对象实例，这个当前位置是在方法调用前设置的；

② 将业务对象实例转换为 Bundle 对象，使用 putExtras()方法放入 Intent 中；这里使用业务对象的 to_bundle()方法简化了数据封装的操作；

③ 调用 startActivity()方法启动目标 Activity。

由此，我们已经可以使用新的方法来进行 Activity 跳转的调用了，请注意，我们这里使用了 putExtras()方法来为 Intent 置入数据，它实际上是对跳转过程中数据传输方式的一个改进，下面对此进行详细说明。

3.8.5　改进 Intent 数据传输

前面已经提到，我们改进了列表 Activity 的数据适配器，使之可以处理业务对象而不仅仅是简单的基本类型，同时这个改进也会体现到 Intent 的数据封装和传输过程之中。遗憾的是，Android 不能将业务对象实例直接放在 Intent 里面作为附加的数据进行传递，但如果针对每个对象属性都使用 putExtra/getExtra 就比较麻烦了。作为变通的方式，我们可以利用 Java 中的一个 Bundle 类来帮助我们包装对象属性的值，与之配套，我们已经在前面对业务对象的定义中增加了 to_bundle()的方法，可以简单的将业务对象转换为 Bundle 对象。于是，我们就看到在源 Activity 中，对数据的封装简化为两行代码：

```
// 获取当前业务对象
EntBlog blog=(EntBlog)b_adapter.getItem(position);
// 转换为 Bundle，并放入 Intent
it.putExtras(blog.to_bundle());
```

而在目标 Activity 中，显示数据的代码也相应的改造为：

```
BlogDetailActivity.java
    private void showdata(){
        String scontent="";
        Intent it=getIntent();
        Bundle bd = it.getExtras();
        scontent+="\n 内容: "+bd.getString(EntBlog.EBI_BODY);
        scontent+="\n 用户: "+bd.getString(EntBlog.EBI_FROM);
        scontent+="\n 时间: "+bd.getString(EntBlog.EBI_PUBLISH);

        TextView tv= (TextView) findViewById(R.id.textView1);
        tv.setText(scontent);
    }
```

在这里，Intent 使用 getExtras()方法获取附加的 Bundle 对象，并进一步使用 Bundle 的相关方法（getxxx）来取出和显示数据。

下面，我们对详情视图也做一些改进。

3.8.6 为 DetailActivity 增加返回功能

详情视图显示后，如果需要返回到前一个调用的界面，通常的操作是按下系统返回按钮。但笔者个人认为这个操作并不很好，因为它将操作逻辑割裂开来，先是在屏幕上操作，然后又去按功能和特性不那么直观的系统按钮，并不是一个很好的体验。所以，我们想在这里增加一个屏幕按钮来改善这个问题。

首先要修改 Activity 的布局模板文件，增加这个按钮的定义：

```
rec/layout/blogdetail.xml
<?xml version="1.0" encoding="utf-8"?>
<LinearLayout
  xmlns:android="http://schemas.android.com/apk/res/android"
  android:orientation="vertical"
  android:layout_width="fill_parent"
  android:layout_height="fill_parent">
  <TextView
    android:textAppearance="?android:attr/textAppearanceLarge"
    android:layout_width="wrap_content"
    android:id="@+id/info"
    android:layout_height="wrap_content"
    android:text="TextView" />
  <Button android:text="@string/goback"
    android:id="@+id/btnback"
    android:layout_height="wrap_content"
    android:onClick="goBack"/>
</LinearLayout>
```

这里需要注意，我们在按钮的定义中，可以直接定义它的 onClick 响应方法，这里是 goBack，当然需要在调用它的 Activity 中具体定义它的实现：

```
BlogDetailActivity.java
    public void goBack(View v){
        this.finish();
    }
```

内容很简单，就是调用 this.finish()方法关闭界面。但需要注意这个方法一定是一个公开（public）方法，并且其参数必须是一个 View（虽然我们这里并没有使用它）。这个参数实际代表调用它的图形组件，在此处就是那个按钮。

如果不使用上述的方法定义按钮的行为，则需要设置并实现一个侦听器，示例代码如下：

```
//返回按钮
```

```
((Button)findViewById(R.id.btnback)).setOnClickListener(new OnClickListener()
    {
    public void onClick(View v) {
        this.finish();
    }
});
```

到这里，我们完成了显示列表-点击列表项目-显示项目详情-返回主列表的整个操作流程。程序运行的效果见图 3-29：

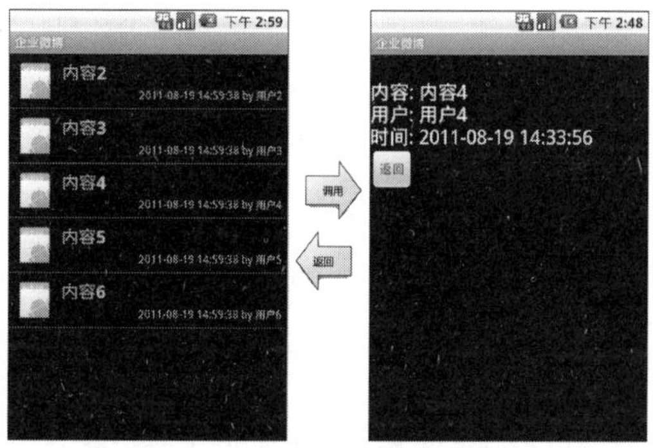

图 3-29　自定义列表项目和调用

下面，我们来看看在界面上显示工具栏和实现对应的功能。

3.8.7　工具栏（Toolbar）

在前面的改造中，我们改进了列表项目的显示和操作，但问题是这些都是针对“单个”项目而言的，我们还需要一些“总体”的功能，比如能够进行偏好设置、编写微博条目等等，将它们放在列表项目内显然是不合适的。

因此，我们需要一个“工具栏”，提供整体级别的功能和操作，其运行效果应该类似于图 3-30：

当然，出来工具栏之外，Android 系统还提供了选项菜单（Option Menu）来实现类似的功能（图 3-31），Option Menu 可以由开发者在程序中定义，选择菜单在界面上是不可见的，用户需要按下系统的“菜单”按钮来调用和显示它，其他的方面如事件响应等等和普通按钮并没有太大的不同。

图 3-30　工具栏

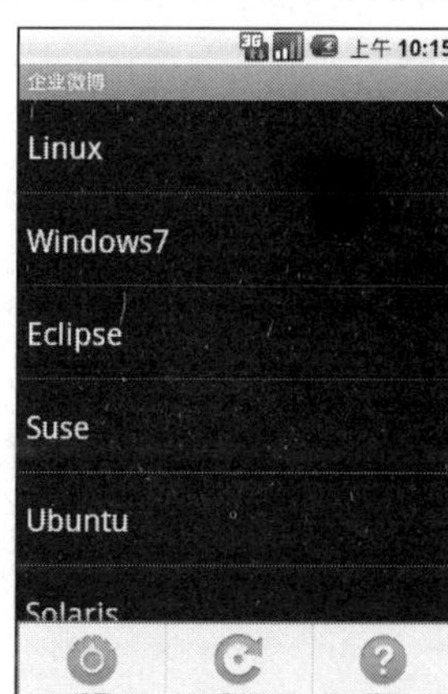

图 3-31　Option Menu 选项菜单

选项菜单的优点是它平常隐藏，不占用屏幕空间，需要时才出现；缺点是它不太直观，不熟悉Android 系统的用户可能不太容易发现这些功能。

我们这里还是优先考虑使用工具栏，而要在程序中实现它，需要考虑两方面的问题，第一是工具栏在界面中的显示，还有就是工具栏中的按钮的操作事件实现。当然，在实际改进过程中还会遇到一些问题，我们按照顺序逐步推进：

（1）修改 Activity 加载布局模板

在我们的实例程序中，遇到的第一个麻烦就是我们在主界面中使用了 ListActivity，根本就没有使用任何外置的布局模板，那么我们就没有地方来安放这些工具栏。因此，我们需要对此进行修改：

```
BlogDetailActivity.java
   public void onCreate(Bundle savedInstanceState) {
      super.onCreate(savedInstanceState);
      setContentView(R.layout.main);
   …
```

这里在 onCreate()方法中还是还原调用了 setContentView()方法，并加载 R.layout.main 布局模板。

（2）定义布局模板

我们需要对布局模板进行修改，让它可以显示我们的工具栏。具体的操作按照下面的方式修改main.xml 文件：

```
res/layout/main.xml
<?xml version="1.0" encoding="utf-8"?>
<LinearLayout xmlns:android="http://schemas.android.com/apk/res/android"
   android:orientation="vertical"
   android:layout_width="fill_parent"
   android:layout_height="fill_parent"
   >

    <ListView android:id="@android:id/list"
           android:layout_width="fill_parent"
           android:layout_height="fill_parent"
           android:layout_weight="1"
           android:drawSelectorOnTop="false"/>

   <LinearLayout android:id="@+id/footer"
           android:layout_width="fill_parent"
           android:orientation="horizontal"
           android:layout_alignParentBottom="true"
           style="@android:style/ButtonBar"
           android:layout_height="wrap_content">

           <Button android:id="@+id/btn_new" android:layout_width="wrap_content"
            android:layout_height="wrap_content" android:layout_weight="1"
            android:onClick="btn_click"
            android:text="@string/menu_new" />

           <Button android:id="@+id/btn_setting" android:layout_width="wrap_content"
            android:layout_height="wrap_content" android:layout_weight="1"
            android:onClick="btn_click"
```

```
                android:text="@string/menu_setting" />

            <Button android:id="@+id/btn_clear" android:layout_width="wrap_content"
                android:layout_height="wrap_content" android:layout_weight="1"
                android:onClick="btn_click"
                android:text="@string/menu_clear" />

            <Button android:id="@+id/btn_help" android:layout_width="wrap_content"
                android:layout_height="wrap_content" android:layout_weight="1"
                android:onClick="btn_click"
                android:text="@string/menu_help" />

        </LinearLayout>
    </LinearLayout>
```

主要改动的地方是：

① 增加了一个 id 为"@android:id/list"的 ListView，这里非常重要，因为 ListActivity 是可以使用 ListView 的，但其 id 必须是 list，才可以被发现和使用；

② 增加了一个 LinearLayout，作为工具栏，注意下面的属性：

- android:orientation="horizontal"：可以保证按钮横向排列；
- android:layout_alignParentBottom="true" ：可以保证工具栏位于屏幕底端；
- style="@android:style/ButtonBar" ：样式为 ButtonBar，保证按钮平均分布；

③ 增加了四个按钮，同时定义了按钮的响应方法为 btn_click，在实现时可以是用 id 来进行区分。使用适配器的 getItem()方法可以从当前的位置获取业务对象实例，这个当前位置是在方法调用前设置的；

（3）定义按钮事件方法

对应的，我们可以在主界面程序中实现该工具栏的事件方法 btn_click()：

```
    EntblogActivity.java
        public void btn_click(View v){
            switch(v.getId()) {
              case R.id.btn_new:
                      showDialog(DIALOG_NEW);
                      break;
              case R.id.btn_setting:
                      startActivityForResult(new Intent(this, SettingActivity.class),
REQUEST_PREFERENCES);
                      break;
              case R.id.btn_clear:
                      showDialog(DIALOG_CLR_CFM);
                      break;
              }
        }
```

由于我们的按钮共享了响应事件，我们可以在一个方法中进行集中处理，方法的参数 View 就是调用方法的那个按钮，我们通过 getId()来识别它们，并区别实现操作，这里实现了两个功能，btn_new 是新建一个企业微博条目，而 btn_setting 是进行偏好设置。我们先来看偏好设置的操作。

3.8.8 偏好设置（Preference）

用户在使用程序的过程中，经常需要设置一些应用程序的参数并且想把它们保存下来，如服务器地址，账号配置等等，这种应用需求通常被称为选项（Option）、偏好（Preference）或者设置（Settings）。在 Windows 中通常使用注册表来保存这些设置，而在 Java EE 中通常使用 xml 文件，但开发者通常需要开发管理这些设置的操作界面或者代码。

Android 也提供了偏好设置的机制，并且更简单更完善，它不仅在 SDK 的级别提供了配置数据存储和读取的机制，甚至还提供了可以操作这些选项的用户界面组件，这样，开发者就不用自己从头编写偏好设置管理的界面和代码，从而快速的实现为应用程序添加预置管理的功能。这个用户界面组件的核心是 PreferenceActivity，它继承自 ListActivity 类，能够显示一个可以用于设置偏好项目的列表界面，并基于这个基础增加了相关偏好设置操作需要的功能。（关于 Preferences 的详细信息，我们会在后面有更深入的讨论）

我们现在就使用这个机制来满足我们的应用需求。比如我们现在准备设置三个参数：服务器地址、用户名和密码，我们的操作分为下面几个步骤：

（1）创建偏好设置项目资源文件

偏好设置项目也可以保存在资源文件中，我们在 res 目录中添加一个 xml 目录，并添加一个 setting.xml 文件，用于保存偏好设置项目相关的资源，内容如下：

```
res/xml/setting.xml
<?xml version="1.0" encoding="utf-8"?>
<PreferenceScreen xmlns:android=http://schemas.android.com/apk/res/android
   android:key="ENTBLOG">

   <PreferenceCategory  android:title="@string/cata_url">
      <EditTextPreference
            android:key="PREF_URL"
            android:title="@string/pref_url_title"
            android:summary="@string/pref_url_summary"
            android:dialogTitle="@string/pref_url_dialog" />
   </PreferenceCategory>

   <PreferenceCategory  android:title="@string/cata_user">
      <EditTextPreference
            android:key="PREF_USER"
            android:title="@string/pref_user_title"
            android:summary="@string/pref_user_summary"
            android:dialogTitle="@string/pref_user_dialog" />

      <EditTextPreference
            android:key="PREF_PWD"
            android:title="@string/pref_pwd_title"
            android:summary="@string/pref_pwd_summary"
            android:dialogTitle="@string/pref_pwd_dialog" />
   </PreferenceCategory>
</PreferenceScreen>
```

这里有几个项目简单说明一下：

① <PreferenceScreen>是偏好设置的屏幕，类似于布局，用于容纳这些偏好设置项目；

② <PreferenceCategory>是分类，它可以将偏好设置项目分组，让用户更清晰更容易管理；

③ <EditTextPreference>是一种预配置的偏好设置项目类型，这种项目可以让用户通过文本对话框来编辑偏好设置内容；

④ android:key：偏好设置的标识符，程序可以通过这个 key 找到偏好设置项目；

⑤ android:title：显示在偏好设置列表中的标题；

⑥ android:summary：显示在偏好设置列表中的说明信息；

⑦ android:dialogTitle：用于编辑偏好设置内容的对话框的标题；

我们会在后面的结果中看到这些设置的效果。

（2）设置相关字符串资源

对应的，我们需要修改 strings.xml 中的内容，让在 setting 中引用的字符串资源都有匹配。

```
res/values-zh-rCN/strings.xml
    <string name="title_setting">系统设置</string>

    <string name="cata_url">服务器</string>
    <string name="pref_url_dialog">企业消息服务器设置</string>
    <string name="pref_url_title">服务器地址</string>
    <string name="pref_url_summary">请输入服务器地址</string>
    <string name="pref_url_default">服务器未设置</string>

    <string name="cata_user">用户账号</string>
    <string name="pref_user_dialog">系统用户账号设置</string>
    <string name="pref_user_title">用户名称</string>
    <string name="pref_user_summary">请输入用户名称</string>
    <string name="pref_user_default">用户未设置</string>

    <string name="pref_pwd_dialog">系统用户密码设置</string>
    <string name="pref_pwd_title">输入密码</string>
    <string name="pref_pwd_summary">请输入密码</string>
    <string name="pref_pwd_default">密码未设置</string>
```

（3）新建偏好设置 Activity

现在，就需要有一个界面显示并且操作偏好设置项目了。创建一个新的 Activity，名为 SettingActivity。注意，这个 Activity 应该继承自 PreferenceActivity，并重写 onCreate ()方法，在其中调用 addPreferencesFromResource（R.xml.setting），这个方法就是 PreferenceActivity 用来加载偏好设置资源文件的方法，参数就是我们前面定义的资源文件 R.xml.setting。

```
SettingActivity.java
public class SettingActivity extends PreferenceActivity {
    @Override
    protected void onCreate(Bundle savedInstanceState) {
        super.onCreate(savedInstanceState);
        addPreferencesFromResource(R.xml.setting);
    }
}
```

别忘了，在 AndroidManifest.xml 文件中对这个 Activity 进行注册，同时定义标题栏的内容：

```
<activity android:name=".activity.SettingActivity"  android:label="@string
/title_setting" />
```

（4）在源 Activity 进行调用

我们在主界面 Activity 的 btn_click()方法中实现 SettingActivity 的启动：

```
EntblogActivity.java
    public static final int REQUEST_PREFERENCES=101;
….
    public void btn_click(View v){
        switch(v.getId()) {
          case R.id.btn_setting:
                startActivityForResult(new Intent(this, SettingActivity.class),
REQUEST_PREFERENCES);
                break;
…
```

我们这里没有使用 startActivity()，而是 startActivityForResult()，因为我们有了新的业务需求，希望在调用后，能够返回一些信息，比如一些偏好设置参数的改变后希望通知原来调用的 Activity，startActivityForResult() 可以满足这种需求，因为它可以实现在 Activity 之间信息的“双向”传递，而以前的 startActivity 调用方式基本上是“调用后不管”的方式。

除了 Intent 之外，这个方法比 startActivity 多了一个参数，叫 Request Code 请求码，它用来在返回时识别这个调用在什么情况下执行的，并可做相应的处理。startActivityForResult()既然是双向传递信息，作为配套的措施，需要处理返回的信息，它使用重写 onActivityResult()来实现，例如下面的代码：

```
EntblogActivity.java
    @Override
    protected void onActivityResult(int requestCode, int resultCode, Intent data){
        switch (requestCode){
        case REQUEST_PREFERENCES:
                showMessage("设置完成");
                break;
        }
        super.onActivityResult(requestCode, resultCode, data);
    }
```

Activity 调用返回后，会触发这个方法，并传入三个参数，请求码、结果码和结果 Intent。请求码是在调用的时候设置的，程序可以知道在何种状况下发起的这次调用；返回码和 Intent 都是在目标 Activity 中进行设置后，关闭并返回时传回源 Activity 中的。程序执行的结果如图 3-32：

（5）返回调用的结果

在目标 Activity 中，可以通过调用 setResult()方法设置返回结果，第一个参数是结果编码，第二个参数是需要返回的 Intent，使用方法和 startActivity()中是一样的，但需要注意，这个 Intent 和调用来的时候那个 Intent 没什么关系。调用 setResult()的示例代码可能如下：

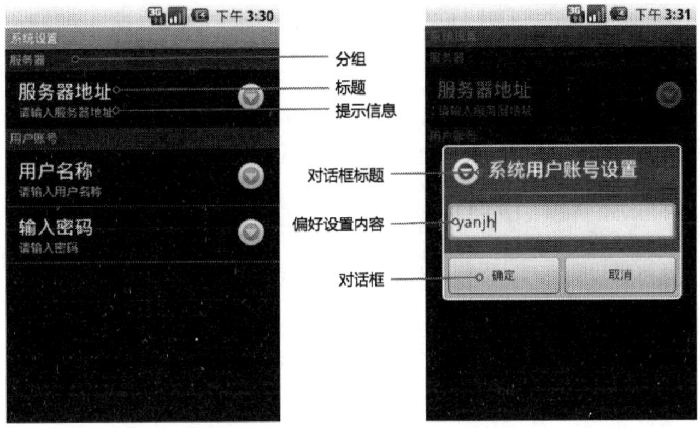

图 3-32　Preference Activity 界面

```
Intent intent=new Intent();
setResult(RESULT_OK,intent);
finish();
```

这一部分中，我们完成了如何在 Android 中实现偏好设置的管理。下面再来看看在工具栏方法调用中对于新建微博条目的实现。

3.8.9　创建和保存微博条目

在此之前，我们并没有实际的开始对业务对象进行操作，而是使用示例数据的辅助类来帮助我们生成了和显示一些示例数据，下面我们来具体实现业务数据的创建和在本地数据库中的存取操作。

创建一个业务对象的应用需求比较简单，只需要提供一个能够输入信息的文本框和相应的处理就可以了，因此，我们就不为它特别建立一个 Activity 了，而是直接使用系统提供的对话框功能。

前面我们已经使用了一种“列表型”的对话框，Android 系统的默认提供的对话框类型还包括警告、项目选择、日期选择、进度等等，但遗憾的是，没有提供一个可以输入信息的对话框，要实现这个功能，需要开发者自己来定义。这一过程和前面列表性对话框也非常类似：

（1）定义一个对话框布局模板

有了自定义列表条目布局的经验，我们对此应当比较轻车熟路了。在 layout 文件夹下建立一个 dlg_newblog.xml 文件，内容如下：

```
res/layout/dlg_newblog.xml
<?xml version="1.0" encoding="utf-8"?>
<LinearLayout xmlns:android="http://schemas.android.com/apk/res/android"
   android:layout_width="fill_parent"
   android:layout_height="wrap_content"
   android:orientation="vertical">

   <TextView
      android:id="@+id/newblog_view"
      android:layout_height="wrap_content"
      android:layout_width="wrap_content"
      android:layout_marginLeft="10dip"
      android:layout_marginRight="10dip"
      android:text="@string/newblog_title"
      android:gravity="left"
```

```
        android:textAppearance="?android:attr/textAppearanceMedium" />

    <EditText
        android:id="@+id/newblog_edit"
        android:layout_height="wrap_content"
        android:layout_width="fill_parent"
        android:layout_marginLeft="10dip"
        android:layout_marginRight="10dip"
        android:scrollHorizontally="true"
        android:autoText="false"
        android:capitalize="none"
        android:gravity="fill_horizontal"
        android:textAppearance="?android:attr/textAppearanceMedium" />
</LinearLayout>
```

这个布局很简单，就是一个线性布局，里面有一个文本视图和一个编辑框视图，分别用于显示标题和进行信息的输入。

（2）对话框布局模板加载和对话框功能定义

布局模板建立之后，就可以在对话框中调用和显示它了。同样使用重写 onCreateDialog()方法来实现对话框的创建、显示和操作处理，要注意对应的标识：

```
EntblogActivity.java
    // 声明对话框标识数组
    public static final int DIALOG_NEW=201;
….
    @Override
    protected Dialog onCreateDialog(int id) {
    switch (id) {
        // 新建对话框
        case DIALOG_NEW:
            // 这个对话框使用了自定义的布局
            LayoutInflater factory = LayoutInflater.from(this);
            // 获取基于布局模板填充后的视图
            final View textEntryView = factory.inflate(R.layout.dlg_newblog, null);
            return new AlertDialog.Builder(this)
                .setIcon(android.R.drawable.ic_dialog_alert) //设置对话框图标
                .setTitle(R.string.newblog_title)  //设置对话框标题
                .setView(textEntryView) //设置对话框视图
                .setPositiveButton(android.R.string.ok, new DialogInterface
.OnClickListener() { //第一个按钮
                    public void onClick(DialogInterface dialog, int whichButton) {
                        // 获取编辑框
                        TextView em = (TextView) textEntryView.findViewById(R.id
.newblog_edit);
                        // 基于编辑框内容调用保存对象
                        saveItem(em.getText().toString());
                    }
                })
                .setNegativeButton(android.R.string.cancel, new DialogInterface
.OnClickListener() { //第二按钮
                    public void onClick(DialogInterface dialog, int whichButton) {
                        /* 这里可以编写取消操作 */
```

```
                    }
                })
                .create();
...// 其他对话框
        }
        return null;
    }
```

定义这个对话框的显示和行为的过程如下：

① 使用 LayoutInflater.from（this)方法获取一个布局填充器；

② 该填充器调用 inflate()方法，加载布局模板文件，获得一个视图；

③ 使用 new AlertDialog.Builder()方法创建对话框构造器；

④ setIcon()设置图标，setTilte()设置标题；

⑤ setView()可以用来设置自定义视图，而这个视图是通过我们定义的模板创建的；

⑥ setPositiveButton ()定义第一个按钮，通常是 OK 按钮；

⑦ 重写其 DialogInterface.OnClickListener()侦听器的 onClick()方法，用来处理按下 OK 按钮后的响应；它调用了一个 saveItem()方法，这个方法可以保存所获取的对话框中编辑框中的内容，以此创建新的业务对象，保存到数据库和插入列表视图中；

⑧ setNegativeButton ()定义第二个按钮，通常是 Cancel 按钮，这里没有编写处理代码；

⑨ 注意，最后，在 switch 外面，还是需要返回 null，以处理不能识别的对话框标识。

（3）调用对话框

使用使用 showDialog（DIALOG_NEW）方法就可以调用这个对话框了，前面已经提到，我们将其放在 btn_click()方法当中：

```
EntblogActivity.java
    public void btn_click(View v){
        switch(v.getId()) {
          case R.id.btn_new:
                showDialog(DIALOG_NEW);
                break;
    ….
```

（4）对话框操作结果处理

在调用完成后，程序会执行 saveItem()中定义的操作，其参数是来自对话框文本编辑框中的内容：

```
public void saveItem(String body){
    EntBlog blog=new EntBlog();
    blog.setId(0);
    blog.setBody(body);
    blog.setPublish_user("user");
    blog.setPublish_at(new Date());
    // 保存到数据库中
    b_db.open();
    b_db.insertBlog(blog);
```

```
        b_db.close();

        b_adapter.insert(blog, 0);
    }
```

主要包括以下步骤：

① 创建一个新的业务对象实例

② 使用相关参数进行设置

③ 调用 b_db.insertBlog()方法将对象保存到数据库中

这里对数据库的操作我们进行了高度封装，我们在此次先简单的将 b_db 对象理解为一个数据库对象，它调用 insertBlog()方法将 blog 对象插入到数据库中，当然其背后实现的机理比较复杂，我们在后面会结合 Android 数据库技术进行详细讲解（3.9.1）

④ 调用 b_adapter.insert()方法将对象插入到列表数据适配器的顶端

整个过程是这样的，点击工具栏新建按钮，会执行 btn_click()方法，进而调用和执行 showDialog（DIALOG_NEW)方法，这个方法会触发 onCreateDialog()方法，并传递对话框标识，这个方法依据此标识来创建对话框实例（包括了界面和事件定义）返回给系统将其显示出来。最后，当用户在对话框中输入信息并点击 OK 按钮后，会调用 saveItem()方法，向数据库中保存创建的业务对象并且插入到列表视图中。

下面是程序执行的效果（图 3-33）：

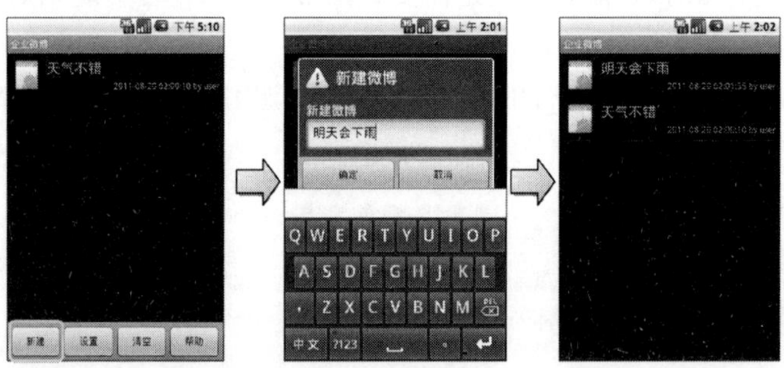

图 3-33　使用对话框添加项目

这里有一个细节上的问题，就是如果这个对话框被调用了一次，当下次再次调用的时候，对话框的编辑框内会保存上次输入的内容，因为系统会自动记录视图状态，如果想要清除这个内容，重载 onPrepareDialog()方法，找到编辑文本框并清除内容，同样，需要通过 id 来对对话框进行识别：

```
EntblogActivity.java
    @Override
    protected void onPrepareDialog(int id, Dialog dialog) {
        super.onPrepareDialog(id, dialog);
        switch (id){
        case DIALOG_NEW:
            ((TextView) dialog.findViewById(R.id.newblog_edit)).setText("");
            break;
        }
    }
```

我们已经可以使用程序向数据库中添加业务对象和内容了，下面我们就需要修改程序让列表 Activity 显示来自数据库的内容。

3.8.10　显示数据库记录列表

前面我们在列表中显示的都是由数据生成器生成的示例数据，现在，我们希望能够从数据库中读取并显示真正由用户数据的数据，就需要修改 listData()方法：

```
EntblogActivity.java
private void listData(){
    //打开数据库
    b_db.open();
    // 获取记录列表的游标
    Cursor c = b_db.getAllBlog();
    //清除适配器
    b_adapter.clear();
    //遍历游标，将游标转换为业务对象
    while(c.moveToNext()) {
        b_adapter.add(b_db.to_Blog(c));
    }
    // 通知适配器更新显示
    b_adapter.setNotifyOnChange(true);
    // 关闭数据库
    b_db.close();
}
```

关于 Android 数据库技术和其操作方式，在后面的章节中有非常细致的分析和探讨。这里我们只需要理解使用列表数据适配器可以遍历数据库记录集来添加对象，然后使用 setNofityOnChange()来通知窗口管理器进行显示的更新，这里使用的是延迟更新的技术，即在列表数据适配器添加对象的时候，列表视图并不实时更新显示，因为可能大量增加的数据让其无法响应，在数据更新完成后，再一次性的更新显示，这样可以大大提高效率和速度。

下面来看看如何实现列表项目的删除。

3.8.11　删除列表项目和记录

要从列表中删除一条记录，还是在列表对话框中发起操作：

```
case DIALOG_OP:
    …
            case 2: //delete
                showDialog(DIALOG_DEL_CFM);;
                break;
    …
```

但通常删除操作需要进行确认，就需要使用一个确认对话框()，在其确定按钮事件的实现中才调用真正删除的操作 deleteItem()，如图 3-34 所示。

图 3-34　确认删除对话框

对话框的代码如下：

```
case DIALOG_DEL_CFM:
    return new AlertDialog.Builder(this)
        .setIcon(android.R.drawable.ic_dialog_alert)
        .setTitle(R.string.delblog_title)
        .setTitle(R.string.delblog_message)
        .setPositiveButton(android.R.string.ok, new DialogInterface.OnClickListener() {
            public void onClick(DialogInterface dialog, int whichButton) {
                deleteItem();
            }
        })
        .setNegativeButton(android.R.string.cancel, null)
        .create();
case DIALOG_CLR_CFM:
    return new AlertDialog.Builder(this)
        .setIcon(android.R.drawable.ic_dialog_alert)
        .setTitle(R.string.clrblog_title)
        .setPositiveButton(android.R.string.ok, new DialogInterface.OnClickListener() {
            public void onClick(DialogInterface dialog, int whichButton) {
                clearItem();
            }
        })
        .setNegativeButton(android.R.string.cancel, null)
        .create();
```

下面是实际的删除操作 deleteItem()，以及清除操作：

```
public void deleteItem(){
EntBlog blog=(EntBlog)b_adapter.getItem(current_position);

    b_db.open();
    b_db.deleteBlog(blog.getId());
    b_db.close();

    b_adapter.remove(blog);
    b_adapter.notifyDataSetChanged();
}

public void clearItem(){

b_db.open();
    b_db.deleteBlog();
    b_db.close();

    b_adapter.clear();
    b_adapter.notifyDataSetChanged();
}
```

更新显示时，可以直接从适配器中删除业务对象，而不需要重新刷新和从数据库中加载数据。如果要清除所有的数据，则需要从工具栏的清除按钮发起，经确认后调用 clearItem()方法就可以删除数据库中所有相关记录了。此外要刷新列表数据，只需要从工具栏的刷新按钮发起，调用 loadData()方法就可以了。这两个操作，在前面的实例代码中已经有体现，这里不再详述。

关于 Reply 回复的操作，这里暂时不实现，而是放在后面结合网络应用的开发具体讨论。

至此，我们已经对应用程序进行了大幅度的改造，基本具备了一个本地应用程序的雏形，包括了列表和详细数据呈现、操作事件处理、本地数据的存取，系统设置、和业务对象结合等等，在这个过程中，我们也接触和理解到了很多重要的 Android 开发的概念、方法和流程。

3.9　总结

本章的内容非常丰富，我们基本上从基础开始，一步步的架构了一个具备基本功能的本地应用程序。在这一过程中我们熟悉和了解了以下的内容：

- Android 以及手持设备应用开发的特点
- Android 应用程序工程的基本结构
- Android 应用程序执行的基本流程
- Activity、Intent、Bundle 等的概念和应用
- 接触列表、按钮、对话框等基本的用户界面组件以及如何进行自定义
- 了解在 Android 中实现应用程序配置选项
- 了解在 Android 中操作本地关系数据库
- 了解了 Android 开发过程中如何将业务对象和流程与开发技术进行结合

思考题：

1. Android 应用程序是怎样启动和执行的？
2. Android 应用程序的配置文件是那个？里面通常定义那些内容？
3. Android 应用程序如何实现资源的组织？
4. 怎样利用 Android 系统提供的资源？
5. 何为布局和视图？
6. 什么是 Activity？
7. 什么是 Intent？Intent 的两个主要作用是什么？
8. Android 开发中处理列表视图数据和显示的核心组件是什么？
9. 如何在调用 Activity 时返回结果？
10. Android 中如何实现国际化？

第 4 章　数据存取

和绝大多数计算机软件一样，Android 应用程序的运行是在内存中进行的，当然也会遇到内存数据的易失性问题，因此，它有数据持久性存储的要求，只不过在手持设备上通常将这些数据存储在闪存中，而不是硬盘中。在 Android 常见的持久化技术主要包括下面四种：

- Preferece（偏好设置）
- File（文件存取）
- Database（数据库）
- Content Provider（内容提供者）

这些内容我们会在本章中深入探讨，此外，我们还将讨论一些其他的重要概念和扩展性的话题。

4.1　偏好设置（Preferences）

Preferencse 是一种非常简单方便的数据存取技术，它最常用的用途是保存应用程序的一些配置和运行参数，当然也可以作为一些临时性或者记录性的信息存储。Preference 的应用类似于 Windows 系统中的注册表项目，但更加简单方便。其简单性主要体现在它提供了简单的数据结构和相关操作的对象方法。比如它使用键-值对的数据结构来保存信息，并提供了如 SharedPreferences（设置集合）和 PreferencesActivity 等等对象来简化信息存取操作。

在开发过程中相关常见的操作包括读取设置信息、写入设置信息和使用设置界面等等。

4.1.1　读取和写入偏好设置

如果要在 Android 程序中存取设置信息，需要使用 SharedPreferences 类。这个类可以看作是一个设置信息存储的容器，在其中可以用键-值表的方式存储一系列设置信息对象。在一个应用程序中可以支持多个设置集合，并使用不同的名称来进行区分（称为命名设置集合）。

在程序执行过程中，通常有三种方法可以获取这个对象。

（1）PreferenceManager.getDefaultSharedPreferences（context）

这是设置管理器的类方法，Android 系统提供了 PreferencesManager（设置管理器）来进行统一的设置相关操作的管理。这个方法可以获取其参数 context 相关联的默认设置集合，如果没有特殊的要求（如需要管理多个设置集合），通常都使用这种方式获取默认设置集合。

（2）getSharedPreferences（String,int）

这是一个 Context 方法，使用这个方法可以获取一个“命名”的设置集对象。

（3）getPreferences（int）

这是一个 Actiity 方法，其实它就是调用 getSharedPreferences()方法，只不过将参数设置成 Activity 类名而言，这就意味着这个对象的参数设置操作只针对当前的 Activity。

获取设置集合对象后，就可以使用其 getxxx()系列方法来读取具体的设置数值了。这里 xxx 是一系列可选择的数据类型，表面它可以处理多种类似的设置信息，比如 getInt()、getBoolean()、getString()等等都比较常用。

下面介绍写入设置信息：

写入设置信息的操作也是在设置集合对象上完成的，但并不是直接进行操作，还要进一步使用 edit()方法获取一个 SharedPreferences.Editor（设置集合编辑器）对象。这个编辑器对象提供了 putxxx ()系列方法可以向 SharedPreferences 写入设置信息，然后 commit()方法进行提交。

下面是一个使用 Preferences 技术进行参数设置和读取的示例代码：

```
    // 设置引用键值
        public static final String S_COUNT="setting_count";
        public static final String S_USER="setting_user";
    // 获取设置集合
        SharedPreferences
sp=PreferenceManager.getDefaultSharedPreferences(this);
    // 读取设置数据
        int icount=sp.getInt(S_COUNT, 0);
        String suser=sp.getString(S_USER, "user");
    // 输出设置数值
        Log.d("Count", "User:"+suser+",count:"+icount);
        icount++;
    // 获取设置集合编辑器，更新后写入和提交
        SharedPreferences.Editor se= sp.edit();
        se.putInt(S_COUNT, icount);
        se.putString(S_USER, "user"+icount);
        se.commit();
```

这段代码实现了一个应用程序执行的“计数器”，能够记录这段代码片段被执行的次数，还模拟了在设置信息中保存和读取用户名称的操作。这里有一个比较好的操作方式是将键值设置为一些字符串常量，这样在程序的各个地方都可以进行一致性的引用，避免错误，也便于修改。

Preferences 的操作原理并不复杂。在每个应用程序包的数据文件夹（/data/dada/<程序包名>/）下，如果有 Preferences 的相关操作，就会生成一个 shared_prefs 文件夹，在其中可以保存软件包相关的设置集合文件，默认情况下有一个名为<程序包名>_preferences.xml 的文件。其内容类似如下：

```
    <?xml version='1.0' encoding='utf-8' standalone='yes' ?>
    <map>
    <string name="setting_user">user2</string>
    <int name="setting_count" value="2" />
    </map>
```

这样就很明白了。在 shared_prefs 文件夹下，Preferences 使用 xml 文件来存储设置信息。默认的设置信息文件名为<程序包名>_preferences.xml，设置信息数值以键值对的形式保存在<map>标签中，并且含有数据类型信息。

4.1.2 使用 PreferencesActivity

前面提到，Preferences 最常见的用途就是作为应用程序配置参数的存储。这通常需要提供一个用户界面来让用户进行操作和配置。当然我们可以自己编写用户界面来满足这一需求，但由于这个操作非常常用，在 Android SDK 中就提供了更简便的处理技术——PreferenceActivity。

下面我们通过一个简单的例子来体验一下。假设我们在系统中需要获取并且保存用户的注册信息，包括用户名称和性别，以及是否需要服务方进行联系的选项，显然，这里需要进行字符串、列表和布尔三种数据类型的处理。

使用 PreferenceActivity 技术，我们只需要两个文件就可以实现。

首先是一个 Activity，就是显示和操作设置集合的界面，它继承自 PreferenceActivity：

```
Setting_Activity.java
public class Setting_Activity extends PreferenceActivity {
    @Override
    protected void onCreate(Bundle savedInstanceState) {
        super.onCreate(savedInstanceState);
        addPreferencesFromResource(R.xml.preferences);
    }
}
```

这段代码和普通的 Activity 类非常相似，但没有加载布局的代码，取代它的是一个 addPreferencesFromResourse()方法，这个方法，可以从一个配置文件中加载需要设置的参数选项。

第二个文件就是这个配置文件：

```
res/xml/preferences.xml
<?xml version="1.0" encoding="utf-8"?>
<PreferenceScreen
        xmlns:android="http://schemas.android.com/apk/res/android">

    <PreferenceCategory  android:title="用户">
        <EditTextPreference
                android:key="edittext_preference"
                android:title="用户名"
                android:summary="请输入用户名称"
                android:dialogTitle="请输入用户名称" />

        <ListPreference
                android:key="list_preference"
                android:title="性别"、
                android:summary="选择用户性别"
                android:entries="@array/gender_list_preference"
                android:entryValues="@array/gendervalues_list_preference"
                android:dialogTitle="选择用户性别" />
    </PreferenceCategory>
```

```
    <PreferenceCategory   android:title="系统">
        <CheckBoxPreference
                android:key="checkbox_preference"
                android:title="Wifi"
                android:summary="是否只在 Wifi 环境中使用网络" />
    </PreferenceCategory>
</PreferenceScreen>
```

简要分析如下：

（1）<PreferenceScreen>标签是设置界面元素的容器；

（2）可以通过<PreferenceCategory>对设置的项目进行分类（主要从观感上，并不影响业务操作）；

（3）对于不同设置方式的条目，使用不同的标签，如 EditText 是文本编辑型的，List 是列表型的，CheckBox 是检查框型的，这样系统可以根据标签来选择具体处理的方式；

（4）可以为每个设置项目配置属性，重要的属性包括：

- key：索引键，这样属性在读取设置值时需要用到；
- title：显示在列表中设置项目的标题；
- summary：显示在列表中设置项目的描述信息；

（5）如果在参数设置中使用对话框（列表或者编辑文本框），都可以为其设置对话框标题和提示信息；

这个配置文件的设计可以在 xml 的可视化编辑器中完成（图 4-1），这个编辑器可以直观清除的看到设置项目的结构和属性，非常直观方便。

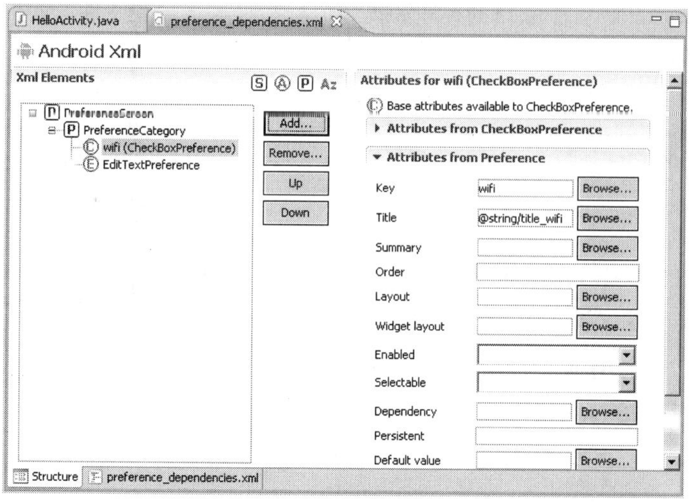

图 4-1　Prefeneces 可视化编辑器

程序的执行效果见图 4-2：

这里我们可以看到，在程序中，并没有进行任何界面布局的设计，也没有编写对话框的界面和操作逻辑和代码，这些都是 Android SDK 根据常用的参数设置功能提供的，这样就大大简化了参数设置操作开发的工作，当然，除了在此界面中进行参数的设置之外，其他如果需要读取操作，还是需要采用本节前面内容提到的方法。

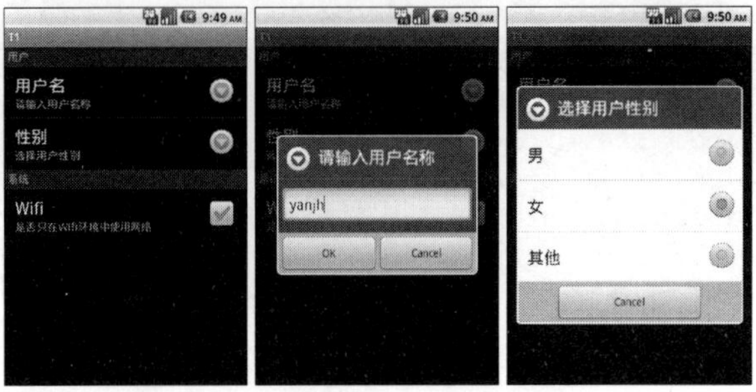

图 4-2　PreferencesActivity 使用界面

从技术上分析，我们还可以看到，PreferencesActivity 的基本视图是一个列表视图。的确是这样的，分析这个类的继承关系会发现，它是从 ListActivity-Activity 继承而来的，所以其基本界面是列表界面。各个设置选项其实是通过适配器加载进去的。

这里只是一个简单的例子，帮助我们理解 PreferencesActivity 的典型应用和过程。在实际的程序中可能需要考虑更多的问题，比如如何显示动态的设置标题和描述信息，如何自己定义设置操作的页面（比如密码输入或者多个文本框输入）等等。

4.1.3　Preferences 应用细节

在前面的内容中我们应该感觉的到，虽然 PreferencesActivity 的使用非常方便，但也受到了一些限制，下面我们就来明确一些应用的细节。

1. 动态显示设置条目内容

通常 PreferencesActivity 中条目的标题和描述信息都来自于配置文件，如果希望显示动态的内容，可以参考下面的代码：

```
…
EditTextPreference mpref_user =
(EditTextPreference） getPreferenceScreen().findPreference(KEY_USERNAME);
mpref_user.setSummary(“当前用户：”+suser);
```

这里先调用 getPreferenceScreen()获取当前的 PreferenceScreen 对象，然后调用 findPreference()方法获取 Preference 对象，即设置条目，然后使用 setSummary()来修改这个条目的描述信息。

2. 空选项或者行为选项

有时候我们只希望在 PreferencesActivity 的条目中显示一些信息，或者将它作为一个启动项目，可以执行某些操作，可以参考下面的设置定义：

```
<PreferencesScreen>
….
       <PreferenceScreen
              android:key="screen_preference"
              android:title="@string/title_screen_preference"
              android:summary="@string/summary_screen_preference">
          <CheckBoxPreference
                 android:key="next_screen_checkbox_preference"
```

```
android:title="@string/title_next_screen_toggle_preference"
                android:summary="@string/summary_next_screen_toggle_preference"
/>
          </PreferenceScreen>

          <PreferenceScreen
                android:title="@string/title_intent_preference"
                android:summary="@string/summary_intent_preference">
                <intent android:action="android.intent.action.VIEW"
                   android:data="http://www.android.com" />
          </PreferenceScreen>
    <Preference android:title="About" android:key="SomeAction"/>
    …
    </PreferenceScreen>
```

这里有三种情况：

（1）通过嵌套一个<PreferenceScreen>，可以建立一个子设置屏幕，用于给设置分类；

（2）通过嵌套一个<PreferenceScreen>，并且在其中定义一个Intent，可以用于实现某种操作；

（3）直接使用<Preference>，也可以实现某种操作，但具体的代码需要在程序中定义，如：

```
Preference myPref = (Preference) findPreference("SomeAction");
myPref.setOnPreferenceClickListener(new OnPreferenceClickListener() {
     public boolean onPreferenceClick(Preference preference) {
         //响应项目点击操作的代码
         …..
         return ture;
     }
});
```

3. 设置项目依赖关系

有时设置项目直接存在某种依赖关系，比如Wifi的设置只有在Wifi启用的情况下才有意义，这样就构成了依赖。在Android中实现也很简单，只需要在配置文件中设置项目的属性android:dependency中声明所依赖的项目就可以了，当然，被依赖的项目必须是Boolean型。

例如下面的配置信息：

```
<PreferenceCategory  android:title="@string/example_preference_dependency">
   <CheckBoxPreference
             android:key="wifi"
             android:title="@string/title_wifi" />
   <EditTextPreference
             android:layout="?android:attr/preferenceLayoutChild"
             android:title="@string/title_wifi_settings"
             android:dependency="wifi" />
</PreferenceCategory>
```

4. 自定义设置项目

有时应用的要求确实需要我们来自己定义设置操作的逻辑和界面，就需要从Preference类出发，自己定义所有相关的内容。可能会包括：

（1）继承的 Preference 类

通过继承 Preference，可以创建一个自己的设置条目类，如果要定义条目的显示方式，还需要定义自己的条目布局文件并使用 setWidgetLayoutResource()进行加载，示例代码片段如下：

```
public class MyPreference extends Preference {
    private int mClickCounter;

    // This is the constructor called by the inflater
    public MyPreference(Context context, AttributeSet attrs) {
        super(context, attrs);

        setWidgetLayoutResource(R.layout.preference_widget_mypreference);
}
….
}
```

（2）配置文件

这里需要使用自定义 Preference 标签了：

```
    <cn.myapp.MyPreference
            android:key="my_preference"
            android:title="@string/title_my_preference"
            android:summary="@string/summary_my_preference"
            android:defaultValue="100" />
```

（3）设置条目布局文件

默认的条目布局显示信息也不是特别灵活，其实它也是可以修改的，界面布局和普通的视图布局类似，但可能需要为这些信息的显示编写相关的数据处理和呈现代码。

至此，我们了解了使用 Preference 技术进行数据持久化的相关内容，下面我们来讨论第二种数据存储方式：使用文件 （File）。

4.2 文件存取

在这一节中，我们将要进行文件存取操作相关的讨论。实际上，在 Android 应用开发中进行文件操作和 Java 是有很大的不同的，这个差异的来源是操作系统对于文件的组织和对应用程序安全方面的控制造成的，下面我们来详细了解一下相关的情况。

4.2.1 Android 文件系统结构

对于应用程序而言，Android 操作系统并不是一个开放的系统，默认情况下，应用程序并不能无障碍的在任意位置存取文件。当然，它也没有像标准 Linux 系统那些来组织文件，而是有一套自己的处理方式。

我们可以通过 DDMS 中的 File Explorer 查看 Android 的文件系统，也可以通过“adb shell”的命令行方式进行目录和文件的浏览。但有趣的是，使用这两种方式（见图 4-3）我们看到的文件系统内容稍有不同，可能在 DDMS 视图中进行了一些处理，内容好像少了点，而在 shell 中看到的更像是 Linux 系统的样子，所以理论上应该以 shell 为准。

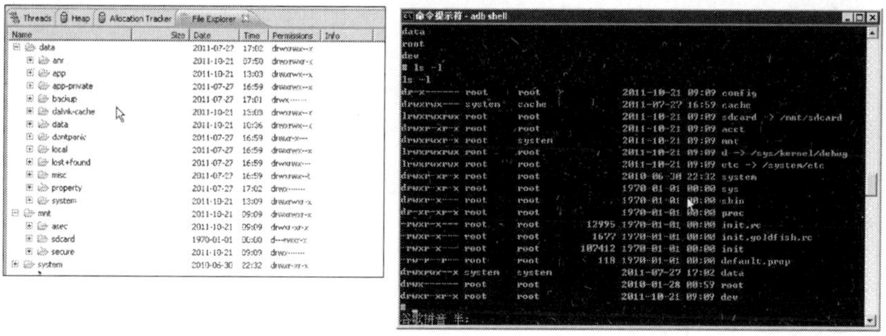

图 4-3　在浏览器和 shell 中的 Android 文件系统结构

但在文件浏览器中基本上也能看得清楚，并且更有条理。我们看到，在 Android 系统根目录下，有三个文件夹：data，mnt 和 system。

system 是系统文件夹，和系统相关的内容都保存在下面如字体、库、系统 bin、etc（配置信息），特别的还包括了系统提供的基础应用程序，比如 browser、phone、contact 等等。

data 基本上是用户文件夹，实际上也是开发者打交道最多的文件夹，一些重点的内容，如下面的 app 文件夹就是外部应用软件包 APK 安装的位置，而 data 子文件夹是应用软件数据存储的位置，而且它使用软件包名作为文件夹名称进行分类存储。

mnt 应该是外挂存储文件夹，在里面的 sdcard 就是 Android 系统常用的存储扩展方式，以一个文件夹的形式出现。

这样，我们就应该能够非常方便的理解 Android 系统文件存储和安全管理的模型了。

首先，所有的应用程序文件和系统文件是分离的，这样就能够提高系统的安全性。其次，应用程序的程序和数据也是分离的，方便管理和升级。第三，应用程序之间的数据是分离的，每个应用程序（包）都有自己独立的数据空间，不会受到其他应用程序的影响，并且通过包和数字签名的验证，系统很容易对其安全性进行验证和管理，就为授权管理提供了方便。

下面我们探讨一下在开发过程中对文件是如何进行存取操作的。基于 Android 文件系统的特点，在实际开发操作中，我们通常把文件的存取分为内部和外部存储的操作模式。

4.2.2　内部文件存取

默认情况下，通过应用程序创建或者安装的文件都是内部存储。它保存在/data/data/<软件包>/这个文件夹中，这些文件可能包括临时文件、SharedPrefs、应用保存状态等等。这些文件通常是私有的，只能被本软件包所访问，其他程序无权限进行访问。如果软件卸载，或者用户进行清除，这个文件夹下的内容将会被删除。

内部存储文件的写入过程如下：

（1）调用 openFileOutput()方法，可以返回一个 FileOutputStream 对象，其参数包括文件名和访问模式；

（2）使用 write()写入文件；

（3）使用 close()关闭文件输出流；

下面是示例的代码片段：

```
String FILENAME = "hello_file";
String string = "hello world!";

FileOutputStream fos = openFileOutput(FILENAME, Context.MODE_PRIVATE);
fos.write(string.getBytes());
fos.close();
```

此次，访问模式 MODE_PRIVATE 表面这个写入的文件对于当前应用程序是私有的。可选的其他模式包括：

- MODE_APPEND（扩展）
- MODE_WORLD_READABLE（全局读取）
- MODE_WORLD_WRITEABLE（全局可写）

要在内部读取一个文件的步骤如下：

（1）调用 openFileInput()方法返回一个 FileInputStream 对象，参数是文件名；

（2）调用此对象的 read()方法读取内容；

（3）执行 close()方法关闭流。

这里，openFileOutput()和 openFileInput()都是当前 context 的方法，这样就保证了内部存储操作的权限。通常这里是不能使用 Java 的标准文件 IO 的（如 FileReader），因为在程序进程需要打开文件时，Android 会要求检查该进程的 userid，标准 Java IO 没有提供这种机制，就不能进行操作。

其他相关的内部存储文件操作方法包括

- getFilesDir()：获取文件所在目录的绝对路径
- getDir()：创建或者打开文件夹
- deleteFile()：删除已有文件
- fileList()：获取文件列表

下面来了解一下外部存储。

4.2.3 外部文件存取

首先，所有的应用程序文件和系统文件是分离的，这样就能够提高系统的安全性。其次，应用程序的程序和数据也是分离的，方便管理和升级。第三，应用程序之间的数据是分离的，每个应用程序（包）都有自己独立的数据空间，不会受到其他应用程序的影响，并且通过包和数字签名的验证，系统很容易对其安全性进行验证和管理，就为授权管理提供了方便。

保存在外部存储的文件对 Android 程序而言是全局可读写的，没有什么安全性的限制，但如果将 Android 设备连接到电脑上作为 USB 存储设备时，虽然电脑上可以向外部存储空间传输文件或者进行编辑，但对于 Android 系统而言，此时这些文件是不可见的。

如果要在 Android 系统中对外部存储进行操作，一般涉及下面几个步骤：

1. 检查媒介可用性

在进行外部存储的操作之前，要检查其可用性和状态，通常的状态包括已挂载（mounted），失踪（missing），只读（read-only）和其他状态等等，可以使用 getExternalStorageState ()来获取这些状态，返回的是一个表明状态的字符串变量。

示例的代码如下：

```
boolean mExternalStorageWriteable = false;
// 获取状态值
String state = Environment.getExternalStorageState();
// 比较状态值并进行处理
if (Environment.MEDIA_MOUNTED.equals(state)) {
    // 可读写
    mExternalStorageAvailable = mExternalStorageWriteable = true;
} else if (Environment.MEDIA_MOUNTED_READ_ONLY.equals(state)) {
    // 只读
    mExternalStorageAvailable = true;
    mExternalStorageWriteable = false;
} else {
    // 其他状态，不可写
    mExternalStorageAvailable = mExternalStorageWriteable = false;
}
```

2．存取外部存储中的文件

在确认外部存储可用之后，就可以进行文件的存取了。在外部存储中，文件也分为私有和公共之分。私有文件属于创建其的应用程序，虽然从外部可以访问，但如果程序删除，私有文件也会被清除；而公有文件则会在程序删除后予以保留。

在 APILevel8(2.2)或以上的版本，可以使用 getExternalFilesDir() 方法获取代表外部存储的私有文件夹。公共文件夹的获取可以使用 getExternalStoragePublicDirectory()方法。这两种方法的参数可以控制返回的文件夹位置，如 null 代表默认的外部存储根目录，而 Environment.DIRECTORY_PICTURES 常量则代表系统预定义的图片目录，其他可选择的目录还包括：

- Music/ - 音乐文件目录；
- Podcasts/ - 博客文件目录；
- Ringtones/ - 铃声目录；
- Alarms/ - 警告声音；
- Notifications/ - 通知声音；
- Pictures/ - 照片（相机生成的除外）；
- Movies/ - 影片（相机生成的除外）；
- Movies/ - 影片（相机生成的除外）；
- DCIM/ - 相机拍摄的照片或影片；
- Download/ - 下载的文件。

如果使用 API Level 7 及以下的版本，它只提供了 getExternalStorageDirectory()方法，公共文件的操作和前面相同，但如果要存取外部私有文件，则需要在外部存取路径中进一步指定应用程序目录，如：

```
/Android/data/<软件包名称>/files/
```

下面是使用外部存储创建、删除和验证存在性的示例代码：

```
void createExternalStoragePrivateFile() {
    // 获取或创建外部存储文件
```

```
        File file = new File(getExternalFilesDir(Environment.DIRECTORY_PICTURES),
"DemoFile.jpg");
        try {
            // 从系统资源中读取内容并写入外部存储图片文件
            InputStream is = getResources().openRawResource(R.drawable.balloons);
            OutputStream os = new FileOutputStream(file);
            byte[] data = new byte[is.available()];
            is.read(data);
            os.write(data);
            is.close();
            os.close();
        } catch (IOException e) {
            // 写入错误
            Log.w("ExternalStorage", "Error writing " + file, e);
        }
    }

    void deleteExternalStoragePrivateFile() {
        // 删除外部存储文件
        File file = new File(getExternalFilesDir(Environment.DIRECTORY_PICTURES),
"DemoFile.jpg");
        if (file != null) file.delete();
    }

    boolean hasExternalStoragePrivateFile() {
        // 判断是否存在特定的外部存储文件
        File file = new File(getExternalFilesDir(Environment.DIRECTORY_PICTURES),
"DemoFile.jpg");
        if (file != null)  return file.exists();
        return false;
    }
```

在获取了操作目录后，文件的存取方式和处理就和内部存储没什么区别了。另外，在获取这些目录时操作，如果目录不存在，系统会自动创建合适的目录。对于媒体文件而言，使用合适的目录，也能够帮助系统媒体扫描器正确的扫描和识别，比如如果将 mp3 文件放到“铃声”文件夹中，就会被作为铃声，而不是普通的音乐文件。但有时侯，我们不希望媒体扫描工具来扫描到我们的一些文件将其作为媒体文件，应该怎么处理呢？非常简单，只需要在相应的的外部存储文件夹中，放置一个空的名为.nomedia 的文件（无扩展名）就可以了。

4.2.4 其他文件的处理

如果在应用程序中需要使用某些静态文件（比如软件启动声音和一些常数表等等），可以在开发阶段就将其放在 res/raw/ 文件夹中，开发工具会对其编译并打包到 APK 文件中。在程序中只能使用 openRawResource() 的方式来进行访问，其参数是 R.raw.<文件名>（注意没有后缀名），会返回一个 InputStream 用于操作。当然，这个操作是只读的，不能向原始文件反向写入数据。

如果需要保存一些临时文件，其实不应该直接使用内部或者外部存储。系统提供了临时文件的存储空间（也在内部存储当中），可以使用 getCacheDir()获得其位置进行操作。当内部存储空间紧张之时，Android 会试图对这些临时空间进行清理，但开发者也应该为其设置一个上限，比如 1M。

同样，也可以使用“外部的”临时文件夹。在 2.2（Level 8）或者以上的版本，可以调用 getExternal

CacheDir()获取这个目录。在 2.1（Level 7）或者以下版本中，则使用 getExternalStorageDirectory() 这个方法。并且在其基础上指定其路径为：/Android/data/<软件包名>/cache/ 。

无论使用何种方式，当应用程序卸载时，相关的临时空间中的文件也会随之被清除。

4.3　Android 中的数据库技术

在数据存储和处理方面，Android 系统提供了一个令人兴奋的特性，集成了一种轻型的关系型数据库系统——sqlite3。在上一章中我们其实已经初步的接触了一下其相关的应用，这一章我们来详细探讨一下其具体的实现和细节。

4.3.1　关于 Sqlite3

SQLite（www.sqlite.org，见图 4-4）是一种遵守 ACID 应用规范的小型关系数据库管理系统。

ACID 是 Atomicity（原子性）、Consistency（一致性）、Isolation（隔离性，又称独立性）以及 Durability （持久性）的四个英文单词的简称，这四个特性是数据库系统进行事务（transaction）处理操作所必需的。也就是说，具有 ACID 特性的数据库系统支持事务处理机制。

图 4-4　SQLite 技术标志

由于这些概念在数据存储和网络应用当中非常重要，这里再进一步解释一下：

- 原子性：一个事务可以包括很多操作和步骤，但事务中的所有操作，应该要么全部完成，要么全部不完成，而不会在中间某个环节结束。如果事务在执行过程中发生错误，会被回滚（Rollback）到事务开始前的状态，就像这个事务从来没有被执行过一样。
- 一致性：在事务执行以后，在整个系统中的信息是一致的（如果有多个信息副本的话）。
- 隔离性：两个事务的执行是互不干扰的，两个事务之间不能互相影响。
- 持久性：在事务完成以后，其对数据库所作的更改能持久地保存在数据库之中，并且是完整的。

SQLite 就是以在嵌入式系统上实现基于 SQL 语言、支持 ACID、多平台的关系型数据库作为设计目标的，到目前为止，对于开发者而言，它是类似产品中最好的选择之一，也是应该最为广泛的嵌入式数据库系统。

和普通的 SQL 数据不同，SQLite 没有独立的服务器进程。我们可以它不是那种客户端/服务器的应用模式，SQLlite 直接访问磁盘文件，类似于过去那种桌面型数据库（dBase、FoxPro、Access 等）。但 SQLite 支持更多的 SQL 关系数据库特性，如支持 SQL 语句、多进程访问（读取）等等，而且它在一个单一的数据库文件中实现了多个数据库、视图、索引和触发器。

SQLite 的库和执行文件非常精巧，它使用 C 语言编写，库的大小只有 200～350KB 左右。此外其运行资源占用也非常高效，典型的堆和栈空间为 100KB 和 4KB。几乎可以在任意软硬件环境中安装和执行。SQLite 其他特性还包括开放源代码、跨平台、自持性和零配置等等。

这些特性都使 SQLite 成为小型 SQL 关系数据库的极佳选择。包括桌面程序、嵌入式设备（Android 和 iOS 系统都使用它作为其默认的应用数据库系统）、浏览器进程（WebKit 的本地数据库基于 SQLite 实现）等，甚至 MP3 中都可以看到它的身影。

SQLite 的最新和主流版本是 3.7，因此我们通常称之为 SQLite3。

在了解了 SQLite 的基本情况之后，让我们回到 Android 中讨论一下其在开发过程中是如何进行具体应用的。

4.3.2 数据库访问的实现

Android SDK 内置了 SQLite3 的支持。要在 Android 中实现对于 Sqlite3 数据库的操作和访问，通常需要以下几个步骤，这里结合业务应用的要求，将其主要的实现都封装到一个数据库操作的辅助类当中，下面按照次序逐一进行说明：

1．建立业务数据存取辅助类

在类包 cn.myapp.helper 中建立了一个名为 BlogDbAdapter 的业务数据存取辅助类，基本的代码如下：

```
BlogDbAdapter.java
package cn.myapp.helper
public class BlogDbAdapter {
    public static  final String TABLE_BLOG = "blog";

    public static  final String KEY_ROWID = "id";
    public static  final String KEY_BODY = "body";
    public static  final String KEY_USER = "publish_user";
    public static  final String KEY_PUBLISH = "publish_at";
    public static  final String KEY_RECEIVE = "receive_at";
    public static  final String KEY_STATUS = "status";

    private static final String L_TAG = "BLOGDB";

    private DatabaseHelper mDbHelper;
    private SQLiteDatabase mDb;
    …
}
```

在这个类中先定义了一些常量，用于设置表名称，字段名称，还定义了两个用于支持 Sqlite3 数据库操作的属性，mDbHelper（用于数据库的系统管理，类型为我们定义的数据库辅助类）和 mDB（数据库连接的实例，类型为 SQLiteDatabase，可以进行数据库操作）。

2．继承 SQLiteOpenHelper 并实现相关方法

SQLiteOpenHelper 是 Android SDK 提供的 SQLite 操作接口类，我们继承这个类并根据业务需要进行相关的设置，这个类的定义可以直接写在前面的辅助类中，并作为其静态的成员类：

```
BlogDbAdapter.java
    private static class DatabaseHelper extends SQLiteOpenHelper {
        private static final int DATABASE_VERSION = 2;
public static  final String DATABASE_NAME = "dbblog";
        private static final String TB_BLOG_CREATE = "create table blog (id long
primary key , "
                + "body text not null, publish_user text, publish_at datetime,
status integer, reply_result text, reply_at datetime);";
          // 构造方法
        DatabaseHelper(Context context) {
            super(context, DATABASE_NAME, null, DATABASE_VERSION);
```

```
        }
        // 数据库初始化方法
        @Override
        public void onCreate(SQLiteDatabase db) {
            db.execSQL(TB_BLOG_CREATE);
        }

        @Override
        public void onUpgrade(SQLiteDatabase db, int oldVersion, int newVersion)
{
            Log.w(L_TAG, "更新数据库到新的版本从" + oldVersion + " 到" + newVersion);
            db.execSQL("DROP TABLE IF EXISTS blog");
            onCreate(db);
        }
    }
```

其中的重点内容包括：

定义了几个常量，包括数据库名称（数据库文件名），当前数据库的版本（业务版本）和创建业务数据表的 SQL 语句；

（1）定义了构造方法，调用了超类的构造方法，并加入了数据库名称和版本；

（2）重写了数据库初始化方法 onCreate()，在其中可以添加一些创建数据表的代码，这里是执行相应的 SQL 语句；这个方法会在数据库被创建（通常是原有数据库文件不存在，系统需要新建一个数据库文件）时进行调用；

（3）定义数据库版本的更新；

这里的版本是业务版本，在开发时非常有用，开发者可以根据这个特性来对数据库的结构和初始状态进行更新。数据库的版本号是在构造方法中确定并传送到数据库管理系统中去的，如果系统看到这个版本号比原来的版本要高，就会调用 onUpgrade（）方法。

开发者可以重写这个方法来实现版本更新的相关操作，如删除重建表，插入初始化数据等等。在本例中是删除了数据表，并调用 onCreate()方法来进行重建。

（4）使用这个静态类可以将数据库的相关系统管理和操作和具体业务数据的操作分离开来。

3. 实现辅助类的构造方法，数据库实例的打开和关闭

有了上面经过“定制”的 SQLite 接口类后，我们就可以在此基础上完善这个数据适配类。

相关的代码如下：

```
BlogDbAdapter.java
    // 构造方法
    public BlogDbAdapter(Context ctx) {
        this.mCtx = ctx;
    }
    // 打开数据库，即获取一个数据库连接的实例
    public BlogDbAdapter open() throws SQLException {
        mDbHelper = new DatabaseHelper(mCtx);
        mDb = mDbHelper.getWritableDatabase();
        return this;
    }
    // 关闭数据库
```

```
    public void close() {
        mDbHelper.close();
    }
```

这里的内容包括：

（1）定义了构造方法，它需要将 Context 作为参数，因为在 Android 中，通常情况下，数据库文件的位置是个应用程序相关的，所以需要应用程序的上下文；

（2）定义打开方法，它会基于当前 Context 建立一个新的数据库辅助类对象，从这个对象获取可写的数据库连接；

（3）定义了关闭数据库方法。

数据存取辅助类已经可以实例化并可以打开数据库连接了，下一步就可以对其进行具体的数据存取操作。

4．数据操作

这里定义了具体的数据存取操作（CRUD）代码：

```
BlogDbAdapter.java
    // 插入对象
    public long insertBlog(EntBlog blog) {
        ContentValues initialValues = new ContentValues();
        // 生成 ID 编号
        long id=(blog.getId()==0)?(getMaxId()+1):blog.getId();
        // 放置对象数据
        initialValues.put(KEY_ROWID, id);
        initialValues.put(KEY_BODY,  blog.getBody());
        initialValues.put(KEY_USER,  blog.getPublish_user());
        SimpleDateFormat ft=new SimpleDateFormat(EntBlog.TIME_FORMAT);
        initialValues.put(KEY_PUBLISH,  ft.format(blog.getPublish_at()));
        // 插入数据并返回
        return mDb.insert(TABLE_BLOG, null, initialValues);
    }

    // 更新对象
    public boolean updateBlog(EntBlog blog) {
        ContentValues updateValues = new ContentValues();

        updateValues.put(KEY_BODY,  blog.getBody());
        updateValues.put(KEY_USER,  blog.getPublish_user());
        SimpleDateFormat ft=new SimpleDateFormat(EntBlog.TIME_FORMAT);
        updateValues.put(KEY_PUBLISH,  ft.format(blog.getPublish_at()));

        return mDb.update(TABLE_BLOG, updateValues, KEY_ROWID + "=" + blog.getId(),null) > 0;
    }

    // 删除和清除(删除所有)对象
    public boolean deleteBlog(long rowId) {
        return mDb.delete(TABLE_BLOG, KEY_ROWID + "=" + rowId, null) > 0;
    }
```

```
    public boolean deleteBlog() {
        return mDb.delete(TABLE_BLOG, "", null) > 0;
    }

    // 获取对象列表
    public Cursor getAllBlog() {
        return mDb.query(TABLE_BLOG,
new String[] {KEY_ROWID, KEY_BODY, KEY_USER, KEY_PUBLISH},
                null, null, null, null, "id desc");
    }

    // 获取单个对象
    public Cursor getBlog(long rowId) throws SQLException {
        Cursor mCursor =     mDb.query(true, TABLE_BLOG,
new String[] {KEY_ROWID,KEY_BODY,KEY_USER,KEY_PUBLISH },
                             KEY_ROWID + "=" + rowId, null,
                             null, null, null, null);

        if (mCursor != null) mCursor.moveToFirst();
        return mCursor;
    }
```

从上面的代码可以看到 SQLite 对数据进行操作的特点：

（1）使用 insert()、query()、update()、delete()等数据操作方法来执行数据操作；

（2）插入 insert()和更新 update()方法使用了 ContentValues 类来准备数据并作为参数，它使用 put()方法放入字段名和值；

（3）查询方法 query()中，查询的结果（字段名)参数是使用 String[]来表示的；

（4）query()方法的其他参数包括 where，groupby，having，order，limit 等等都可以在合适的地方设置（实例中有很多 null 表示没有相应的参数）；

（5）查询方法返回的值是一个游标 Cursor 对象，可以使用 getXxx()方法来获取实际值和 moveNext()方法进行遍历。

Android SQLite 实现有一套自己的 CRUD 处理的方式和特点，这里的内容很多，如果需要详细了解，请参阅 SDK 文档或相关资料。

5. 其他辅助和支持函数

我们还可以将一些和数据库及业务对象操作相关的辅助函数放在这里：

```
BlogDbAdapter.java
    public long getMaxId() throws SQLException {
        long maxid=0;
       Cursor mCursor = mDb.query(true, TABLE_BLOG, new String[] {"max(id)",
                          }, null, null, null, null, null, null);
        if (mCursor != null) {
         mCursor.moveToFirst();
         maxid=mCursor.getLong(0);
        }
        return maxid;
    }
```

```
    public EntBlog to_Blog(Cursor c) {
        EntBlog blog=new EntBlog();

        blog.setId(c.getLong(0));
        blog.setBody(c.getString(1));
        blog.setPublish_user(c.getString(2));
        Log.d("DDD", c.getString(3));
        blog.setPublish_at(new Date(c.getLong(3)));

        return blog;
    }
```

这里定义了两个支持方法：

（1）考虑到业务的实际需求，我们这里并没有定义自增的 id，而是可以自己控制 id 的生成，这个方法能够获取数据库表中最大的 id 数值，它使用了 select max（id） 的方式；

（2）定义了可以将 Cursor 直接转换成为业务对象实例的方法，方便应用的编写和操作。

6. 数据访问组件的使用

关于这些数据访问组件的应用方式，我们在前面的应用程序中已经有所涉及，这里再总结一下：

创建数据库操作辅助类实例：

```
    b_db = new BlogDbAdapter(this);
```

读取数据：

```
    // 清除列表
    b_adapter.clear();
    // 打开数据库
    b_db.open();
    //获取所有记录的游标
    Cursor c = b_db.getAllBlog();
    //遍历游标，并转换为业务对象，添加到列表中
    while(c.moveToNext())  b_adapter.add(b_db.to_Blog(c));
    // 更新列表显示
    b_adapter.setNotifyOnChange(true);
    // 关闭数据库
    b_db.close();
```

写入和更新数据数据：

```
b_db.open();
b_db.insertBlog(blog1);
b_db.updateBlog(blog2)
b_db.close();
```

其他的还可以删除和清除数据：

```
b_db.deleteBlog(2);
b_db.deleteBlog ()
```

当然，我们这里只例举了 Android SQLite3 数据库操作最常用的实现流程和最基本的功能，如果需要了解更多信息，读者可以参阅 Android SDK 相关 SQLite 的部分。

至此，我们已经熟悉了在 Android 系统中进行数据持久化操作的相关技术，下一节我们来探讨一下扩展性的话题。

4.4　Content Provider

Content Provider（内容提供者）是 Android 应用程序的一个组件类型。从广义上来讲 Android 应用程序可以访问其他 Content Provider 提供的数据，也可以作为 Content Provider 为其他程序提供数据存取，也是一种数据存取技术。我们这一节就来探讨一下这个技术和其操作过程。

4.4.1　Content Provider 概述

Content Provider 实际上是 Android 提供的一种应用程序集成的方式，它允许使用一致性的方式来在应用程序之间。它的设计思想和灵感应该来自 WebService。在经典的应用程序架构当中，如果要在应用程序之间进行数据的交换（即所谓进程间通信），通常有两种方式。第一是使用 API，但在开发方面的工作量比较大，也容易带来安全方面的问题，升级和维护也比较麻烦；再有就是使用共享的文件，同样有安全性的问题。

为此，Android 提供 Content Privider 技术，通过引入类似于 WebService 和面向对象开发的机制，应用程序通过规范标准的接口，向外界提供数据服务，而在数据访问端，则完全屏蔽了技术细节，这里不需要了比如数据如何存储，数据结构，开发接口这些信息，通过标准的方法接口就可以存取数据，这样系统和应用能够更好的集成起来，并提高了安全性。

在 Android 系统中已经内置了很多 Content Provider，它可以为其他应用程序提供如音乐、影片、图片、通信录、日历等信息，由于这些信息是作为系统服务提供的，只要有访问的权限，开发者可以通过标准的接口进行存取。

下面我们就来讨论其具体的实现。

4.4.2　读取 Content Provider 提供的数据

通常在应用程序中，对一个 Content Provider 进行读取需要下面几个步骤：

1．获取数据操作对象 ContentResolver

对于外部应用程序而言，访问 Content Provider 内容的操作方法被封装到 ContentResolver 这个对象中，可以在 Context 下通过 getContentResolver() 方法来获取。例如：

```
ContentResolver cr = getContentResolver();
```

2．Content Provider 数据模型

在继续之前，我们需要先了解一下 Content Provider 是如何操作数据的。

对于访问者来说，无论实际的数据是怎样存储的，Content Provider 会进行相应的处理，按照标准的方式提供记录-字段形式的列表结构，每一行代表一条记录，每一列代码记录的一个字段，例如下面的表 4-1 就展示了“联系人”这个 Content Provider 提供的示例数据：

表 4-1 联系人的 Content Provider 数据表

_ID	NUMBER	NUMBER_KEY	LABEL	NAME	TYPE
13	(425） 555 6677	425 555 6677	Kirkland office	Bully Pulpit	TYPE_WORK
44	（212） 555-1234	212 555 1234	NY apartment	Alan Vain	TYPE_HOME
45	（212） 555-6657	212 555 6657	Downtown office	Alan Vain	TYPE_MOBILE
53	201.555.4433	201 555 4433	Love Nest	Rex Cars	TYPE_HOME

根据规范，Content Provider 为每条记录提供_ID 字段来进行标识。这个_ID 还可以用于记录的关联，例如对于一个用户而言，它在电话记录表和照片记录表中的_ID 应该是匹配的。

3. Content URIs

那么，对于访问者而言，又是如何告知 Content Provider 那些类型的表和数据呢？在 Android 系统中使用 URI 来进行标识具体的 Content 数据（也是唯一的一种标识方式）。图 4-5 显示了一个典型的 Content Provider URI：

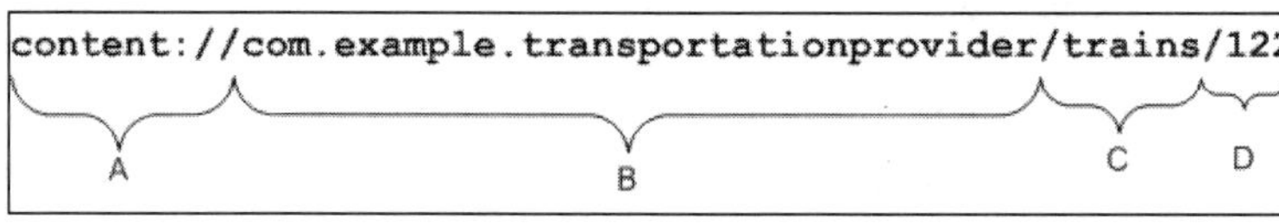

图 4-5　Content Provider URI

这个 URI 的组成是这样的：

（1）标准 Content Provider 前缀；

（2）Provider 类型标识符，对于一个第三方也应用，通常是完整的实现类的名称，以保证唯一性；

（3）Provider 提供的各种类型的数据表，可以包括子类型，如“land/bus”，“land/train”等等；

（4）标识要查询的记录编号。

如果通过这个 URI 进行查询，应用程序就会告诉系统，它要访问由 com.example.transportationprovider 这个 Content Provider 提供的 trains 这个表中的第 122 号记录。

当然，对于一些系统服务，也提供了一下 URI 的参数，如 People.CONTENT_URI 等等。同时还提供了一些辅助方法来帮助 URI 的构造。比如 ContentUris.withAppendedId() 和 Uri.withAppen dedPath()，它们可以将一个 ID 扩展到 URI 中。这样比将 URI 解析成字符串，加上 ID 后再生成 URI 的操作要简化很多。例如：

```
Uri myPerson = ContentUris.withAppendedId(People.CONTENT_URI, 23);
```

或者：

```
Uri myPerson = Uri.withAppendedPath(People.CONTENT_URI, "23");
```

注意它们的能接受的参数类型略有不同。

有了 URI 之后，结合 ContentResolver 对象，就可以进行 Content Provider 查询了。

4. 执行查询

这里再总结一下，在执行查询前需要的相关信息包括：

- 提供者的 URI（如果需要查询特定的记录，URI 中需要包括 ID）
- 需要返回的的数据字段列表
- 数据字段的类型

随后，就可以调用 ContentResolver.query()方法或者 Activity.managedQuery（）方法来进行查询了。

查询请求提交之后，Android 系统会根据 URI 来确定查询操作对应的 Content Provider 对象，它也负责这些对象的启动和实例化（也就是说你不能控制也不需要控制它的运行，系统会进行维护）。实际上，每个类型的 Content Provider 都是“单例”的，在系统中只有一个实例运行来提供数据操作服务，但它可以为多个外部应用程序进行提供服务。所有的数据传递都在这个实例和 ContentResolver 对象之间进行。

除了 URI 之外，在查询中还需要提供的参数有：

- 返回记录的字段集合：String[]类型，所希望返回的字段名称列表，不能为空（就是不能是*），通常 Content Provider 会提供相关的常量定义；
- 查询条件：String 类型，就是 SQL 的 Where 子句（不带 Where 这个词），如“age >?”；
- 查询参数：String[]类型，匹配的查询参数，如{“30”}；
- 排序方式：String 类型，如“age DESC”。

查询操作的示例代码如下：

```
import android.provider.Contacts.People;
import android.database.Cursor;

// 构造指定返回的字段列表
String[] projection = new String[] {
                             People._ID,
                             People._COUNT,
                             People.NAME,
                             People.NUMBER
                          };

// 构造 URI.
Uri contacts =  People.CONTENT_URI;

// 执行查询.
Cursor managedCursor = managedQuery(
contacts, // URI
                        projection, // 返回的字段列表
                        null,       // 查询条件, where 语句
                        null,       // 查询参数, 匹配条件中的?
                        People.NAME + " ASC");  // 排序方式
```

ContentResolver.query()方法和 Activity.managedQuery()的参数和返回的结果都相同，但其主要差别在于后者的 Activity 可以对游标（在后面会讨论）的生命周期进行管理。这有很多好处，比如当 Activity 暂停时，游标对象会卸载，而重启是游标会重新查询。也可以 Activity.startManagingCursor()方法来对一个未被管理的游标纳入管理。

下面来了解一下查询结果的处理。

5. 处理结果获取数据

如果查询能够成功执行，按照上面的查询方式和条件，其可能的结果集如表 4-2 所示：

表 4-2　示例查询结果

_ID	_COUNT	NAME	NUMBER
44	3	Alan Vain	212 555 1234
13	3	Bully Pulpit	425 555 6677
53	3	Rex Cars	201 555 4433

但系统不会直接提供这个结果集的对象，而是一个游标，在这个结果集中，我们需要通过操作游标来获取我们需要的数据。下面的代码展示了如何进行这个操作：

```
if (cur.moveToFirst()) {
    String name;
    String phoneNumber;
    int nameColumn = cur.getColumnIndex(People.NAME);
    int phoneColumn = cur.getColumnIndex(People.NUMBER);
    String imagePath;
    while(c.moveToNext()){ //结果集遍历
            // 得到字段数据
            name = cur.getString(nameColumn);
            phoneNumber = cur.getString(phoneColumn);
            // 数据操作处理
            ...
    };
}
```

简要分析一下：

（1）if（cur.moveToFirst()）可以判断结果集是否为空，并将游标放在结果集的顶部；

（2）使用 do 循环，配合 cur.moveToNext()，来在结果集中移动游标；

（3）调用 getString()等方法获取游标所在记录的字段内容，这里注意需要确认字段类型以使用不同的 get 方法。

如果查询返回的是二进制数据，比如图片或者声音，它在结果集中会有两种可能的状态。一种就是如果数据比较小，如小于 50K，系统会将其直接放在结果集中，可以使用调用 Cursor.getBlob()来进行获取；另外一种它会在结果集中表现为一个字符串，其实这是指定了内容的 URI，这种情况就必须使用 ContentResolver.openInputStream()方法打开输入流来进行处理了。

下面我们来了解一下如何对 Content Provider 的数据进行修改。

4.4.3 修改 Content Provider 数据

对 Content Provider 的数据修改操作包括：增加记录，为已存在记录增加新的值，批量更新已存在的记录和删除记录。这些操作同样通过 ContentResolver 对象完成，但注意修改的操作需要有对应的权限。下面逐一进行分析。

（1）增加记录

要增加一条新记录到 Content Provider，首先需要创建一个 ContentValues 对象，它实际是一个键-值对的图（map），然后将新记录的字段和值依次放到这个对象中，最后调用 ContentResolver.insert()方法将对象发送给 Content Provider。

ContentProvider 同样适用 URI 进行标识，这个操作的返回值是代表这个新记录的完整的 URI（不是 Cursor 对象）。

具体实现的代码片段如下：

```
//创建新的 ContentValues
ContentValues values = new ContentValues();
```

```
// 增加键-值对.
values.put(People.NAME, "Abraham Lincoln");  //联系人名称
values.put(People.STARRED, 1);  //是否添加为收藏

// 写入 Content Provider
Uri uri = getContentResolver().insert(People.CONTENT_URI, values);
```

（2）增加新数据

如果记录已经存在，也可以为记录增加新的信息或者修改现有信息。例如为一个联系人增加电话号码或者邮件地址。

为已存在的记录增加新数据最好的方式是使用 CONTENT_DIRECTORY 来对 URI 进行扩展以获得一个“写入点”，然后在此基础上增加新的数据。下面是具体的实现代码（续前面的代码片段）：

```
Uri phoneUri = null;

// 扩展 URI
phoneUri = Uri.withAppendedPath(uri, People.Phones.CONTENT_DIRECTORY);
// 清除 Content Provider，并放入新数据
values.clear();
values.put(People.Phones.TYPE, People.Phones.TYPE_MOBILE);
values.put(People.Phones.NUMBER, "1233214567");
// 插入扩展后的 URI
getContentResolver().insert(phoneUri, values);
```

Android 系统提供了 MediaStore Content Provider，可使用 Media.EXTERNAL_ CONTENT_URI 来统一处理图片、音频和视频等二进制类型的数据，当然，如果数据比较小的话，也可以直接使用 ContentValues.put()来执行写入操作。这种方式除了能够处理数据内容之外，还可以处理元数据。

例如，下面的代码为 MediaStore Content Provider 增加了一个图片文件，还包括了显示名称和描述信息（即所谓的元数据）：

```
//创建新的 ContentValues，包括元数据.
ContentValues values = new ContentValues(3);
values.put(Media.DISPLAY_NAME, "road_trip_1");
values.put(Media.DESCRIPTION, "Day 1, trip to Los Angeles");
values.put(Media.MIME_TYPE, "image/jpeg");

// 插入对象，并返回新的媒体对象 URI，这时媒体文件还不存在
Uri uri = getContentResolver().insert(Media.EXTERNAL_CONTENT_URI, values);

// 从原文件向媒体对象中写入数据
try {
    OutputStream outStream = getContentResolver().openOutputStream(uri);
    sourceBitmap.compress(Bitmap.CompressFormat.JPEG, 50, outStream);
    outStream.close();
} catch (Exception e) {
    Log.e(TAG, "exception while writing image", e);
}
```

（3）批量更新

要批量更新记录（例如要将地址"NY"全部修改为"New York"），需要调用 ContentResolver. update()，其参数是字段数组和值的数组。

（4）删除记录

要删除单个记录，可以运行 ContentResolver.delete() 方法，其参数是特定记录的 URI。

删除多条记录使用的方法相同，但参数不同。比如可以指定记录的类型（如 android.provider. Contacts.People.CONTENT_URI），并且添加 SQL WHEHE 子句来定义删除的范围。

4.4.4 实现 Content Provider

在应用程序中，通过相关的开发和修改，可以将自己的程序作为 Content Provider 将内容提供给系统和其他的程序进行访问。要创建一个 Content Provider，通常需要下列操作。

1．建立一个数据存储机制

可以使用 SQLite 数据库或者任意一种数据存取机制来保持需要提供的数据。最终暴露和提供的数据形式由程序决定，和具体的存储方法是无关的。

2．继承 ContentProvider 类，并且实现相关的方法

要使自己的 Content Provider 进行完整和正确的操作，需要继承 ContentProvider 这个标准类，并且实现下面的相关方法：

- onCreate() ：Provider 初始化
- query（Uri, String[], String, String[], String） ：响应用户请求，返回数据（Consor 类型）
- insert（Uri, ContentValues） ：插入数据
- update（Uri, ContentValues, String, String[]） ：更新数据
- delete（Uri, String, String[]）：删除数据
- getType（Uri） ：返回数据的 MIME 类型

此外需要注意，由于 ContentPrivider 中的方法可能需要被不同的 ContentResolver 对象进行调用，它们可能唯一不同的进程和现场，所以其实现必须考虑线程安全。

尽量为其他开发者提供完整和准确的接口文档，比如关于 URI 和字段的常量设置，字段的类型等等信息，方便别人的开发。

3．声明 content provider

要告知系统能够使用到已开发的 Content Provider，需要在 Manifest 文件中进行声明。例如下面的内容：

```
<provider android:name="com.example.autos.AutoInfoProvider"
        android:authorities="com.example.autos.autoinfoprovider"
        . . . >
</provider>
```

这里注意 android:name 表示所实现的类名称，android:authoirites 表示调用该 Provider 所应该使用的 URI。另外，对于 URI 的子目录，不需要单独的声明，在实现类中进行处理即可。其他的<provider>属性和设置还包括读写数据的权限，描述信息和图标，启动或关闭 provider 等等。

4.5　扩展话题

在此讨论的一些话题是虽然和代码编写没有直接的关系，但其中对我们在前面接触到的知识进行一些梳理和联系，并且还会探讨一些在 Android 应用开发中非常重要的概念。

4.5.1　Android 应用程序组成

首先来了解一下 Android 应用程序的组成结构。

Android 应用在系统中表现为一个单独的 APK 文件，它是由很多文件如程序、资源、配置和签名等封装起来的。但如果从执行逻辑上看，一个 Android 应用的程序部分是由四种类型的可执行组件构成的（图 4-5），它们分别是 Activity、Service、Broadcast Receiver 和 Content Provider。其他的相关内容还包括 Manifest 配置文件、资源文件和数据文件等等，但这些内容都是辅助性的，本身并不是可以执行的程序。

Activity 是带有用户界面的可执行组件，用于提供给用户信息的展示和响应其操作；Service 是没有“界面”的程序，它可以作为程序片段在后台被调用、执行并关闭；Content Provider 用于给系统和其他程序安装约定的规范提供数据和内容服务；Broadcast Receiver 用于接收系统广播事件，并作出相应的处理。

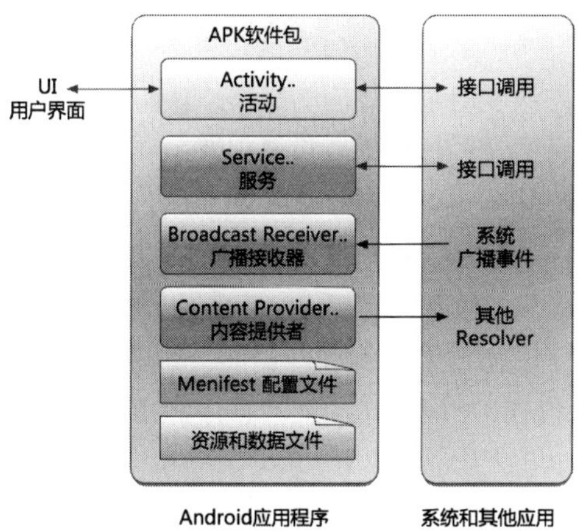

图 4-5　Android 应用程序组件构成和接口

可以看到，这样的架构和我们以前对程序的理解是不同的。Android 程序是组件化模块化的，其程序部分可以分拆组合，这样就提供了极大的灵活性。这样的结构非常适合于和其他的应用进行集成和切换，这也是 Android 系统的一个特点，让人感觉到 Android 应用程序可以作为 Android 系统的一部分，或者说 Android 系统可以通过其他应用程序进行有机的扩展。

其中 Activity 是开发和应用中经常接触的组件，下面就来深入探讨一下。

4.5.2　Activity 的生命周期（Lifecycle）

在上一章中我们曾经对 Activity 进行了初步的了解，知道有一个 onCreate()方法。那么为什么这些代码会写在这个地方，整个 Activity 这个对象是怎样运行的，系统又是怎样对其管理的，这些问题都没有进行深入的讨论。其实，在这里，都涉及到 Activity 的生命周期管理（如图 3-31）的问题，这个问题在 Android 应用开发中非常重要，有必要进行深入的理解。

关于 Activity 生命周期的详细介绍可以参考 Android SDK 的文档，我们这里的大部分内容都是基于这个文档的内容进行叙述的。

系统使用堆栈的模式来对 Activity 进行管理。一个新的 Activity 启动后，将会放在 Activity 的栈顶并且运行和显示，那么前一个 Activity 在栈中就位于这个 Activity 之后了。而且在这个新的 Activity 存在的情况下不会到前台进行显示。

基本上 Activity 有四种状态：

（1）运行（active）：Activity 正在屏幕前端（位于栈顶），称之为活动或者运行状态。

（2）暂停（pause）：Activity 暂时失去输入焦点但是仍然可见（如另外一个非全屏或者透明的 Activity 正在运行并获取了输入焦点），暂停状态的 Activity 是完全活动的（所有状态和成员信息仍然维持，并与窗口管理器保存联系），但在系统内存极低的时候可能被终止。

（3）停止（stop）：Activity 完全被另一个 Activity 遮盖时将进入停止状态。停止状态的 Acitivity 仍维持所有的状态和成员信息，但由于完全不可见，在系统需要时，就可以被终止。

（4）销毁（Destory）：当 Activity 暂停或者停止时，系统可以从内容中将这个 Activity 清除，它可能会询问用户，也可能直接进行清除操作。如果需要再次显示，Activity 必须重新启动和恢复到以前的状态。

图 4-6 显示了 Activity 完整的生命周期，包括在各种条件下，各种状态是如何切换的，而在切换过程中，Android 提供了一些方法接口，开发者可以根据自己的需要，在这些方法中编写相应的程序，从而能够在 Activity 状态改变时进行相应的操作，从而改善应用的流程和管理。

其中，在 Activity 中有三种关键的过程周期需要理解：

（1）完整周期：

完整周期是指一个 Activity 从被初始调用启动到结束的过程。其起点是 onCreate()，在这一节点 Activity 完成所有全局状态的设置工作；终点是 onDestory()，在这里将释放所有相关资源。在完整周期中通常需要执行整个周期都需要进行的操作，例如，如果需要有一个在整个 Activity 周期中都需要连接网络进行下载的后台操作，就可以在 onCreate()中创建，并且在 onDestory()中释放。

（2）可见周期：

可见周期开始于节点 onStart()，终止于 onStop()。在这个周期中用户可以在屏幕上看到 Activity，但是有可能它不在前景中并且不能进行用户操作。在可见周期中你可以维护需要显示给用户的 Activity。需要注意的是 onStart()和 onStop 方法可能由于 Activity 被显示或者隐藏而会被调用很多次。所以，应该把需要在重写显示界面时需要进行更新数据的操作放在 onStart()方法中，而不是 onCreate()方法。

（3）前景周期：

前景周期起始于 onResume()，终止于 onPause()。在这个周期中可以进行操作交互。这个周期的中的切换可能是很频繁的，比如手机的休眠和唤醒，Activity 的切换和 Intent 的调用，所以这两个方法中的操作应该尽可能的轻量化。

经过上面的讲解，我们应该已经了解到 Android 对整个操作系统和应用程序执行调度的一些特点。我们可以发现，Android 系统对于应用的管理的重点和核心是 Activity，而不是我们熟知的“应用程序”，这是和传统桌面应用程序开发的一个很大的不同。

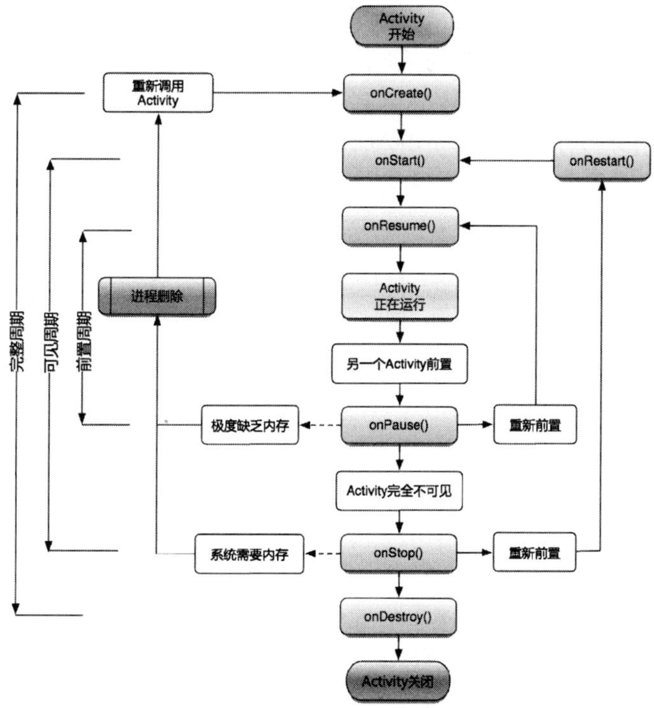

图 4-6 Activity 生命周期

当然其实在传统桌面应用程序的开发过程中，关于用户视图的部分，也有生命周期的概念（Web 应用基本上没有，因为 Web 页面是无状态的，这是 Web 应用的一个特点），但不会这么突出，那么为什么在 Android 中要突出这个特点呢？

这就要从手持设备应用的特点说起了。手持设备要考虑到便携和能耗的问题，处理和存储能力必然受限，就不能简单的照搬桌面系统对于多任务处理的方式。此外，手持设备屏幕较小，一般情况下应用程序都会尽量占据整个屏幕，和桌面应用同时多个应用多个窗口的模式截然不同，对多任务处理的要求也就有了很大的不同。

还记不记得，早期（其实也不是很早，大约在 2007～2008 年）iPhone 操作系统，是不支持多任务的。问题是 iPhone OS（现在叫 iOS 了）脱胎于 Mac OS X 系统，底子是稳定强大的 FreeBSD，怎么可能不支持多任务呢？非不能也，实不为也。并不是苹果做不到，而是不这么做，而是为了更好的用户体验，针对手持应用的特点，保持程序的资源占用最小化和快速的用户响应，从某种程度上牺牲了所谓的多任务能力。这是真正从用户的使用体验而不是技术的炫耀出发而做出的决策！而后 iOS 进一步改善了“多任务”性能，实际上使用了一种变通的方式，但可笑的是还是被某些人斥为“伪多任务”。其实这有点舍本逐末了，用户其实不关心什么多任务的实现机制，只需要程序能够快速流畅的切换就可以了。反过来说，原来 Windows Mobile 操作系统确实是真多任务，但程序响应缓慢，性能低下，容易崩溃，这样的多任务谁又想要呢，有趣的是在新的 Windows Phone 7 中，好像又在强调单任务性能了。

在 Android 上虽然并没有 iOS 上这么严格的限制，更接近常规操作系统的处理方式。但也提供了相应的机制和规范，帮助开发者开发更好的应用。实际上，在 Android 系统中，用户视图的显示、调度和管理是由系统来掌管的，而不是由应用程序控制，因此，如果我们的应用程序写得不好，比如在前台的用户界面线程中执行了大量的长时间的操作，就会频繁出现“应用程序不响应”的错误。默认 Android 留给前台任务的处理时间为 5 秒钟，所以应该很好地规划应用程序的执行调度，将运行时间长的任务尽量放在后台执行，避免用户界面的锁死。

从这个角度而言，Android 操作系统实在是一个比较“先进”的操作系统，它打破了普通操作系统和应用程序以“程序”为执行的单位，而是以 Activity 和用户的界面和操作作为基本的程序单位，这样就能够更好的进行资源的调用、程序状态的管理，以实现更好的多任务的应用体验 （对于用户来说就是快速、流畅、智能的操作界面切换）。

另外，理解了 Android 的 Activity 生命周期，就让我们能够不断地优化程序开发，包括更好地规划业务流程，用户界面，特别是资源的使用，做到在可视周期最小的资源占用，尽晚加载和尽早释放，做到系统响应、资源占用和稳定性的最好平衡。

4.5.3 应用程序状态

前面我们讨论了 Activity 的运行生命周期，也了解到在程序运行过程中，特别是当用户界面切换后，Activity 不可见的时候，有可能被系统清理掉。但有时我们又希望能够保存应用程序在切换时的状态，这样，当用户重新打开应用程序或者窗口时，就会恢复退出或者切换时的状态（比如输入的文字，视频或者音乐播放的位置等），这无疑是一个非常好的体验。

要实现这一点，就需要利用 Activity 生命周期的知识。基本分为两步，当 Activity 切换或者关闭时，会触发 onSaveInstanceState()方法，并且系统会传入一个状态对象，这里可以将所需要保存的数据放到系统提供的状态对象当中，然后系统会处理这个对象将其持久化；当 Activity 重新加载时，会触发 onRestoreInstanceState()或 onCreate()方法中的内容，同样，会传入一个系统状态对象，我们可以反向操作，将需要的数据读取出来。这样，就实现了我们希望的“应用程序状态保存”。

具体的代码片段如下：

```
// 定义要保存的数据键值
private static final MY_DATA1="MyBoolean";
private static final MY_DATA2="MyDouble";
private static final MY_DATA3="MyString";
// 保存数据
@Override
public void onSaveInstanceState(Bundle savedInstanceState) {
  savedInstanceState.putBoolean(MY_DATA1, true);
  savedInstanceState.putDouble(MY_DATA2, 1.9);
  savedInstanceState.putString(MY_DATA3, "Welcome back to Android");
  // 继续写入
  super.onSaveInstanceState(savedInstanceState);
}

// 取回保存的信息
@Override
public void onRestoreInstanceState(Bundle savedInstanceState) {
  super.onRestoreInstanceState(savedInstanceState);

  boolean myBoolean = savedInstanceState.getBoolean(MY_DATA3);
```

```
    double myDouble = savedInstanceState.getDouble(MY_DATA3);
    String myString = savedInstanceState.getString(MY_DATA3);
}
```

当然，我们也可以在这几个回调方法中使用其他的方式来实现信息存储和恢复，比如使用Preferences，文件甚至数据库，但直接使用系统提供的状态对象（savedInstanceState）是最方便的，因为系统会自动的在状态改变时对其进行保存、维护和加载，我们只需要专注于这个对象的操作就可以了。

其实，应用程序的状态恢复管理是非常重要的，因为它涉及一个很有争议的话题：多任务。

在桌面系统上，多任务就是多窗口，因为屏幕比较大，不同的进程可以同时显示在桌面上，它需要真正的多任务并行能力。但在手持设备上的情形完全不同，屏幕空间小，很少需要并排窗口的情况，这里的多任务实际上应该是快速切换的能力。作为用户来说，背后的技术实现细节其实并不重要，只要能够达到快速切换的效果就可以了。这样，应用程序的状态恢复，就成为一种重要的操作方式，我们应该熟悉理解并合理的应用。

我们还可以看到，在应用状态保存和恢复的操作中，其核心对象的类型是Bundle，下面就来详细了解一下。

4.5.4　关于 Bundle

Bundle，英文意思为“束”或“包”，它是由键-值对组成的数据结构，有点像图（hashmap），但它可以在一个Bundle中容纳不同类型的实体。和ArrayList相比，它又允许使用字符串作为键值来进行检索，它可以将一组数据打成一个包（Bundle），这样就为开发工作提供了极大的方便。

Bundle本身的结构没有太复杂，而且它的操作方式非常简单，通常就是读和写，getXxx()系列方法和putXxx()系列方法。这里的Xxx是其具体处理的数据类型，说明Bundle可以使用多种方法处理多种类型的数据，包括常用的基本类型和数组，但遗憾的是不能处理通用的对象。

Bundle这个类的定义在android.os下面，在Android中其实也经常使用。实际上，我们第一天接触Android开发就会接触到它，还记得吗？

看看这段代码，很熟悉吧：

```
@Override
public void onCreate(Bundle savedInstanceState) {
...
```

对了，在Activity的onCreate()方法中，它的参数就是一个Bundle，从名字上来看就是“已保存的实例状态”，而它的应用我们前面也讨论过了。

除此之外，在Intent中经常利用Bundle来封装所需要传递的数据。这样可以简化代码。

```
// 在调用端
intent.putExtras(bundle);

// 在被调用端
bundle data = intent.getExtras();
```

这是系统对Bundle的使用方式，我们在自己的程序中也可以用到Bundle，比如intent不能直接传递对象，我们就可以想办法将对象封装成为 Bundle 来支持 Intent 的传递。

```
// 创建 Bundle 实例
Bundle bd=new Bundle();
// 放入数据，这里 EBI_ID 是一个字符串常量，this.id 是当前对象
bd.putLong(EBI_ID,100);
bd.putString (EBI_NAME,"tom");
intent.putExtras(bd);
….

//在被调用端
bundle bd = intent.getExtras();
Long id= bd.getLong(EBI_ID)
String name id= bd.getString (EBI_NAME)
…
```

如果要继续简化，可以在业务类中定义一个 toBundle()方法，返回值就是一个 Bundle 对象，调用更简单方便。

```
public Bundle toBundle() {
    Bundle b = new Bundle();

    b.putLong(EBI_ID, _id);
    b.putString(EBI_NAME, title);
    … //其他成员变量

    return b;
}
```

4.5.5 关于 Context

在 Android 开发中我们经常会接触到一个重要的概念，名为 Context(上下文)，它的定义来自 android.content.Context 中，其实这个类为 LONG 型，类似 Win32 中的 Handle 句柄或者一个指针，可以简单地将其理解成为一个代码执行的应用环境。

有很多方法需要 Context 才能够执行，因为它们需要知道和识别是谁（就是那一个 Context）调用了它。很多事物都可以作为 Context，如我们已经熟知的 Activity 就是一个典型和常用的 Context，其他的 Context 可能包括应用程序 Application，服务 Service、广播接收者 BroadcastReceiver 等等。

下面我们结合一个简单的例子来理解一下，我们都熟悉这段代码：

```
Toast.makeText(this, "您好", Toast.LENGTH_LONG).show();
```

它调用 Toast 类的 makeText()方法在屏幕上显示一个信息框。这个方法的第一个参数就是一个 Context，它表明具体是谁在调用这个方法，这里的 this 是当前 Activity 的简写。如果我们将其封装到另外一个独立的类中，在执行这段代码的时候，将会报错，因为那个时候，this 已经成为那个类的实例了，而那个类通常是不能作为 Context 来使用的。

那么，如果我们就希望在其他类中对这个方法进行调用，如何解决这个问题呢？

有两个方法：一是将当前 Activity 作为 Context 参数传递到那个类方法当中；还有就是在那个方法中使用 ActivityName.this 来指明 Context。

4.5.6　关于选项菜单（Optional Menu）

在程序中我们使用了工具栏，我们也曾提到过可以使用选项菜单，这里就简单的探讨一下选项菜单的实现，主要包括三个步骤：

1．定义菜单资源

首先要定义选项菜单所使用的菜单资源 xml 文件，它的内容应该类似于下面的内容：

```
res/menu/main_menu.xml
<?xml version="1.0" encoding="utf-8"?>
<menu xmlns:android="http://schemas.android.com/apk/res/android">
   <item android:id ="@+id/menu_new"
      android:title="@string/menu_new"
      android:icon ="@android:drawable/ic_menu_add" />

   <item android:id ="@+id/menu_setting"
      android:title="@string/menu_setting"
      android:icon ="@android:drawable/ic_menu_preferences" />

   <item android:id ="@+id/menu_refresh"
      android:title="@string/menu_refresh"
      android:icon ="@android:drawable/ic_menu_rotate" />

   <item android:id ="@+id/menu_clear"
      android:title="@string/menu_clear"
      android:icon ="@android:drawable/ic_menu_revert" />

   <item android:id ="@+id/menu_help"
      android:title="@string/menu_help"
      android:icon ="@android:drawable/ic_menu_help" />

</menu>
```

菜单中可以有多个菜单项目，每个菜单项目通常包括标识、文字和图标等三个内容。

2．重写 onCreateOptionsMenu()方法

onCreateOptionsMenu()中可以将菜单资源文件加载到选项菜单对象中。

```
// 重写初始化选项菜单、来自 main_menu 文件
@Override
public boolean onCreateOptionsMenu(Menu menu) {
    MenuInflater inflater = getMenuInflater();
    inflater.inflate(R.menu.main_menu, menu);
    return true;
}
```

3．重写 onOptionsItemSeleted ()方法

在这个方法中可以定义响应选项菜单项目事件的操作：

```
//重写选项菜单被选择项目
@Override
public boolean onOptionsItemSelected(MenuItem item) {
```

```
        Toast.makeText(this, "您选择的是: " + item.getTitle(), Toast.LENGTH_LONG)
.show();
        switch (item.getItemId()) {
        // 系统设置
        case R.id.menu_setting:
            return true;
        // 刷新项目
        case R.id.menu_refresh:
         return true;

         // 帮助项目
        case R.id.menu_help:
         return true;
        }
        return super.onOptionsItemSelected(item);
    }
```

另外，Android 的菜单项目还可以是动态的，即在程序中添加或者删除菜单项目，基本思路为使用 Menu 的 add()方法可以创建并返回一个菜单项目，然后可以为这个项目设置图标，但更重要的是需要实现菜单事件的响应，可以通过设置事件侦听器来完成这一任务，它需要调用菜单项目的 setOnMenuItemClickListener()，其参数是一个新创建的侦听器，在其定义中重写了 onMenuItemClick()方法来实现具体的操作，示例的代码如下：

```
MenuItem item = menu.add("附加菜单项");
item.setIcon(android.R.drawable.ic_dialog_info);
item.setOnMenuItemClickListener(new OnMenuItemClickListener() {
    @Override
    public boolean onMenuItemClick(MenuItem item) {
       showtext(item.getTitle());
       return true;
    }
});
```

但一般情况下基于性能的考虑，还是建议使用菜单资源文件，因为它是静态编译的，在启动时就被加载进来了。

4.6 总结

在本章中我们主要讨论了一些和数据持久化和扩展性的话题，具体包括：

- Preferences 相关开发和应用
- Android 系统中的文件操作
- 数据库应用实现
- 使用 Content Provider 交换数据

在扩展性话题中我们涉及了下面的内容：

- Activity 生命周期
- 应用程序状态管理

- Bundle 对象
- Context 对象
- 选项菜单的实现

思考题：

1．Prefernces 的主要用途和应用流程是什么？
2．通过那种技术，可以时参数设置过程和界面的开发大大简化？
3．Android 文件系统的主要结构是怎样的？
4．什么是内部存储和外部存储？
5．为什么在 Android 中不能直接使用 Java IO 对象？
6．SQLite 的特点是什么？
7．如何获取 Content Provider 提供的信息？
8．Android 系统提供了哪些 Content Provider？
9．简要描述一下 Activity 的生命周期的管理。
10．如何保存和恢复应用程序状态？
11．如何使用 Bundle 对象？
12．什么是 Context 对象，哪里需要使用到这个对象？

第 5 章　Android 开发调试

调试，是所有软件开发过程中重要而不可或缺的一个环节，有了调试技术，开发者可以极大地提升应用开发工作的效率和质量。从某种意义上来说，调试技术的优劣决定了某种编程语言和开发平台的生命力，Android 和 Eclipse 的组合之所以如此受到欢迎和广泛的应用，和它们提供的强大而灵活的程序开发调试过程密不可分。这一章我们就来重点研究相关的内容，具体包括:

- Android 调试技术概述
- Console 和 LogCat
- DDMS 调试系统
- 调试工作流程分析
- 开发和调试常见错误和处理

5.1　Android 调试技术概述

在 Android 开发过程和开发的环境中，提供给我们用于应用程序调试的技术主要包括两个方面：Eclipse 调试组件和 ADT 调试组件。前者接近于标准的 Java 开发调试过程；而后者则是 Android SDK 提供的集成在开发环境中的专门用于 Android 应用调试的相关工具。

要更好的了解和熟悉 Android 的调试过程，需要先来大致了解一下在 Android 开发环境中，是如何将 Android 应用工程相关文件和源代码进行处理、编译、部署和运行的。

图 5-1 显示了这一整体过程：

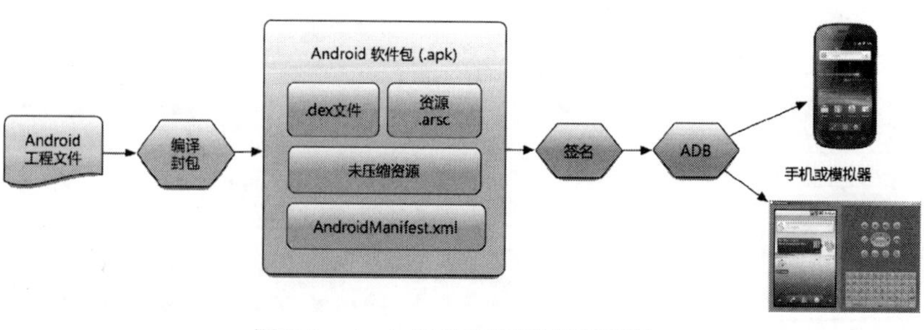

图 5-1　Android 应用开发部署流程

由 Android 工程文件开始，在其中包括了 Java 源程序和资源文件，开发工具可以将其打包成为一个.apk 文件，这个文件是 Android 应用软件的标准封装和部署格式，然后经签名后由 ADB 工具部署到手机或者模拟器中，就可以作为最终的 Android 应用进行运行了。

而下面的图 5-2 则进一步展示了 Android 应用编译的过程：

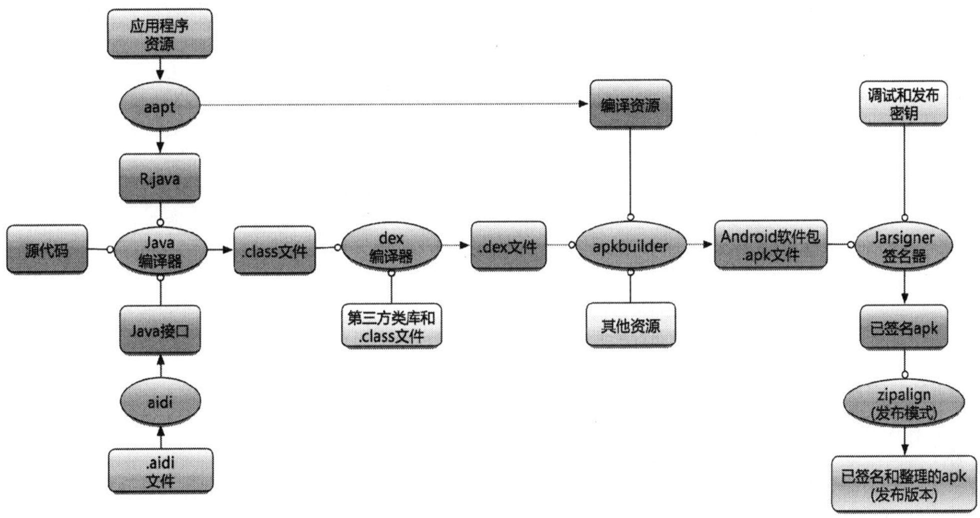

图 5-2　Android 应用编译流程

这里我们不需要掌握所有的细节，重点是理解下面一些要点：

- 由于 Android 使用了 Dalvik 虚拟机而不是标准的 Java 虚拟机，所以在编译成为 Java Class 文件后，需要进一步编译.dex 文件（Dalvik 字节码可执行文件），就是所谓的两次编译；
- 在 dex 编辑阶段可以包括第三方类库，从而提供了一些扩展能力（如 Google Map 类库就是这样添加的）；
- 应用程序的资源文件和编译后的字节码执行文件会统一打包成一个 apk 文件，这个是 Android 系统用于部署和执行的标准软件包格式；
- 如果要进行调试或者最终部署，则还需要进行签名，当然在调试阶段这个过程是透明的，系统会自动生成和使用用于调试的自签名文件，而在发布阶段，则需要使用正规的签名文件；
- AATP（Android Asset Packaging Tool）是 Android 资产封装工具，用于处理资源文件和资源文件类（R.java）；
- AIDI（Android Interface Definition Language）是 Android 接口定义语言，用于描述此 Android 应用的远程接口，可以为其他应用程序调用，从而实现一种功能的扩展；
- 理论上而言可以脱离 IDE，借助这些独立的工具，按照这个流程来组织 Android 应用的开发和部署，但 Eclipse 将它们完整的集成在一起，实现了高效率、流程化和自动化，这就是 Eclipse 的价值所在。

而作为开发的一个重要环境，在对调试工作的支持方面，这个开发环境也提供了完善的解决方案，这个调试解决方案，如图 5-3 所示。

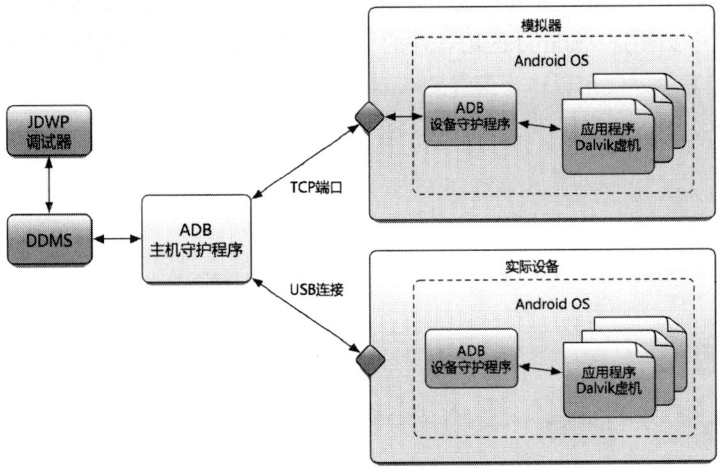

图 5-3　Android 调试环境和组件

这个结构包括下面几个重点组成部分：

（1）JDWP 调试器

JDWP（Java Debug Wire Protocol，Java 调试连线协议）是 Java 的标准调试协议，它定义了调试器（debugger）和被调试的 Java 虚拟机之间如何进行调试信息的通信和控制。Dalvik 虚拟机（包括了 JDWP 代理）和 Eclipse 调试器都支持这个协议，当然也使用这个协议进行调试的通信。

（2）DDMS

DDMS（Dalvik Debug Monitor Server，Dalvik 调试监视服务），提供了和 Dalvik 虚拟机运行相关的调试信息监控的功能，它还通过端口转发功能（将来自不同 ADB 端口的调试信息转发到 8700 端口）结合 ADB 提供对多个设备和系统的调试支持。DDMS 本身也由很多组件和功能组成，我们在后面会进行深入的讨论。

（3）ADB

ADB（Android Debug Bridge，Android 调试桥）是一个用于支持开发工作的信息传输体系，我们可以简单地将其看成一个连接开发环境和 Android 设备的桥梁，在上面可以传输各种调试和控制信息。它直接运行在操作系统之上，而独立于开发环境 （相对而言，DDMS 是 Eclipse 的插件）。通过它，Android 开发工作可以支持多种不同的开发环境，而且可以支持多个应用和设备的同时开发工作。关于 ADB，我们也会作为重点进行探讨。

除了上述的调试技术之外，在 Android 的开发过程中，我们还可以感觉到，使用 Eclipse 来进行开发和调试有一个很大的优势，特别是针对 Java 类型的应用，它可以在代码编辑的阶段就可以识别和解决通常在运行阶段才可能出现的问题和错误。如类库的引用、变量和方法的拼写和声明、方法调用参数、异常处理、数据类型的使用等方面，这些都是非常容易出错的地方，如果没有 Eclipse 的检查或者类似的技术，这些问题都会在运行时发生，这时候再去检查，就会非常麻烦和繁琐。而 Eclipse 能够对这些问题进行识别和和提出处理的建议，显得非常“智能”，从这一点来看，Eclipse 确实不愧为一个优秀的集成开发环境。

下面，我们就在 Android 中进行开发和调试工作涉及到的内容进行一一探讨。

5.2　Console 和 LogCat

在几乎所有的软件开发工作中，最基本的调试工作是查看调试系统在软件运行过程中输出的各种信息，这些信息通常被称为日志（log），它们可能包括运行状态、错误信息等等，开发平台应该提供相应的技术手段来显示和分析，通过安装 ADT，Eclipse 就提供了 Console 和 LogCat 提供了相关的功能。

5.2.1　控制台和 LogCat

在常规的 Java 开发中，我们应该已经非常熟悉和了解使用控制台（Console）来查看应用程序和系统运行的日志信息了（如图 5-4）。

图 5-4　Eclipse Console 控制台

Console 是 Eclipse 系统提供的功能，它可以为不同的应用程序和系统提供日志信息输出的窗口。在 Android 开发过程中，它也提供了名为“Android”的控制台。在 Android 应用程序启动的过程中，我们通常会在这个控制台中看到类似下面的信息：

```
    [2011-09-16 13:39:25 - Entblog] ------------------------------
    [2011-09-16 13:39:25 - Entblog] Android Launch!
    [2011-09-16 13:39:25 - Entblog] adb is running normally.
    [2011-09-16 13:39:25 - Entblog] Performing cn.myapp.activity.EntblogActivity activity launch
    [2011-09-16 13:39:25 - Entblog] Automatic Target Mode: launching new emulator
with compatible AVD 'HW8500'
    [2011-09-16 13:39:25 - Entblog] Launching a new emulator with Virtual Device 'HW8500'
    [2011-09-16 13:39:43 - Emulator] WARNING: Data partition already in use. Changes will not persist!
    [2011-09-16 13:39:43 - Emulator] WARNING: SD Card image already in use:
C:\Documents and Settings\yanjh\.android\avd\HW8500.avd/sdcard.img
    [2011-09-16 13:39:43 - Emulator] WARNING: Cache partition already in use.
Changes will not persist!
    [2011-09-16 13:39:44 - Entblog] New emulator found: emulator-5554
    [2011-09-16 13:39:44 - Entblog] Waiting for HOME ('android.process.acore') to be launched...
    [2011-09-16 13:41:17 - Entblog] HOME is up on device 'emulator-5554'
    [2011-09-16 13:41:17 - Entblog] Uploading Entblog.apk onto device 'emulator-5554'
    [2011-09-16 13:41:17 - Entblog] Installing Entblog.apk...
    [2011-09-16 13:41:31 - Entblog] Success!
    [2011-09-16 13:41:31 - Entblog] Starting activity cn.myapp.activity.Entblog
Activity on device emulator-5554
    [2011-09-16 13:41:34 - Entblog] ActivityManager: Starting: Intent { act=android.intent
.action.MAIN cat=[android.intent.category.LAUNCHER] cmp=cn.myapp/.activity
.EntblogActivity }
```

其实不用每一行都深入分析，我们大体可以了解在这一启动过程中发生了什么：

（1）开始启动 Android 应用程序；

（2）系统先会检查一下 adb 是否是正常运行；

（3）根据应用程序配置，尝试启动主 Activity；

（4）系统发现没有可以执行这个应用的目标设备，就启动了一个合适的虚拟系统来执行应用程序；

（5）模拟器启动后进行连接；

（6）如果在目标设备上没有该应用程序或者应用程序已经修改了，那么系统需要首先上载和安装应用程序(apk 文件)；

（7）启动主 Activity。

从这一过程我们可以印证上一节所了解过的应用程序编译、部署和执行的过程。但我们随后就会发现，虽然控制器显示了应用程序启动的过程和状态信息，但在应用程序启动后，并没有继续显示程序运行后相关的信息，这是为什么呢？

我们在上一节已经了解到，Android 应用程序的执行是分为编译-部署和执行两个阶段的，第一个阶段在开发环境中完成，这里就是 Eclipse 的运行环境，所以我们能在 Console 中看到相关的进度和状态；而第二个阶段，程序运行是在设备（模拟器）中进行的，它们本身并不是 Eclipse 的组成部分，所以在控制台上是看不到 Android 应用程序执行的日志的。

当然在 Android 开发平台中，也提供了类似于控制台的组件：LogCat，使开发者可以查看到 Android 程序在设备 OS 中运行的状态和输出的信息。也就是说，完整的日志信息也是分为两个部分的，在 Android 应用程序启动后，相关的日志信息就不能输出到标准控制台上了，而是由 DDMS 接管，输出到 Android 调试控制台——LogCat 上了。

LogCat 作为 ADT 的一个组件，在 ADT 安装完成后，它会出现在 DDMS 的面板中，当然也可以作为一个单独的窗口由开发者配置显示在任何需要的地方。如果需要为 LogCat 配置独立的窗口，可以遵循下面的操作：

（1）选择 Eclipse 的 Windows-Show View-Other 菜单项目（图 5-5），Eclipse 会显示“Show View”（显示视图）对话框；

（2）在对话框中找到并选择“LogCat”项目，点击“OK”（图 5-6）。

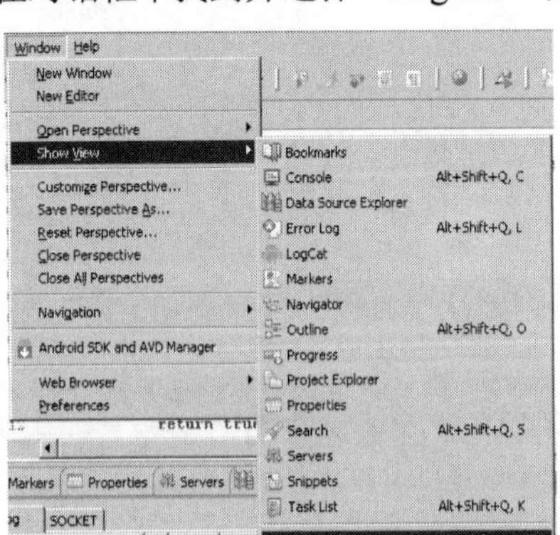

图 5-5 显示选择 Eclipse 功能视图

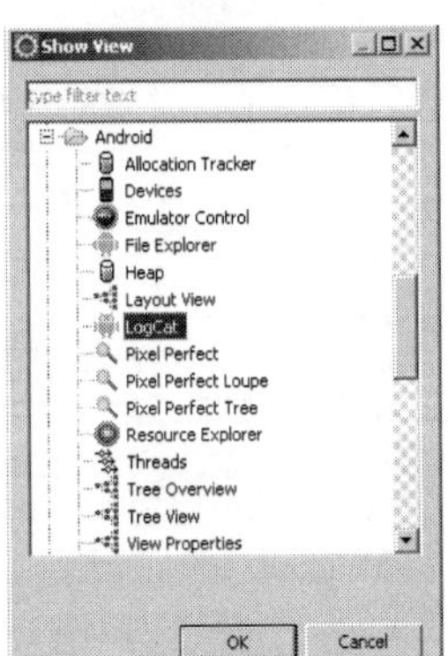

图 5-6 Android 功能视图

这是 LogCat 窗口会出现在当前的 Eclipse 界面当中，开发者可以通过拖放调整其放置的位置。这里在显示视图对话框中，我们可以看到所有和 Android 开发工作相关的视图，LogCat 是其中的一个，其他还有很多，都可以给我们的开发工作提供帮助。

我们下面来深入了解一下如何在开发过程使用 LogCat 来查看和分析系统运行的日志信息。

5.2.2　LogCat 的应用

通常我们看到的 LogCat 的视图如下图 5-7，笔者的习惯是将 LogCat 窗口和 Console 放在一起，因为它们本质上都是用来显示系统日志的：

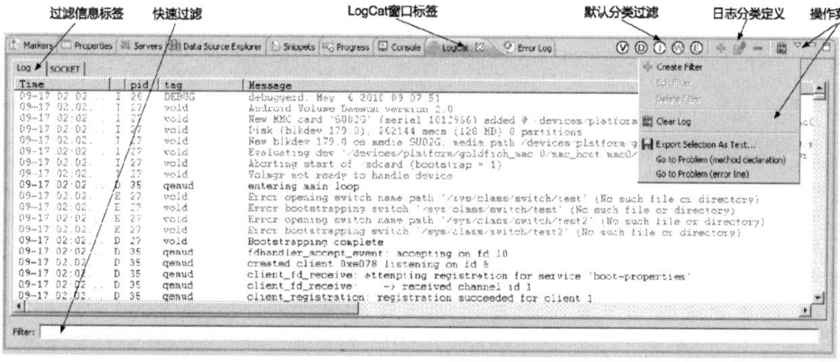

图 5-7　LogCat 窗口

从这个示意图中可以看到，和 Console 相比，LogCat 显然提供了更加丰富的功能。包括：

（1）默认分级过滤

LogCat 可以将日志信息进行分级和分类，如默认可以将日志信息分为：Verbrse（详细）、Debug（调试）、Information（信息）、Warring（警告）、Error（错误）等五个级别。这五个级别是逐次包含的，及前面的调试级别的日志包括所有后面调试级别的日志条目，这样，就方便开发者控制调试信息的详细程度，在信息的丰富性和繁琐性管理方面达到平衡。

点击这些图标可以切换 LogCat 显示信息的级别，比如在只需要显示错误信息的时候，只需要点击和 E（Error）按钮就可以了。

（2）自定义过滤

除了分级之外，开发者可以为要输出的调试信息创建自定义的过滤器，过滤器可以基于某些自定义的关键字作为搜索条件对日志条目进行搜索，并将搜索的结果显示在独立的标签视图中。

要创建一个自定义过滤，可以点击 LogCat 工具栏上的“+”（Create Filter，增加过滤器），就可以在弹出的 Log Filter（日志过滤器）对话框中进行过滤条件的设置了（图 5-8）。

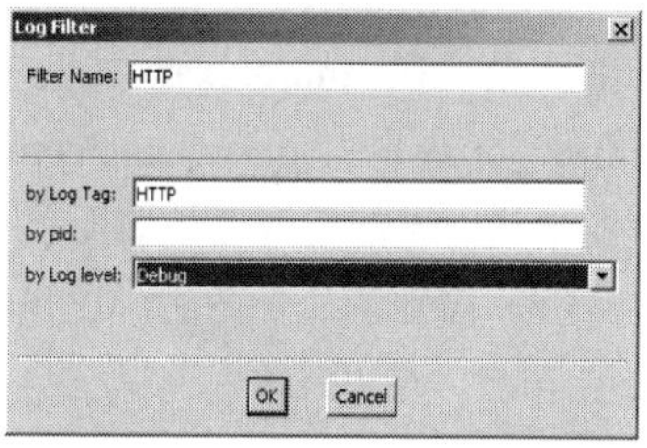

图 5-8　创建和编辑过滤条件

过滤器可以使用三个过滤条件，Tag、pid 和 Log　Level。其中 Tag 是可以自定义的，就是可以使用自己的 Tag 来输出和过滤日志。比如，在这里我们定义了一个名为 HTTP 的过滤器，它将过滤所有 Tag 为“HTTP”的，调试级别在 Debug 以上的日志条目。

在点击“OK”后，系统会创建这个过滤器，并且在 LogCat 视图中创建一个对应的标签，在这个标签中显示的都是满足过滤条件的日志条目。

（3）日志操作

LogCat 显示日志信息后，可以将日志信息进行相关的操作，如导出为文本文件，复制到剪切板，跳转到当前条目信息对应的代码或者声明的位置等等，但这里有个小小的缺陷，就是不支持右键菜单，也不支持选择多个条目。

（4）日志条目属性

Console 中每个日志条目就是一条简单的信息，在 LogCat 中赋予了条目更多的属性，我们可以查看日志的时间、级别、进程编号、Tag（标签）和消息内容，非常类似于 Linux 操作系统的日志类型，信息更加丰富，也更有利于开发者的使用和分析。其中 Tag 是开发者可以在控制日志信息输出时定义的，通常也作为日志过滤的条件，我们在后面有更详细的说明。

（5）快速过滤

LogCat 还提供了快速搜索和过滤的机制，帮助开发者快速查找和过滤所关心的日志信息。注意，在系统使用快速过滤输入框中输入的关键字查找的范围是 LogCat 日志条目的内容，而不是其 Tag，所以和我们自定义的过滤器使用 Tag 进行筛选的方式还是不同的。

当然我们也可以注意到，在 Android 应用程序运行过程中，LogCat 需要处理比普通 Java 应用数量大得多的日志信息，那么信息的分类筛选和查找功能就非常重要了。这也让我们能够理解，为什么 Android SDK 要提供这样一个工具专门来处理日志。

我们下面来看看如何控制日志信息的输出。

5.2.3 Log 类的使用

在控制台包括 LogCat 中，除了很多系统自动生成的一些日志信息之外，开发者也可以根据自己的要求来输出自己定义的内容，如可以输出和查看变量的值，输出程序运行的进度状态等等，利用这些信息，开发者可以掌握和了解实际程序运行的情况，这也是一个非常重要的调试操作和技术。

在传统的 Java 开发工作中，要在控制台中输出一些自定义的调试信息，可以使用下面的方式：

```
System.out.println(String message)
```

这个方法使用了系统静态类 System.out 的 println（）方法，可以在控制台上打印一行信息。这种方式虽然简单，但显得不够灵活，比如它不能对日志信息进行分类显示和集中的控制。为此，Java 提供了更好的 Log 机制来满足开发者的要求。

在 Java 开发中需要引入 Log 类库才能进行 Log 的操作，通常的实现包括 org.apache.commons.logging 这个类包。而在 Android 开发中，Log 功能的的实现已经已经作为 Android 类库的一部分包括在 android.jar 类包中了，我们经常使用的是 android.util.Log 这个类。需要注意，在 android.jar 中也有 org.apache.commons.logging 的 Log 类实现，两者的使用稍有不同，但在 Android 开发中我们通常用到还是前面那个类。

Log 提供了几个方法，让我们可以输出 （向 LogCat）自己定义的一些调试信息，通常我们可以使用 d() 方法来输出调试信息，下面是一种常用的方式：

```
Private static final String LOG_TAG="HTTP"
…
Log.d(LOG_ATG, "开始访问");
```

这里的 d()实际代表 Debug，它会将输出信息的调试级别设置为“Debug”，它通常需要两个参数，第一个是 Tag，用于标识这条信息的类别，可以随意定义，通常我们会先定义一个字符串常量来表示相应的 Tag，方便管理和修改，在 LogCat 中可以将这个信息作为过滤的依据；而第二个参数就是自定义日志的内容了。

其他类似的方法包括：

- Log.v()：输出作为最详细级别的信息；
- Log.d()：输出作为调试级别的信息；
- Log.i()：输出作为信息级别的信息；
- Log.w()：输出作为警告级别的信息；
- Log.e()：输出作为错误级别的信息。

所以，使用 Log 类和方法，相比原来的 System.out.println() 方法，增加了可用于过滤的标签信息和调试级别，配合 LogCat 的日志管理功能，可以实现日志信息的快速搜索、过滤和分类。这样就大大方便了 Android 应用程序的开发和调试工作。

5.2.4 LogCat 命令行

在 Eclipse 的 ADT 当中，LogCat 视图实际上是 DDMS 的一个组件，但我们也知道，Android SDK 是独立于 IDE 的，它也提供了可以独立运行的 LogCat 来查看 Android 程序运行的日志。可以通过在命令行中输入下面的命令来调用这个工具：

```
adb logcat
```

在输出窗口我们就可以看到和 Eclipse 中 LogCat 类似的信息了（图 5-9），当然，这些信息是“平面”的，我们虽然可以通过命令参数来控制这些信息的显示，却没有进行实时的过滤和搜索。

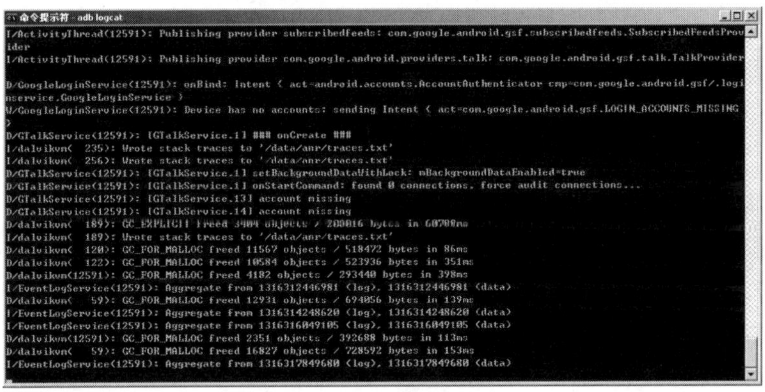

图 5-9　LogCat 命令行窗口

5.2.5 标准输出的重定向

前面说过，在 Java 开发中我们通常喜欢使用 System.out 和 System.err 输出信息，这种方式被称为“标准输入”（stdout 和 stderr）。默认情况下，在 Android 系统中，它们会被输入到/dev/null（空设备）上，也就是说，它们不会显示在 LogCat 中，当然更不会显示在 Eclipse 的 Console 中。

但我们可以设置 Dalvik VM 将标准输出重定向到 LogCat 当中，这个操作需要使用 setprop 命令，具体而言我们可以运行下面的一系列命令：

```
adb shell stop
adb shell setprop log.redirect-stdio true
adb shell start
```

需要注意，这个设置会维持到模拟器进程结束，它并不是永久性的设置，如果需要将这个设置持久化，需要修改设备的/data/local.prop 文件。

这一节，我们学习了和日志相关的内容，而在 Android 开发中，日志只是最基础的调整方法，在后面的内容中我们会进一步了解 Android SDK 提供的更高级的调试工具：DDMS。

5.3 DDMS

DDMS 的全称是 Dalvik Debug Monitor Server，即 Dalvik 调试监视服务。在 ADT 中，DDMS 是一组用于调试的相关工具的组合。我们这一节就来了解一下 DDMS 是如何用于 Android 应用程序的开发和调试工作的。

5.3.1 ADB（Android Debug Bridge，Android 调试桥）

在了解 DDMS 之前，我们先花一点时间，来了解一下和 DDMS 紧密相关的一个技术 ADB。它可以让我们对 DDMS 的工作原理有一个更加深入和全面的理解。

关于 ADB，我们在前面的章节已经简单提到，其全名是 Android 调试桥。它提供了一种通信机制，可以让开发平台和 Android 设备（包括模拟器）通过它进行连接和通信，从而实现了应用程序的"远程"开发、管理和调试。

ADB 包括了一套命令行工具和一系列程序组件，能够提供很多用于开发和调试的功能和特性，它们都来自于 Android SDK，这个体系包括了下面的组成部分：

（1）ADB Client（客户端）

ADB 的客户端运行在开发用的计算机系统上，客户端通常可以通过 adb 命令行程序来调用和执行 adb 客户端，实际上 DDMS 和 ADT 在调试过程中也可以 ADB 客户端（可能并不体现在某个具体的界面之上）。

（2）ADB Daemon （守护程序）

ADB 守护程序是运行在模拟器和设备上的 Android 操作系统的后台进程，在模拟器中，这个进程默认就是打开的，而在实际设备中，需要为应用开发和调试开启"USB 调试模式"，实际上就是打开这个守护进程。

（3）ADB Server （服务器）

ADB 的服务器也运行在开发用的计算机系统上，但它作为服务器程序在后台执行，它负责管理在客户端和守护程序之间的通信和联络。

（4）ADB Command Line （命令行）

在 Android SDK 安装完成后，还部署了一个 adb 可执行文件，它为开发者提供提供了以 adb 为核心的命令行控制和操作的界面。

在 Windows 的"命令提示符"程序中运行"adb"命令（预先已经配置好命令路径），可以看到 adb 的常见参数和功能（图 5-10）。

我们从这个输出结果也可以看到，adb 命令提供了非常丰富的功能，包括查看设备列表，管理设备（模拟器）连接，端口定义和转发，LogCat，远程设备 Shell 命令环境，ADB 服务器启动，软件安装和卸载，设备文件传输等等，由于很多命令都可以在 DDMS 中实现，我们这里就不详细讨论这些命令行程序了。我们只需要理解，很多 DDMS 提供的相关控制功能，都是通过 ADB 的命令来实现的，下面我们就来了解一下 DDMS 中提供的和调试相关的功能和特性。

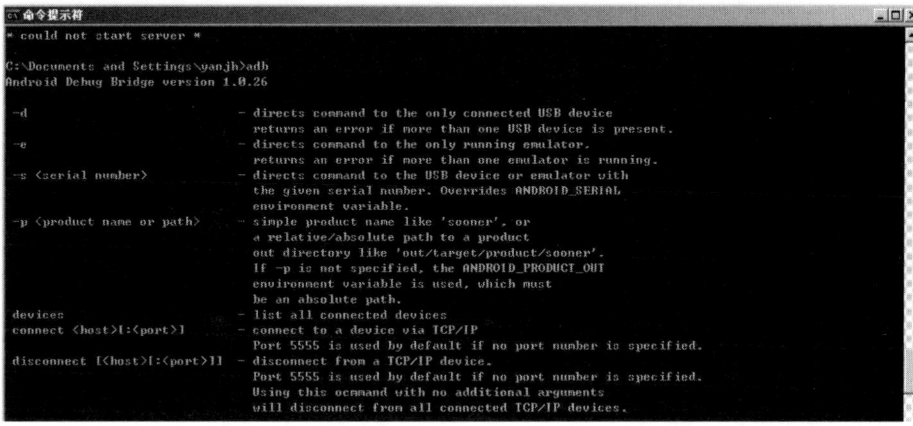

图 5-10 ADB 命令行程序

5.3.2 DDMS Perspective（DDMS 透视图）

我们前面已经提到，DDMS 是一组调试工具，在 ADT 安装之后，也为其提供了一个组合的透视图，打开这个透视图和前面显示 LogCat 视图的操作类似，可以选择 Windows-Open Perspective-Other...菜单项目（图 5-11）：

在随后的“Open Perspective”（打开透视图）对话框中，找到并选择 DDMS 项目（图 5-12），点击 OK。

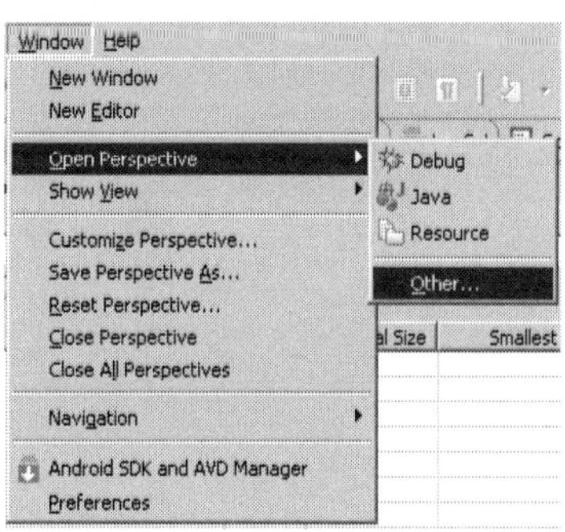

图 5-11 打开透视图项目

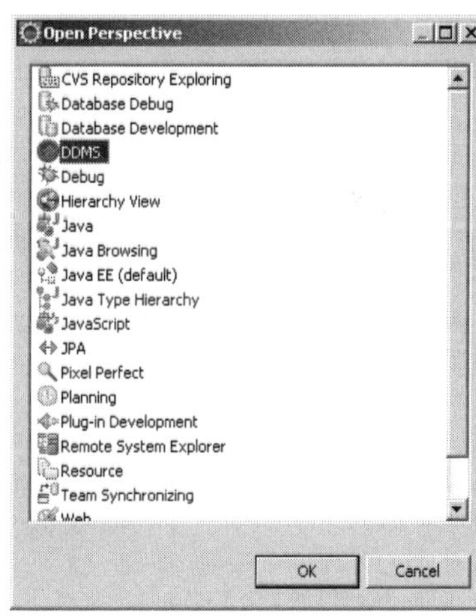

图 5-12 Open Perspective 对话框

Eclipse 就会显示默认配置的 DDMS 透视图（如图 5-13），在其中的各个子视图，实际上就是 DDMS 的各个组成部分，它们是：Devices（设备），Emulator Controll（模拟器控制），Heap（堆管理），Threads（线程），Allocation Tracker（分配跟踪器），File Explorer（文件管理器），LogCat（控制台）。

对于 Eclipse 而言，DDMS 是一个由很多工具组成的透视图，但对于 Android SDK 而言，DDMS 还是一个可执行文件，它可以脱离 IDE 环境而独立运行，我们在 Windows 命令行环境中输入并执行命令“ddms”，会启动 DDMS 应用程序（图 5-14）：

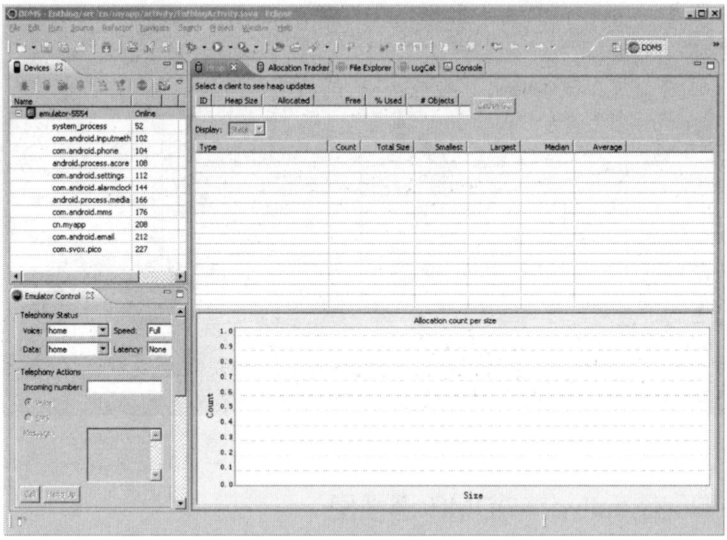

图 5-13　Eclipse DDMS 透视图

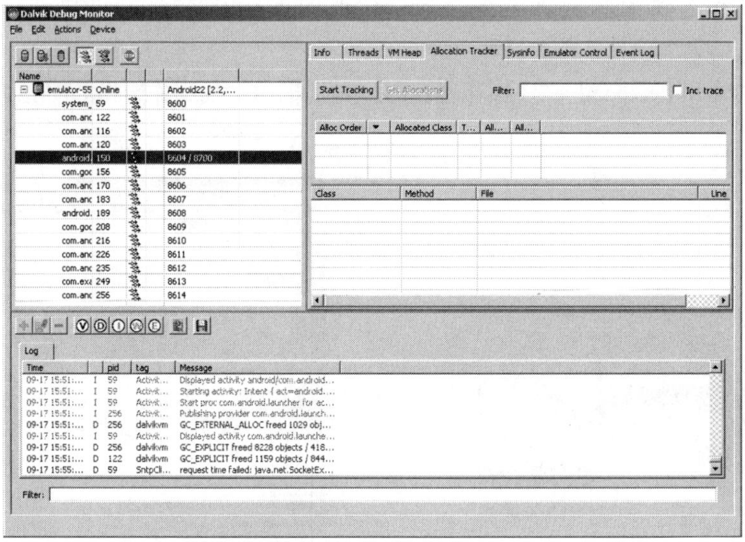

图 5-14　DDMS 应用程序

可以看到，这个程序和 Eclipse 中 DDMS 透视图提供的功能差不多，但似乎是使用方便一点。

DDMS 的工作原理大致是这样的：

在 Android 中，每一个应用程序都在其自己的进程中运行，而这些进程都属于独立的 Java VM（虚拟机），这是使用 Dalvik 虚拟机系统的 Android 应用程序和标准 Java 应用程序最大的不同。而对于每个虚拟机，都使用不同的端口和调试器进行调试信息的通信。而 DDMS 就是负责这些连接这些虚拟机和调试器之间的桥梁。

DDMS 启动的时候，会连接 adb 服务，并启动一个设备监控服务程序，它会在设备连接的时候通知 DDMS。一旦设备连接到 adb，会进一步创建 VM 监控服务程序，它会在 VM（就是 Android 应用程序）启动或者中端时通知 DDMS。如 VM 启动后，DDMS 可以通过 adb 获取这个应用程序的进程编号（pid），并且通过设备上的 adb 守护程序打开和 VM 调试器的连接，这时，DDMS 就可以使用预定义好的调整线协议和 VM 进行对话了。

对于每个在设备上的 VM，DDMS 都会为调试器打开不同的侦听端口。如第一个 VM，DDMS 会使用 8600 端口，对于其他的 VM，依次累加。当调试器连接到其中的一个端口，它就可以对相应的 VM 进行调试，这样通过 DDMS 就可以调试所有的在设备上的 VM 了。

但问题是调试器并不知道应该具体使用那一个端口，为了解决这个问题，DDMS 还会打开一个本地端口，默认为 8700，调试器可以连接到这个端口，DDMS 会自动识别当前需要调试的程序，并将对应的端口信息转发的 8700 端口上，这样，调试器就可以固定的使用这个端口，也能够支持多个设备和应用程序的调试工作了。

DDMS 提供了很多的功能，我们下面主要讨论一些常用的和应用程序运行支持及调试工作相关的特性，其他如和资源监控和性能优化方面的功能我们放在后面的章节进行讨论。

5.3.3 Devices（设备）

首先我们来看看 Devices（设备视图），如图 5-15 所示：

在这个视图中，我们可以查看到很多和当前运行的虚拟系统或者实机的相关信息。如当前已经通过 ADB 连接的设备和端口，在这些设备上正在运行的进程的信息，如进程的名称（不是应用程序名称），进程编号（pid），每个程序（Dalvik 虚拟机）的端口编号（86xx..）等等。

图 5-15　Device 设备视图

除此之外，Devices 视图还提供了一些设备和进程相关的控制和操作功能。比如：

（1）Debug Process（调试进程）

可以控制开启对进程的运行进行跟踪和调试。

（2）Update Heap（更新堆）

可以更新在 Heap 视图中显示的当前进程的堆的信息。

（3）Dump HPROF File（生成 HPROF 文件）

HPROF 基本上是一种可以描述堆信息以及程序运行状态信息的文件格式，这个工具可以将这些信息保存成此类型的文件。

（4）Cause GC

调用这个命令可以执行垃圾收集和清理的工作。

（5）Update Threads

更新在 Threads 视图中显示的当前进程所涉及的线程的信息。

（6）Start Method Profiling

对进程中调用的各种方法进行描述和分析。

（7）Stop Process（停止进程）

这个命令可以停止当前选择的进程

（8）Screen Capture（屏幕捕获）

这个命令可以捕获当前设备包括实机设备的屏幕，它会呈现一个 Device Screen Capture（设备屏

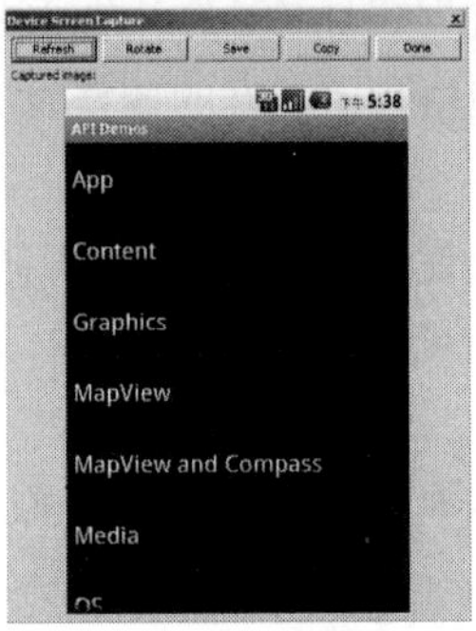

图 5-16　Android 屏幕捕获

幕截取）对话框（图 5-16）。用户可以更新、旋转、保存和复制 1:1 像素的图片（png 格式）。

截屏本来在开发中是一个常用而又必要的功能，因为开发者在编写软件说明和进行推广时经常需要通过截屏的方式来展现程序的特性，而且普通用户也应该可以很方便的使用这个功能进行软件的交流。遗憾的是 Android 并没有将这个功能做的很好，它必须在开发环境中使用一个设备屏幕捕获的工具，相比 iPhone 的使用快捷键截取屏幕的方式，实在是太麻烦和专业化了。

（9）Reset adb（重启 adb）

有时候在设备的 adb 守护程序的连接可能会出现问题，导致不能正常调试，LogCat 不能输出信息等问题，这个命令可以在设备上重新启动 adb 守护程序，并重新建立相应的连接。

和设备管理相关的 Heap，Threads，Allocation Tracker 等功能，由于更接近于运行优化的课题，我们会在后续的性能监控和优化等相关章节进行讨论，这里就不在累述了。下面我们来了解一下如何对 Android 设备上的文件进行管理。

5.3.4　File Explorer（文件管理器）

对于 Android 设备上的文件，DDMS 提供了 File Expolrer 工具来进行管理（图 5-17）。对于应用程序的运行支持而言，文件管理的内容比较简单，无非是在 Android 设备和开发环境之间复制一些运行和调试所需要的文件。但作为开发者，这个工具可以帮助我们了解应用程序以至于 Android 操作系统是如何对文件和文件系统进行处理的，这个才是更加重要的内容。

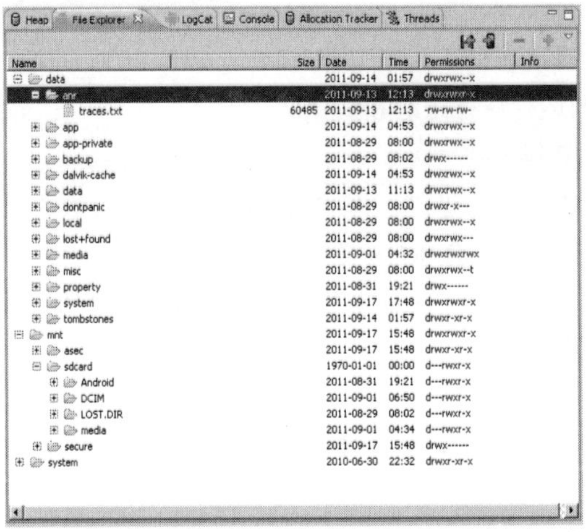

图 5-17　DDMS File Explorer（文件管理器）

在 File Explorer 中基本上显示了当前 Android 设备的文件系统。我们已经了解，Android 操作系统基本上是一个 Linux 系统，但这里看到的情况稍有不同，并不是我们所熟悉的 Linux 系统的目录结构。这就说明一个问题，和相对开放的普通操作系统的文件管理方式不同，手持设备操作系统对于文件管理的限制更多。

通常我们认为，在普通的桌面操作系统上，用户的操作和应用是围绕着文件展开的，而在手持设备系统上，应用和操作的设计更加专注于应用本身，这是两种不同的程序设计和应用的思想，显然后者更加适合于手持设备应用的特点和环境的要求，比如运算和管理资源的限制，通常不需要多用户环境，对安全的要求等等。这些特点也导致了对于文件系统管理方式的差异。

在 File Explorer 窗口中，我们可以看到 Android 系统将文件和数据分为三种类型（三个文件夹）：

（1）data：应用程序数据，这个文件夹通常保存和应用程序运行相关的数据，如用户程序文件，临时文件等等，通常这些文件是按照应用程序分类存放的，每个应用程序都有自己独立的数据文件夹；

（2）mnt：可扩展的存储数据，如 SD 卡，就是以 sdcard 文件夹的形式加载到文件系统当中的；

（3）system：系统数据，如应用程序软件包（.apk 文件），系统命令，系统框架和第三方库文件，配置文件等等，这个文件夹的结构就和真正的 Linux 系统非常相似了。

使用 File Explorer，通常只能完成有限的几种操作，如将文件复杂到 Android 设备上，或者将文件从其复制出来，删除 Android 设备上的文件和创建文件夹。这些操作通常就可以满足应用的要求了，但如果需要更多的功能，如修改文件权限，删除非空的文件夹等等，可以使用 adb 的命令行方式来进行文件的管理，这时的操作就更加接近于对一个远程 Linux 系统进行操作的方式。

要使用这个工具，可以在命令行工具中运行“adb shell”命令（如图 5-18 所示）：

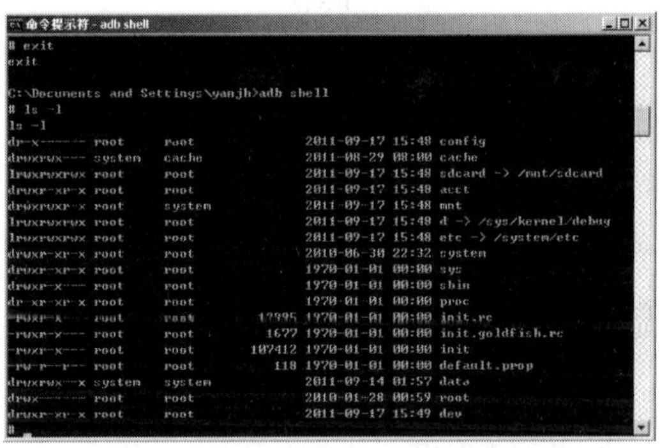

图 5-18 Android 操作系统命令行环境

看到“#”这个命令提示符后，实际上已经远程连接到 Android 操作系统环境当中了，这时就可以使用标准的 Linux 操作命令来完成常见的系统管理任务了。这里我们使用了一个“ls -l”命令，还可以看到比 File Manager 更详细的 Android 操作系统的目录结构。

5.3.5 Emulator Control（模拟器控制）

模拟器显然不能完全模拟实际的手机设备的所有功能，特别是一些和硬件的相关功能和操作，因为在模拟器上是没有这些硬件的模块的。为了最大程度的进行相应功能的模拟来支持开发工作，在 DDMS 中，提供了 Emulator Control 的模拟器控制功能（图 5-19），

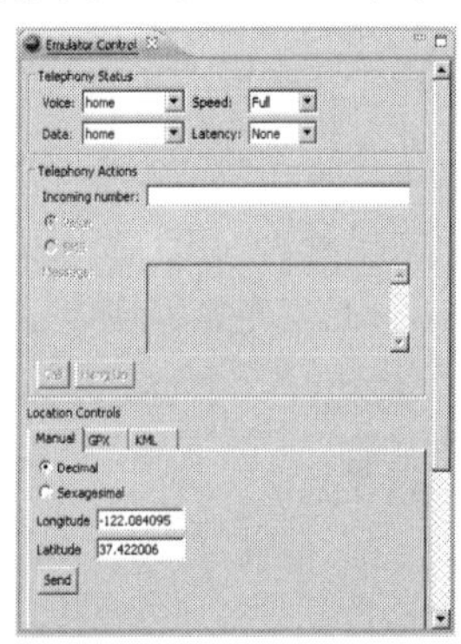

图 5-19 DDMS 模拟器控制视图

这里我们可以看到，模拟器控制器提供了三个方面的操作模拟功能：

（1）Telephony Status（电话状态）

可以模拟各种的电话状态，如语音和数据服务的各种状态，包括漫游、搜索、拒绝等等，也包括模拟数字通信网络的速度（如 GPRS/EDGE/HSPDA3G 等等）和数据服务的延迟类型（如 GPRS/EDGE/UMTS）。

（2）Telephony Action（电话功能操作）

可以模拟从某个电话号码向模拟器拨打电话和发送短信的情况。

（3）Location Controls（定位控制）

开发者可以手动设置并向模拟器发送当前的地理的位置（经纬度），还可以使用 GPX 和 KML 定位信息文件包含多个地理位置来实现对导航和跟踪的模拟。

遗憾的是，Android 设备现在的功能越来越丰富，但在当前版本的 SDK 中并没有随之提供相应的模拟功能，如加速度、方向、陀螺仪、温度湿度、气压、磁场、照度等等，有些需要通过第三方提供的解决方案才能实现。

这一节我们讨论了 Android 的 DDMS 系统和相关的组成部分，下一节我们来具体探讨一下如何在 Eclipse 进行代码的调试。

5.4 调试工作流程分析

笔者认为，所谓的程序“调试”的工作，是分为广义和狭义两种的。广义的调试是开发者对于整个应用程序系统和相关支持系统进行调整配置，让程序能够正常运行已经实现应用需求的过程。而狭义的调试主要指开发者针对应用程序的某个具体功能的代码片段，进行深入的运行跟踪来洞察其运行的过程和机理，以及排除相关错误的过程。我们这一节的内容主要针对狭义调试来讨论。

5.4.1 调试工作基本流程

所有成熟的应用开发体系都非常重视调试技术，Eclipse 更是如此，它本身对于 Java 应用程序的调试就有非常好的支持，比如它的编辑器提供了自动化的代码和语法检查功能，对于代码调试也提供了完善的程序代码运行、跟踪和诊断功能，对于远程调试，它也通过支持 JDWP 调试连线协议来支持 Dalvik 虚拟机的调试。这样，在 ADB 和 DDMS 的支持下，Eclipse 的 Android 开发应用程序的执行和调试过程和普通的 Java 项目并没有什么本质的不同，我们完全可以按照普通的 Java 应用程序的调试流程开展调试工作。

这个工作的大致原理和过程可以用图 5-20 来表示：

简单解析一下：

（1）首先我们应该以正常模式来“试运行”应用程序；

（2）在这个过程中，可能会出现一些异常和错误，通常它们会以 Log（日志）的形式输出相关的信息；

（3）通过分析这些异常和错误信息，开发者可以大致了解错误产生的原因；

（4）根据分析结果，开发者可以对程序进行修改和调整；

（5）重复以上调试过程；

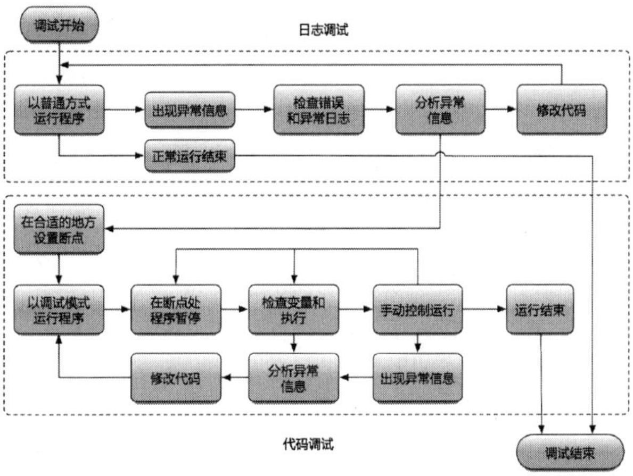

图 5-20　应用程序调试常规工作流程

（6）如果需要更细致的了解程序的运行状态，可以选择进入代码调试模式；

（7）开发者需要根据异常分析情况来在合适的代码片段位置设置断点；

（8）以“调试模式”运行应用程序；

（9）程度会在运行到设置了断点的代码行上暂停运行；

（10）开发者可以查看在暂停状态下的程序状态，包括变量和对象的内容等信息；

（11）更好的调试系统还允许开发者临时修改变量和对象的内容；

（12）在暂停后，开发者可以手动的控制程序的运行，一步一步的执行代码，从而是开发者可以最大程度的了解程序运行的机制；

（13）如果出现异常，开发者可以更直观和细致的分析异常产生的原因；

（14）根据原因修改和改进程序代码；

（15）重复调试过程直到所有异常均被排除和处理，应用程序能够正常运行。

代码调试通常有两个目的：错误排除和了解程序运行的状况。这里需要注意，所谓的“合适的断点”并不一定是错误产生的那行代码，而应该是一些关键的控制型代码，这个需要根据实际的情况和经验来确定。我们下面通过一个简单的示例来说明代码调试的操作过程。

5.4.2　程序示例和日志调试

为了便于说明，下面在实例程序基础上，做一个简单的实验。下面的代码中，我们在主 Activity 中编写一个在 onCreate ()方法中调用的 DebugTest()方法，这个方法会在 LogCat 中输出一条简单的信息。

```
EntblogActivity.java
   @Override
   public void onCreate(Bundle savedInstanceState) {
      ….
      DebugTest();
   }

   private void DebugTest() {
       String info=null;
```

图 5-21　Android 程序错误提示

```
        Log.d("TEST", info);
    }
```

显然，由于我们没有对字符串 info 进行赋值，这个方法的运行会出现一个“Null Pointer”（空指针错误）。比如当我们直接运行这个程序的时候，就会看着如图 5-21 中的运行结果：

这个信息其实并没有太多的帮助，所以我们需要查看 LogCat 日志（图 5-22）。

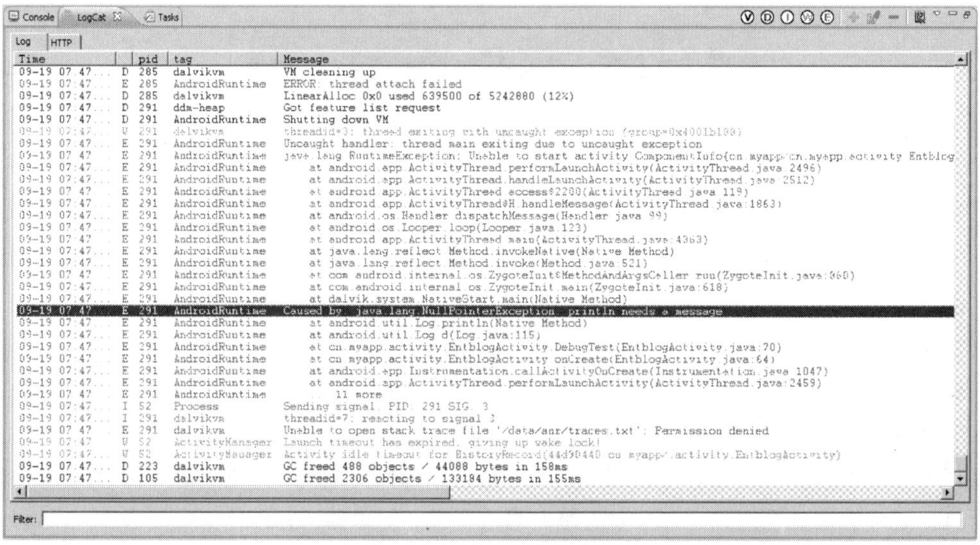

图 5-22　LogCat 中的错误信息

这里出现了很多错误信息，这是 Android 应用程序调试的一个特点，哪怕是一个比较简单的错误，它也会将整个调用堆栈的每个环节的相关错误信息输出来。通常一个异常包括两个部分，第一个部分是对异常的描述，比如在这里是“RuntimeException：Unable to start activity…”，表明这里出现了一个运行时异常，异常的内容是不能启动 Activity；第二个部分通常会描述异常造成的原因和对于的代码位置，如这里是“NullPointerException: println needs a message”，空指针异常，println 方法需要一个消息参数，并且对应的调用位置在 Log.d 的 115 行，EntblogActivity.java 的 70 行。

通常我们不需要理会系统调用的异常，因为它们大都是我们自己程序的异常造成的，我们只需要关注这些异常信息中关于我们代码的内容，比如 java 源代码的错误的位置，通常双击对于的条目就可以定位到有问题的代码来进行分析和审查。

通常我们会很快的分析处理错误的原因，但对于某些比较复杂的情况，错误并不是那么直观，我们就需要通过分析程序运行的过程和状态的变化来解决问题。这时候就可能需要用到代码调试的方式。

要进行代码调试，就需要能够手动的控制程序在按照代码次序逐行的运行，一般情况下我们也不需要从程序开始就逐行手动控制执行，而是先将程序运行到需要关注的区域，然后暂停程序，进行分析。这就需要先为这个操作设置断点。

5.4.3　断点设置和管理

代码调试的核心在于设置断点（Breakpoint），程序运行的控制和运行中对象和变量的检查。设置断点，就是在源代码中指定特定的位置，当程序运行到这个位置时候，会暂时中止下来，让开发者可以对这个“实时”状态进行深入的分析。

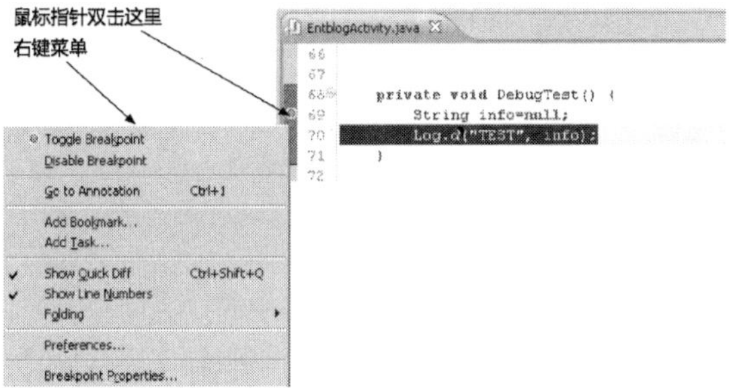

图 5-23　Ecplise 中的断点设置

在 Eclipse 中设置断点，只需要在 Eclipse 代码编辑器的左侧状态条上代码行对应的位置双击就可以了（图 5-23），出现在状态条上的小蓝点表示这里有一个断点。这个操作很简单，但问题是断点设置在什么地方是最合适的？这个问题其实没有一个唯一正确的答案，完全看需求和状况而定。下面是一些经验性的断点位置：

- 发生异常的语句之前
- 分支结构之前
- 重要变量的设置或赋值之前
- 复杂性操作和容易出问题的代码之前

我们这里的断点设置在要调用 info 这个变量进行操作之前。

在 Eclipse 中设置断点还有一些选项，可以通过断点上的右键-Breakpoint Properties（断点属性）菜单项目调出断点属性对话框（如图 5-24）：

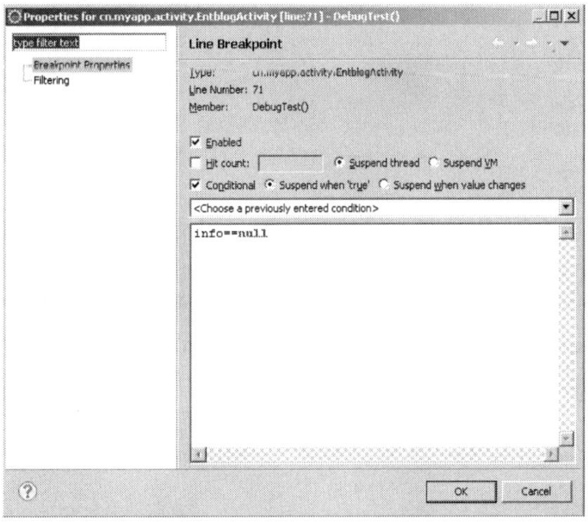

图 5-24　断点属性对话框

在这个对话框中，开发者可以启用和禁用断点，为断点触发计数，以及为断点的触发设置条件等等。

除了在代码行中的断点之外，Eclipse 还可以为 Android 应用工程增加 Java Exception Breakpoint（Java 异常断点），它会在对应的 Java 异常发生的地方中断。

除了使用菜单操作之外，断点的设置和管理还可以在 Breakpoints 视图（图 5-25）中完成：

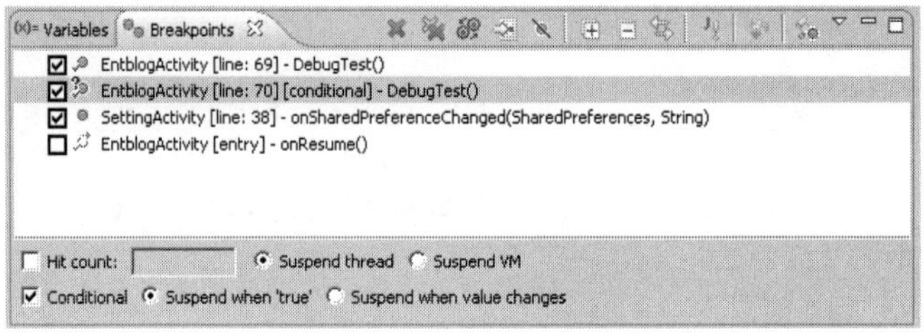

图 5-25　Eclipse Breakpoints 视图

在这个视图中，开发者可以控制断点的开启和关闭，增加 Java 异常断点，设置断点计数和条件等等。其实，即使程序正在运行，也可以为其设置断点，而且如果在调试模式下，这个设置是立刻有效的。

断点设置完成后，要控制程序能够使用这些断点进行和手动运行，还需要设置程序在“调试”状态下运行。

5.4.4　调试模式下的程序运行

Eclipse 提供了应用程序运行的“调试”模式，它可以通过工具栏、Run 菜单和工程右键菜单的“Debug”项目或者快捷键 F11 来执行。图 5-26 是工具栏上的“Debug”项目，它的图标是一个虫子（Bug）。

该命令执行之后，在 Android 设备上会出现一个提示信息，如图 5-27：

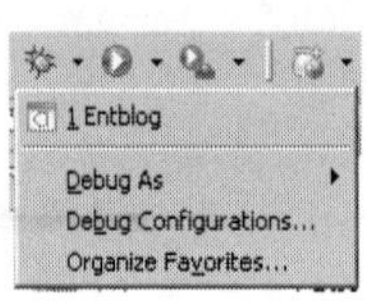

图 5-26　Debug 工具栏按钮

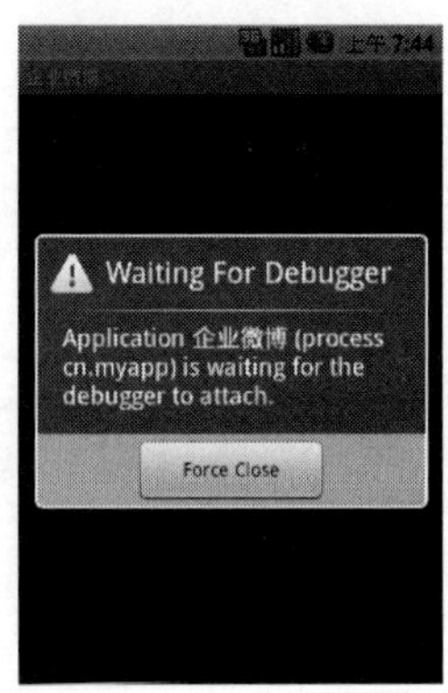

图 5-27　调试器附加提示

这个信息表明，在使用“调试”模式运行应用程序时，除了普通的程序代码调用和执行工作之外，Dalvik VM 还会和开发工具的调试器进行连接，以便开展调试工作，这个过程通常被称为 “附加（Attach)”。

同时，在调试器附加成功后，Eclipse 就会进入调试模式，其标志是会切换到“Debug”透视图（图 5-28），同时如果设置了断点，程序还会运行到断点所在的代码行上面。

这个透视图展示了调试技术的几个重要相关的部分：代码编辑视图可以看到断点的设置和当前运行的位置；Debug（调试）视图可以看到当前的线程和调用方法的情况，并且可以控制程序的继续执行；而 variables（变量）视图则可以查看当前的相关变量和对象的值。

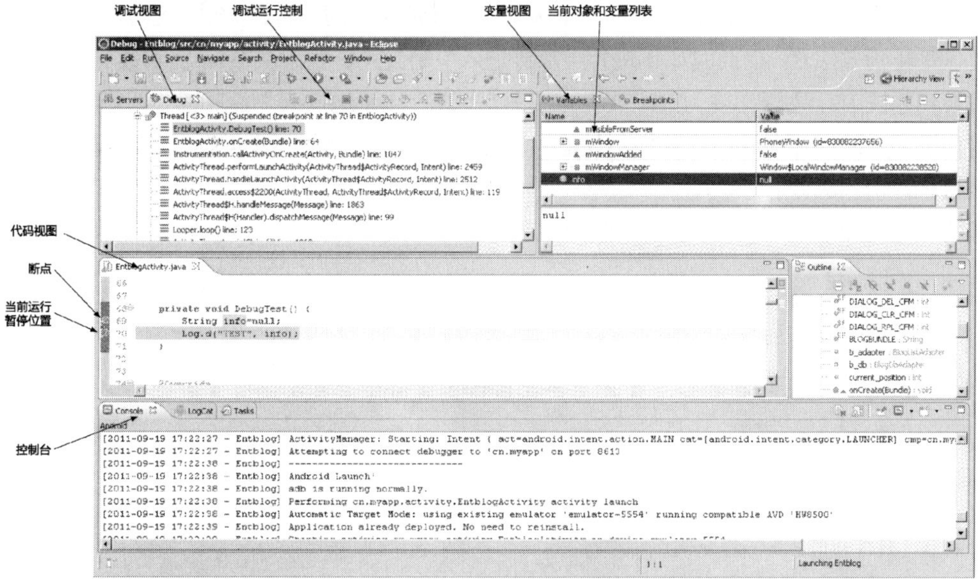

图 5-28 Eclipse Debug 透视图

其中，在下面图中的调试视图中的工具栏中，除了可以显示当前运行的线程和方法堆栈之外，一个比较重要的功能是可以对程序的运行进行手动的控制（图 5-29）：

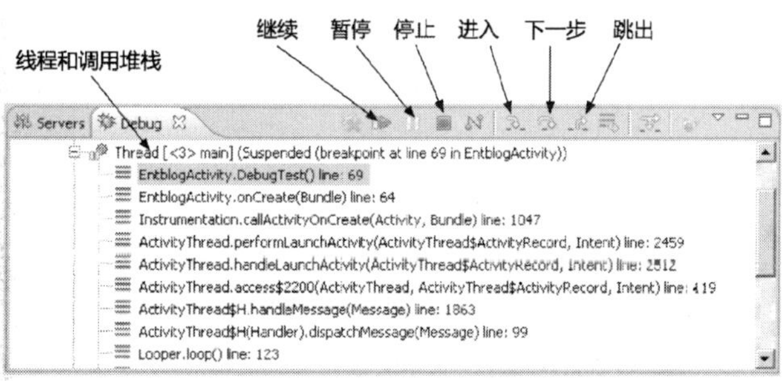

图 5-29 Eclipse Debug 视图

具体的操作包括：

- Resume（恢复）：这个操作可以将应用程序从断点的暂停状态恢复到正常运行状态，直到程序结束或者遇到另一个有效的断点。
- Suspend（暂停）：如果程序处于运行状态，这个操作可以使程序暂停，程序暂停是可以查看相关变量的值。
- Stop（停止）：停止程序运行和调试模式。
- Disconnect（断开）：将程序从调试器断开连接，即不能对程序进行调试。
- Step Into（步进进入）：这个操作可以进入当前调用的方法的内部。
- Step Over（步进）：可以步进到“平行的”下一个方法的位置。
- Step Return（步进返回）：可以从当前的方法返回到调用该方法的方法的相应位置。

下面的示意图（图 5-30）可以帮助读者更好的进行理解上述三种步进方法。

假设在一个程序片段中有依次调用的方法 A、方法 B 和方法 C，在方法 B 中还将依次调用方法

B1 和方法 B2，那么从方法 A 的“步进”操作可以将当前执行的位置跳转到方法 B，如果再次步进操作可以跳转到方法 C，而此时如果进行“步进进入”则会跳转到方法 B1，而后续的“步进”操作可以跳转到方法 B2，如果在方法 B1 或者方法 B2 上进行“步进返回”返回操作，则会从方法 B 中跳出并步进到方法 C 中。这样，我们不仅能够控制程序按照代码的逐步运行，还可以控制其在方法调用直接进行切换。

其实，这些操作还可以从 Eclipse 的“Run”（运行）菜单中调用，如图 5-31 所示：

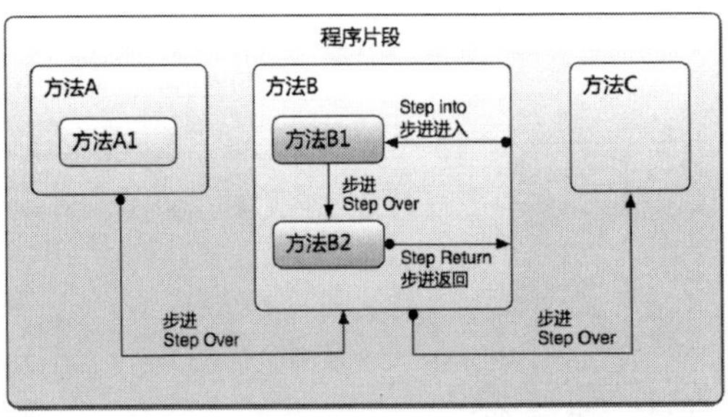

图 5-30　程序调试步进操作示意图

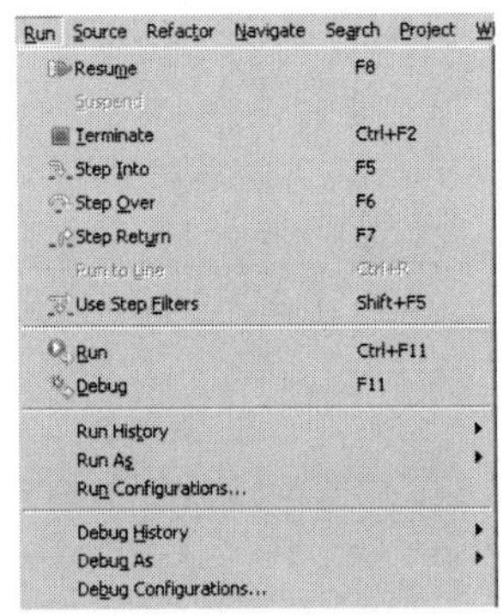

图 5-31　程序运行控制菜单

这里还显示了这些操作方式的快捷键，方便开发者操作。此外，还有一个“Run to Line”可以让程序运行到编辑光标所在的代码行，相当于一个动态的临时断点操作。

下面，让我们来看看在程序暂停时，如何查看对象或变量的内容，并对其进行修改。

5.4.5　变量查看和修改

使用调试模式来对程序的运行进行手动控制的目的在于可以查看程序在某个特定瞬间（暂停时）的状态，这个状态的主要信息就是此时各个对象或者变量的值，通过检查这些值，我们可以了解程序运行的情况，并和我们的设计构想进行对照和验证，从而来帮助开发者推理异常或者错误出现的原因。

要查看这些变量，需要使用“Debug”透视图的“Variables”（变量）视图，如图 5-32。

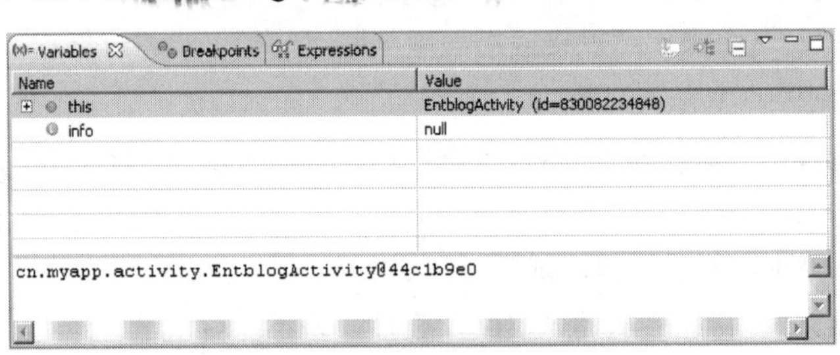

图 5-32　Variables 视图

在视图中，我们可以看到在程序暂停的瞬间，所有相关对象和变量的值，在我们的案例中，我们可以看到 info 这个对象为空。和我们的设计是一致的。

在变量视图中不仅可以查看对象和变量，还可以修改变量的值，这样的做法并不常见，其理由可能是已知程序有问题，但需要继续运行下去，或者由于业务需要，开发者想要用新的变量值来测试一下程序的运行等等情况。要修改变量的值，可以双击变量的 Value 栏目，输入新的值就可以了（如图 5-33）。

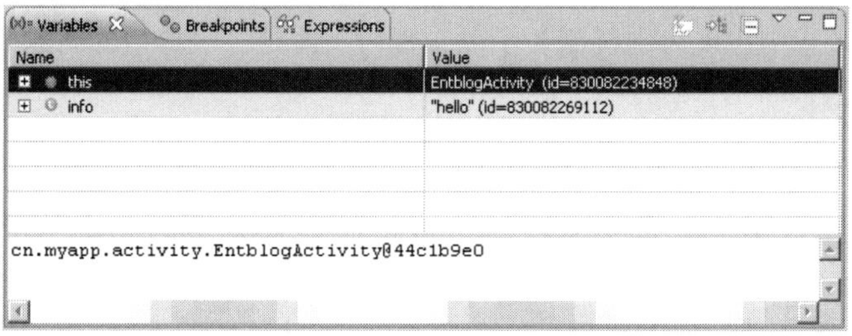

图 5-33 在 Variables 视图中修改变量的值

图中我们将 info 的值由 null 改为“hello”，我们注意到系统会创建一个 String 对象并赋予 info，同时在 Variables 视图中，修改过的变量会以醒目的色彩标出来提示开发者。

修改变量完成后，继续运行程序，程序就会使用修改后的变量值了，这里我们可以在 LogCat 中看到修改的结果（图 5-34）：

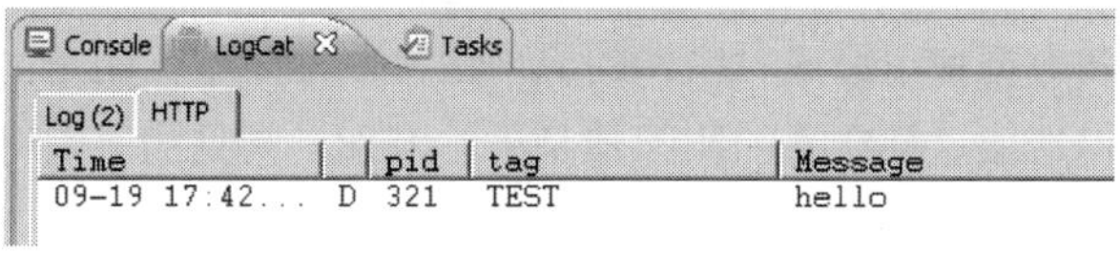

图 5-34 变量修改后的输出结果

这样，我们就比较全面的了解了在 Android 应用程序中开展调试工作的主要内容。包括检查日志，设置和使用断点，手动控制程序的运行，检查和分析对象和变量的值等等，这些内容都会对开发和调试工作予以很大的帮助。

现代的应用程序的架构越来越复杂，程序的规划也越来越大，完全依靠程序员来完成调试的工作也变得越来越困难。这样，除了调试技术之外，先进的开发系统还发展出了相应的测试系统，它能够将开发的调试和审查工作“自动化”，能够大大提供开发流程的效率，从广义上来看，测试工作也是程序调试的一部分，关于这方面的内容，我们会在后面的相关章节进行讨论。

5.5 开发调试常见错误分析和处理

“错误是正常的，正确是异常的。”在开发过程中，程序员会不可避免的遇到很多运行问题和错误。检查和分析错误信息固然需要扎实的知识基础和丰富的经验，这需要很多开发工作的积累。但在此之前，我们先来了解一下 Android 应用开发过程中常见的问题以及相关的处理方法，可以大大加速我们提高的过程。

根据经验，我们可以将常见的开发错误和问题分为下面 3 个类型：

（1）Java 程序相关问题

（2）Android 应用程序相关问题

（3）开发环境相关问题

下面我们分别来进行了解。

5.5.1 Java 程序相关问题

Android 应用程序也是 Java 应用程序，所以，我们在开发 Java 应用程序常见的问题也会在开发 Android 应用程序的过程中出现，同样需要予以重视，下面是一些典型的问题和错误。

1. 语法错误

Java 的语法体系相对比较复杂和严格，所以，Java 语言的使用也需要特别注意其逻辑的严密和规范。幸运的是，Eclipse 对 Java 开发的支持非常好，能够提示和解决大多数的语法错误和其他相关问题，如变量未声明、变量未使用、方法未定义、方法调用参数不匹配、未定义的方法返回值、错误的变量（类型）操作等等。

通常这些错误都会在代码编辑阶段被开发工具发现并提示，开发者可以根据提示做出相应的处理。

2. 空指针错误 java.lang.NullPointerException

这个错误我们已经在前面的示例当中有了一个初步的体会，NullPointerException 是 Java 开发中最经常遇到的错误，因为这个错误通常并不是语法和逻辑错误，不会在编辑阶段出现，而是在运行时才可能由于特定环境和数据使用造成。错误的原理通常非常简单，就是由于引用了一个未被创建和初始化对象的方法，但造成这种状态的原因却是千差万别，常见的原因可能包括：

- 引用和创建的次序颠倒；
- 对象在程序运行过程中被重置或者清除了；
- 隐形的对象创建和使用，如一些中间临时的未命名对象不能创建或者为空的情况；
- 由某个方法调用返回的对象，由于方法中的异常导致返回空值；
- 无法在分支或者某个条件中进行处理的对象，如 Switch、try/catch、if 等语句中的对象。

所以遇到这种错误，可能需要对错误原因进行仔细分析才能真正了解错误的原因并采取恰当的处理方式。针对这种异常，可能的解决的方案包括：

- 检查和了解变量在程序运用期间状态变化的情况；
- 给变量赋予一个默认的初始值；
- 使用错误捕获和处理机制，重复考虑异常情况。

3. 格式化数字错误 java.lang.NumberFormatException

这个错误通常在需要对变量进行类型转换时发生，如将一个字符串转换成为一个数字，如果不符合格式的要求或者字符串中有非数字字符，就会触发这个错误。以下面的代码为例：

```
String s_id ="T1900";
int id = Integer.parseInt(id);
```

显然“T1900”字符串不能被正确的转换成为数字“1900”。当程序运行于此的时候，就会抛出 NumberFormatException 错误。

可行的解决方案包括：

- 使用异常处理机制，捕获这个错误，并赋予一个默认值；
- 提示用户错误信息或者重新正确输入。

4. 字符串索引越界错误 java.lang.StringIndexOutOfBoundsException

当作字符串处理的时候，如果字符串本身的格式和开发者的预想不一致，就可以导致无法使用预想的方式进行处理，如下面的代码片段需要从一个日期的字符串中取出对应的月份，可以使用 substring ()方法：

```
String s_date = "20110312";
String s_month = s_date.substring(4,5);
```

但如果由于某种原因（如用户错误输入），导致日期字符串的格式不满足要求，如“201”，那么显然就会无法正确的取回月份值了，这时就会抛出 StringIndexOutOfBoundsException 异常。

可能的处理方式包括：

- 使用异常处理机制，捕获这个错误，并赋予一个默认值；
- 预先判断字符串长度，如果不符合要求，就提示用户错误或者使用默认数值，如：

```
if (s_date!=null && s_data.length>5) {…}
```

同样的处理方式也适用于对字符串进行截取（substring, charAt）、转换为字节数组（getBytes），字符数组转换为字符串（valueOf）等处理的情况，即预先对操作字符串对象的存在性（是否为空）及长度进行检查后，再进行实际操作。

5. 类定义未找到错误 java.lang.NoClassDefFoundError

就是在程序中，需要引用某个外部的类来进行操作的时候，无法找到这个类的定义（通常是类库）。这个错误通常会在运行阶段出现，因为，在开发阶段，开发工具会为我们检查和处理这个错误。但如果程序已经编译完成，部署到目标系统后，由于系统配置或者疏忽的原因，并没有部署好需要引用的类库，这时如果运行程序，可能就会产生这个错误。

解决的方法就是认真检查目标系统环境的配置和是否已经部署好相关支持的库文件。

6. JAVA 错误 java.lang.Error

这是一个通用的错误信息，就是说 Java 系统只知道发生了某些异常，但也不能正确识别这个错误了，通常这个问题通常和外部的 IO 和资源访问相关，可能需要考虑和检查下面的应用状态：

- 对于外部资源未执行关闭操作，导致资源大量浪费，最终可能导致系统无法正常运行；
- 外部资源处理的次数太多，外部系统无法正常处理；
- 外部资源出现异常情况。

可能的解决方案和比较好的处理方式包括：

- 访问外部资源前，首先检查其 （如数据库、文件系统和网络）是否可正常连接或操作；
- 访问并使用外部资源时，注意需要进行关闭操作，并仅进行一次关闭操作；
- 尽量在同一操作中能够共享外部资源，以减少创建和维持新连接的消耗，提高程序执行效率。

5.5.2 Android 应用程序相关的问题

和 Java 应用程序的开发一样，Eclipse 能够解决绝大多数 Andriod 应用程序在代码编辑阶段出现的问题，比如，各种类文件的定义和引用，资源文件，配置信息，方法参数，异常处理等等，下面我们例举的主要是在 Android 应用程序运行时和 Android 系统相关的常见问题和错误。

（1）android.content.ActivityNotFoundException（未找到 Activity 异常）。

在我们使用 startActivity ()的方法调用 Activity 的时候，如果开发者疏忽了在 AndroidManifest. xml 文件中对 Activity 进行了声明或者声明错误（比如将 Activity 类的名称拼写错误），通常会造成这个错误。

虽然错误的原因只是由于没有声明，但可能还会附带的产生一些相关的错误，比如：

- java.lang.IllegalStateException: Could not exe cute method of the activity（不能执行 Activity 方法）
- java.lang.reflect.InvocationTargetException（反射目标异常）

需要注意的是，有时候，Eclipse 并不能检查在 Manifest 或者其他配置文件中信息的正确性，这种情况下，开发者需要自己来认真检查和保障配置的正确性。

（2）java.net.SocketException: Permission denied （权限拒绝）。

在开发网络相关的 Android 应用程序过程中，经常会遇到需要访问网络的情况，如果没有为程序设置相关的权限项目，就会发生类似的异常，但这个异常并不会直接导致程序终止，而是出现访问功能的异常，并记录在 LogCat 日志当中。

解决的方案也比较简单，就是需要注意在应用程序配置文件中添加相应的权限就可以了：

```
<uses-permission android:name="android.permission.INTERNET" />
```

Android 系统中还有很多操作需要类型的进行权限的配置，如拨打电话、发送短信、使用蓝牙、获取系统信息、下载文件到 SD 卡等等，如果在应用程序中涉及，就需要注意在配置文件中添加合适的权限。

（3）在使用布局中的控件时，出现 java.lang.NullPointerException 异常，或者出现 Unable to start activity ComponentInfo 等信息。

这个问题通常是由于没有加载 Layout 资源文件或者加载的位置不对造成的。在布局视图资源未加载之前就试图使用布局中的内容，就会造成空指针错误。

解决的方案是在合适的位置加载布局，通常直接在 super()之后。

```
super.onCreate(savedInstanceState);
setContentView(R.layout.main);
```

（4）R 资源文件不自动生成的问题。

这个问题通常是由于在一些 xml 配置文件中的语法或者引用错误，需要认真检查 Console 中的错误信息进行修正。并且检查工程菜单中的“Build Automatically”是否已经打开，如果已经打开，请注意 Eclipse 的状态栏是否正在编译工程，通常等待一段时间编译工作就会完成；如果没有打开，在需要手动控制项目的编译。

（5）有时 Activity 不能启动。

提示信息可能是：“ActivityManager: Warning: Activity not started, its current task has been brought to the front”。其实已经说的挺明白了，模拟器中已经有一个实例在运行，就是我们在应用程序运行时进行了重新部署。

解决方法是退出模拟器中运行的程序，再次运行就可以了。

（6）资源未找到。

有时 Android 应用程序运行过程当中会出现 android.content.res.Resources$NotFoundException: String resource ID #XXXX 等类似的错误。通常在开发阶段 Eclipse 会发现并且处理资源未找到的问题，这个问题可能是定义国际化资源时产生的，比如在本地化资源中定义了字符串资源，但未在通用资源定义，如果系统运行时并未切换到相应的环境就会产生这种错误。

所以，对于应该首先定义通用资源，再定义本地化资源。

（7）应用程序不能部署。

有时侯 Android 应用程序不能正确的重新安装到设备中，相关的提示包括签名错误等等，这种情况下可以尝试删除原有的应用程序，然后重新部署。

（8）其他应用错误。

在 Logcat 中，即使我们的应用程序能够正常运行，有时也会发现很多错误信息。因为很多是其他的应用程序或者系统造成的，即使这些错误和我们的应用没有直接管理，但也应当尽可能的分析并且排除，因为它们会影响到系统的稳定运行，或者在和我们的应用程序发生交叉调用时可能会有影响。

5.5.3　开发环境相关的问题

在我们的开发工作过程中，除了 Android 应用工程文件、代码和运行中的一些错误之外，由于开发环境和配置的复杂性，有时也会遇到开发工具和开发过程的一些错误和异常，这些大多数是由于开发平台的缺陷或者一些支持系统的故障造成的，可能的异常表现包括：

- LogCat 不能正常显示或者更新日志信息；
- 调试模式不能正常工作；
- 即使已经有了定义，但 Eclipse 还是总是提示资源类有问题；
- Eclipse 和模拟器占用大量资源（CPU 和内存）；
- 导入的项目显示很多配置错误信息。

下面是几种常见的处理思路和方法。

1．清除工程文件

清除工程文件的操作从在 Eclipse 的“Project-Clean..”菜单中执行（图 5-35），这个命令可以清除 Android 和 Java 工程文件夹中的，这个命令将会清除选择项目中的相关编译中间和结果文件，即开发系统根据原文件生成的一些文件（如.class 文件等），如果同时打开了“Build Automatically”（自动编译）选项，则在清除后自动再次重新编译和生成。

这个命令会重新生成一系列“干净”的可用于运行的文件，避免由于系统的不完整或者残留中间文件造成的潜在的问题。

其他类似的手动操作还包括删除 R 资源文件，然后使用“Build Working Set”菜单命令执行手段编译等等。

2．修正 Android 工程属性

有时候 Android 工程文件会出现一些不明原因的错误，表现为 Eclipse 显示工程文件异常，不能启动程序，但检查代码却没有什么问题，这时可以使用“Android Tools”工具菜单中的“Fix Project Properties”（修正工程属性）来尝试解决这个问题（图 5-36）。

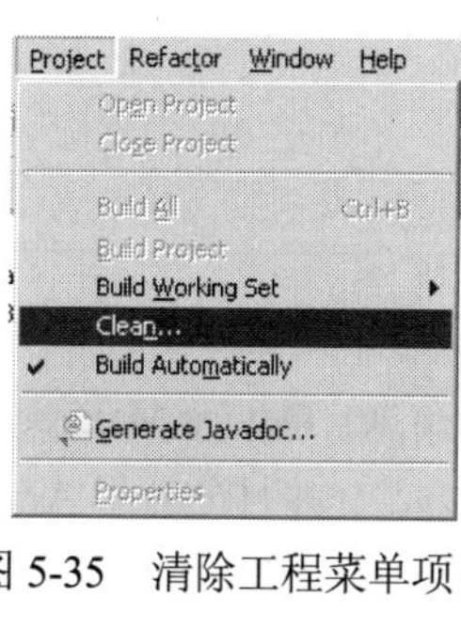

图 5-35　清除工程菜单项目

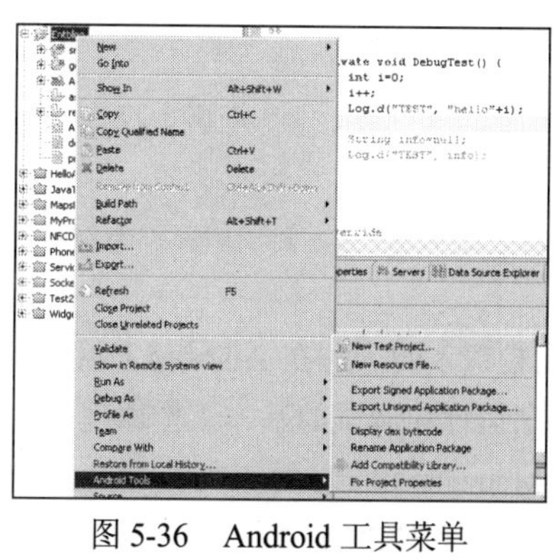
图 5-36　Android 工具菜单

3．“三重大法”

这里的三重大法基本上是在后期需要考虑的解决方案，三重指的是“重启”、“重配”和“重装”。

重启就是重新启动，安装操作的优先级别，包括打开和关闭文件，打开和关闭工程，重新启动模拟器，重新启动 Eclipse 开发工具，直至重新启动操作系统。

重配就是重新配置。同样，按照优先的级别，包括重新配置应用程序，重新配置工程文件，重新配置模拟器和虚拟设备，重新配置 SDK 和 Eclipse，重新配置操作系统等等。

重装就是重新安装。包括重新安装工程文件，重新安装 Eclipse、SDK 和 ADT，直至重新安装操作系统。

4．版本兼容性

有时，应用程序不能正常的编译和执行，可能是由于 SDK、开发工具以及目标系统的版本兼容性造成的。已知有些特点版本的 Eclipse 和 Android SDK 的兼容性不是很好，容易造成 Eclipse 的运行缓慢，模拟器容易锁死不响应等异常，开发者可以尝试使用不同版本的开发工具和组件，找到适合的组合。

Android 应用程序也有版本兼容的问题，如某些类和方法的使用在不同的版本中情况可能稍有不同，再比如某些过去使用的方法在新的系统版本中可能会不被支持或者不建议使用（因为在未来的版本可能要修改或者移除），开发人员可以查看相关文档获取相应的信息。

如果确认需要所开发的 Android 应用程序在不同版本的平台上运行，可能需要安装“Android Compatibility Package”（Android 兼容包），这个操作可以在 Android SDK 和 AVD 管理器中完成（图 5-37）。

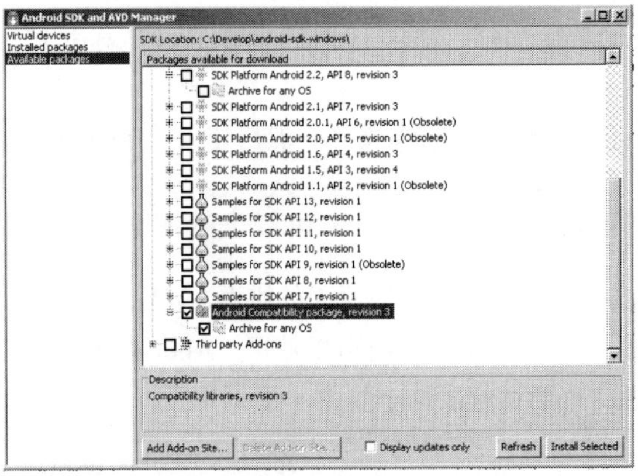

图 5-37　Android 兼容包安装

5.6　总结

本章我们比较深入的了解在 Android 应用开发中进行程序调试的相关工作流程和工具。了解了 Android 应用程序运行和调试的基本工作原理，列举如 Console，LogCat，Device Manager，Emulcator Controller，File Manager 和 adb 等工具在调试工作中的作用和应用方法，并且分析了 Android 应用开发和调试的常见问题和处理方式。

思考题：

1．在 Eclipse 中，Android 应用是如何进行调试的？

2．在 Android 中，为什么将日志信息的输入分为 Console 和 LogCat 两个部分？

3．LogCat 对日志信息的处理有哪些方式？

4．何为 DDMS，它由主要的组成部分构成？

5．什么是日志调试和代码调试？

6．为什么说 Eclipse 编辑器本身就是一个非常好的预调试工具？

7．你在开发过程中通常遇到了那些错误和问题，是如何解决的？

第 6 章　服务器

一个完整的网络应用系统，通常是由两个部分组成的：客户端和服务器端。前面我们已经在客户端上做了一些开发的工作，具备了一个基本的客户端应用的框架。而下一步的工作，就是需要设计相对应的服务器系统，让其能够和客户端进行交互操作，进而构成一个完整的网络应用系统。

当然，在实现的技术方面，我们可以选择熟知的基于 Java 技术的 Web 应用平台 Java EE，但基于简便和适用性的原则，这里笔者推荐使用另一个 Web 开发应用框架 Ruby on Rails（RoR）来满足我们的应用需求。

6.1　Ruby On Rails

为什么要选择 RoR，这是一个好问题，下面可能是几个值得考虑的因素：

- 作为一个优秀的开发人员应该理解，能够提供 Web 应用服务的，并不仅仅只有 JavaEE 和.Net，世界上还有很多其他优秀的编程语言和开发技术；
- Web 是一个开放性标准化的框架，使用 Android 搭配 RoR 这样的 “异构”应用平台也能够很好的工作和满足应用需求；
- Ruby 绝对是一个非常独特而优秀的编程语言；
- Rails 绝对是一个独特的 Web 应用开发框架，甚至笔者认为 Rails 是最好的，最能体现 MVC 设计模式的开发框架；
- RoR 简单易用，非常灵活，可以快速轻易的满足本书中实例应用的需求，特别是对于 Web 数据服务实现的支持；
- 在网络应用当中，技术本身并不是最重要的，重要的适合和满足开发和应用的需求；
- 学习一门新的语言、技术，以至于思想，不是一件好事吗？

6.1.1　什么是 Ruby on Rails

首先来了解一下什么是 Ruby on Rails，简单的讲，Ruby 是一种编程语言，而 Rails 是一个基于 Ruby 语言的 Web 应用开发框架。

在 Ruby 的官方网站（http://www.ruby-lang.org，见图 6-1）上对于 Ruby 是这样描述的："Ruby 是一个动态的，开源的编程语言，它专注于简洁和高效，它的语法优雅而自然，易用理解和编写"。Ruby 的本来意思是"红宝石"，所以它的标志也是一颗耀眼的红宝石，并标榜为"A Programmer's Best Friend——开发者的挚友"，也是有深刻寓意的。

和我们熟悉的各种编程语言，包括各种面向对象的编程语言比如 Java、C 等等相比，Ruby 显得有点颠覆性。如果把编程工作比作盖房子的话，过去的编程方式像是盖一个砖结构的房子，使用的材料是砖块像是一行行的代码，然后逐渐垒砌起来；而 Ruby 的开发方式就是新型的预制件组装方式，整个软件结构包括功能都是模块化的，并通过预先做好的连接组件将它们组装搭建起来。

图 6-1　Ruby 官方网站

在上面的描述中，并没有提到一些 Ruby 的一些重要的技术上的特性，这里再简单补充一下：

- 和 Perl，PHP 类似，Ruby 是一种解释性语言，没有编译的过程；
- 没错，Ruby 是跨平台的，甚至连 DOS 都支持；
- Ruby 是面向对象的语言，而且"Everything is object（任何事物都是对象）"；
- Ruby，包括 Rails 的程序开发是独立于集成编译环境（IDE）的，高度的模块化和丰富的功能性使 Ruby 开发时需要编写代码数量很少，熟练的开发者使用命令行工具配合编辑器就可以快速的完成开发工作。

本书并不是关于如何学习 Ruby 语言的书籍，所以这里不会投入太多内容来描述如何学习和掌握 Ruby 语言，但如果读者是一个有经验的开发人员，特别是具备了使用 Java 开发软件的能力，那么学习和掌握 Ruby，甚至喜爱这门语言，都不是一件太困难的事。

比如，在 Ruby 主页的右侧的"Get Started"（起步）区域，就为这些初学者提供了非常有用和有趣的内容，如在浏览器中学习 Ruby 的语法，二十分钟快速入门，以及为其他语言的开发者提供的有针对性的内容，都值得一试。我们这里就不专门就 Ruby 语言的学习来进行探讨了，但我们会在后面，结合 Rails 的应用让大家能够更好的了解这门语言的应用特点和优秀之处。

发明编程语言的目的是为了更好的支持应用的开发工作和过程，从而解决实际的应用需求的。所以，对于一门现代化的编程语言而言，重要的不仅仅定义数据类型结构、规划语法和功能，更重要的是能够提供一个很好的应用开发框架。从这个意义上来说，Rails 作为一个 Web 应用开发框架，就是 Ruby 最好的搭档。实际上，大部分 Ruby 的应用都是在 Rails 中实现的，很多开发者由于 Rails 而了解和使用 Ruby，Ruby 也由于 Rails 变得愈来愈受欢迎，所以，我们通常不会单独讨论 Ruby 或者 Rails，在 Web 应用开发工作中，它们是密不可分的，被称之为 Ruby on Rails（RoR）。

和 Ruby 的特质一脉相承，RoR 是少数的富有个性和“价值观”的应用开发框架。Rails 框架遵循 Ruby 语言的设计哲学，即专注于使 Web 应用开发的过程变得简单快乐。它提出了两个主要设计原则来保证这些目标：DRY 和 COC。

（1）DRY（Don't Repeat Yourself，不要重复自己）

这个词语表面上看非常简单，实则包含了多方面的含义。

狭义的讲，就是在开发的代码或者配置中，如果某些东西已被定义了，则不必在其他地方重复定义。笔者这里试着列举一个反面的例子：

```
String name = new String();
```

这条语句 Java 的开发者应该无比熟悉，但很少有人会质疑这个语句在逻辑上的问题，后面的构造函数已经表明这是一个 String 对象了，前面还需要再次声明吗？在 Ruby 中不会发生这样的问题，尽量做到逻辑的一致性，它既能够减少代码数量，也能够避免代码的自相矛盾。

在广义上讲，其实在 DRY 之后，还有一个单词：DRO（Do Repeat Others，重复别人），就是说，软件工程发展到今天，就不要再发明轮子，做低水平的重复了。Ruby 提供了优秀的模块化设计结构和大量的功能性模块来支持和帮助开发者完成工作。充分有效的利用已有的成果，专注于应用需求的解决，才是开发者的价值所在。

（2）COC（Convention Over Configuration，约定优于配置）

RoR 是软件工程架构和模式设计的杰作，Rails 抽象了绝大部分应用开发的过程和需求，并提供了自以为优秀（Rails 的创始人 David Heinemeier Hansson 通常把该框架称为“固执己见”的软件）的解决方案和框架，杜绝的大部分配置工作和冗余无效信息，实际上也确实做到了这一点。

还是以 Java 作为对比，为保持良好的灵活性，Java 框架保持了大量普遍的配置文件。Rails 不采用这种策略，它并不认为很多配置项目是“必要”的，实际上开发者也很少有那样的需求，而是直接使用默认的配置。由此，它为方法、类、表和字段采用普通的项目目录结构和简单普通的命名约定，以约定简化配置，其结果是，Rails 应用程序只需要类似 Java 应用程序的很小一部分配置代码，一般是十分之一或更多。

上面是 RoR 的两个重要的设计原则，其实也应该作为软件开发的通用原则。重要的是同时 RoR 也提供了一些优秀的技术特性很好的实践了这些原则，它们包括：

（1）组件化

RoR 提供的功能构件是高度组件化的，它可以通过简单配置文件进行管理，可以在开发过程和部署过程中，按需在线安装和升级。

（2）集成性

RoR 虽然不是传统意义上的集成开发环境，但提供了高度完整和集成的 Web 应用开发支持功能。如它包含了用于支持 Web 开发的命令行环境、Web 应用服务器、数据库、测试环境、团队开发、部署工具、MVC 支持、REST 支持、AJAX 支持等等。几乎涉及了所有 Web 应用开发的过程和相关技术。

（3）MVC

MVC 是一种软件设计模式，它将软件结构从逻辑上分为模型（Model）、视图（View）和控制器（Controller）三个部分。RoR 本质上就是一个 MVC 开发框架，MVC 是 RoR 的基础和灵魂。我们会在后一节对 MVC 进行详细探讨。

6.1.2　关于 MVC

通常我们进行软件的开发应该都会接触或者听说过 MVC 设计模式。MVC 即模型（Model）、视图（View）、控制器（Controller）三个单词的缩写，它是一种软件和应用程序架构的设计模式，在 80 年代伴随 Smarktalk 编程语言被提出，现在已被广泛使用在各种语言和应用的开发过程当中。

使用 MVC 的主要目的是将应用程序的模型和视图实现代码分离，也就是将数据处理和结果展现进行分离和层次化，从而提高应用程序的灵活性和可扩展性，例如使同一个程序和数据可以使用不同的表现形式，同一批统计数据可以分别用柱状图、饼图等在不同的客户端设备上来进行表示，而在后台，它们却可以共享相同的数据和操作处理过程。而控制器存在的目的则是控制这样过程能够有效运行。

下面的图 6-2 展示了在理论上，MVC 开发模式的构成、各组成部分的功能和调用关系。

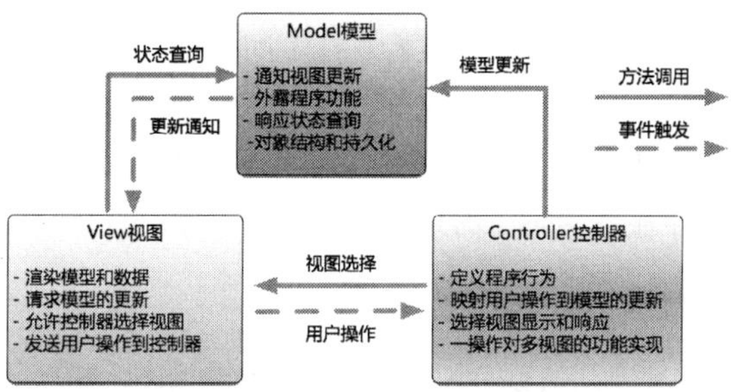

图 6-2　MVC 设计模式示意图

虽然 MVC 设计模式可以应用到各种类型的程序设计当中，但可能在常见的 Web 应用中体现的更加直观，下面就以 Web 应用为例，来简单探讨一下 MVC 的各个组成部分、相互关系和运作原理。

（1）视图

视图是用户可以看到并与之交互的界面。对老式的 Web 应用程序来说，视图就是由 HTML 代码构成的 HTML 页面，在新式的 Web 应用程序中，视图的形式可能更加多样化，比如 Macromedia Flash 和象 XHTML，XML/XSL，JSON，WML 等一些标识语言和 Web Services 等等，都可以被看成广义的视图。

现在的 Web 应用需要支持更加丰富的客户端类型，包括不同的设备、不同的屏幕、不同版本的浏览器和客户端程序，甚至它的客户端还可能是另外一个 Web 应用程序。在这种情况下，MVC 模式显然就是一个很好的适应和扩展方式。因为它们在后台可以使用相同的数据集和业务逻辑，只需要针对不同的客户端提供不同的视图就可以了。

（2）模型

模型通常表示需要处理的对象、数据和业务规则。在 MVC 的三个部件中，模型负责生成、处理和存储数据，它通常表现为某种业务对象和相关的数据库操作。通常模型处理和返回的数据本身是中立的，它不应该和具体的显示格式相关，这样就可以通过一种模型为多个视图提供数据的服务，从而通过模型重用可以大大减少了代码的重复性和不一致性。

各种开发平台对于模型的实现可能不尽相同，比如对于 Java Web 应用而言，各种 Java 业务类和持久化层应该就是模型了。

（3）控制器

控制器用于接受用户的输入并调用模型进行处理，并且选择合适的视图来显示处理的结果，它是模型和视图之间的桥梁。比如在 Web 应用中，当单击 Web 页面中的超链接和发送 HTML 表单时，就告知控制器来执行相应的处理。但通常控制器本身并不进行具体的业务处理，它只是接收请求并决定调用哪些模型构件去处理请求，然后用确定用哪个视图来显示模型处理返回的业务数据。

最后简单总结一下 MVC 的处理过程，首先控制器接收用户的请求，并决定应该调用哪个模型来进行业务的处理，然后模型使用业务逻辑来处理用户的请求并返回数据，最后控制器再次决定使用那个视图对于模型返回的数据进行格式化，最终展现给用户。

MVC 的设计模式出现的很早，但只有在网络时代的 Web 应用中，才得到了更为广泛的应用，这个情况是和 Web 应用的特点和发展过程密切相关的。因为早期的 Web 应用程序很多是通过使用使用 ASP、PHP、JSP 这种“嵌入 HTML”的编程语言来实现的，它们的最大特点是将像数据库查询语句这样的数据层代码、业务数据操作和像 HTML 这样的表示层代码混在一起，造成了开发、应用和移植的困难。比如要进行页面的改版，或者支持不同类型的客户端设备，这样的扩展通常意味这需要重新编码，是非常麻烦的。在这种情况下，经验比较丰富的开发者尝试使用 MVC 的设计模式来对 Web 应用程序进行规划和设计，以降低业务层和表示层之间的耦合度。

尽管构造 MVC 应用程序在开始阶段需要一些额外的工作，但是它给我们带来的好处是无庸质疑的。

首先，最重要的一点是多个视图能共享一个模型，正如前面提到了，访问 Web 应用的方式越来越多样化。最好的解决之道是使用 MVC，无论你的用户想要 Web，WAP 界面或是 FLASH 界面；异或他需要使用桌面系统或者手机来进行访问，用同一个模型就能处理它们。这样你就可以最大化的重用你的代码并且减少错误的风险。

其次，由于模型具有“自持”的能力，它和与控制器和视图是分离的，所以很容易通过修改模型来改变应用程序的数据层和业务规则。比如将数据库从 MySQL 移植到 Oracle，甚至其他非结构化的持久化方式，只需改变你的模型和接口就可以了。由于运用 MVC 的应用程序的三个部件是相互对立，改变模型不会影响到视图和控制器，所以依据这种设计思想你能构造更加灵活的“松耦合”的程序模块。

最后，控制器还提供了一个好处，就是通过使用控制器来联接不同的模型和视图满足应用的需求。从而将程序结构“组件化”了，从而可以更加简单的进行迁移、扩展和升级。

但是，真正的实现和运用 MVC 并不是一件简单而显而易见的事情，业务对象模型的定义，功能和接口的划分，特别是三个部分的“界限”，并没有绝对而清晰的标准，需要根据情况和经验进行确定，并且需要进行严格的调试和测试。但一旦找到合适的模式，就可以很方便的使用它们了。当然，对于特别简单的应用而言，MVC 会增加工作量，最明显的是需要管理更多的文件，还要考虑文件之间的关系，通常也不是特别必要，开发者应该灵活掌握。

只所以在这里讨论 MVC，是因为笔者认为 Rails on Ruby 是将 MVC 编程思想体现的最好的一个框架，相比之下，以前的 Java Web 开发所涉及到的 Struts 框架就显得有点生硬和笨拙。这一点，我们会在后面的 Web 应用开发示例中有更加深刻的体会。

下面我们就来了解一下如何在 Windows 环境中安装和配置 Rails。

6.1.3　Rails 的安装和配置

要安装 Rails，理论上来说需要先安装 Ruby 和 Ruby 的软件包管理工具 Gem，然后利用 Gem 来安装 Rails 和其他相关支持组件。但我们并不需要从 Ruby 开始，而是直接从 rails 的官方网站（rubyonrails.org，见图 6-3）入手，在此站点中提供了关于 Rails 开发最重要的一些内容和相关支持材料的链接，包括视频教程、演示文稿、API、书籍和手册。在这个页面中也可以明显的了解到当前的 Rails 版本为 3.1，并且通过这个链接可以下载 Rails。

需要注意，除了初始化安装程序之外，整个 Rails 和其相关的组件的安装都是“在线”使用命令行完成的，就需要整个过程都可以无障碍的访问互联网，这和 Linux 系统很多软件的安装和升级过程比较类似，我们应该习惯这一点。

图 6-3　Rails 主页

点击此页面中的“Get Started”链接进入的 download 页面（rubyonrails.org/downloads，见图 6-4），这个页面提供了安装和配置过程的说明，以及其他相关的文档和支持资源。

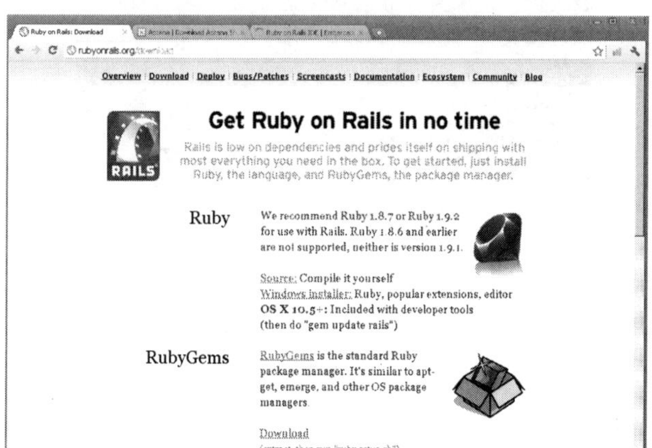

图 6-4　Rails 下载和安装页面

整个安装和配置的过程如下：

（1）下载并安装 Ruby

我们从 Download 页面上可以下载到推荐版本（当前为 1.9.2）的 Ruby for Windows 的安装文件，

运行这个安装文件，可以将 Ruby 安装到系统中（见图 6-5）。这里还建议将 Ruby 添加到系统路径当中，安装完成后，可以在命令行环境中使用 “ruby –v” 命令来检查 ruby 是否安装完成以及当前的 ruby 版本。

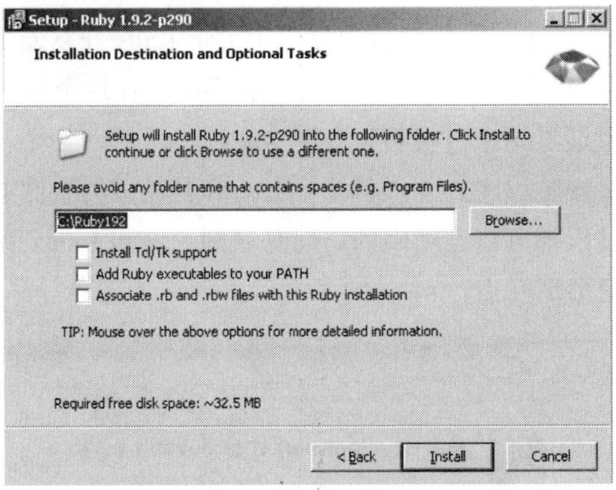

图 6-5　为 Windows 系统安装 Ruby

（2）使用 gem 安装 rails

gem 是 Ruby 的软件包管理工具，使用它可以在线下载和安装相应的 ruby 软件包和模块，在安装 ruby 时，通常 gem 已经安装和配置好了，可以直接使用来进行扩展模块的安装。比如要安装 rails，可以直接在命令行环境中执行下面的命令（见图 6-6）：

```
gem install rails
```

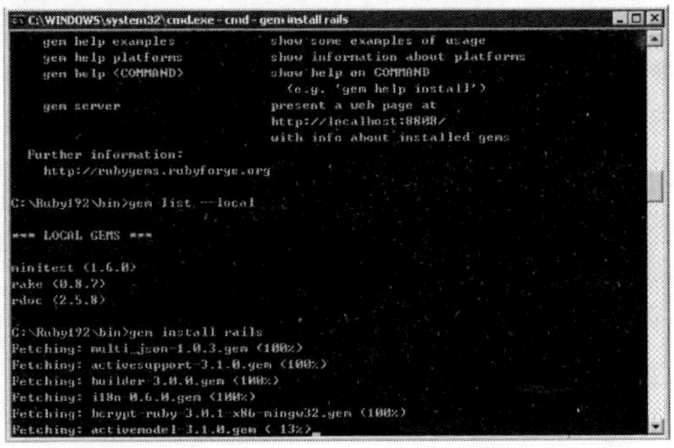

图 6-6　使用 gem 安装 rails

同样，在安装完成后，可以使用 gem list –local 命令，或者 rails –v 命令查看 rails 是否安装完成。

（3）建立 Web 应用程序

在 Rails 安装完成之后，我们就可以建立 Web 应用程序了（图 6-7），我们先建立一个 railsweb 文件夹，以后的 Web 应用程序就放在这个文件夹中。在命令行环境中导航到此文件夹，运行下面的命令：

```
rails new emblog
```

在 Rails 中，在 Web 应用程序的概念上已经和传统的 HTML Web Server 以及 JSP 或者 PHP 有了一些不同。Rails 是以“Web Application”（Web 应用程序）而不是 Web 站点和页面为核心的。每个 Web 应用程序都是一个完整的文件夹和支持文件结构。

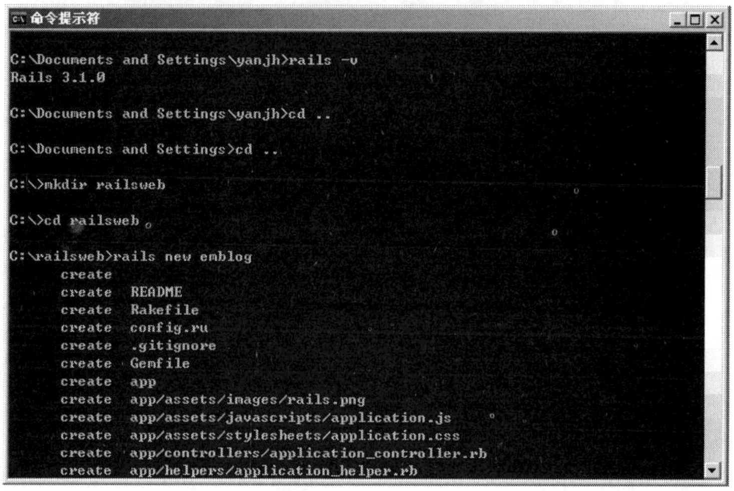

图 6-7　使用 Rails 建立 Web 应用程序

（4）启动 Web 应用程序

进入 Web 应用程序文件夹，运行下面的命令可以启动 Web 应用程序：

```
cd emblog
rails s
```

图 6-8　Rails 启动 Web 服务器

“s”是 server 的简写，这个命令告诉 rails 启动默认的 web 服务器（图 6-8），我们在启动的过程可以看到，Rails 使用 WEBrick 作为默认的 Web 服务器，服务器的默认端口为 3000。在开发模式下，这个命令行窗口还可以作为控制台，显示 Web 应用的当前状态和操作。当然，在部署后的生产模式下，Web 应用就是正常的普通服务器应用程序在后台运行了。

（5）访问 Web 应用程序

Web 应用程序启动后，可以使用浏览器来访问，通常会看到如图 6-9 页面。

如果能够看到这个页面，就表明 Rails 已经安装配置完成并且正常工作，并能够支持 Web 应用程序的开发和运行了。

在 Windows 系统上，还有一种更方便快捷的安装方式，有人 Ruby 和 Rails 已经相关的支持组件打成了一个包，并使用 Windows　Installer 安装文件的形式提供，更加符合 Windows 用户的使用习惯，比如 railsinstaller 安装器。这也是一种方式，我们这里就不再累赘述了。

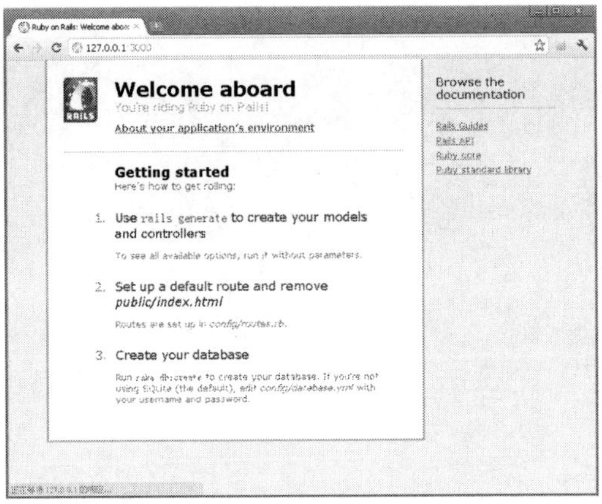

图 6-9　Rails Web 应用默认页面

其实，严格的说来，RoR 的开发工作更加适合于在 Mac OS X 和 Linux 系统上进行，有两个原因，一是 rails 主要是为服务器应用运行而设计的，在 Windows 系统上运行的效率比较低，二是它的很多开发工作都使用命令行操作完成，和 Windows 应用依靠图形界面程序和 IDE 系统的理念不同。

Ruby 是一种解释性的语言，所以很多程序文件都是以源文件和文本文件的形式存在的。Ruby 的开发并不依赖集成开发系统，代码编写、检查和重构的工作量也不是特别大，通常使用命令行配合功能较强的编辑器就可以了。在 Windows 上，当然也可以使用 Eclipse 作为编辑工具，但也可选择一些轻量级的编辑工具，如 Notepad++就是一个可以免费使用的能够很好的支持 Ruby 开发的编辑器（见图 6-10）。

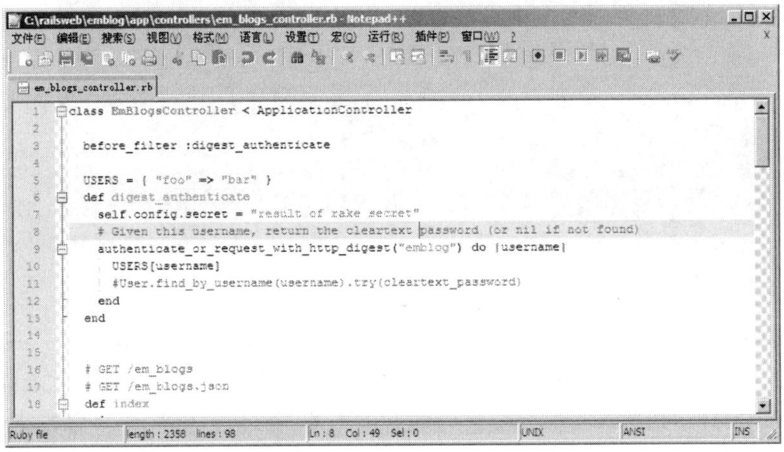

图 6-10 使用 Notepad++进行 Rails 应用开发

下面，我们就结合实际的例子来了解使用 Rails 开发 Web 应用的过程。

6.2　基于 Rails 的 Web 应用开发

这一节我们会来了解使用 RoR 开发 Web 应用程序的过程，在这个过程中我们会了解到 Rails Web 应用程序的架构，设计和实现流程，以及它和 MVC 是如何结合起来的。

6.2.1　Rails Web 应用程序概述

我们知道，早期的 Web 开发通常是基于站点和页面的，它为了设计的方便，通过使用 ASP 或者 PHP 的页面脚本语言将业务代码嵌入到 HTML 代码当中，它们通常需要一个标准的 Web 服务器进行支持，现在我们知道，在更加复杂的 Web 应用环境和需求之下，这并不是一个很好的方式。因此，JavaEE 使用应用服务器的方式，不再以页面作为中心，而更像传统的应用程序，在对象组件中实现业务逻辑，并将业务层和表示层分离，在 Web 层方面，使用 JSP 结合 HTML 技术作为表示层的模板来进行处理。

RoR 也是应用程序的方式，不过它更进一步，它不但内置了应用服务器，还实现了完整清晰的 MVC 框架。在上一节中，作为 Rails 安装的一项测试，我们已经建立了一个 Rails Web 应用程序——emblog。在这里，我们可以看到，对于 Rails 而言，一个 Web 应用程序就是一个文件夹，这个文件夹的初始化结构和内容是由 Rails 定义的，它包含了用于开发、部署和运行这个 Web 应用程序所需要的所有组件和内容。

我们打开这个文件夹，可以看到这个目录结构，实际上这也是 Rails Web 应用程序的结构（图 6-11）。

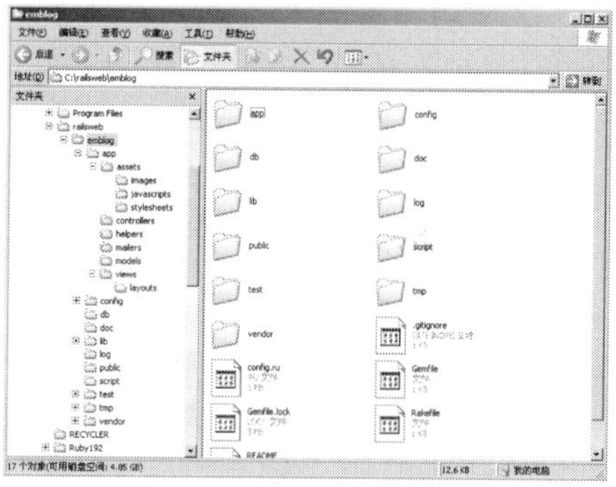

图 6-11　RoR Web 应用程序结构

在这个结构中，我们通常需要关心下面几个方面的内容：

- /app：应用程序文件夹，具体的 Web 应用程序的代码都保存在这个文件夹下面。它进一步包括了静态内容 （assets，如 Javascript 代码，图片和 CSS 文件）、控制器（controller）、模型（models）、视图（views）、辅助程序（helpers）和邮件工具（mailer）；
- config.ru：应用程序的总体配置文件，相当于 JavaEE 中的 web.xml；
- Gemfile：应用程序支持组件配置文件，配置该 Web 应用程序运行所需要的外部软件包；
- config：程序配置文件夹，可以对程序进行局部配置，如多语言、REST 映射、启动选项等等；
- db：内置的数据库，RoR 可以使用 sqlite3 数据库作为开发和测试使用；
- doc：应用程序文档，类似于 Java Doc，可以根据代码生成开发用参考文档；
- lib：扩展资源库；
- log：应用程序运行日志，可作为调试使用；
- test：应用程序测试使用；
- public：保存常规普通的 HTML 页面；
- script：系统脚本和命令；
- tmp：临时文件夹；
- vendor：应用程序级别的第三方扩展程序。

6.2.2　模型设计

在了解了 RoR Web 应用程序的基本架构之后，我们就可以着手进行模型的设计了。

先回忆一下，以前我们一般是怎样进行模型设计的工作呢？首先需要先进行数据库的设计，然后编写数据库操作和业务实现的代码，最后编写表示层 HTML 代码，并进行集成调试。在框架出现之后（例如 Struts2），同样需要编写业务对象并实现操作逻辑，使用表示层模板，配置 ORM 组件，以及其他很多相关的配置工作。

那么这些工作在 RoR 中是如何实现的呢？它有一套自己的逻辑和方法，我们通过一个例子来进行说明，这个例子就是我们需要设计一个简单的 Web 应用，它能够实现微博条目的创建、列表和显示。

1. 明确业务对象模型

这个 Web 应用中，需要操作的数据主要是微博的条目，它也可以用对象的形式来描述，下面就是这个对象的数据结构（见表 6-1），非常简单。

表 6-1 微博条目结构定义

字 段	类 型	说 明
Id	long	微博条目编号
Body	varchar 140	
Userid	integer	发送微博条目的用户编号
Username	varchar 30	发送微博条目的用户名称

2. 创建数据模型

依据以上对于业务对象的设计，我们就可以着手进行模型设计了。但在 Rails 中其实我们并不需要编写什么程序或者在某些图形工具中进行一系列操作和设置，只需要输入两条指令就可以了。

首先打开命令行工具，导航到 emblog 目录中，输入下列的命令：

```
    rails g scaffold EMBlog body:text userid:integer username:string status:
integer
```

执行后后系统会进行一系列处理，如图 6-12 所示。

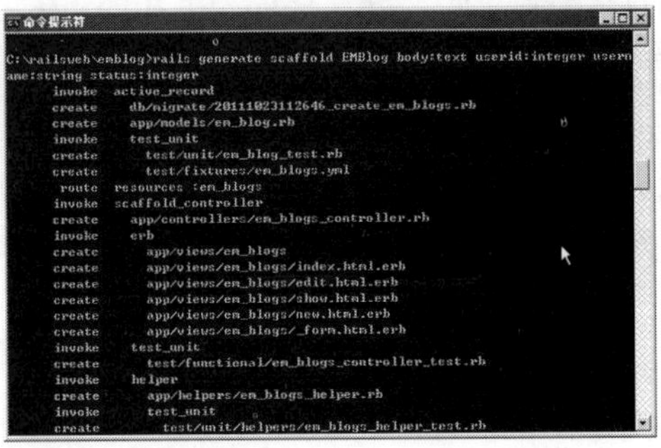

图 6-12 generate 命令执行

如果确认没有什么错误信息后，再执行下面的命令（见图 6-13）：

```
    rake db:migrate
```

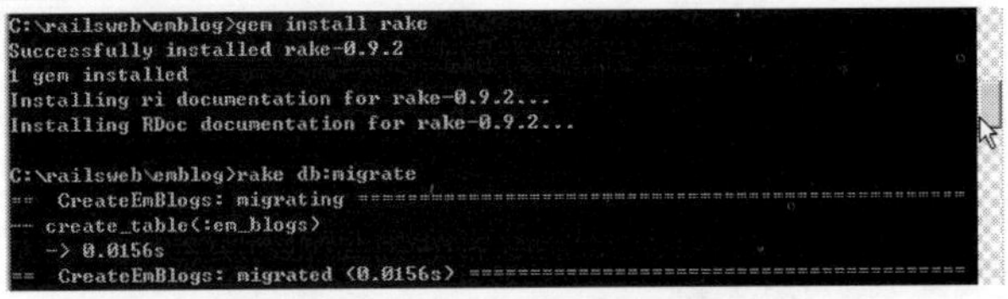

图 6-13 migrate 命令执行

如果也没有什么错误信息的话，我们下一步就可以使用浏览器来查看上述工作的成果了。

3. 启动 Web 应用并查看结果

如果这时 Web 应用还没有启动，可以使用下列的命令启动该应用的 Web 服务器。

```
    rails s
```

确认 Web 服务能够正常启动，然后打开浏览器，访问以下地址：http://127.0.0.1:3000/em_blogs。应该能够看到下面的页面，并可以还进行记录的操作包括创建、查看、列表、更新和删除（见图 6-14）。

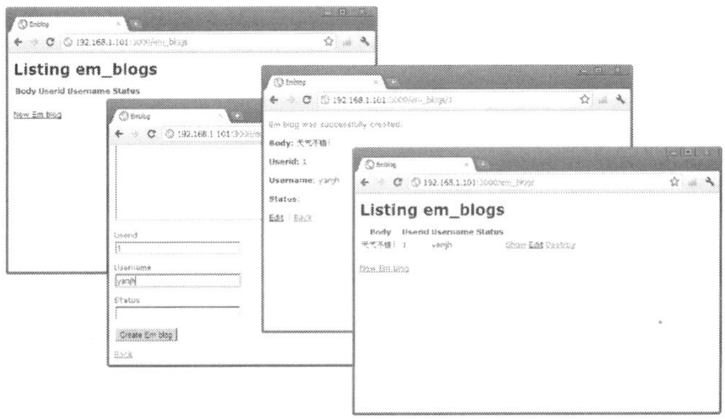

图 6-14 EMBlog 模块系列页面

从这个过程我们应该能够体会，使用 Rails 来架构 Web 应用程序和其模块的操作是非常简单高效的，为什么我们没有编写一行代码，Rails 就为我们提供了一个完整的 Web 应用资源的框架呢？我们在下面有更详细的分析。

首先来了解一下第一个命令操作具体执行了那些工作。

6.2.3 生成结果相关文件

还是回到初始的那个命令。

```
    rails g scaffold EMBlog body:text userid:integer username:string status:
integer
```

这里的“g”是 generate（生成）的简称。这段命令翻译成为 Rails 的语言就是，为 EMBlog 这个应用资源生成一个框架（scaffold，脚手架），它使用的数据结构是....（都是字段的定义）。没有其他的配置和操作了？其实仔细想一想，这些信息已经够用了。

在 Rails Web 应用当中，是使用“资源（resource）”而不是单个的来组织程序内容的。因为 Rails 认为一系列业务相关的文件都不是孤立存在的，而是有一定关联的。比如对于微博条目这个业务对象而言，它有一系列相关的功能和操作方法（如 CRUD），就需要相关的 MVC 程序结构和辅助文件，Rails 可以将它们组织在一起进行开发的工作。在本实例中，EMBlog 就是一个资源，上面的命令行操作也是针对这个模块进行的。

generate 是 Rails 的操作指令，它能够按照预先定义的模板生成 Rails 程序文件，也称为生成器。这里的 scaffold（脚手架）是生成器控制参数，这个参数是用来控制具体的生成内容的，其他可选的参数还包括 controllers，models 等等，即也可以控制生成单独的控制器或者模型组件。

scaffold 的功能非常丰富，能够控制生成一个比较完整的资源结构，如包括下面的操作：

- 创建了一个控制器（Controller）

- 生成了一套视图模板（Views）
- 生成一个模型文件（Model）
- 创建一个数据迁移器（Migrater）
- 生成了一个辅助工具（Helper）
- 修改的系统路由映射关系

这些内容都涉及一系列 ruby 程序文件。这里首先展现了一个典型的 MVC 架构，清晰的包括了控制器、模型和视图组件，它们分别被存储在 app 目录下的 controllers、models、和 views 文件夹下。

下面来具体了解一下这些文件的内容和作用。

（1）模型文件

EMBlog 模块的模型在 app/modles/em_blog.rb 文件中进行定义，其内容如下：

```
class EmBlog < ActiveRecord::Base
end
```

.rb 是标准的 ruby 程序文件格式，和.java 类似。在这个模型文件描述了 ruby 类的定义，可以看到，这里通过关键字 class 声明了一个类-EmBlog，它继承自 ActiveRecorder::Base 这个基类。在这里我们还初步领教了 Ruby 的代码风格，它以行为单位，没有用分号来区隔。和 Java 不同，ruby 也使用{}来组织代码块，而是使用一种“块”型的程序结构，最明显的特点是每个逻辑代码块都以 end 结尾。

在这个模型文件中，这个模型类的内容定义是空的，但不代表这个模型是空的，而是表示其使用“默认”的定义，因为其实这个模型已经在数据库结构中定义过了，暂时没有其他的设置而已。这就是所谓的“COC”了。如果需要对模型进行修改，比如定义一些私有属性、类或对象的方法，或者和其他对象的关联关系（如 1-1、1-N）等等，才需要在这个文件中进行进一步的配置。

在这里 ActiveRecorder 是 Rails 的基础模型类，简单的说它实现了 ORM（Object Relationship Map，对象关系映射），让 Rails 模型对象可以和数据库系统进行交互，使用这个技术在开发的时候，开发者是不需要数据库实现的具体方式的，他可以使用常规的关系数据库系统如 MySQL、Oracle 等等，也可以使用一些新型的对象数据库系统如 NoSQL，等等，而且在它们之间进行迁移和切换也是非常简单方便的。这样就实现了业务对象层和持久化层的分离。

（2）控制器

对于 EMBlog 模块而言，其控制器的实现文件是 app/controllers/em_blogs_controller.rb。这个文件中的内容和代码比较多，下面会逐步分析。这里我们需要理解的是，它们都不是开发者编写的，而是生成器根据默认的模板自动生成的，通常开发者只需要找到自己关心的部分进行修改即可。

控制器定义的基本结构是这样的：

```
class EmBlogsController < ApplicationController
  # GET /em_blogs
  # GET /em_blogs.json
  def index
    @em_blogs = EmBlog.all
    respond_to do |format|
      format.html # index.html.erb
      format.json { render json: @em_blogs }
    end
  end
```

```
…
End
```

首先我们看到，控制器也是一个类，它继承自 ApplicationController 这个 Rails 的基础类。

“#”是 Ruby 进行代码注释的方法。在文中的注释表明了其调用的方法，即可以通过 HTTP Get 方法访问相应地址地址来调用该控制器方法。这里，访问/em_blogs 可以获得列表页面，而访问/em_blogs.json 则可以访问列表的 JSON 数据，这些内容设计涉及到访问路径的控制和多视图技术，我们会在后面进行了解。

在其中我们还看到 def index…end 这样的内容。这是 Ruby 定义的类方法（Method）。在控制器中，默认（自动生成）的方法包括 index（列表）、show（显示）、edit（编辑）、new（新建）、create（创建）、update（更新）、destory（销毁）等等。这些方法已经涵盖了常规的业务和数据操作的流程和方式，相关的调用流程和关系如图 6-15 所示。

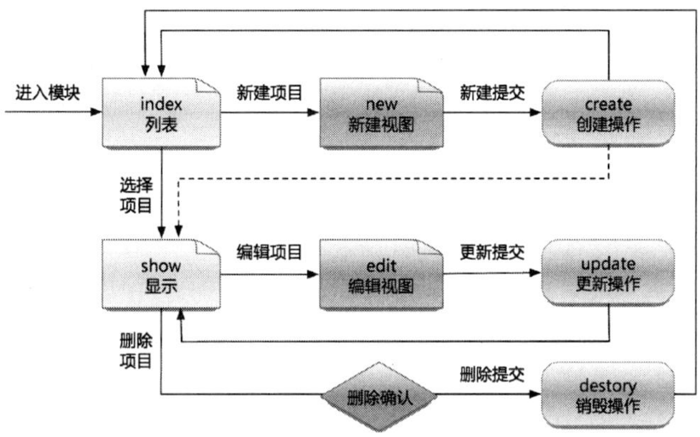

图 6-15 Rails 控制器默认方法调用流程

这些方法其实也分为两类，一类是用于显示一个视图（前四种），另外一类是响应用户操作进行实际的业务处理。这样就帮助我们更好的理解控制器的工作方式，并且能够按照需求编写自己的控制器方法。

回到前面的代码，它用于显示一个微博条目列表（index）。@em_blogs 是 Ruby 声明的变量，@表示这是一个全局变量（在一个调用执行周期中）。EmBlog.all 表示执行 EmBlog 的 all 方法，返回所有的微博条目信息，并且赋予变量@em_blogs。程序对这个变量进行了处理，主要是使用两种格式来进行表示。

respod_to do |format|表示程序可以使用与定义的格式进行输出，输出的内容结合了模板和变量。比如这里能够输入两种格式。html 格式是默认格式，它会使用 index.html.erb 这个模板；而 format.xml 则表示使用 xml 格式来处理@em_blogs 这个变量并输出到客户端。

下面的代码用于处理单个微博条目的显示，和 index 类似，但它针对单个对象，使用的模板也不同：

```
  # GET /em_blogs/1
  # GET /em_blogs/1.json
  def show
    @em_blog = EmBlog.find(params[:id])
```

```
    respond_to do |format|
      format.html # show.html.erb
      format.json { render json: @em_blog }
    end
  end
```

上面这两个方法都是用于显示资源数据的，下面来看看编辑信息的处理。首先是新建信息，它的控制器方法如下：

```
  # GET /em_blogs/new
  # GET /em_blogs/new.json
  def new
    @em_blog = EmBlog.new

    respond_to do |format|
      format.html # new.html.erb
      format.json { render json: @em_blog }
    end
  end
```

这里使用了 new 方法创建了一个新的 EmBlog 对象，并传入显示模板 new.html.erb 当中，它将显示一个新建 EmBlog 条目的页面。在这里我们其实可以在模型中重新 new 方法，设置一些初始化和默认数值等等。再来看看用于编辑的控制器方法：

```
  # GET /em_blogs/1/edit
  def edit
    @em_blog = EmBlog.find(params[:id])
  End
```

这里，系统会调用 EmBlog 类的 find 方法找到需要进行编辑的条目，并赋予变量@em_blog。其参数通过 URL 传入，系统会自动处理，可以通过 params 变量来访问。这里没有定义格式和模板，将使用默认的设置，即 html 格式，模板是 edit.html.erb。

对于创建新纪录的操作，控制器使用 create 方法：

```
  # POST /em_blogs
  # POST /em_blogs.json
  def create
    @em_blog = EmBlog.new(params[:em_blog])

    respond_to do |format|
      if @em_blog.save
        format.html { redirect_to @em_blog, notice: 'Em blog was successfully created.' }
        format.json { render json: @em_blog, status: :created, location: @em_blog }
      else
        format.html { render action: "new" }
        format.json    {    render    json:    @em_blog.errors,    status::
unprocessable_entity }
      end
    end
  end
```

它使用提交的参数来构建新的@em_blog 对象，执行保存后，重定向新建对象的显示视图。

对于更新操作，可以执行@em_blog 对象的 update_attributes 方法来更新某些属性，完成后重定向到所修改对象的显示页面。这一操作的具体内容如下：

```
    # PUT /em_blogs/1
    # PUT /em_blogs/1.json
    def update
      @em_blog = EmBlog.find(params[:id])

      respond_to do |format|
        if @em_blog.update_attributes(params[:em_blog])
          format.html { redirect_to @em_blog, notice: 'Em blog was successfully
updated.' }
          format.json { head :ok }
        else
          format.html { render action: "edit" }
          format.json      {      render      json:      @em_blog.errors,
status: :unprocessable_entity }
        end
      end
    end
```

最后是删除条目的方法：

```
    # DELETE /em_blogs/1
    # DELETE /em_blogs/1.json
    def destroy
      @em_blog = EmBlog.find(params[:id])
      @em_blog.destroy

      respond_to do |format|
        format.html { redirect_to em_blogs_url }
        format.json { head :ok }
      end
    end
  end
```

首先定位并且找到需要删除的对象@em_blog，然后调用其 destory 方法，操作完成后系统会将客户端重新导向到列表视图。或者返回 OK 状态表示删除的成功操作（对于 JSON）。

在控制器中的内容显示或者编辑操作中，要为客户端提供显示或者操作的视图，它使用模块相关的视图和模板技术完成。

（3）视图

在一个资源模块中可以包括很多个视图，如用于列表的、显示记录信息的、编辑记录的，同时视图可能体现为多种形式如 html、xml 或者 json，所以系统为每个资源模块都提供了一个视图文件夹（见图 6-16），如 app/views/em_blog。

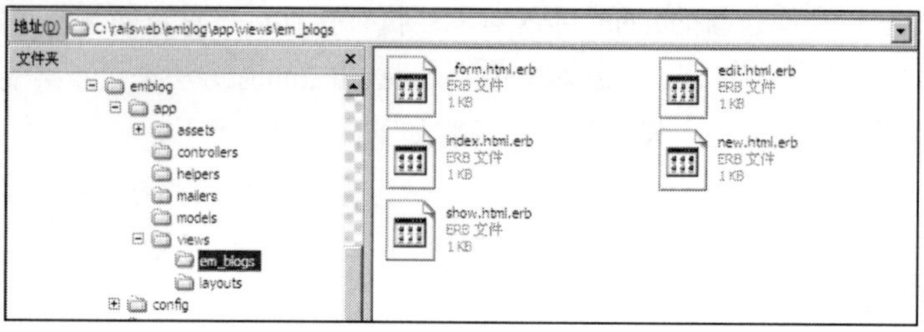

图 6-16　Rails 资源视图文件夹

默认情况下，里面有几个自动生成的文件，它们被控制器中对应的方法调用。如 index.html.erb，new.html.erb，edit.html.erb，show.html.erb，_form.html.erb 等等。erb 是 Rails 视图文件后缀，而这里 html 表示它可以响应 html 类型（默认）的请求，可以通过不同的请求类型实现不同类型的视图调用，若是 index.json.erb 则可以响应 JSON 类型的请求调用，但除默认的 html 之外，其他的调用类型的视图需要开发者自行编写。

这些视图会配合控制器中相对应的方法来实现数据的呈现。比如下面是列表视图文件：index.html.erb。

```
    <h1>Listing em_blogs</h1>
    <table>
      <tr>
        <th>Body</th>
        <th>Userid</th>
        <th>Username</th>
        <th>Status</th>
        <th></th>
        <th></th>
        <th></th>
      </tr>

    <% @em_blogs.each do |em_blog| %>
      <tr>
        <td><%= em_blog.body %></td>
        <td><%= em_blog.userid %></td>
        <td><%= em_blog.username %></td>
        <td><%= em_blog.status %></td>
        <td><%= link_to 'Show', em_blog %></td>
        <td><%= link_to 'Edit', edit_em_blog_path(em_blog) %></td>
        <td><%= link_to 'Destroy', em_blog, :confirm => 'Are you sure?', :method
=> :delete %></td>
      </tr>
    <% end %>
    </table>
    <br />
    <%= link_to 'New Em blog', new_em_blog_path %>
```

可以看到，这一类的文件有点类似于 PHP 和 JSP 等页面脚本文件，在 HTML 编码中嵌入了 ruby 代码。使用符号“<%...%>”包围起来的就是 ruby 代码。而“<%=...%>”可以用于直接输出变量。

这个文件内容基本是一个表格，每个条目输出一行内容，它是通过循环遍历@em_blogs（来自

控制器的 index 方法）数组来控制读取的。“@em_blogs.each do |em_blog|…end”是 ruby 循环遍历的方式，它将从数组中取出的当前的成员赋予对象 em_blog 进行处理，在这里是显示各种信息，和生成相关的链接。

link_to 是 Rails 的辅助方法用于生成指向特定地址的连接 HTML 代码。这里 edit_em_blog_path 不是我们定义的变量，而是 Rails 的一种“语义化”的自动变量，它表示“编辑 em_blog 的视图地址”，Rails 会自动将这个变量处理成为实际地址，类似的还有 new_em_blog_path 等等。从这个角度来看，Rails 确实是非常智能的。

在链接的定义中，我们还会发现显示用的连接和删除用的连接，目标地址是一样的，都是 em_blog，那么这里是如何区分的呢？原来 Rails 使用的是 REST 的 Web 资源管理和操作风格（在后面有详细讨论），可以通过为资源提供 HTTP 方法来区别处理的行为，如显示使用的是“GET”方法，而删除使用的是“DELETE”方法（注意到后面的“:method => :delete”参数了吗），这样就将对同一对象的不同操作区分了开来。

对于单个的微博条目，下面是用于显示的视图文件 show.html.erb：

```
<p id="notice"><%= notice %></p>

<p>
  <b>Body:</b>
  <%= @em_blog.body %>
</p>

<p>
  <b>Userid:</b>
  <%= @em_blog.userid %>
</p>

<p>
  <b>Username:</b>
  <%= @em_blog.username %>
</p>

<p>
  <b>Status:</b>
  <%= @em_blog.status %>
</p>
<%= link_to 'Edit', edit_em_blog_path(@em_blog) %> |
<%= link_to 'Back', em_blogs_path %>
```

再来看看记录创建的表单视图 new.html.erb：

```
<h1>New em_blog</h1>
<%= render 'form' %>
<%= link_to 'Back', em_blogs_path %>
```

视图文件的内容出奇的简单，只有三行代码。我们可能以为在这里需要来定义一些表单元素之类的内容，但这里只有一句 render ‘form’，字面意思上是“渲染 form”，这里应该就是定义表单内容了。我们再看一下编辑视图 edit.html.erb 的代码，也发现了类似的内容：

```
<h1>Editing em_blog</h1>
```

```
    <%= render 'form' %>
    <%= link_to 'Show', @em_blog %> |
    <%= link_to 'Back', em_blogs_path %>
```

那么，这个“form”又是什么呢？我们继续浏览视图文件夹，可以在其中发现一个名为_form.html.erb 的文件，可能有些读者已经猜到了，它们之间应该是有联系的。先来看一下这个_form.html.erb 的具体内容：

```
    <%= form_for(@em_blog) do |f| %>
      <% if @em_blog.errors.any? %>
        <div id="error_explanation">
          <h2><%= pluralize(@em_blog.errors.count, "error") %> prohibited this em_blog from being saved:</h2>
          <ul>
          <% @em_blog.errors.full_messages.each do |msg| %>
            <li><%= msg %></li>
          <% end %>
          </ul>
        </div>
      <% end %>

      <div class="field">
        <%= f.label :body %><br />
        <%= f.text_area :body %>
      </div>
      <div class="field">
        <%= f.label :userid %><br />
        <%= f.text_field :userid %>
      </div>
      <div class="field">
        <%= f.label :username %><br />
        <%= f.text_field :username %>
      </div>
      <div class="field">
        <%= f.label :status %><br />
        <%= f.text_field :status %>
      </div>
      <div class="actions">
        <%= f.submit %>
      </div>
    <% end %>
```

果然是一个表单内容文件。这里是 Rails 的一个非常巧妙的设计，它能够将页面的一个部分“部件化”，可以为不同的视图来调用。调用的方法是使用 render (渲染)方法，参数是部件视图的文件名称，注意部件视图名称前面的 下划线“_”，这并不是一个误写，而是一个“约定”。在需要处理部件的时候（如使用 render 方法），系统会自动寻找参数对应名称并且前面带下划线的视图文件。

图 6-17 视图中的表单模块

在新建视图中，这个表单应该如图 6-17 所示的样子，而在编辑视图中，外观也应当一样，但会有相对应的微博条目的内容对它们进行填充。

form_for（@em_blog） do |f| 表示这里是一个为变量@em_blog 提供的表单区域，它会自动创建 HTML 表单标签并将提交位置指向@em_blog 的控制器修改方法。除此之外，Rails 使用和 JavaEE 类似的标签库技术，代码中的各种表单元素都是这样处理的。

除了以上 MVC 的各个组件文件之外，generate 命令还生成了数据迁移文件和辅助工具（Helper）文件。其中辅助工具文件是 app/helper/ em_blogs_helper.rb，它的内容如下：

```
module EmBlogsHelper
end
```

它是一个模块定义，通常默认没有内容，开发者可以在此编写一些当前资源使用的共享的支持方法。

而关于数据迁移文件，我们会在后面的“数据处理”内容中进行探讨。

了解了生成器的各项工作内容之后，我们来分析一下 Rails 应用程序访问的问题。

6.2.4　访问过程分析

在资源的访问过程控制方面，Rails 采用了 REST 架构风格，这也是 Rails 内置支持的一个功能。REST 是 Representational State Transfer（中文翻译为“表述性状态转换”，这个翻译并不是很好啊？）的缩写。简单来讲，REST 是一种抽象化的，一致性的资源描述和操作的方式，在 Web 应用中比较常用，或者我们也可以将 REST 理解成为一种格式化的 URL 组织方式，通常通过一种目录层次结构来表示具体的网络资源和操作方式。

还有点抽象？下面用 Rails 中的例子来进行说明。如果我们认真的研究就会发现，在使用浏览器来访问 Rails 程序中不同的视图（页面）时，使用的地址是一种“目录”型的方式，而不是有些 Web 应用程序使用的“参数”型的方式，比如对于微博资源，它的相关操作 URL 地址是：

列表：　GET http://127.0.0.1/em_blogs

显示：　GET http://127.0.0.1/em_blogs/10

编辑：　GET http://127.0.0.1/em_blogs/10/edit

创建提交：POST http://127.0.0.1/em_blogs

修改提交：PUT http://127.0.0.1/em_blogs/10

删除提交：DELETE http://127.0.0.1/em_blogs/10

…

而在其他的 Web 系统中，其访问方式可能是：

列表：　GET http://127.0.0.1/blog.php?showmode=list

显示：　GET http://127.0.0.1/blog.php?showmode=detail&id=10

…

这样就应该比较容易理解了，REST 是一种层次化标准化的资源组织风格，对于客户端而言，它不需要了解具体的实现和技术细节，只需要根据统一的接口和一致的约定和范式，就可以方便的访问和操作服务器上的资源。

在 Rails 中，这些资源访问、操作的路径和方法都是可配置的，配置文件是 config/routes.rb，其内容可能如下：

```
Emblog::Application.routes.draw do
  resources :em_blogs
 root :to => "welcome#index"
end
```

root 表示 Web 应用程序的“主页”，这里的定义指向 welcome 控制器的 index 方法。resources 是资源的声明，通常这一行也是生成器命令加入的，它代表在应用程序中有一个资源“em_blogs”，需要对其路由进行处理。但这里并没有进行任何附加和具体的配置，表示都按照默认方式进行（前面描述过的七种操作方式）。要查看在 Rails 应用中，REST 路径和控制器及方法的对应关系，可以在 Web 应用文件夹中执行下列的查询命令：

```
rake routes
```

其显示的结果可能如下面的图 6-18 所示：

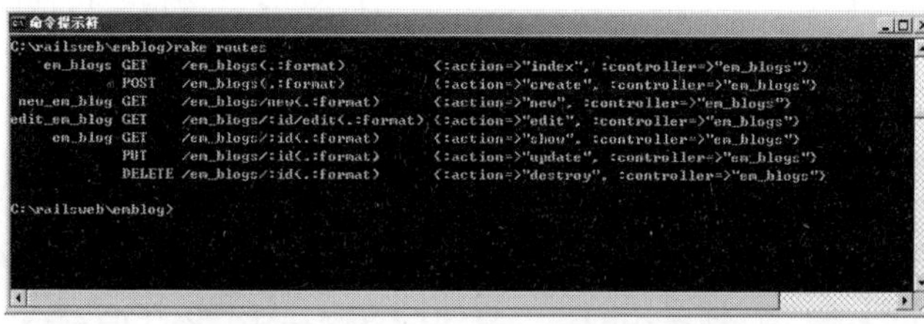

图 6-18　Rails Web 应用路径映射列表

实际上，这个就是 Rails 应用程序的“路由表”，它例举了程序中所有操作和内容访问的路径，在第一列是路径的“快捷方式”，在程序中可以使用它作为变量来替代实际的路径。后面几列显示了对应的控制器、方法和 HTTP 方法。这个表通常用来支持调试和排错，比如 Rails 程序有时出现“路径”无法找到的错误，就可以用这里的内容分析并查找原因。

6.2.5　数据处理过程

细心的读者会发现，在上面的操作过程中我们并没有进行数据库的任何操作和配置，比如数据库连接、配置，数据表的创建等等。但在 Web 应用当中可以进行数据的 CRUD 操作，显然应该是有一个数据库系统在后台进行支持的。

确实是这样的。Rails 内置了 SQLite 的支持，开发者可以直接使用它，甚至可以不需要做任何的配置，因为它有一个默认的配置。在 config/database.yml 中我们能够找到这个设置，其内容如下：

```
# SQLite version 3.x
#   gem install sqlite3
development:
  adapter: sqlite3
  database: db/development.sqlite3
  pool: 5
  timeout: 5000

# Warning: The database defined as "test" will be erased and
# re-generated from your development database when you run "rake".
# Do not set this db to the same as development or production.
test:
  adapter: sqlite3
```

```
    database: db/test.sqlite3
    pool: 5
    timeout: 5000

  production:
    adapter: sqlite3
    database: db/production.sqlite3
    pool: 5
    timeout: 5000
```

我们在这里终于看到了默认对于数据库系统的定义，如所使用 SQLite 的适配器，定义数据库文件，连接池的量等等。这里还可以进行多种配置，不仅能够配置开发使用的数据库，还可以同时配置测试和生产使用的数据库系统。如果我们需要使用其他的数据库系统，就需要在这里进行相应的配置。

这里对于数据库的定义是“database: db/development.sqlite3”。我们以此打开应用程序文件夹中的 db 文件夹（见图 6-19）。就可以看到这个文件，它也是 Rails 在开发模式下默认的 SQLite 数据库文件，现在我们所使用的数据都保存在这个文件当中。

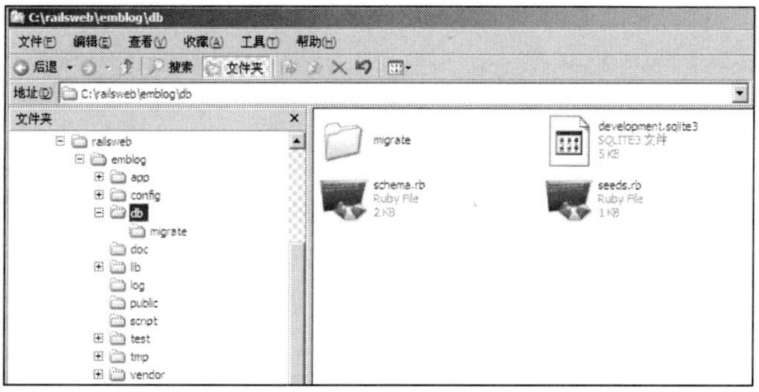

图 6-19　Rails 应用数据管理文件夹

数据库有了，但我们并没有进行数据库设计操作啊？其实，在我们使用生成器的时候，如果留意其操作信息，会发现它在 db/migrate 目录下创建了一个文件：

```
db/migrate/xxx_create_em_blogs.rb
```

这种文件叫迁移文件，它也是 ruby 源文件，打开后可以看到类似下面的代码：

```
class CreateEmBlogs < ActiveRecord::Migration
  def self.up
    create_table :em_blogs do |t|
      t.text :body
      t.integer :userid
      t.string :username
      t.integer :status

      t.timestamps
    end
  end

  def self.down
    drop_table :em_blogs
  end
```

```
end
```

它实际上是一系列数据库操作的代码。使用数据库的“迁移”配置机制也是 Rails 的一个特点。它并不直接将数据库定义写入数据库，而是保存在一系列有序的迁移文件当中。

然后，当开发者执行迁移命令 rake db:migerate 之后，Rails 会按照迁移文件的次序和版本，根据当前配置的数据库连接信息，将变更写入数据库当中，创建实际的数据表和结构。这样一种处理方式就将数据存储“抽象化”了，它不依赖实际的数据库系统和技术，比如在开发时可以使用内置的 SQLite 系统，而在部署时可以使用 Oracle 系统，甚至其他非关系数据库系统如 MongoDB 等等。这样的处理为开发、部署已经系统的维护和迁移带来了极大的方便。

在关联的 schema.rb 定义了数据库的结构：

```
ActiveRecord::Schema.define(:version => 20111023115332) do
  create_table "em_blogs", :force => true do |t|
    t.text     "body"
    t.integer  "userid"
    t.string   "username"
    t.integer  "status"
    t.datetime "created_at"
    t.datetime "updated_at"
  end
end
```

在同一个目录下还有一个 seeds.rb，在这个文件里还可以定义一些初始化的数据等。

那么我们怎么对数据库进管理呢？SQLite 作为一个嵌入式数据库系统，并不是一个完整的数据库开发平台，SQLite.org 上提供了可以用于管理 SQLite 数据库的命令行工具，但也可以选择一些第三方的图形化管理工具，如 Navicat（见图 6-20）来进行管理，它还提供了 Lite 版可以免费使用，并且支持 MySQL、SQL Server、Oracle、SQLite 等多种数据库系统。

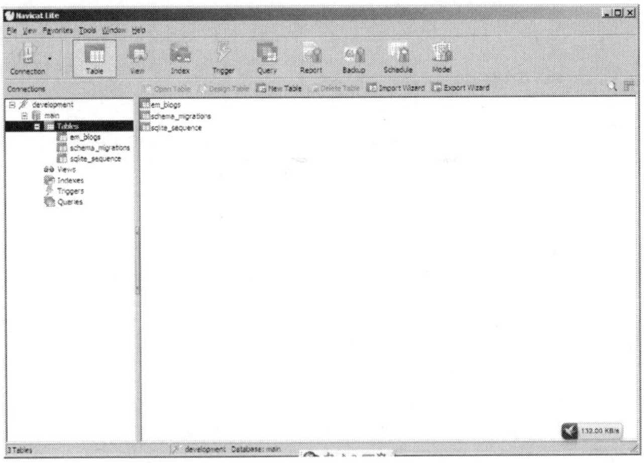

图 6-20　使用 Navicat Lite 管理 SQLite 数据库

6.2.6　应用程序配置

本章节前面的内容主要专注在资源处理方面，这里再来简单的了解一下应用程序级别的相关内容。在应用程序根文件夹和 config 文件夹中，有很多针对应用程序的不同方面的配置文件（见图 6-21）。在这里可以完成支持模块安装、协作开发、数据库、应用程序环境、应用路由、启动设置、初始化、国际化等等的配置工作。

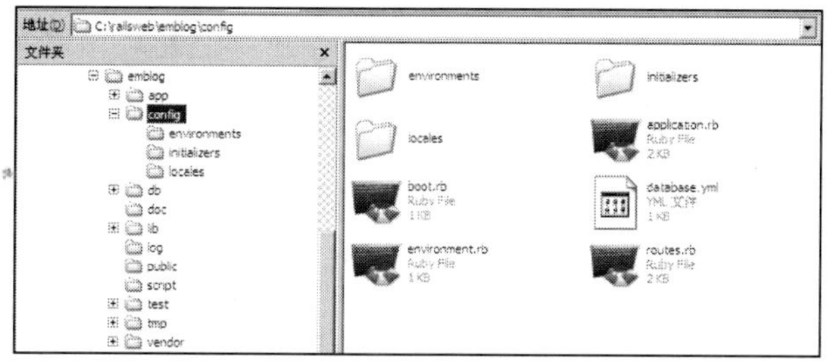

图 6-21　Rails 应用程序配置文件夹

这一节我们所有的操作和配置都是 Rails 默认和自动化生成的，但可能不能直接的满足我们的一些应用方面的要求，下一节我们在此基础上，来了解如何进行相应的改进，来适合 Android 网络应用的模式和操作。

6.3　Web 应用改进

在我们的 Android 应用系统系统中，对 Web 应用提出了下面主要的三个应用要求：

（1）为客户端提供 JSON 格式的微博条目列表；

（2）为客户端提交微博条目提供接口；

（3）为客户端对数据服务的读写操作提供用户验证。

在本节我们就来讨论相关具体的实现。这里我们选择 JSON 作为数据传输的主要格式，首先就来了解一下什么是 JSON。

6.3.1　JSON

我们前面已经能够通过浏览器来访问 Web 应用程序，但在我们的 Android 应用程序并不是一个标准的 Web 客户端或者说是一个浏览器，所以服务器也不需要其提供标准的 Web 页面服务，而是基于 HTTP 协议的数据服务。通常数据服务的格式就不是 HTML 编码格式了，因为这些数据不需要考虑表示层技术，主要用于输出和传输，相对就要简单一些，通常的选择包括 XML 和 JSON。

在互联网上传输和处理信息，基本的要求是标准化和可理解性。XML 格式就是基于这样的要求来设计的，它实现了几个设计目标：自描述、结构化、文本编码、独立性，使人类和计算机都能够进行处理。但 XML 的问题是比较繁琐，无论在存储、处理和传输方面，显得效率不是那么高。

因此，随着 Web2.0 技术的发展，虽然 XML 还是应用最为广泛的标准格式，但一种更轻量级的数据交换格式 JSON 逐渐受到青睐和更多的使用。因为 JSON 完全达到了 XML 的设计目标，但更为简单紧凑，网络传输速度更快，如其序列化后的消息平均比 XML 小一半以上。

JSON 的一个特点是结构非常简单，包括两种主要结构（见图 6-22）：

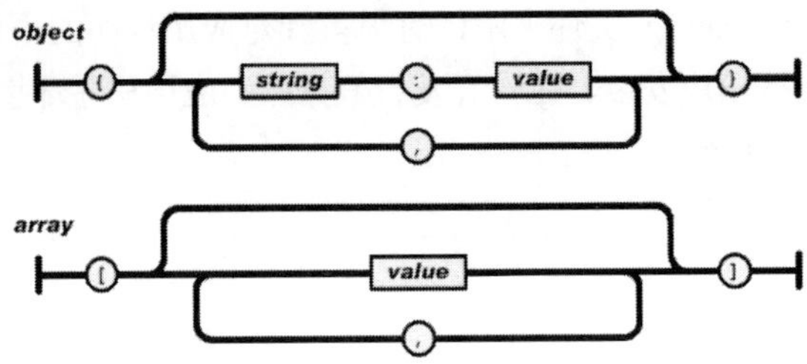

图 6-22　JSON 数据结构

第一种结构是 “对象（JSON Object）”，它是一个“名称:值（String:Value）” 对的集合，集合元素使用逗号分隔，集合体使用{}包围。在不同的程序语言中，它还可以被理解为纪录（Record），结构（Structure），字典（Dictionary），哈希表（Hash Table），有键列表（Keyed List），或者关联数组 （Associative Array）等等，其实都是差不多的。

第二种结构是“数组（JSON Array）”，它是一系列值的有序列表，数组的成员是“值（Value）”。

JSON 的“值”可以是字符串（String）、数字（number）、对象、数组、真（true）、假（false）或者空（null）的其中之一（见图 6-23）。

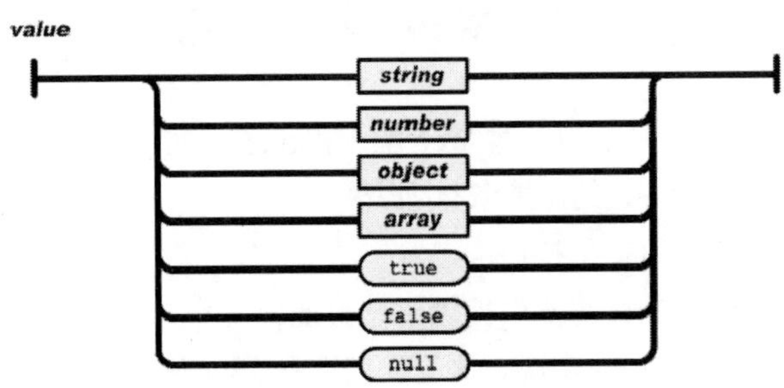

图 6-23　JSON“值”可选的内容

JSON 的“字符串”指任意 UNICODE 编码和一系列预订的转义符构成的序列，并使用双引号包围（见图 6-24）。

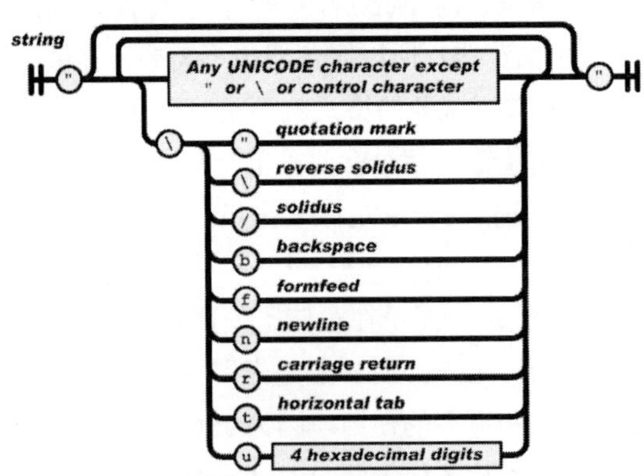

图 6-24　JSON “字符串” 可选内容

而 JSON 的“数字”的定义和 C 或者 Java 类似（见图 6-25），但不支持十进制以外的表示方法。

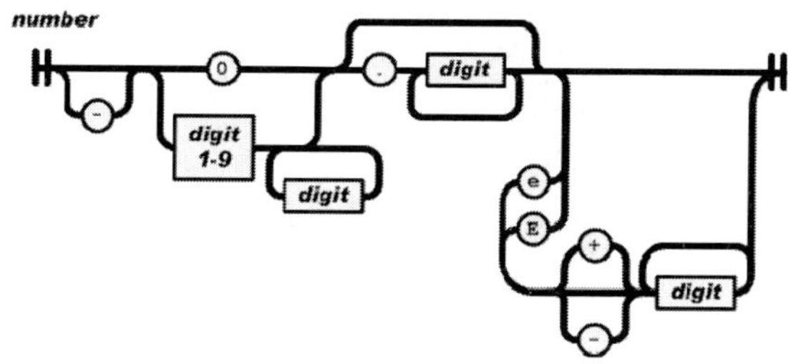

图 6-25　JSON“数字”可选内容和格式

还是用实例来说明，比如有一个用户的数据，如果用 XML 来表示是这样的：

```
<?xml version="1.0" encoding="utf-8"?>
    <user>
       <name>张三 </name>
       <password>1234</password>
       <department>技术部</department>
       <gender>男</gender>
       <age>30</age>
    </user>
```

而如果使用 JSON 来表示同样的数据，则是这样的：

```
    {
       "name":"张三",
       "password":"1234",
       "department":"技术部",
       "gender":"男",
       "age":30
    }
```

显然，XML 冗余和无效的信息太多了。

下面是一个稍微复杂一点的 JSON 对象示例：

```
{
     "Image": {
         "Width":  800,
         "Height": 600,
         "Title":  "主视图",
         "Thumbnail": {
             "Url":    "http://mysite.com /image/1234",
             "Height": 125,
             "Width": 100
         },
         "IDs": [116, 943, 234, 38793]
      }
  }
```

这里使用 JSON 来表示一个图像对象。除了常规的属性之外，还内嵌了另一个表示缩略图的 JSON 对象，并且还有一个表示相关 ID 的数字数组。它们都可以被很好的封装和组织，信息丰富而有层次，保持了简洁性并且易于理解。

使用 JSON 还有一个考虑因素是其可处理性。通常 XML 的处理是比较麻烦的。而 JSON 源自 JavaScript，在 Web 客户端方面的处理支持是无缝的。而且，随着应用逐渐广泛，现在几乎所有的主流开发平台、编程语言和技术都对 JSON 提供了很好的支持。如 Android SDK 内置了 JSONObject 和 JSONArray 类，而 Rails 则内置了 JSON 视图输出和处理支持。而且在这些技术平台上，处理 JSON 数据的速度比 XML 更快。

下面，我们就讨论如何从服务器上获取 JSON 格式的数据。

6.3.2 数据获取服务

在数据获取服务方面，我们的设计目标是为客户端提供 JSON 编码的微博条目列表信息。其实，在控制器中我们已经看到了 Rails 对 JSON 输出的代码，它能够将要输出的文件直接按照默认的方式转换成 JSON 格式。

现在，我们可能像看看其输出的结果。当然这是一个数据服务，通常我们需要通过客户端软件编程来访问并解析这个输出的结果。但在开发和测试阶段，我们有一个非常简单的方式来对这些 Web 服务进行交互操作和验证，就是直接使用浏览器，由于它们通常不使用 HTML 编码，所以有时可能需要查看源文件。这个操作非常简单，在常规的访问地址后加一个.json 后缀，Rails 就知道要使用 JSON 格式向客户端输出内容了，并且一般的浏览器也可以按照可以理解的方式显示 JSON 信息内容，结果类似于图 6-26：

图 6-26　默认 JSON 数据输出

可以看到，这些内容还都是“原汁原味”的，连编码还都是默认 unicode 原生编码。但有时我们需要控制输出的内容，比如并不是输出所有的属性，或者想要在其中加上一些附加和控制性的信息，这些要求可以使用 JSON 视图模板来实现。

首先需要在资源视图文件夹增加一个 index.json.erb 文件，这个文件名称对应着其控制器的 index 方法，其内容是按照需要的 JSON 的结构编写的，比如：

```
{
"company":"某某软件",
"token":"xxx",
"content":
[<%= raw @em_blogs.map { |b|
%{
{id:"#{b.id}",body:"#{b.body}",from:"#{b.username}"}}
}.join(',')
```

```
%>]
}
```

然后，我们需要修改控制器，让其能够使用这个模板：

```
respond_to do |format|
  format.html # index.html.erb
  # format.json { render json: @em_blogs }
  // 修改为使用模板
  format.json
end
```

这个操作也很简单，直接去掉对 format.json 的配置和修饰就可以了。在使用模板之后，我们再次访问这些内容，结果就可能如图 6-27 所示，显然更加直观并容易理解，也方便客户端的处理。

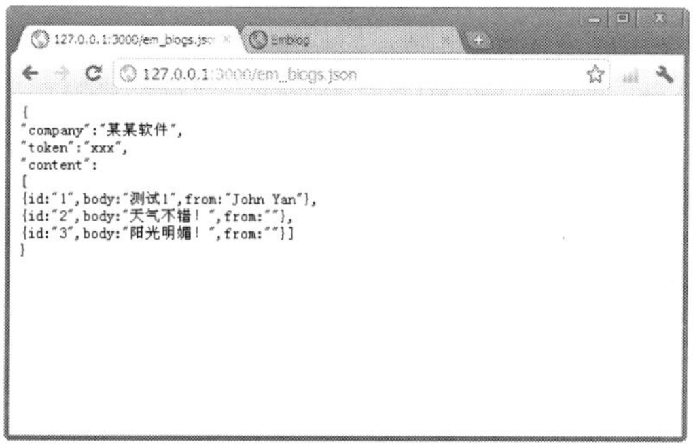

图 6-27　带格式的 JSON 输出

了解怎样获取数据之后，再来看看如何从客户端向服务器创建和提交数据。

6.3.3　数据修改服务

从 Android 客户端来创建微博条目，和使用浏览器来操作显然是不同的。一般情况，我们需要编写对应的 WebService 接口，但如果使用 Rails 来开发的话，这个工作都可以简化了。因为它在控制器的 create 方法中，已经包括了对数据操作处理的部分，我们只需要简单的修改返回的结果就可以了，比如下面的代码：

```
…
    respond_to do |format|
      if @em_blog.save
        format.html { redirect_to(@em_blog, :notice => 'Em blog was successfully created.') }
        // 修改为返回创建成功的状态就可以了
        format.json  {head:ok}
      else
        format.html  { render :action => "new" }
  format.json { render :json => @em_blog.errors, :status => :unprocessable_entity }
      end
    end
…
```

按照这样的修改，在 Android 客户端中，使用 HTTP 协议向 Web 服务提交增加微博条目的请求，提交的方法和地址是 POST http://127.0.0.1:3000/em_blogs.json。

如果修改成功，Web 应用会向客户端返回 head:OK 内容，客户端可以此来判断处理是否正常。

6.3.4 安全访问控制

下面，基于安全性的考虑，我们还需要通过某种机制对客户端的访问进行验证和控制。首先我们定义一个用户表来保存验证所需要的相关信息，主要是用户登录名称和密码。其结构如表 6-2 所示。

表 6-2 用户数据结构定义

字 段	类 型	说 明
Id	integer	用户编号
lname	varchar 20	登录名称
dname	varchar 20	显示名称
password	varchar 140	登录密码
cpassword	varchar 140	加密密码
email	varchar 30	用户电子邮件地址
utype	integer	用户类别，0:管理员，1:普通用户

由此表我们就可以使用前面类似的方式来构造生成命令了：

```
rails g scaffold Users lname:string dname:string password:string cpassword:string
email:string utype:integer status:integer
rake db:migrate
```

执行这两个命令，就可以生成 User 资源的应用和数据库结构，然后我们需要创建用于认证的用户账号。这里有一个问题，HTTP Digest 认证方式需要对密码进行加密，所以保存在数据库中的用户密码也不应该是明文的，而是按照认证的要求进行加密和保存。

这个要求通过修改 User 模型文件可以实现。默认情况下，用户模型 models/User.rb 中只有一个用户类的声明，这里需要添加一些内容，具体代码如下：

```
class User < ActiveRecord::Base
  attr_accessor :cpwd
  validates_presence_of :lname, :cpwd
  before_save :hash_password

  def hash_password
      self.cpassword = Digest::MD5::hexdigest([lname, "MyWebsite", cpwd].join(":"))
  end
end
```

这里说明一下：

（1）定义了一个外置属性 cpwd，这个属性主要用于用户创建和修改时表单的处理；

（2）validates_presence 表示:lname、:cpwd 这两个是必须的提交内容，即用户名和密码；

（3）创建一个保存对象前置（before_save）的过滤器 hash_password，用于对密码进行哈希编码，编码的方式和格式和 HTTP Digest 认证算法是对应的；

（4）加密的方式是执行 Digest::MD5::hexdigest()方法，参数是对应的用户名、认证领域和密码明文三者用“:”连接的字符串；

（5）加密后将其放入 cpassword 字段属性，并保存在数据库中。

由于用户只能输入密码明文，相应的，就需要修改表单，让它能够提交用户输入的密码来在服务器端进行编码，从将用户页面表单和数据库记录进行分隔处理。修改的具体内容如下，就是将字段域的名称改为 cpwd 属性。

```
/app/views/user/_form.html.erb
…
  <div class="field">
    <%= f.label :cpwd %><br />
    <%= f.text_field :cpwd %>
  </div>
…
```

这时候，如果用浏览器来进行用户的管理操作的话，应该看到其 cpassword 属性应该是加密后的内容了（见图 6-28）。

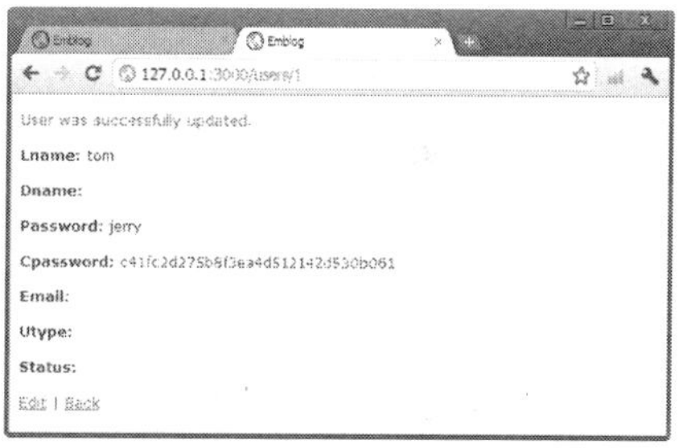

图 6-28　用户密码加密保存

理论上而言，这并不是一个特别好的方式，因为在管理的过程中，用户的密码在提交时还是以明文的方式传输的，最好的方式是使用 HTTPS 协议，并提交前在客户端就直接将用户信息进行 HTTP Digest 加密（比如使用 Javascript 进行加密计算），然后传输给服务器端进行保存就可以了。这里我们为了方便简化了一下。

这样，我们就有了可以用于支持验证操作的账号数据了。随后就应该将其用于 HTTP Digest 验证工作当中。Rails 内置了 HTTP Digest 验证支持技术，它是通过在应用控制器中使用验证过滤程序并配合相关的方法来实现的。具体的操作是，编辑需要进行验证操作的控制器文件，加入类似于下面的内容：

```
class EmBlogsController < ApplicationController
  // 过滤器声明
  before_filter :digest_authenticate
  // 认证过滤器定义
  def digest_authenticate
     realm="MyWebsite"
    success = authenticate_or_request_with_http_digest(realm) do |username|
      (@user = User.find_by_lname(username)).try(:cpassword)
    end

    if success
      logger.info("Auth Success")
    else
      logger.info("Auth Failed")
    end
  end
…
```

简要的分析一下：

（1）首先声明一个前置过滤器，它会在控制器被调用时自动执行；

（2）before_filter 是声明关键字，digest_authenticate 是过滤器名称，其实现在后面进行了定义；

（3）对于 HTTP Digest 的验证请求，Rails 可以用 authenticate_or_request_with_http_digest() 方法来进行处理；

（4）这里的 realm 是认证域，它有两个作用，一是提交给用户作为提示信息；二是作为认证的一个参数，比如在这里的 realm 设置必须要和 User 模型中加密函数的 realm；

（5）Rails 认证系统会像客户端发起一个认证请求，客户端会弹出登录验证对话框，用户输入用户名和密码后，将会向认证系统提供这些认证信息；

（6）Rails 认证系统将需要验证的用户名提供给程序，程序依据此用户名检索到存储在数据库中对应的密码，并返回给认证系统；

（7）查找用户的方法是 User.find_by_lname（username）)，这是 Rails 的一种“动态方法”，不需要预定义，方法名称可以使用 find_by+“字段或属性名”来构造，系统会自动识别并使用“Where lname= ‘username’”作为查询的依据来找到用户对象；

（8）然后用户对象调用 try（:cpassword）获取加密后的密码，:cpassword 是保存加密密码的字段名称；

（9）认证系统进行密码的比对，并返回是否匹配的结果；

（10）控制器按照匹配结果，进行后续操作。

后图 6-29 可以帮助我们更好的理解这一过程：

再次强调一下，验证过程实际上不是在 Rails 程序中进行的，开发者也不能进行控制。只能通过用户名，来检索对应的密码（加密后的），并提供给认证模块，由认证模块来进行密码匹配的操作。这样操作的主要理由是安全性，即使在程序中，也不能通过编程来获取用户输入的密码。

在测试的时候，仍然可以使用浏览器作为客户端，当访问有验证机制的控制器的时候，会弹出验证请求对话框（见图 6-30），输入正确的用户名和口令就可以访问内容和进行操作了。当然，在真正的 Android 客户端中，我们已经预先提供了用户名和密码来进行连接，但基本机制是一样的。

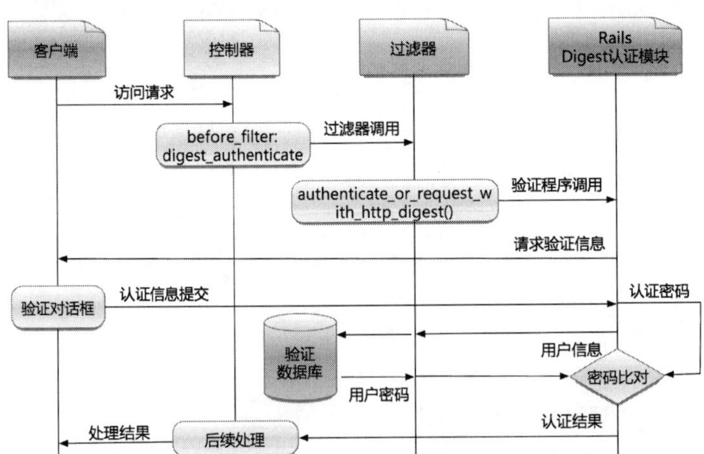

图 6-29　Rails HTTP Digest 认证过程

如果认证没有通过，系统会返回客户端认证失败的状态；如果认证通过，则会继续执行所请求的控制器方法。

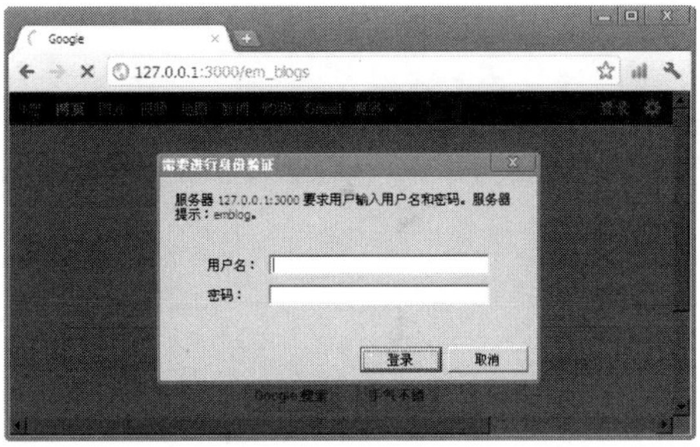

图 6-30　HTTP Digest 验证对话框

这里的验证过程使用的是标准的 HTTP Digest 认证方式，它使用了 Rails 内置的认证处理方法，它的主要问题是不够灵活，只能选择 MD5 的加密和密码存储方式。但我们从中可以了解到这一过程是通过控制器过滤器来实现的。也就是说，我们同样可以通过为控制器编写过滤器及处理程序在实现自己所需要的认证过程。比如，在里面我们可以实现自己的一些特点加密算法和流程等等，以进一步提高网络应用的安全性。

6.4　总结

在这一节中，我们主要讨论了 Android 网络应用程序在服务器方面实现的一些技术，主要的内容包括：

- Rails on Ruby Web 应用框架概述；
- 使用 RoR 进行快速的 Web 应用开发；
- 使用 Rails Web 应用程序提供 JSON 数据服务，数据更新和安全验证。

对于 Android 应用开发而言，这一章的重点并不是熟悉和掌握 Rails 技术，而是更好的理解异构的客户端/服务器的应用程序的开发过程和模式。以及了解使用 WebService 的数据服务系统和使用 HTML 的网页服务系统的差异。

思考题：

1. 在了解了本章的内容后，对于实例程序，你觉得 Rails Web 开发的优势在什么地方？
2. 什么是 MVC？在 Rails 中它是怎么实现的？
3. 什么是 REST？它有什么特点和优势？
4. 什么是 JSON？它有什么特点和优势？
5. 在 Rails 中，如何为客户端提供 JSON 格式的数据服务？
6. 在 Rails 中，如何为客户端提供数据插入和更新服务？
7. 在 Rails 中，是如何 HTTP Digest 认证的？如果要自己控制是实现认证，应该怎样设计？
8. 在 Rails 中，如何将用户密码加密存储？

第 7 章　客户端——访问网络数据服务(基础)

本章节是 Android 客户端/服务器模式应用程序开发的基础和核心内容，在这一部分中，我们接触和学习到的主要内容包括:

- 在 Android 应用程序中实现对一个标准的 HTTP 服务的访问;
- 设置访问请求的参数和方法;
- 解析和处理服务器响应的内容。

由于整个操作的流程比较长，为了便于叙述，文中将这个过程分为几个相对独立的阶段，在每个阶段都明确地列出了输入的数据和输出的结果，便于读者理解。

7.1　访问 HTTP 数据服务

前面的章节我们讨论了如何使用 Rails 系统搭建一个基于 HTTP 协议的 Web 数据服务系统，而在本节，我们将讨论在 Android 系统中如何在客户端实现对这一数据服务进行访问的基本方式。

7.1.1　网络访问权限

首先需要注意到的一个细节是为 Android 应用来设置访问网络的权限。

作为一个完善的手持设备操作系统平台，Android 为整个的系统和程序应用规划了一个完整的安全体系，包括了一系列安全选项和权限控制项目。这样，在程序安装和部署过程中，用户可以了解该程序运行所需要的相关权限，从而降低应用的风险。其中，访问外部网络就是一个权限控制项目。

现在，为了访问网络数据服务，我们当然需要设置相应的权限项目。具体而言，就是在 Android 应用程序的配置文件中添加一个用户权限项目(android.permission.INTERNET)，有了这个权限项目，Android 程序就可以访问外部网络资源了，对应的操作的是打开和编辑应用程序配置文件 AndroidManifest.xml，在<manifest>项目中添加下列权限定义：

```
// AndroidManifest.xml
<manifest>
```

```
….
<uses-permission android:name="android.permission.INTERNET"/>
…
```

而如果这一选项没有配置，我们在程序调试运行的过程中，可能会在控制台看到下面的错误提示信息（未知主机异常）：

```
java.net.UnknowHostException
```

这里另外提醒一下，在我们使用 Android 系统做网络调试的时候，目标网络地址和主机名一定不能是 Localhost 或者 127.0.0.1，为什么呢？

原来，这个 Localhost，在程序执行的时候指的不是这个当前开发用的计算机，而是在模拟器中运行的虚拟系统，上面应当没有运行什么有效的 Web 服务吧。而且有趣的是，访问时出现的异常不是超时错误，而是“访问拒绝”，有兴趣的读者可以试一试。

7.1.2　使用 Connection 方法访问服务器

在 Android 系统中，实现使用 HTTP 协议访问服务器有两种常见的方式，我们称之为 Connection 方式和 Client 方式，分别对应所使用到的相关的 Java 类。两者基本上都可以达到我们控制访问 HTTP 网络服务的目的，但是在实现的细节和适用的场合方面略有不同。

在一个相对简单的应用场景中，可以考虑使用 Connection 对象来实现对外部网络的访问，如我们考虑这里的应用需求为已知一个网络地址（字符串对象），需要使用这个网络地址获取响应的内容（字符串对象），按照 Java 应用 IO 的特点，我们将其分为几个阶段，第一个阶段的需求可以描述：

- 输入：一个表示网络地址的字符串（String webaddress）；
- 输出：一个来自 HTTP 服务器响应的输入流（InputStream in）对象。

下面是在 Android 中具体实现的示例代码片段：

```
// 输入：需要访问的网络服务器地址
String webaddress= ”http://www.baidu.com”;
URL  url = null;
HttpURLConnection conn=null;
InputStream is=null;
try {
    // 基于 url 地址字符串构建 url 对象
    url = new URL(webaddress);
    // 调用 url 的 openConnection 方法
    conn= (HttpURLConnection) url.openConnection();
    if (conn.getResponseCode()== HttpURLConnection.HTTP_OK) {
        // 输出： 一个 Java IO 输入流
is = conn.getInputStream();
        // 这里后面对输入流进行处理
    } else {
        System.out.println(conn.getResponseMessage());
    }
} catch (MalformedURLException e) { // url 地址格式错误
    e.printStackTrace();
} catch (IOException e) { // IO 错误
    e.printStackTrace();
}  finally{
```

```
        try {
            if (is!=null) is.close();
        } catch (IOException e) {
            e.printStackTrace();
        }
        try {
            if (conn!=null) conn.disconnect ();
        } catch (Exception e) {
            e.printStackTrace();
        }
    }
```

分析这段代码，其具体操作过程如下：

（1）使用 webaddress 字符串构建一个新的 URL 对象实例：url；

（2）调用 url 的 openConnection()方法，发起一个 HTTP 请求，可以获得一个 HttpURLConnection 对象: conn；

（3）调用 conn 的 getResponseCode()获得请求的响应状态；

（4）判断此响应状态，如果不为 HTTP_OK(200)，则表明响应不正确；

（5）如果响应正确，则调用 conn 的 getInputStream()方法，获取 http 内容输入流；

（6）在打开链接和获取响应内容的操作中使用异常捕获机制，并对相应错误进捕获和处理。

这个流程可以由下面的框图（图 7-1）表示：

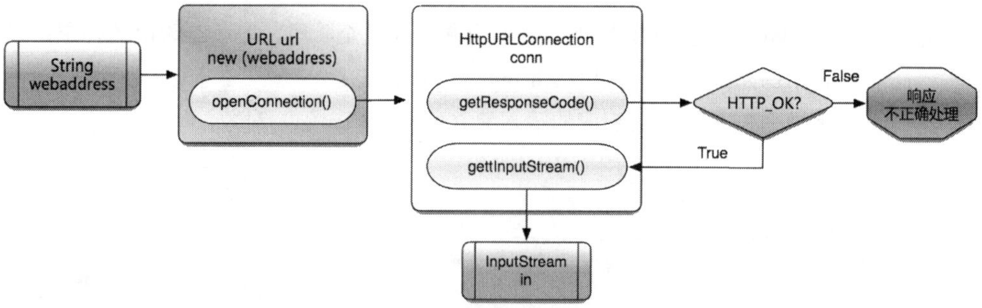

图 7-1　Connection 方式流程图

代码中涉及到的 URL 和 HttpURLConnection 这两个类都来自 java.net，也就是说它们实际上是 java 的网络核心类文件，这个方法其实是 Java 访问网络服务的标准方法。这种方式虽然应用起来简单直接，但相关控制功能不够丰富，如果有更高的要求，就需要很多其他的辅助的类来帮助实现。适合于应用程序比较简单，对安全性和可管理型要求不高的场合使用。

7.1.3　使用 Client 方式访问服务器

除了 Connetion 方式外，在 Android 中还可以利用 Client 相关类集实现 HTTP 访问。相对 Connection 方式，它提供了更多的控制选项（如请求参数封装、安全和认证等等），对相关功能特性的封装更加完善一些，更接近 C/S 结构运作的方式，也更接近面向对象的设计思维方式，同时也是我们建议的网络数据服务访问方式。

使用 Client 方式访问网络数据服务的代码如下，和 Connection 方式一样，这里的需求是输入一个 Http 数据服务地址字符串，输出一个 InputStream 输入流对象：

```
// 输入：服务器地址
String webaddress= "http://www.baidu.com";
HttpGet  hg=null;
HttpResponse hr=null;
InputStream is=null;
DefaultHttpClient client= new DefaultHttpClient();
try {
   // 基于 url 地址字符串构建 HttpPost 对象
   hp = new HttpGet (webaddress);
   // 调用 url 的 openConnection 方法
   hr= client.execute(hg);
  if(hr!=null&&hr.getStatusLine()getStatusCode()==HttpURLConnection.HTTP_OK){
      //输出： 一个 Java IO 输入流
is = hr.getEntity().getContent();
      // 这里后面对输入流进行处理
   } else {
      System.out.println("访问错误");
   }
} catch (Exception e) { // IO 错误
   e.printStackTrace();
}  finally {
   try {
      is.close();
   } catch (IOException e) {
      e.printStackTrace();
   }
}
```

下面是代码过程的具体分析：

基于 webaddress 构建一个 HttpGet 对象；

（1）创建一个新的 DefaultHttpClient 对象 client；

（2）将 hg 作为参数来执行调用 client 的 execute()方法；

（3）返回 HttpResponse 对象 hr；

（4）利用 hr 的 getStatusLine()方法检查响应状态；

（5）利用 hr 的 getEntity()获取 HttpEntity 实体 entity；

（6）利用 entity 的 getContent()方法获取实际内容，返回值为 InputStream。

流程如图 7-2 所示。

示例代码中，Client 方式涉及到的几个相关的类 HttpClient、HttpGet （HttpPost）、HttpResponse、HttpEntity 等等都来自于 org.apache.http 类包，也就是说它们实际上是一个第三方（apache）的实现包，当然我们知道这个实现的非常好，经常包括在各种 Java 应用当中，这里也包含在了 android.jar 这个核心类库当中。并且一定要注意，这里的 org.apache.http 类库，和其网站上发布的类包也就是通常在普通 JavaEE 中开发所使用的类库的具体内容和使用方式是有一定差异的！！所以我们有时候在网络上找到的相关代码实现在 Android 环境中并一定可行。

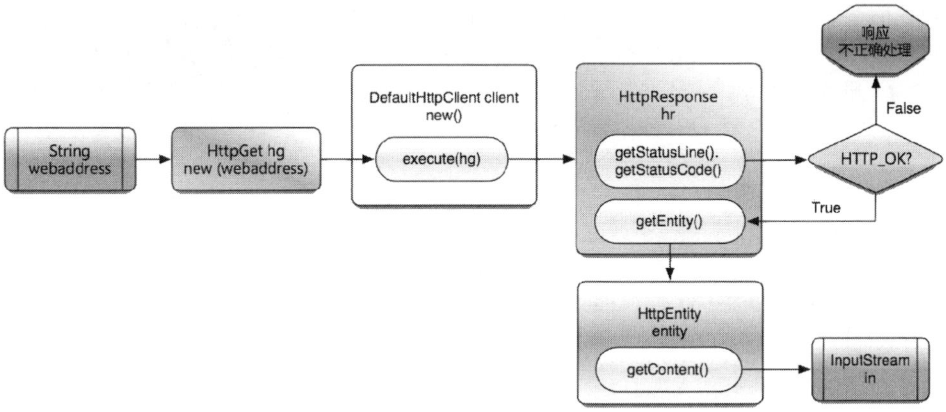

图 7-2　Client 方式流程图

这里能看到的和 Connectoin 方法主要差异是：

- 使用的相关类库不同；
- 由一个客户端对象来维护这个网络连接；
- 封装了响应结果而不是简单的读取，提供了更大的操作和控制空间。

这样，我们就基本上了解了在 Android 中如何实现对一个 HTTP 服务器来进行访问，下面我们将学习如何在访问时使用参数，并且结合参数详细了解一下如何使用 Http 的访问方法。

7.2　参数设置和 Post 访问

上一节我们讨论的在 Android 应用中访问 HTTP 服务的最基础的内容，当然在实际应用当中，情况会相对比较复杂和灵活一些。现在的网络应用绝大多数都是所谓的动态的运行方式。这种方式要求客户端需要在请求时提供相关的各种参数来控制服务器如何执行任务或者返回响应的内容。此外，网络应用还要求这种通信是双向的，客户端也应该可以以某种方式向服务器来发送信息，在 HTTP 中通常使用 POST 方法。

下面我们分别进行探讨。首先来了解一下在网络访问的过程中如何使用参数来控制访问过程。

7.2.1　网络访问参数

在请求的过程中提供给服务器的参数有两种类型，我们暂且称之为请求参数和控制参数。其中查询参数是和具体的业务和内容相关的，如网络服务器的地址就是一个请求参数，包括除服务器地址外的附加的查询字符串，使用 Post 方式（会在后面详细讨论）来访问时的内容附加参数等都是请求参数。

而控制参数主要讨论的是从技术上如何来控制这个访问的过程，比如控制访问的超时，控制一些内容编码的格式，向服务器提供关于当前访问其的客户端的类型等等，都可以认为是访问参数。

我们先讨论一下请求参数。

在客户端设置请求参数的方式和请求的类型是相关的，在 HTTP 协议中，通常使用两种请求类型，Get 和 Post，它们在技术上的差异主要是浏览器或客户端在提供请求和访问参数时对于请求用的信息的处理和封装方式是不同的，当然服务器也知道客户端是使用何种方式提交的请求，并能够做出对应的处理。

Get 方法顾名思义，通常用于读取服务器资源，其潜台词是这个请求不会对服务器的内容作出修改，那么其参数就主要用于提交给服务器来控制能够提供哪些响应的内容，通常像 HTML 页面中的资源链接使用的就是典型的 Get 方法；

而 Post 通常用于向服务器提供能够修改服务器端内容的信息，如用于处理表单，上传文件等情况，它的意思基本上是说现在传递的参数和数据将会修改服务器端资源的内容。（实际上还有和内容相关的请求操作方法如 Put 及 Delete，但实际使用中很少使用，因为 Get 和 Post 就可以满足应用的要求了）。

相应的，在 Android 中进行 HTTP 请求时设置请求参数进行的操作也是不同的，我们分别进行叙述。

7.2.2 Get 方式的参数处理

Get 提交方法是客户端通常将请求参数以约定的格式添加到请求的网络 URL 地址当中作为一个整体提交给服务器，服务器从中解析出相应的参数作为依据进行处理。

在 Android 程序中，参数设置主要影响 Url 字符串，和使用 Connection 及 Client 访问的方式无关，下面是一个示例代码片段：

```
List <NameValuePair> nvps = new ArrayList <NameValuePair>();
nvps.add(new BasicNameValuePair("username", "tom"));
nvps.add(new BasicNameValuePair("password", "jerry"));
String paramString = URLEncodedUtils.format(nvps, "utf-8");

String webaddress= "http://www.baidu.com";
if ((paramString!=null && paramString.length()==0))  webaddress+="?"+paramString;

Log.d("URL", webaddress);
// 这里最终提交的 URL 字符串应该为 http://www.baidu.com?username=tom&password=jerry
…
```

过程说明：

（1）我们假设参数是作为键-值对列表保存在列表中，列表中有两个参数对（username 和 password）

（2）调用 URLEncodedUtils 类的 format 方法将列表进行编码，编码的结果是一个符合 URL 规范的字符串 paramString（URLEncodedUtiles 是专门为 HTTP 应用开发的一些工具方法，如果没有这个方法，我们就必须要手工的拼接这个字符串了）；

（3）已知 HTTP Url 请求参数的规则如下：

<Url 请求地址>?<参数 1>=<值 1>&<参数 2>=<值 2>……

（4）判断 paramString 是否为空，如果不为空，则将参数字符串添加到 Url 后并加上“?”，形成完整的带有参数字符串的 Url；

（5）将最终 Url 地址提交给服务器；

Get 方式的使用虽然简单，但通常有一些限制：

- URL（带参数）的长度有限；
- 参数的内容处理要特别小心，如果要处理非常规字符（包括中文）需要进行编解码操作；
- 安全性不如 Post 方式，Url 会出现地址栏中，并且有网络攻击的漏洞。

7.2.3　Post 访问方式和参数设置

和 Get 方法不同，Post 方法是将请求的参数放在请求的本体内容中，提交给服务器，如果使用浏览器的话，我们会看到这些参数是不出现在地址栏中的。相应的，我们对原来的 Client+HttpGet 的访问方法做了一些改进，使用 HttpPost 类来进行处理，其实整个流程基本上和使用 HttpGet 类差不多，注意差异就表现在请求参数的提交上，相关示例代码如下：

```
HttpPost  hp=null;
HttpResponse hr=null;
InputStream is=null;
HttpClient client= new DefaultHttpClient();
 // 参数内容
List <NameValuePair> nvps = new ArrayList <NameValuePair>();
nvps.add(new BasicNameValuePair("username", "tom"));
nvps.add(new BasicNameValuePair("password", "jerry"));
 // 访问地址
String webaddress= "http://www.baidu.com";

try { // 基于 url 地址字符串构建 HttpPost 对象
    hp = new HttpPost (webaddress);
    // 为 Post 方法对象设置请求参数
    hp.setEntity(new UrlEncodedFormEntity(nvps, HTTP.UTF_8));
    // 调用 client 的 execute()方法
    hr= client.execute(hp);
   if(hr!=null&&hr.getStatusLine().getStatusCode()==HttpURLConnection.HTTP
   _OK) {
        is = hr.getEntity().getContent();
            // 这里后面对输入流进行处理
    } else {
        System.out.println("Error");
    }
} catch (Exception e) { // IO 错误
    e.printStackTrace();
}  finally {
    try {
        if (is!=null) is.close();
    } catch (IOException e) {
        e.printStackTrace();
    }
}
```

分析这段代码，其具体操作过程如下：

（1）我们同样假设参数是作为键-值对保存在列表中，并添加两个参数对 （username 和 password）；

（2）使用 url 地址创建一个 HttpPost 实例；

（3）基于参数列表创建一个 HttpEntity 实例，并指定编码方式为 UTF-8；

（4）将此 Entity 对象赋予 HttpPost 对象（使用方法 setEntity）；

（5）创建一个新的 DefaultHttpClient 对象，并以 HttpPost 对象为参数执行其网络访问的操作；

（6）返回 HttpResponse 对象并进行处理。

这里的关键是这句代码：

```
hp.setEntity(new UrlEncodedFormEntity(nvps, HTTP.UTF_8));
```

它使用了 HttpPost 对象的 setEntity()方法，方法的参数是一个 HttpEntity 实例（实现类为 UrlEncodedFormEntity），它可以由 NameValuePair 的列表作为参数来创建。HttpPost 实例可以由 Client 调用 execute()方法来执行，返回的结果同样是一个 HttpResponse 对象，我们可以通过其获取响应状态和响应内容。这个过程如图 7-3 所示，请注意和图 7-2 之间的区别和联系。

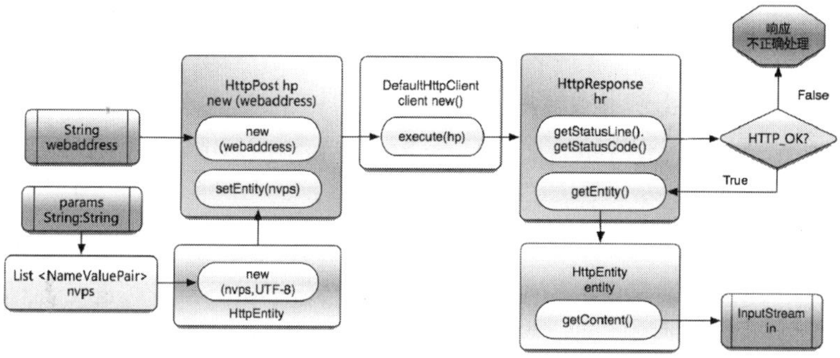

图 7-3　在 Client 方式使用 HttpPost 流程图

7.2.4　网络访问控制参数

最后我们来看看访问参数，可以通过设置访问参数来控制访问的过程。这里列举一些常见的应用需求和具体的实现方式。如下列代码所示：

```
// 创建 HttpParams 以用来设置 HTTP 参数（这一部分不是必需的）
HttpParams params = new BasicHttpParams();

// 设置连接超时和 Socket 超时，以及 Socket 缓存大小
HttpConnectionParams.setConnectionTimeout(params, 20 * 1000);
HttpConnectionParams.setSoTimeout(params, 20 * 1000);
HttpConnectionParams.setSocketBufferSize(params, 8192);

// 设置重定向，缺省为 true
HttpClientParams.setRedirecting(params, false);

// 设置 user agent
HttpProtocolParams.setUserAgent(params, "Someone");

HttpClient httpClient = new DefaultHttpClient(params);
```

分析这段代码，其具体操作过程如下：

（1）如果需要为 HttpClient 设置参数，通常需要创建和使用 HttpParams 对象实例；

（2）使用相关的用于设置参数的各种静态类和方法为 HttpParames 实例设置参数；

（3）最后，基于此 params 来构造客户端实例，同时这些参数就会被注入进去。

经常使用到的设置静态类和方法包括：

（1）HttpConnectionParams：用于设置连接类参数

- setConnectionTimeout()：设置连接超时，单位是微秒，一般设置为 50000，默认为 0。这里需要特别注意，默认为零就是不判断超时，由开发者决定，可能就需要使用其他的一些技术来处理，否则程序容易锁死。所以要特别小心的选择，因为在不同的网络状态下（如 Edge、3G 和 WiFi）可能需要设置不同的参数，以达到程序正确执行和用户体验之间的平衡。处理超时需要使用异常捕获机制，对应的用于捕获异常类为 ConnectException。
- setSoTimeOut()：设置 Socket 超时，单位是微秒，一般设置为 50000。后续处理也使用异常捕获，异常类为 SocketException。
- setSocketBufferSize()：设置缓冲区大小，单位是 bit。

（2）HttpClientParams，用于设置客户端参数

setRedirecting():设置是否允许重定向,因为一般企业网络应用或者数据服务都比较固定和严格,很少使用重定向的部署方式，可以按需要予以设置。

（3）HttpProtocolParams，用于设置协议参数

setUserAgent()：可以设置客户端的代理类型，这个会告诉服务器现在正在访问的是那种类型的客户端，在非浏览器的客户端中，我们通过设置自己的用户代理标识来让服务器识别，可以在一定程度上提高安全性。

比如一个模拟 Firefox 的例子是：

"Mozilla/5.0 (Windows; U; Windows NT 6.1; en-US; rv:1.9.2.2） Gecko/20100316 Firefox/3.6.2"

如果需要在程序运行当中修改一些参数，可以使用下面的代码：

```
client.getParams().setParameter(
    HttpMethodParams.USER AGENT,
    "Mozilla/5.0 (Windows; U; Windows NT 6.1; en-US; rv:1.9.2.2) Gecko/20100316 Firefox/3.6.2"
);
```

这段代码设置了 client 的 USER_AGENT 参数，它先使用 getParams()取出参数对象，然后使用 setParameter()方法设置向对应的参数值。

7.3 处理响应

上一节我们已经学习了如何去连接和访问 HTTP 服务器，设置相关的参数，并提交访问请求，在成功的获取了服务器的响应后，这一节我们来讨论如何处理这些响应的内容。

首先我们需要获取响应状态，看看情况是否符合我们所构想的状态，然后考虑处理实际的业务内容。

7.3.1 检查响应状态

在示例中我们是使用了下面的代码来处理响应状态：

```
if (hr!=null && hr.getStatusLine().getStatusCode()== HttpURLConnection.HTTP_OK) {
// 正常任务执行…
} else {
  //  响应不正常的处理
}
```

通过调用响应对象 HttpResponse 实例的 getStatusLine()方法，我们可以获取当前响应的各种状态信息，代码中我们只判断了响应是否正确。但在实际的应用当中，根据应用环境和需求，我们可能需要考虑更多的情况。可以使用同样的技术从 HttpResponse 中获取响应状态代码，做出相应的处理，这些代码是标准化的，在 HTTP 标准 rfc2616 中有定义，并且在 java.net.HttpURLConnection 类中进行了封装，可能用到的常见的状态值有：

- 200 HTTP_OK （一切正常）
- 401 HTTP_UNAUTHORIZED （未验证）
- 403 HTTP_FORBIDDEN （无访问权限）
- 404 HTTP_NOT_FOUND （资源未找到）
- 500 HTTP_SERVER_ERROR （服务器错误）

如果想要考虑的比较周到，就可以在代码中包括这些情况的处理，比如给用户一个反馈的信息，让用户可以了解当前的状态和错误的原因。

还有一个情况是处理超时，请求超时不在 HttpResponse 状态中进行处理，因为在超时的时候，根本就不会生成响应对象，所以需要把它放在异常处理机制当中，我们需要捕获 SocketTimeoutException 或 ConnectionTimeoutException 这两种错误对象，做出相应的处理，示例代码如下：

```
try {
….
} catch (SocketTimeoutException e) { // 超时错误处理
   e.printStackTrace();
   Log.d("HTTP", "Socket  timeout ");
} catch (ConnectTimeoutException e){
   e.printStackTrace();
   Log.d("HTTP", "Connection timeout ");
}
```

如果一切正常，我们就可以进入下一步，从响应的结果中输入具体的内容了。

7.3.2 输入响应内容

在前面的示例中，无论是使用何种方式与 Http 服务器建立连接并获得响应后，都会得到一个输入流 InputStream 对象，通过使用输入流读取对象，就可以获得实际的响应内容（如 Http 页面编码）了。这段代码演示了如何来将这个输入流读取进来，转换为一个字符串对象：

- 输入：InputStream（来自 HttpResponse）
- 输入：String 结果字符串

```
// 从 Response 中获取 Http 响应的具体内容
```

```
InputStream is = hr.getEntity().getContent();
// 基于此内容创建一个缓冲读取器
BufferedReader br = new BufferedReader(new InputStreamReader(is));
String line, result = null;
// 使用 StringBuilder 处理结果字符串
StringBuilder sb=new StringBuilder();
// 循环读取缓冲中的内容，并扩展到输出结果中
while ((line = br.readLine()) != null) sb.append(line);
result=sb.tostring();
….
```

过程说明：

（1）基于 InputStream 实例创建一个新的 InputStreamReader 输入流读取器对象实例；

（2）基于该读取器创建一个 BufferedReader 缓冲读取器；

（3）创建一个新的 StringBuilder 实例，我们这里使用 StringBuilder 来处理字符串扩展，一般情况下，在进行 BufferedReader 读取多行文本时，使用 StringBuilder.append()方法的操作比 String 操作的效率要高；

（4）从 BufferedReader 中调用 readLine()逐行读取内容，并扩展到 StringBuilder 中；

（5）StringBuilder 调用 tostring()方法返回结果字符串。

到这里，我们已经从 HttpResponse 对象中取出了我们需要的内容，下面的工作就是将这些内容应用到业务当中去。

7.3.3 处理 JSON 对象

我们先来审视一下获得的结果是一个怎样的形式。在我们的实例中，在服务器端，我们使用的 Web 服务器使用预先约定好的 JSON 格式为客户端提供数据服务，这样在客户端我们从服务器获取的内容就不是通常情况下的 HTML 代码，而是 JSON 对象字符串，我们就需要对其进行反序列化的工作，从中取出相应的内容来生成或者设置我们具体的业务对象。

本来这样的工作需要编写解析字符串的代码，幸运的是，Android 已经提供了用于处理 JSON 的相关类库，我们只需调用就可以了。

先来看看我们从 Http 服务器获取的序列化内容，大概的格式如下：

```
j1---------->  {
               "version"="1.0",
               "key"="xxx",
j2------------> "content"=
                   [
j3--------------------  {"id"="2","body"="公司新闻: ..."},
                   {"id"="3","body"="通知: ..."}
                   ]
               }
```

整个 HTTP 响应内容字符串是一个大的 JSON 对象(j1)，包括了 version，key，content 等子对象，其中 content 是一个具体业务内容的子对象数组（j2），其成员也是标准的 json 对象（j3），包括了 id， body，publish_at 等属性。

了解了返回内容的结构后，我们就可以根据此结构设计一个解析流程将其反序列化。即利用 JSONObject()和 JSONArray()构造函数来进行处理。它们分别可以从一个字符串转化成 JSON 对象和 JSON 对象数组，具体实现的代码片段如下，其中：

输入：String 响应结果字符串

输入：业务对象列表 ArrayList<EntMessage>

```
    ....
    // 定义业务对象列表
    ArrayList<EntMessage> mlist=null;
try {
        // 获取请求响应内容生成整体 JSON 对象
        JSONObject  j1 = new JSONObject(result);
        // 消息数组 content
        JSONArray   j2= new JSONArray(j1.getString("content"));
        // 消息内容体
        JSONObject  j3 =null;
        for (int i = 0; i < j2.length(); i++) {
            // 从数组中获取当前 JSON 对象
            j3 = j2.getJSONObject(i);
            // 使用自定义的构造函数，生成业务对象实例
            EntMessage m= new EntMessage(j3);
            // 将对象插入数组列表
            mlist.add(m);
        }
```

过程说明：

（1）创建一个业务对象数组 ArrayList< EntMessage >；

（2）使用 new JSONObject()构造方法从内容字符串创建一个 JSONObject：j1；

（3）我们所需要的业务对象是作为数组的形式保存在 j1 的 content 值中；

（4）使用 new JSONArray()构造方法从 j1 的 content 值创建一个 JSON 对象数组：j2；

（5）遍历 j2，从数组中取出每个数组元素 j3；

（6）调用特别针对 JSON 对象编写的业务对象构造函数，由 JSON 对象（j3）创建业务对象。

7.3.4　业务对象生成

在上一个环节中，我们可以从 Http 数据服务的响应内容中获取数据，并通过反序列化的方式生成了对应的 JSON 对象集合。当然在实际的应用程序中，都是以业务对象为核心的，就需要进一步将 JSON 对象用事先约定的方式和格式转换成业务对象。

一个比较好的方式是以 JSON 对象为参数编写构造函数，这样数据转化的相关代码和逻辑都可以很好的封装到业务对象类中，重用、调用和移植都非常方便，很好的体现了面向对象的编程思维。

具体的实现非常简单，逐一按照对象成员变量结构，从 JSON 对象中取出数据，赋予响应的成员变量就可以了。代码片段如下：

- 输入：JSON 对象

- 输入：业务对象实例 EntMessage

```
// 输入为构造方法的参数....
public EntMessage(JSONObject jo) throws JSONException {
    super();
    this._id = jo.getInt(EMI_ID);
    this.title = jo.getString(EMI_TITLE);
}
// 输出为所构造的对象实例
...
```

定义了这个构造方法之后，就可以在合适的地方按照下面的方式通过 JSON 对象来生成和使用业务对象了。

```
EntMessage  m= new EntMessage(jo);
mlist.add(m);
```

7.4　总结

作为 Android 网络应用程序的核心，在本章节我们讨论了 Android 如何访问标准 HTTP 服务器的基本方法，过程和具体实现，需要提醒读者的是，我们在本章节学习的内容是非常基础而又重要的，其内容包括：

- 配置 Android 程序能够访问外部网络；
- 使用 Connection 方法访问 Http 服务器；
- 使用 Client 方法访问 Http 服务器；
- 设置请求参数；
- 处理连接响应和返回数据；
- 处理 JSON 对象；
- 将 JSON 对象转化为业务对象。

在后续的相关内容中，我们还将在此基础上进一步讨论一些高级的应用场景和方式，如用户验证、HTTPS 协议支持、异步访问、后台访问、多线程访问等等，这些特性都可以大大提升程序的用户体验和应用性能。

思考题

1. 为什么要对 Android 网络应用进行配置以及需要作何种配置？
2. 使用 Connection 和 Client 方式访问 Http 服务器的主要区别和联系是什么？
3. 为什么需要和如何获取 Http 网络连接和响应状态？
4. 如何将服务器响应的内容转化成业务对象实体？
5. 对于一个真正的网络应用业务而言，本章节介绍的内容有什么问题和不足？

第 8 章　客户端——访问网络数据服务(高级)

本章节是在上一章的基础上，进一步改进 Android 访问网络数据服务的实现过程，实现一个比较完善的网络应用体系，主要内容包括:

- 提高 Android 系统应用的安全性;
- 数据访问和多线程;
- 建立异步后台数据访问解析和处理服务器响应的内容;
- 数据访问和本地化存储。

这几个部分其实并没有前后的逻辑性的关联，但集成在同一个应用当中确实相互之间也有一些关系，下面分别进行叙述。

8.1　Android 应用系统的安全性

对于某些类型的网络应用如电子商务系统或者企业商业应用而言，应用系统的安全性一个是必须考量的因素，这一节我们就来关注在整个 Android 网络应用过程中，数据和信息的安全问题。

8.1.1　网络应用信息安全概述

在我们前面的示例中，我们访问的是一个“开放”的网络服务，在获取数据时。但在一些应用场合，特别是企业应用的场合，网络应用其实就是企业应用程序，数据包括客户端应用都是有一定安全性的要求的，包括很多互联网服务、电子商务等等，他们也需要为不同的用户提供个性化的服务并保证用户相关信息的安全。

信息安全是一个非常大的课题，而涉及到网络应用的开发，我们重点关注的主要是以下几个方面的内容：

（1）认证安全

能够正确的对用户进行识别和验证，并针对特定的用户提供不同的内容和服务，允许用户使用特定的应用和操作。在具体的实现中，主要包括了用户的注册和审核，用户登录验证，身份识别，权限定义和分配，用户注销，账号冻结和撤销等等内容。

（2）传输安全

我们现在使用的互联网是开放的，已经成为一个最主要的公共的信息传输和分析的基础设施平台。只要付出很低的成本我们就可以使用这个基础设施服务，但我们又希望在这个开放网络上传输保密的数据和信息，这就是一个挑战。这一部分的重点是如何保证在客户端和服务器之间传输的数据是安全而可靠的。

（3）存储安全

主要涉及相关内容和信息在服务器端和客户端的数据存储和操作过程中的安全问题。存储安全主要针对敏感信息，如用户密码，个人信息，需要保密的商业数据等等。表现在服务器端主要指存储数据的各种数据库的安全性，操作人员的权限规划和分配；在客户端则主要是信息保存的形式，如客户端系统的文件，客户端数据库等等。

（4）审计安全

所有的安全体系都应该是一个动态的体系，它应该能够发现和管理业务发展和环境改变过程中不断出现的问题和漏洞。以作为弥补和提升安全性的依据。在应用程序中设计审计功能能够记录在系统运行过程中发生的各种用户操作和系统事件，供需要时（如定期的安全检查或者出现安全问题时）进行分析和检查。

最后需要明确的是，所有的信息系统的安全问题都是相对的，没有绝对的信息系统安全，也没有绝对的完美的安全解决方案。所有的信息系统和应用的安全体系都是在综合考虑了对应用需求、应用环境和特点、安全性需求、可管理性、构建和维护的成本等等多个方面的因素后作出的一个平衡性的选择。

但也应该认识到，信息安全问题也是一个多方面的，较松散的体系，我们在任何一个方面做出的改进，都会累积整个系统的安全性之上（即所谓的构筑纵深防御体系），所以，提高整个应用系统的安全性，也是一个逐步完善，逐渐发展的过程。

落实到手持设备平台上，我们还应该认识到，手持设备本身和其应用都有自己的特点，所以在设计和实现手持设备网络应用的过程中，要充分考虑到这些特点和要素。下面简单总结了一些手持应用在安全性方面的一些特点，供开发者参考：

（1）私有性

手机是个相对私人化的电子产品，一般不会有共享设备的情况，另外手机通常为贴身携带，其安全性应该比桌面和笔记本电脑要好。但手机也有一个问题就是公私合用，作为企业应用的终端，需要在私人通信工具和企业信息设备的角色之间做出平衡。

（2）瘦客户端

由于终端设备的特点，手持设备的应用更适合于使用“云”方式，将企业的核心数据和流程都保存在企业服务和网络当中。充分利用其网络连接功能强大的特点，将手持设备看成一个信息通信终端，主要负责必要信息的传送和呈现，以及相关控制指令的输入和传输。

这种应用模式，还可以提高安全性，系统可以从服务器端就来控制信息安全性，如在手持设备丢失时，锁定账号和数据访问连接，并且发送远程数据清除的指令等等。

下面我们来具体讨论下在 Android 开发过程中，如何来实现这些安全性。

8.1.2 网络访问认证安全

在前文示例的访问过程中，客户端应用可以直接的连接到服务器端，发送请求并且获得响应，由于没有提供任何可以表明请求者身份的信息，服务器端无法对客户端进行差异化的响应。

而在实际的应用操作中，很多应用情景都需要对用户的身份进行识别，以提供个性化的内容和服务，同时也提供了应用的安全性。最常用的识别方式是使用用户名和密码，其他的方式包括证书识别等等。我们先就最常用的用户名/密码对的身份认证方式来进行讨论。

现在，我们的客户端程序是使用 HTTP 协议和服务器来进行连接和通信的，为了提高网络连接的安全性，我们可以直接利用 HTTP 协议标准（RFC2617 HTTP Authentication: Basic and Digest Access Authentication）中定义的两种验证方式：HTTP 基本认证和 HTTP 摘要认证来实现基于用户名和密码的连接请求安全认证。

这里需要注意，现在讨论的是 HTTP 协议级别的连接请求认证过程，和我们通常在 Web 浏览器中使用 Web 页面登录网站是不同类型的问题（它是属于应用级的），不能混为一谈，并且这种 Web 认证在我们现在使用 Android 应用作为客户端的应用场景中也是不合适的，因为没有提供一个 Web 页面让用户输入密码，而是直接使用程序中的设置。

为了方便我们了解 Android 实现 HTTP 认证的过程，下面我们先来讨论一下这两种认证方式的工作原理：

（1）HTTP Basic Authentication　（HTTP 基本认证）

HTTP 基本认证是最简单的一种认证方式，如果用户使用浏览器访问使用这一认证方式保护的网站时或相关资源，服务器会要求提供用户名和密码，这时浏览器就会弹出对话框（图），要求用户输入用户名和密码，并将这些信息传递给服务器，服务器用输入的用户名和密码来判别用户是否有权限访问资源，如果有权限，就输出正常的响应内容，如果没有就会告知浏览器认证错误（401 未认证），通常如果在浏览器中使用的话，浏览器将不会提示用户登录错误，而是再次弹出登录验证对话框。

这个过程如图所示：

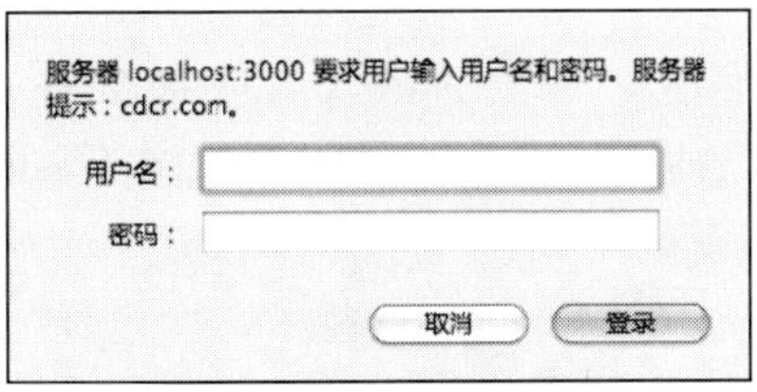

图 8-1　HTTP 验证对话框

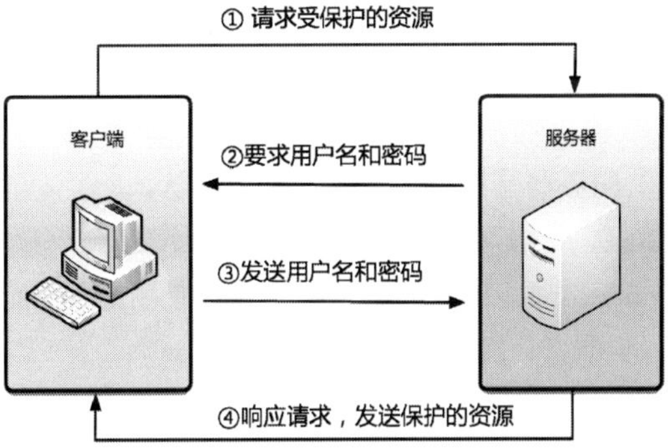

图 8-2　HTTP 基本验证过程

而在使用其他客户端的时候，或者需要直接连接，则可以将用户名和密码直接放在请求 URL 中如：

```
http://<username>:<password>@www.mywebsite.com
```

HTTP 基本认证的实现非常简单方便，兼容性好，客户端和服务器端的支持广泛，但其最大的缺点是它的验证机制过于简单，使用明文来传送用户名和密码（其实是用 Base64 编码过的，但目的主要是实现 HTTP 字符编码兼容，而不是信息加密）。在一个开放的网络中，容易受到拦截而解码出用户名和密码等敏感信息。

另外，HTTP 基本认证方式也没有有效的认证信息生命周期管理机制，用户一旦登录，其认证信息将会一直保留直到浏览器进程关闭，服务器不能主动的指示客户端销毁这些信息（就是没有可控的注销机制），为安全留下了隐患。

因此，通常情况下，我们认为 HTTP 基本认证是不安全的，好在 HTTP 协议还提供了“增强版本”——HTTP 摘要认证方式。

（2）HTTP Digest Authentication （HTTP 摘要）

和 HTTP 基本认证类似，HTTP 摘要认证也是采用客户端 / 服务器模式，基于挑战-响应结构的认证机制，两者的差别主要在于认证信息和其处理过程，其简要的工作原理（图 8-3）和步骤如下：

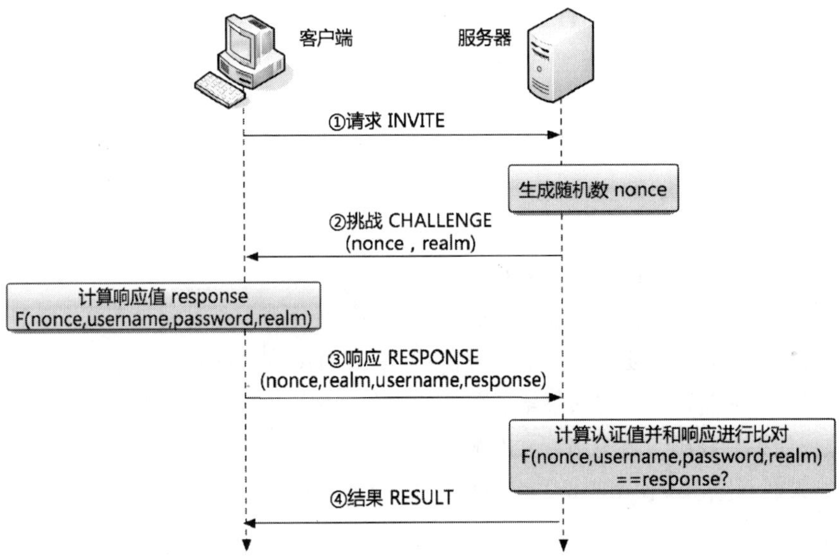

图 8-3　HTTP Digest 认证过程

① 客户端请求访问服务器端的网络资源，其 HTTP 头信息的片段可能如下：

```
GET /dir/index.html  HTTP/1.0
Host: 192.168.1.102
```

② 服务器端判断此资源是否需要认证；

③ 如果需要认证，服务器端会对客户端发送响应信息，称为挑战（响应状态为 401 Unauthorized ），挑战的数据包内容包括用于标识此次挑战的随机数（nonce）和认证领域（realm）信息，头信息片段可能如下：

```
HTTP/1.0 401 Unauthorized
Server: HTTPd/0.9
Date: Sun, 10 Apr 2005 20:26:47 GMT
WWW-Authenticate: Digest realm="testrealm@host.com",
                  qop="auth,auth-int",
                  nonce="dcd98b7102dd2f0e8b11d0f600bfb0c093",
                  opaque="5ccc069c403ebaf9f0171e9517f40e41"
Content-Type: text/html
…
```

④ 客户端受到挑战后，如果是浏览器则会跳出对话框让用户输入用户名和密码，得到这些凭

证信息后，将相关信息经摘要算法 F（一般为 MD5）运算后生成响应值 response，并将其和 nonce，realm，username 等信息，放在请求信息中一起再次发送请求给服务器，头信息可能如下：

```
GET /dir/index.html HTTP/1.0
Host: localhost
Authorization: Digest username="Mufasa",
                     realm="testrealm@host.com",
                     nonce="dcd98b7102dd2f0e8b11d0f600bfb0c093",
                     uri="/dir/index.html",
                     qop=auth,
                     nc=00000001,
                     cnonce="0a4f113b",
                     response="6629fae49393a05397450978507c4ef1",
                     opaque="5ccc069c403ebaf9f0171e9517f40e41"
```

⑤ 服务器将收到的响应信息与预期的计算结果进行比较就可知该 Client 的身份是否合法，并为客户端提供响应（200OK 或者 401 Unauthorized）。

整个认证的过程简单来说就是这样，其中随机数 nonce 的设计可以标识客户端和服务器双方的会话，用于防止重放攻击；而摘要算法（函数 F）的引入，避免了口令的明文传输，使得窃听者不能直接获得口令的明文。

从这个过程中我们也可以得知 HTTP 摘要认证的主要缺陷如下：

（1）摘要算法相对固定

在 HTTP 摘要认证中，通常情况下 Client 和 Sevrer 相互之间都不知道对方所支持的最高安全等级的摘要算法是什么。为避免自己采用了对方不支持的摘要算法，而使认证过程不能继续，双方只能选择较低等级的摘要算法，一般固定为 MD5 （现在已知 MD5 算法已经能够被破译，存在着较大的漏洞）。

（2）单向认证

在 HTTP 摘要认证中，仅实现了 Server 对 Client 的认证。由于没有实现反向的 Client 对 Server 的认证，可能存在着伪装 Server 的攻击风险。

（3）批方式暴力攻击漏洞

攻击者可以伪装成 Server，用自己设计好的一组 nonce 值，向 Client 发送 challenge 消息。然后将从 Client 收到的大量的响应值与 nonce 值一一对应地保存起来。进而从选择明文的角度破译摘要。和已知明文相比，选择明文的破译相对容易。当攻击者知道了足够多的选择明文和摘要对后，可能威胁到 Client 的口令安全 。

虽然 HTTP 摘要认证方式有上面的一些缺陷，但笔者还是认为在我们这种应用环境下，它是一个非常好的选择。它不需要公钥基础架构（PKI），安全算法代价小，客户端和服务器端都有广泛的兼容性，应用部署和实现都非常简单灵活。另外，它实现了最基本和重要的安全保障，在客户端、服务器和网络中都可以不“显式”的存储和传输密码。

8.1.3　HTTP 基本认证在 Android 中的客户端实现

我们已经讨论了 HTTP 基本认证和摘要认证的基本工作原理，就可以比较容易的理解其在 Android 应用开发中的实现过程了。

我们先来看看 HTTP 基本认证，其基本思路如下：我们仍然使用 HttpClient 客户端对象，不过要赋予其进行访问认证操作的能力，在 Android 中是通过为其设置一个证书提供者对象（CredentialsProvider）来实现的，在这个对象中，封装了用于认证操作的用户名、密码、验证作用域等信息，它们是进一步封装在认证领域对象和认证证书对象当中。这个实现的应用要求为：

- 输入：网络访问地址 webaddress（String），用户名 username 和密码 password（String），认证域 realm（String）
- 输出：可执行认证过程的客户端 client（HttpClient）

下面是具体代码：

```
String webaddress="http://192.168.1.102:3000/webservice";
String srealm="myrealm"
String username="tom";
String password="jerry";
URL url = new URL(webaddress);
HttpClient client=new DefaultHttpClient();

// 新建一个认证领域对象实例
AuthScope as = new AuthScope(url.getHost(), url.getPort(), srealm);

// 创建一个用户名密码证书
UsernamePasswordCredentials upc = new UsernamePasswordCredentials(username, password);

// 创建基本认证方式
BasicCredentialsProvider bcp=new BasicCredentialsProvider();
bcp.setCredentials(as, upc);

// 将设置好的基本认证方式赋予 client
client.setCredentialsProvider(bcp);

// 执行请求获取 HTTP 响应
HttpResponse hr = client.execute(new HttpGet(webaddress));
```

这个操作的流程如后图 8-4 所示。

其过程分析如下：

（1）基于需要访问的 webaddress 地址创建一个 URL 对象实例；

（2）创建一个新的 HttpClient 客户端实例；

（3）调用 URL 对象的 getHost()方法和 getPort()方法获取要访问的主机名 host 和端口号 port；

（4）基于主机名、端口和认证域（约定设置参数）构建认证范围对象 as，类型为 AuthScope（认证范围）；

（5）基于用户名和密码构建认证凭证对象 upc，类型是 UsernamePasswordCredentials（用户名和口令凭证）；

（6）新建一个基本凭证提供者，并基于 as 和 upc 为其设置凭证；

（7）为 client 对象设置凭证提供者；

（8）这时，client 就可以使用正常方式访问网络资源了，如果遇到认证挑战，client 就会调用这个凭证提供者来进行验证过程

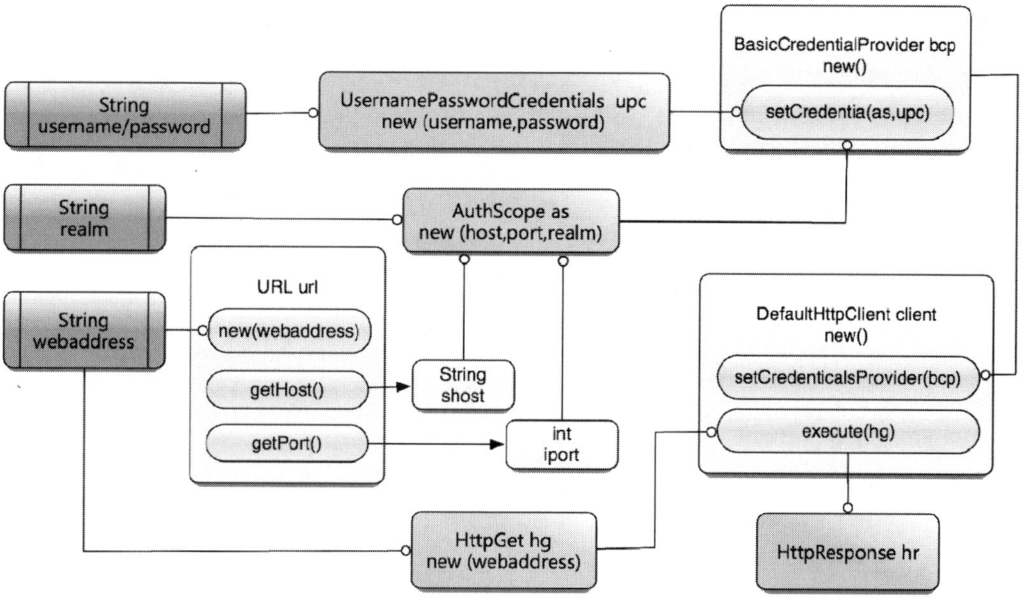

图 8-4　HTTP 认证连接流程

Android 之所以这样设计认证组件和架构，主要是考虑到需要实现认证方式的可选择性和可扩展性，通过一个可插入式的凭证提供者对象，可以将验证过程和客户端对象分离出来。在验证过程中可以具体实现不同的验证方法，如选择不同的凭证（用户名/密码或者证书），调用不同的密码算法（MD5，SHA1 等），遵循不同的验证标准和过程，提供了更好的灵活性和代码可重用性。

这样，我们就可以在 HttpClient 对象中使用 HTTP 基本验证的请求认证方式，但我们前面也提到过，这个方式的最大问题是用户名和密码是通过明文编码方式传送的，不能被认为是安全的方式，要改善这个问题，我们可以使用后面一节将提到的 HTTP 摘要的认证方式。

8.1.4　HTTP 摘要认证在 Android 中的客户端实现

在 Android 应用程序中实现 HTTP 摘要认证相对要比 HTTP 基本认证方式复杂一些，无论在服务器端还是客户端都增加了很多信息生成、计算、加密的过程，但体现在具体的实现上，由于 Android 对其过程封装的比较好，也是非常容易使用的。下面的代码片段是在 Android 中实现 HTTP 摘要认证的示例代码：

```
private void testDigest (){
      String surl ="http://192.168.1.102:3000/entmessages.json";
      String srealm="cdcr.com";
      String suser="tom";
      String spassword="jerry";
      URL url=null;
      try {
         url = new URL(surl);
         DefaultHttpClient client=new DefaultHttpClient();

         client.getCredentialsProvider().setCredentials(
```

```
                new AuthScope(url.getHost(), url.getPort()),
                new UsernamePasswordCredentials("tom", "jerry"));

         //生成 DIGEST 方案对象,将其放到一个 HttpContext 对象中，并设置为优先认证方式
         DigestScheme digestAuth = new DigestScheme();
         // 假设已有 realm 的设置
         digestAuth.overrideParamter("realm", srealm);
         // 假设已经有了一个 nonce 值，其实是随便设的值
         digestAuth.overrideParamter("nonce", "whatever");

         // 为 HttpContext 对象设置优先验证方案为摘要验证
         BasicHttpContext localcontext = new BasicHttpContext();
         localcontext.setAttribute("preemptive-auth", digestAuth);
         // 在设置好的 HTTP 上下文中执行请求
      HttpResponse hr = client.execute(new HttpGet(surl),localcontext);
      Log.e("HTTP", hr.getStatusLine().toString());
         // 后续处理代码....
      } catch (Exception e) {
         // TODO Auto-generated catch block
         e.printStackTrace();
      }
}
```

此过程的流程如图 8-5 所示：

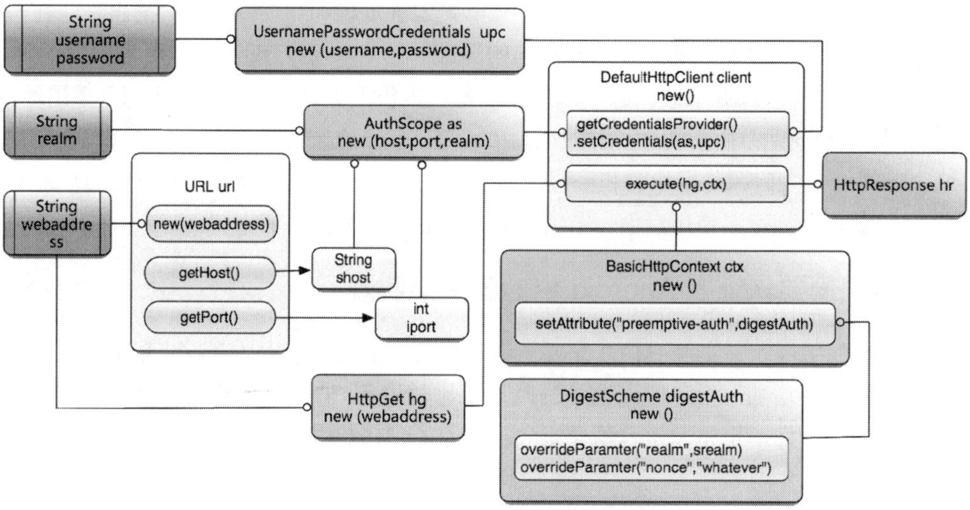

图 8-5　HTTP Digest 认证流程图

可以看到，和我们前面讨论的基本认证方式略有不同，这里增加了两个对象和概念：认证方案和 HTTP 上下文（Context）。认证方案 DigestScheme 用于为 HttpContext 设置相应的认证功能，而 HttpContext 可以作为参数，在 client 调用 exccute（）方法执行请求时被带入。

我们还可以从服务器的角度来看一下这个过程，下面的信息是该连接请求提交时，服务器的响应，可以注意到这里服务器向客户端发送了两次响应，第一次为 401 Unauthorized，实际上是个响应挑战，而第二次为 Completed 200 Ok，这个过程就和我们对 HTTP 请求认证的理解完全一致了。

```
Started GET "/entmessages.json" for 192.168.1.32 at Sun Aug 14 23:41:05 +0800 2011
  Processing by EntmessagesController#index as JSON
Completed 401 Unauthorized in 0ms

Started GET "/entmessages.json" for 192.168.1.32 at Sun Aug 14 23:41:05 +0800 2011
  Processing by EntmessagesController#index as JSON
  Entmessage Load (0.5ms)  SELECT "entmessages".* FROM "entmessages" WHERE
( to_name = 'tom' AND status=0 AND id>0)
Rendered entmessages/index.json.erb (0.4ms)
Completed 200 OK in 16ms (Views: 9.3ms | ActiveRecord: 0.5ms)
```

经过实验，还可以发现，DigestScheme 的参数设置都不是必要的，因为它内部的机制会在服务器挑战时进行设置，不需要开发者操心；此外我们也可以理解 HTTP 基本验证就是少了设置验证方案的环节，那么应该也说明 HttpClient 默认使用的是基本验证的方案。

除了这两个验证方式外，我们还可以查看 DigestScheme 所在的包（图 8-6），可以看到 Android 支持的其他相关验证方案，其中有一个 NTML，应该是 Windows 的验证方式，即 Android 系统是兼容 Windows 的相关安全系统和应用系统的，可以在以后和 Windows 系统进行集成时使用到。

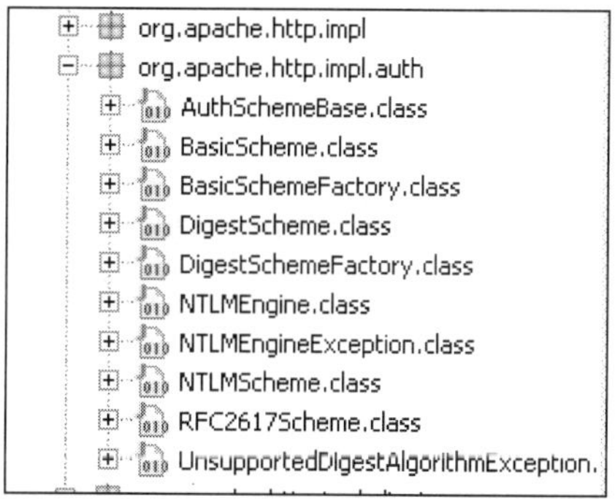

图 8-6　Android 验证方案实现包

8.1.5　自定义 HTTP Client 连接认证体系设计

HTTP 摘要认证是一个标准化的认证架构，所以如果开发者想要在上面添加一些自己的东西，如选择更好的密码加密算法，加入更多的认证相关信息等等，都是比较麻烦的，因为 Android 系统的类库已经将相关的操作封装起来了。但如果开发者能够有机会从总体上设计客户端和服务器的安全认证系统的话，其实可以按照自己的应用需求设计和实现 HTTP 客户端的连接安全认证体系。比如假设不受技术和应用的限制，我们可以为网络访问认证系统提出下列要求：

- 采用直接客户端/服务器模式（不使用第三者认证和应用授权）；
- 可以实现客户端对于服务器的反向的认证（即双向认证）；
- 客户端可以直接使用用户名和密码进行请求以获取响应（不使用服务器挑战模式）；
- 用户名和密码不在网络上以明文进行传输（相关认证信息都是加密的）；
- 不在网络上传送重复认证相关信息（每次发送的认证信息都是不同的）；
- 使用一次性的密钥；

- 用户密码不在客户端和服务器端以明文方式进行存储（不可能通过破解客户端和服务器获取密码）；
- 可扩展的认证信息和属性（支持更多的认证附加信息，如共享密钥，客户端和服务器系统标识等等）；
- 可以选择和信息的加密方式；
- 定期更换密钥、密码，而且保证这个过程的自动和透明；
- 需要注意的是，我们提供的认证体系并不是一个通用的系统，而是在特定应用环境下的特定解决方案，前提条件是在客户端和服务器端都约定好了相关信息的处理方式和流程，适合于企业封闭型应用的环境。

基于以上应用需求，我们可以设计的如下认证体系的构成和流程：

（1）分别在客户端和服务器端部署共享密钥 A，可以方便设置定期更换，在客户端，这个共享密钥保存在应用程序设置中；在服务器端保存在程序参数或者数据库中；

（2）在客户端，用户设置服务器地址、用户名 U、密码 P、共享密钥 A 等参数，保存在程序设置中；

（3）客户端和服务器端都保存单向加密（SHA1）的密码 P2，密码的格式为编码方式|密码编码；

（4）要进行连接时，客户端生成随机密钥 A1，并使用共享密钥 A 进行 3DES 加密生成传输密钥 C；

（5）客户端使用通过从程序设置中取出的用户名 U 和密码 P2，拼接生成认证字符串 P3；

（6）客户端使用随机密钥 A1 对 P3 进行 3DES 加密，生成认证请求信息 P4；

（7）客户端将 P4 和 C 放入 HTTP 请求参数当中，提交给服务器；

（8）服务器从认证请求信息中取出认证请求信息 P4 和传输密钥 A2；

（9）服务器从系统设置中取出共享密钥 A；

（10）服务器使用 A 对传输密钥 A2 进行 3DES 解密，生成随机密钥 A1；

（11）服务器使用随机密钥 A1 对认证请求信息 P4 进行 3DES 解密，生成认证字符串 P3，进一步分拆密码编码 P2；

（12）服务器从 P3 中取出用户名 U，以此对账号数据库进行查询，获取对应的密码 P4；

（13）服务器对比 P2 和 P4，判断用户是否合法；

（14）服务器返回 HTTP 响应，如果合法，正常输出响应内容；如果非法，输出 401 信息头和认证错误信息。

整个认证系统的过程和架构如后图 8-7 所示。

在这样一个整体的应用程序结构中，在客户端（Android）应用程序中的认证信息处理方面，我们需要考虑的具体操作和功能如下：

（1）应用程序系统设置（Preference）

在该应用程序的系统设置中，需要保存和取用的参数包括：

- HTTP 应用服务器地址；
- 用户名；
- 编码后的密码；
- 和服务器共享的密钥。

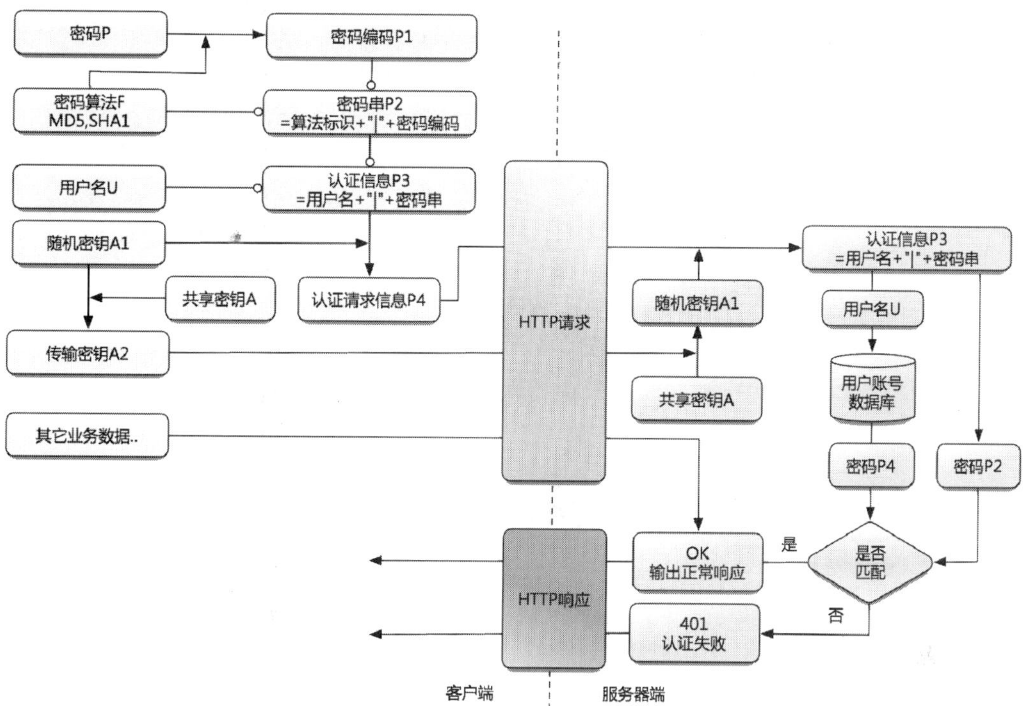

图 8-7　自定义认证系统流程和结构图

（2）MD5 编码和 SHA1 编码

用于在用户设置系统参数时，将密码项目编码后存储到应用程序设置项中。

这两种算法都是所谓的“散列算法（hash）”，其基本思路是将一段任意长度的信息进行某种编码操作获得一个固定长度的编码信息，这段信息几乎可以代表原有的信息，就像一份信息的“数字指纹”，即如果修改原文，会得到差异极大毫无规律的另一个编码（称之为离散），并且这个编码过程是不可逆的，即几乎不可能从编码信息通过逆向运算获得原文，这种编码方式在密码学上的使用非常广泛，而 MD5 和 SHA1 也是其中使用最广泛的两种算法。通常用在信息（文件）标识、数字签名、密码编码和保存等应用场合。MD5 使用的时间比较长，被人发现有高效破解的方法（非穷举法，中国科学家王小云在 2004 提出了高效破解 MD5 的方法和提高破解 SHA1 效率的理论），已经不推荐使用，而现在一般应用建议使用 SHA1 算法，这也是美国的国家标准。和 MD5 相比，SHA1 编码长度更长（为 160 位～40 个字符，MD5 为 128 位～32 个字符），算法更加先进，现在尚无更加有效的破解算法的实现，安全性更高。

现在我们来看看如何在我们的 Android 应用中予以算法的实现，首先需要一个辅助函数 converToHex（），将一个特定格式的字符数组转化成字符串，这个函数将在 MD5 和 SHA1 输出结果中使用：

```
public static String convertToHex(byte[] data) {
    StringBuffer buf = new StringBuffer();
    for (int i = 0; i < data.length; i++) {
        int halfbyte = (data[i] >>> 4) & 0x0F;
        int two_halfs = 0;
```

```
            do {
                if ((0 <= halfbyte) && (halfbyte <= 9))
                    buf.append((char) ('0' + halfbyte));
                else
                    buf.append((char) ('a' + (halfbyte - 10)));
                halfbyte = data[i] & 0x0F;
            } while(two_halfs++ < 1);
        }
        return buf.toString();
    }
```

下面是在 Android 中实现 MD5 编码的代码，这里利用了标准的 Java MessageDigest（消息摘要算法）类，创建一个基于 MD5 算法的实例来生成 MD5 计算结果，注意这个方法会抛出异常，需要在调用时进行处理：

```
    public static String MD5(String str)  throws NoSuchAlgorithmException, Unsupported
EncodingException  {
            MessageDigest md = MessageDigest.getInstance("MD5");
            md.reset();
            md.update(str.getBytes("UTF-8"));
            byte[] hash = md.digest();
            return convertToHex(hash);
    }
    SHA1 编码的实现和 MD5 非常类似:
    public  static  String  SHA1(String  str)  throws  NoSuchAlgorithmException,
UnsupportedEncodingException  {
            MessageDigest md = MessageDigest.getInstance("SHA-1");
            md.update(str.getBytes("UTF-8"), 0, str.length());
            byte[] hash = new byte[40];
            hash = md.digest();
            return convertToHex(hash);
    }
```

（3）生成随机字符串

用于生成一次性的随机密钥 A1。下面的代码可以生成一个指定长度的随机字符串，可以用作随机密钥 A1。原理非常简单，就是在一个字符串中随机找字符拼起来。因为基本上是一次性使用，基于效率的考虑，就不使用更复杂的 UUID 算法了。

```
    public static String randomString( int len ) {
    static final String Ab ="0123456789ABCDEFGHIJKLMNOPQRSTUVWXYZabcdefghijklmnopqrstuw";
          StringBuilder sb = new StringBuilder( len );
       for(int i =0; i < len; i++)  sb.append(Ab.charAt(rnd.nextInt(Ab.length())));
       return sb.toString();
    }
```

（4）DES 加密和解密

用于对随机密钥和认证信息进行加密（在客户端）和解密（在服务器端）。在我们的安全体系中，还需要一个可逆的信息加密解密算法，能将我们在网络上传送的认证请求信息 P4 和传输密钥 A2 进行加密和还原。我们就需要使用所谓的对称密码体系，简单的说就是可以使用一个密钥（共享密钥）

将一段信息加密后进行传输，在接收端可以使用同样的密钥对其进行解密来还原信息，和前面的散列算法不同，对称加密算法需要一个 key（密钥）作为运算的一个参数，同时原文是可以还原的。

这里我们选择的是被广泛使用的 DES 和 3DES 算法。下面的代码是其在 Android 中的实现：

```
    // des 相关参数配置
    private static final String ENCRYPTION_KEY_TYPE_DES  = "DES";
    private static final String ENCRYPTION_ALGORITHM_DES = "DES/ECB/PKCS5Padding";
    private static final String ENCRYPTION_KEY_TYPE_3DES  = "DESede";
    private static final String ENCRYPTION_ALGORITHM_3DES = "DESede/ECB/PKCS5Padding";

    private static byte[] padKeyToLength(byte[] key, int len) {
        byte[] newKey = new byte[len];
        System.arraycopy(key, 0, newKey, 0, Math.min(key.length, len));
        return newKey;
    }
    // des 加密和解密
    private static byte[] doDES(byte[] data,byte[] key, int mode) throws
GeneralSecurityException{
        // 按照要求补足 key 的长度
        key = padKeyToLength(key, DESKeySpec.DES_KEY_LEN);
        // 由 key 和 key 类型生成一个 SecretKey 对象
        SecretKeySpec secretKey = new SecretKeySpec(key, ENCRYPTION_KEY_TYPE_DES);
        // using DES in EBC mode
        Cipher cipher = Cipher.getInstance(ENCRYPTION_ALGORITHM_DES);
        // 用密匙和随机数源初始化 Cipher 对象
        cipher.init(mode, secretKey, new SecureRandom());
        // 执行加解密操作
        return cipher.doFinal(data);
    }

    public static byte[] des_encrypt(byte[] original, byte[] key) throws GeneralSecurityException
    {
        return doDES(original,key,Cipher.ENCRYPT_MODE);
    }

    public static byte[] des_decrypt(byte[] original , byte[] key) throws GeneralSecurityException
    {
        return doDES(original,key,Cipher.DECRYPT_MODE);
    }

    // 3des 加密和解密
    private static byte[] doTriDes(byte[] original,byte[]key,int mode) throws
GeneralSecurityException
    {
        key = padKeyToLength(key, DESedeKeySpec.DES_EDE_KEY_LEN);
        SecretKeySpec keySpec = new SecretKeySpec(key, ENCRYPTION_KEY_TYPE_3DES);
        Cipher cipher = Cipher.getInstance(ENCRYPTION_ALGORITHM_3DES);
        cipher.init(mode, keySpec, new SecureRandom());
        return cipher.doFinal(original);
    }
    public static byte[] trides_encrypt(byte[] unencrypted,byte[] key) throws
GeneralSecurityException
    {
```

```
        return doTriDes(unencrypted,key,Cipher.ENCRYPT_MODE);
    }

    public static byte[] trides_decrypt(byte[] encrypted,byte[] key) throws
GeneralSecurityException
    {
        return doTriDes(encrypted,key,Cipher.DECRYPT_MODE);
    }
```

DES 的算法是比较复杂的，好在 Java 已经提供了相关的实现和接口，我们这里只是从应用角度出发简单的分析一下：

① 我们选择的算法选项为 ECB/PKCSPadding，ECB 表示这个算法需要一个随机数（SecureRandom)来对 cipher 进行初始化，Padding 表示使用补足长度的 key，我们可以使用非标准长度的 key，但先需要将其补足到标准长度；

② 代码中提供了 DES 和 3DES 加解密一共四个方法，其参数都是原文和密钥，类型都是 byte[]，返回的结果也是 byte[]，而且它们调用过程基本上是一样的；

③ 定义了一个辅助 padKeyToLength()，用于将 key 补足为需要的长度（DES 为 8 位，3DES 为 24 位），并且根据当前选择的算法进一步将 key 转换为 SecretKeySpec（调用 new 方法）；

④ 具体的加解密运算调用了 Cipher 类（来自 javax.crypto 类库）；

⑤ 首先通过 getInstance() 方法和选择的算法参数获取一个实例对象；

⑥ 对此对象调用 init()方法进行初始化，控制参数包括运算模式（加密或者界面），SecretKeySpec，和一个算法参数，当前状况（ECB）为 new SecureRandom()，一个随机密钥；

⑦ 运行 doFinal() 方法返回运算结果；

⑧ 然后，可以将它们作为静态方法封装辅助类中，调用 des_encrypt()和 trides_encrypte()方法进行加密，des_decrypt()或 trides_decrypt()方法进行解密操作。

下面是调用的示例代码，我们已经将这几个方法封装到 Security 类中，调用时注意 byte[]和 String 之间的转换，因为要输入或者显示都不能直接使用 byte[]。

```
    try {
        String skey ="hello";
            String sword="this is 密码 ";
            String ctype="utf-8";
            byte[]s1=Security.trides_encrypt(sword.getBytes(ctype),skey.getBytes(ctype));
            byte[] s2 = Security.trides_decrypt(s1,skey.getBytes(ctype));
            showmessage("密文:"+(new String(s1))+"\n"+"原文:"+(new String(s2)));
    } catch (GeneralSecurityException e) {
            e.printStackTrace();
    } catch (UnsupportedEncodingException e) {
            e.printStackTrace();
    }
```

在我们的体系中共享密钥是服务器和客户端的一个约定设置，在任何情况下都不应该通过网络传递，所以我们在网络上传递的是一个经过共享密钥给随机密钥加密过的传输密钥，使用这个密钥解密后作为请求信息的解密密钥，这个密钥每次传输都是不同的，而且能够保证满足了我们的应用要求。

除了对称加密之外，还有非对称的密码体系，我们常见的数字证书的公钥和私钥就是使用这种体系，当然其实现和应用更为复杂，我们这里就不深入讨论了。

（5）请求参数

当所有的参数都准备好了的时候，我们就可以使用上一章所提到的方式，将 P4 和 A2 和其他业务参数一起放入一个 HttpPost 请求对象的参数集当中，当 HttpClient 执行这个请求时，会将相关的加密后认证参数一起传给服务器进行处理。

（6）服务器端的处理

服务器端的处理从逻辑上来说就是客户端相关操作过程的反向操作，包括信息的解密，用户密码的查询，以及根据情况输出 HTTP 响应等等。当然服务器端可能使用不同的平台来具体实现，在我们的例子中，我们使用 Rails 的平台进行了实现，这一部分的内容详见前面的相关章节。

（7）其他增强的安全机制

如果我们能够自己设计和实现网络请求应用中用户认证的安全体系，我们也可以在前面的基础上根据需要进一步增强这个系统的安全性。如可以考虑在下面几个方面进行改进：

① 多个共享密钥

在我们的应用中共享密钥主要作为对随机密钥进行加密和解密和标识客户端的依据，但是我们只设计一个共享密钥给多个客户端使用，可以考虑将共享密钥分组，为客户端分配不同的共享密钥来提高安全性。但这样设计的问题是服务器需要维护多个共享密钥已经如何在不同的客户端识别密钥。

② 共享密钥定期自动更换

我们的共享密钥是在服务器端和客户端分别手工设定的，可以考虑在一定的条件下控制共享密钥在客户端和服务器端能够自动生成和更新。但这需要考虑更新过程的平顺性、密钥生成策略、更新周期和时机等问题。

③ 客户端设备识别

我们已经可以对用户进行安全而可靠的认证，但却不能保证用户使用的客户端设备是合法和有效的，在手机平台上，这个需求更加必要。为了改善这一问题，我们可以在程序中实现向服务器提供附加的相关客户端信息，如手机操作系统版本、手机号等等作为更加严格的认证依据。

④ 设备用户绑定

这个问题和上一个相关，我们可以限制用户只能在某些设备上来进行登录和验证，这样可以降低用户被假冒在其他地方进行攻击的可能。

⑤ 远程数据清除

对于企业级的移动应用，还需要考虑如果手持设备丢失或者被盗时的信息安全问题，基本的思路发生设备丢失的情况后，用户可以向管理员提出进行用户账号的锁定，锁定后如果客户端使用此账号进行登录，服务器会响应一个特殊的状态信息，指示客户端的相关功能代码清除客户端应用程序的数据。

⑥ 数字证书系统

在网络应用中使用数字证书相关技术来保证信息传输的安全从安全角度而言是最完美的解决方案。但相应的代价也非常高昂，这是一个系统的工程，要规划、部署和应用完善的企业 PKI 系统，会给开发、管理和应用提出了很高的要求，一般没有太大的必要是不需要使用这么高端的技术的。

这样，我们将上述和安全认证相关的实现代码和原有的网络服务访问代码组装起来，就可以建立一套符合我们应用和安全策略需求的网络访问认证系统了。限于篇幅，我们这里主要是提出一些思路和讨论重点的环节，就不再罗列完整的实现过程了。

8.1.7 网络传输和内容安全

前面我们讨论的主要是客户端和用户的认证安全，而在信息传输和内容安全方面，我们主要考虑下面一些技术和因素：

（1）使用 VPN

VPN(Virtual Personal Network)虚拟专用网络是一种建立在开放的公共数据网之上的功能性网络，它通过多种安全机制，如隧道技术（Tunneling）、加解密技术（Encryption）、密钥管理技术（Key Storage）、身份认证技术（Authenticatio）等，确保了在此网络中数据传输和通信的安全。VPN 的特点主要有：

- 基于开放的（不安全的）网络架构，如互联网。
- 网络虚拟化和私有化，使用是对于用户而言像是使用局域网。
- 确保网络数据传输的安全，所有在 VPN 上传送的数据都是加密的。
- VPN 对于网络应用是透明的，和具体的应用协议和方式无关，网络应用本身不能识别是否在使用 VPN 服务，所以保证了网络应用的兼容性，提供了最大的灵活性和方便性。

在 Android 应用中使用 VPN 并不需要编写代码，因为 Android 在系统级别支持 VPN 的功能。在 Android 系统中 VPN 的设置和使用方式如下：

打开“设置”应用程序，选择无线和网络-虚拟专用网设置，点击“添加虚拟专用网”可以选择添加虚拟专用网的类型，一般选择 PPTP 和 L2TP，依据企业使用的 VPN 类型而定。

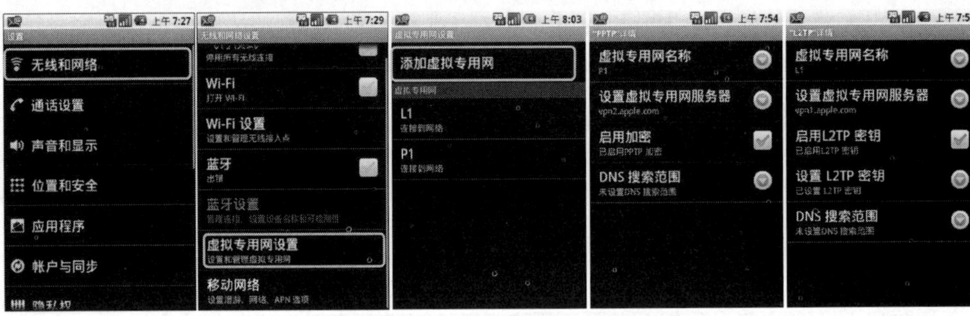

图 8-8　创建 VPN 设置项目

设置完成后，点击相应的 VPN 项目可以进行连接，一般需要输入相关的用户名和密码；而使用上下文菜单可以调出管理 VPN 项目的菜单，在这里可以修改和删除当前的 VPN 项目。

VPN 的好处是它对于网络应用是透明的，加入 VPN 网络后，在此网络中传输的数据都可以由 VPN 系统保证传输的数据都是加密和安全的，另外 VPN 不需要专门的网络基础设施，大大降低的实现安全网络的成本。其主要缺点是相对使用和管理比较复杂，加解密和认证过程需要耗费相当的计算资源，网络数据传输效率不高，网络的稳定性较差等等。VPN 技术也有很多具体的实现方式，如 PPTP、L2TP、IPSec 等等，这里的技术细节我们不会深入讨论，主要是需要理解，在手持设备的软硬件平台上，也可以很好的支持 VPN 这种网络连接方式，能够帮助我们提高网络应用的安全性，特别是数据传输的安全。

图 8-9　启动 VPN 连接和修改 VPN 设置

如果有条件的话，在重要的企业应用或者多样化的应用环境下，可以根据需要使用 VPN 技术来实现应用网络基础设施级别的安全性。

（2）使用 SSL

VPN 可以保证全部网络流量都是安全的，但问题是这样的代价比较高昂，它需要处理所有的数据传输，另外还需要建立 VPN 应用的体系。那么有没有一种方案可以相对简单一点，只需要保证我们的应用程序所使用的网络连接的传输安全呢？

答案当然是有的，就是使用 SSL（Security Socket Layer，安全套接字层）技术。SSL 最早是由网景（Netscape）公司提出的基于 WEB 应用的安全协议，我们熟知的应用是使用 HTTPS 协议安全的访问 Web 站点和页面。不止于此，SSL 是一种针对 TCP Socket 应用安全机制，也适用于多种 TCP/IP 应用协议，如 HTTP 、 Telenet 、 NMTP 和 FTP 等等，它通过数据安全性分层的技术，为 TCP/IP 连接提供数据加密、服务器认证、消息完整性以及可选的客户机认证等安全特性。

SSL 使用数字证书技术和基于公钥的非对称加密系统。以 HTTPS 应用为例，在使用时，需要为 Web 服务器配置数字证书，并使用特别的端口发布内容（如 https 通常使用 443 端口）；而在客户端使用浏览器访问这个网站时，会被提示是否使用 HTTPS 协议进行访问（图 8-10）：

点击地址站中网址前面的小锁可以并且可以看到当前 https 连接的状态（图 8-11）：

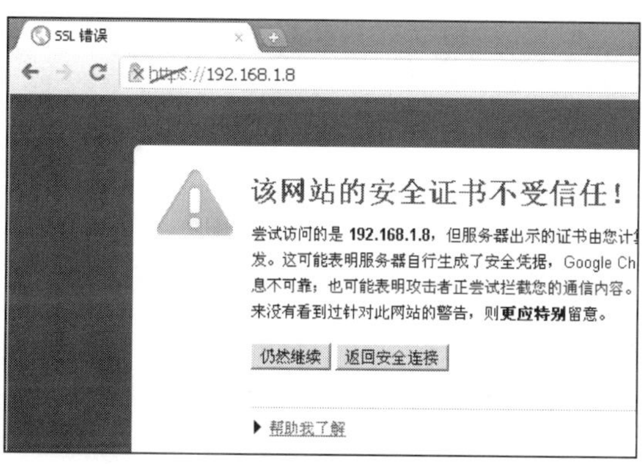

图 8-10　浏览器访问 HTTPS 时的安全连接提示

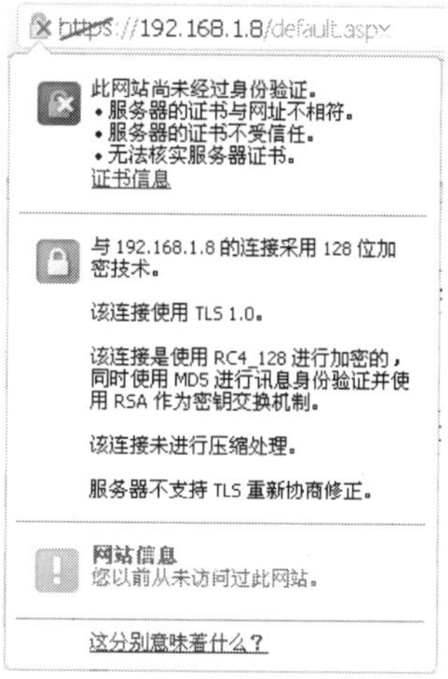

图 8-11　浏览器访问 HTTPS 站点查看连接状况

这里实际上涉及到了以下几个方面的情况：

① 浏览器和客户端已经通过证书对连接通道进行了加密，这时候在此通信过程中传输的数据都是安全并且完整的（SSL 保证）。

② 服务器的身份可能有问题：通常有可能是客户端未设置对此服务器的信任，包括对给此服务器颁发证书的机构的信息；或者服务器证书有问题，如服务器地址和证书里的不符，证书过期等等。

③ 我们可以选择信任该证书，这样以后客户端和服务器建立连接时都不会出现不受信任的警告信息了。

由此，我们了解到了关于 SSL 的原理和使用的一些情况，下面我们来看看在 Android 中如何实现利用 SSL 来与服务器建立安全的连接。实际上我们在一定程度上模拟使用浏览器访问 https 服务器的过程。过程如下：

① 获取服务器的公钥。要想获取需要访问的服务器的公钥，可以联系系统管理员（看起来很眼熟？），其实最简单的方法是使用 openssl 命令行工具（使用你自己的服务器地址替代文中的地址）。

```
echo | openssl s_client -connect 192.168.1.8:443 2>&1 | sed -ne '/-BEGIN CERTIFICATE-/,/-END CERTIFICATE-/p' > myserver.pem
```

此命令会生成一个 PEM 编码方式的 myserver.pem 公钥文件，可以使用文本编辑器打开，内容可能像下面这样：

```
-----BEGIN CERTIFICATE-----
MIIEYjCCA0qgAwIBAgIKGXxxUwAAAAAAAjANBgkqhkiG9w0BAQUFADA9MRMwEQYK
….
bRa42XiB8g6x58hVRrS0uXxgFFTTyA==
-----END CERTIFICATE-----
```

② Android 支持 Bouncy Castle 格式的密库（ketstore），我们需要使用相关的类库才能将公钥放入密库，所以需要找到和下载 Bouncy Castle's provider jar 类库，它的文件可能为：

```
bcprov-jdk16-145.jar;
```

③ 运行下面的命令，将前面的 PEM 放入密库 mystore.bks。

```
export CLASSPATH=bcprov-jdk16-145.jar
CERTSTORE= mystore.bks
if [ -a $CERTSTORE ]; then
   rm $CERTSTORE || exit 1
fi
keytool \
     -import \
     -v \
     -trustcacerts \
     -alias 0 \
     -file <(openssl x509 -in myserver.pem) \
     -keystore $CERTSTORE \
     -storetype BKS \
     -provider org.bouncycastle.jce.provider.BouncyCastleProvider \
     -providerpath /usr/share/java/bcprov.jar \
     -storepass ez24get
```

④ 将 mystore.bks 复制到 Android 工程的/res/raw/mystore.bks。

⑤ 修改 Android 程序，让 HttpClient 对象能够装载这个密库并信任此证书，具体代码如下，它使用了一个继承的 DefaultHttpClient 类：

```
public class MyHttpClient extends DefaultHttpClient {
    final Context context;

    public MyHttpClient(Context context) {
        this.context = context;
    }
    // 重写连接管理器创建方法
    @Override
    protected ClientConnectionManager createClientConnectionManager() {
        // 创建新的注册方案
        SchemeRegistry registry = new SchemeRegistry();
        // 注册 00 端口，使用常规 SocketFactory
        registry.register(newScheme("http",PlainSocketFactory.getSocketFactory(), 80));
        // 注册 443 端口，使用自定义的 SSLSocketFactory(在下面定义)
        registry.register(new Scheme("https", newSslSocketFactory(), 443));
        return new SingleClientConnManager(getParams(), registry);
    }
    // 定义自己的 SSLSocketFactory
    private SSLSocketFactory newSslSocketFactory() {
        try {
            // 获取一个 BKS 格式的密库对象实例
            KeyStore trusted = KeyStore.getInstance("BKS");
            // 获取 raw 资源，在这里是密库所在文件，包括了信任的证书
            InputStream in = context.getResources().openRawResource(R.raw.mystore);
            try {
                // 提供密码并装载密库内容
                trusted.load(in, "mysecret".toCharArray());
            } finally {
                in.close();
            }
            // 基于此密库创建 SSLSocketFactory，用于连接时进行验证
            SSLSocketFactory sf = new SSLSocketFactory(trusted);
            // 设置连接时使用证书对服务器的验证策略
            sf.setHostnameVerifier(SSLSocketFactory.STRICT_HOSTNAME_VERIFIER);
            return sf;
        } catch (Exception e) {
            throw new AssertionError(e);
        }
    }
}
```

⑥ 使用继承后的类实例按照普通的 HttpClient 方式正常访问 Web 服务了。

在目前为止，在 Android 系统中管理证书还没有一个很方便的机制，很多工作需要使用不同的工具手工完成，我们这里主要是分析其实现的原理和步骤，读者可以根据自己的需求在应用程序中加入对 SSL 的支持。

（3）敏感信息加密存储

一个重要的考虑是最好不要在数据库或者设置信息中使用明文保存用户的密码，根据认证方式的不同，可以保存加密后的信息，如将密码通过 MD5 算法或者 SHA1 加密后，存储在数据库中。

同样，在服务器端也是如此，不过可能需要考虑的问题稍微复杂一点。因为用户认证的数据存储可能不是由开发者能够决定的，可能根据具体的加密算法和存储的方式来进行决定。还要特别注意在不同的系统中，它们可能是异构的，算法的实现的语言也可能不同，在客户端可能是 Java、JavaScript、DotNet，在服务器端可能是 Java、PHP、DotNet、Ruby、SQL Script 等等，需要在客户和服务器端之间保持算法和信息的匹配。但不管怎样，不存储和传输明文密码或者简易编码等敏感信息应该是一个基本的安全设计原则。

（4）应用程序启动密码

通常手机应用中都不会设置应用程序的启动密码，因为人们使用手机总是追求快捷方便，而且 Android 系统本身也有屏幕锁定选项。但如果是比较重要的应用程序，还是有必要设置一个应用程序的启动密码的。这里的讨论主要是作为一个应用安全选项和措施提出来，如果有兴趣，读者可以思考一下如何具体实现。

至此，我们讨论了在 Android 应用程序中提升应用安全性的一些常用的和重要的方法，当然，应用系统的安全是一个非常大的课题，我们这里关注的主要还是和我们的手持设备网络应用程序相关的一些比较重要的内容。

下面的章节我们会转换话题，讨论在 Android 应用程序执行的效率和性能方面的一些问题。

8.2 后台任务的执行处理

本节我们会探讨如何在 Android 中实现后台任务操作的实现机制，我们先会研究一下在 Android 中提供的相关技术和框架，然后结合实例程序来说明如何将这些技术应用到网络资源访问的具体操作当中。

8.2.1 网络访问操作的问题和需求

我们前面学习了如何访问一个 HTTP 数据服务，并且讨论了在访问中的一些安全和控制问题。但是我们知道，在真实的应用场景当中，客户端和服务器是通过网络甚至是互联网连接在一起的，中间跨越大量的各种各样的软硬件设备，我们是不能保证整个的网络访问过程完全没有问题，如果这个过程耗时很长或者访问过程中出现故障，访问进程可能会挂起，如果设计的不好，程序就会出现不能响应用户操作的假死现象，这样就带来的非常不好的用户体验，让用户觉得程序性能低下相应缓慢，久而久之，就不愿意使用这个程序或者服务了。

那么，从技术角度，该如何改善或者解决这个问题呢？

答案就是将耗时较长的任务放在独立于主进程（用户界面进程 UI Thread)的线程中执行，这样在任务执行的过程中不会影响主进程的操作和用户界面的显示和更新，如用户在浏览新闻的时候，系统可以在后台下载其他新闻的内容，不会相互影响，用户也减少了等待的时间。这种运行和操作方式也被称为后台执行（Background Execute)。

在 Android 系统中是这样处理的，在一般的 Activity 执行支持中，Android 会为应用程序分配了一个“主线程”，也称为 UI 线程，这个线程用于对用户界面进行更新和响应用户操作。如果没有特别处理，所用应用程序中的代码会在这个线程中执行。如果在执行中包括了需要的处理时间较长的操作，在这个操作完成之前，Android 应用程序会被“阻塞”，即暂时不能响应用户的操作，如切换界面或者点击按钮等等。

如果这时用户进行了某些操作，如点击了屏幕上的按钮并期望进行界面的切换，那么，在响应这个操作请求之前，Android 分配给当前执行任务的完成时间通常被设置在 5 秒，如果超过这个时间限制，任务仍然没有结束，程序仍然没有从“阻塞”状态中恢复，系统会显示一个“Application not responding”（ANR，应用程序不响应）对话框（图 8-12）。这时用户有两种选择，继续等待，或者强行关闭程序。

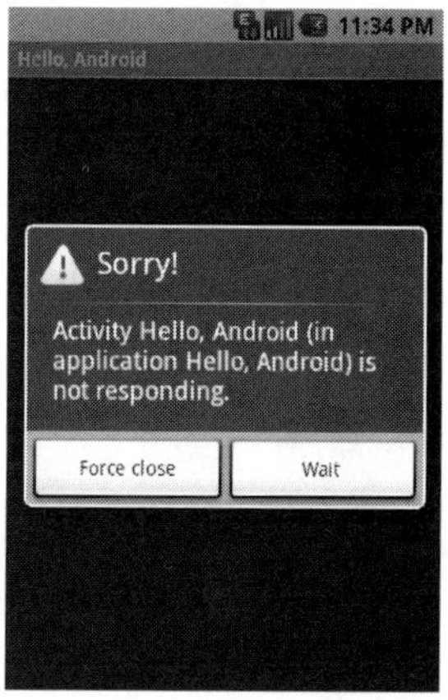

图 8-12　ANR 对话框

这样的系统设计是主要为了平衡计算资源，因为造成超时阻塞的原因可能不仅仅是任务运算时间较长，也可能是不良的程序设计（如死循环、资源滥用）而使程序进入死锁状态，既不能继续执行，也不能自己控制任务中断，以致白白消耗运算和内存资源，造成系统操作迟缓，电力消耗增加，可操作和待机时间缩短，这种情况是 Android 这种手持设备平台应用开发工作中是非常敏感和忌讳的。

因此，理论上而言，所有潜在的长时间的操作都应该在后台执行，这些操作的类型可能包括网络、文件和数据库操作，或者相对复杂的运算。

要实现后台的任务操作，Android（本身上就是 Java）通常使用线程（Thread）技术，它提供了相关的方法、类和接口等技术，让开发者能够将相应的任务代码进行包装在主线程之外执行，并且提供了相应的线程任务控制和消息传送的机制。在实际的应用当中，Android 提供了以下几种具体的实现方式：

- Thread 类
- Runnable 接口
- runOnUiThread（）方法
- AsyncTask()方法

下面我们一一进行了解和讨论。

8.2.2　Thread 类和 Runnable 接口

一般情况下，提起多线程的实现，我们自然会联想到的就是 Java 的标准线程类：Thread。

Thread 是一个标准线程类，通常要使用它，我们会基于这个类创建一个继承类，在这个继承类中重写 Run()方法，将业务代码放在这个方法当中，典型的应用分为定义和调用两个阶段：

定义：

```
private  class  IOThread  extends  Thread  {
    public  void  run()   {
    // 将所执行的任务和业务代码放在这里….
 }
 }
```

调用：

```
IOThread itd=new New IOThread();
itd.start;
```

除了这种方式外，在 Java 中还建议使用 Runnable 接口配合 Thread 来实现一个多线程任务的执行。和 Thread 类不同，它只需要在业务类中实现一个 Runnable 接口，并重写 Run()方法，该方法的代码就可以在独立的线程中执行了，典型的 Runnable 接口的实现如下，也分为定义和调用两个阶段：

定义：

```
public class EmConnect  implements Runnable {
    //常规的类定义
    public   void   run()    {
    // 将所执行的任务和业务代码放在这里….
}
}
```

调用：

```
EmConnect em= New EmConnect();
Thread itd=new NewThread(EmConnect);
itd.start;
```

这里在执行时，可以将一个实现了 Runnable 接口的业务对象作为参数放到新的 Thread 对象中进行执行。

对比上述的定义和调用过程，我们可以看到，相比采用实现 Runnable 接口的方式，继承 Thread 的方式的任务代码可以直接写在业务对象中，实现了系统调度操作和业务任务运行的分离，虽然在运行时还需要引入标准 Thread 类，但逻辑上更加清晰，这个方式也是建议的多线程实现方式。

如果要更简单的在独立线程中执行一些操作，甚至可以编写下面的代码：

```
new Thread(new Runnable() {
        public void run() {
            // 将任务代码放在这里
        }
}).start ();
```

这个操作直接创建一个 Runnable 对象，并执行其中重写的 Run ()方法中的任务。它不需要任何继承或者实现接口的操作，最为清晰明了。

8.2.3　线程间信息的通信

经过了上一节的讨论，我们已经了解在 Android 中如何实现在一个和主线程独立的线程中进行后台任务的执行的操作。但我们经常会有这样的应用需求，就是希望能够在用户界面中能够即时了解到后台线程运行的状态和进度，这个操作不会改变多线程运行的实际架构和效率，但能够大大的提升用户的应用体验。

从技术上来说，这就是如何在线程间（主线程和任务线程）进行通信的问题。在 Android 中，有两种方式可以满足这个应用需求。

第一种方式是利用 Android 提供的 runOnUiThread()方法。看到名字，我们就会了解到，这个方法可以在用户界面线程(UIThread）中执行，因为这个特性，我们通常用它来执行和用户界面更新相关的操作，如显示一个消息框、更新列表和文本内容等等。这个方法的使用方式如下：

```
// 显示一个进度框
runOnUiThread(new Runnable() {
    public void run() {
        titleProgress.setVisibility(View.VISIBLE);
    }
});

//用户操作在这里
….
// 隐藏进度框
runOnUiThread(new Runnable() {
    public void run() {
        titleProgress.setVisibility(View.INVISIBLE);
    }
});
….
```

上面的代码显示了在任务开始时显示进度标题栏并在任务结束隐藏它的相关操作。使用时我们需要注意下列问题：

- 方法的参数是一个 Runnable 对象，应该将业务代码封装在该对象重写的 Run()方法中。让它能够在 UI 线程中执行；
- 方法调用时注意上下文环境，因为 runOnUiThread() 方法是 Activity 方法，是属于特定 Context 的实例的；
- 方法中的操作和任务应该可以很快执行完毕，不应有不可预计或者不可控制的操作，避免引起阻塞导致用户界面不响应；
- 应当只进行和用户界面更新有关的操作。

通过分析代码我们可以了解到，这个处理方法的实质是利用 Runnable 对象，在任务线程中执行能够在主线程中工作的代码，从而达到同主线程进行通信的目的。

但我们同时也会发现，使用 runOnUIThread()方法和主线程进行通信并不是一个很好的做法。因为每次调用 runOnUIThread 都需要创建一个新的 Runnable 实例并且重载 run()方法来实现任务的具体操作，整个结构比较“松散”，代码不容易维护和管理，此外，它没有一个集中的代码和操作处理机制，使用起来不太方便。

其实，对于这种应用需求，我们还有更好的第二种方式：消息传递的方式。

消息传递的方式基于 Handle 和 Message 两种 Java 类，它们并不是 Android 系统独有的。通过在用户线程和任务线程建立共享的 Handler，结合 Message 类，任务线程可以使用 Handle 向 UI 线程传递消息和数据，而用户线程可以在收到这些消息时触发相关方法的调用，实现相应的操作。

其应用的流程如下：

（1）在 UI 线程(调用线程）端，创建一个新的 handler；

（2）重写 handleMessage（Message message）方法，实现在收到不同的 Message 对象时具体的处理任务；

（3）使用 Message.what 参数来甄别不同的消息类型或者标识；

（4）在执行线程端使用某种方式将 handle 放入目标对象中（通常是构造函数传参）；

（5）在需要通信的地方使用 Message.obtain()方法创建一个消息，并使用 handler.sendMessage()来进行发送；

（6）发送的消息会触发 UI 线程 handleMessage()方法，并执行相应的处理；

（7）除了消息传送之外，和 RunOnUIThread 类似，可以使用 post（Runnable）在 UI 线程中调用执行一个 Runnable 对象。

下面是具体的代码片段，也是实现一个操作状态的过程提示。

UI 线程端的操作是，创建一个新的句柄，设置消息处理机制：

```
Handler handler = new Handler() {
        public void handleMessage(Message message) {
        switch (message.what) {
            case EmConnect.DID_START: {
                setStatus("开始获取数据...");
                break;
            }
            case EmConnect.DID_SUCCEED: {
                    String response = (String) message.obj;
                // 下面是处理任务结果的代码
                …..
                setStatus("处理完成.");
                break;
            }
            case EmConnect.DID_ERROR: {
                Exception e = (Exception) message.obj;
                e.printStackTrace();
                setStatus("连接失败.");
                break;
            }
        }
    }
};
```

在执行线程，通过构造方法传入该 handler，并在需要的地方使用 sendMessage()向主线程传递参数：

```
….
// 处理开始
Message message = Message.obtain(handler, DID_START);
handler.sendMessage(message);

// 处理成功
Object result=…
Message message = Message.obtain(handler, DID_SUCCEED, result);
handler.sendMessage(message);

// 处理错误
```

```
Exception error=e;
Message message = Message.obtain(handler, DID_ERROR, e);
handler.sendMessage(message);
…
```

注意这个 Message 的创建，它并不是完全由构造方法创建的，而是通过 Message.obtian()方法获取的。

这样，我们就实现了一个任务线程向 UI 线程发送消息和通信的应用需求，这里的实现方式是相对简单的，并没有考虑更复杂的消息队列和循环的问题。

除了默认方式之外其他常用的消息处理还包括：

- SendEmptyMessage（int）：发送一个空消息，在不需要消息对象，只需要消息类型的情况下可以使用。
- sendMessageDelayed()：延迟发送消息
- sendEmptyMessageDelayed()：延迟发送空消息
- sendMessageAtTime()：定时发送消息
- sendEmptyMessageAtTime　（int what, long uptimeMillis）

这样，使用 Message 在 UI 线程和任务线程之间进行通信就非常灵活，你可以使用 Message 来携带相关的消息内容而基本上不受到类型的限制，此外，这个机制实际上适合于任意类型的线程间的通信，而不受到 RunOnUIThread()方法仅能够对于 UI 进行操作的限制。

除了使用 Message 来向主 UI 线程传递消息之外，Handle 还可以直接调用 post()方法来在主线程中运行一个 Runnable 对象，这个对象可以用于在主线程中执行更新 UI 的代码，例如下面的代码：

```
handler.post(new Runnable() {
   public void run() {
context.progress.setProgress(value);
}
});
```

使用这种方法可以不创建和发送 Message 对象。

最后，handler 还有一个非常有用的应用方法，它有一个 postDelayed()方法可以指示一个 Runnable 对象延迟运行，利用这个特性进行迭代调用操作就可以实现每隔一段时间定期执行某些处理任务。它的参数有两个，第一个是 Runnable 对象实例（和 post()方法相同），具体的处理任务可以在其重写的 Run()方法中实现，第二个是延迟执行的时间，单位是毫秒。通过在其 run()方法中再次调用 postDelayed()就可以实现再次延迟执行，同时应该在相应的代码片段中引入任务状态的判断和处理，避免进入无限循环。下面是一段示例代码：

```
Handler handler= new Handler();

// 下面定义延迟运行的任务
handler.postDelayed(new Runnable() {
   public void run() {
      if(isRunning && Test2.step < 20){
```

```
                step ++;
                bar.incrementProgressBy(5);
                handler.postDelayed(this, 1000);
            }
        }
    },1000 );
```

使用这种方法，将延迟处理交给系统，而不是使用线程休眠（Thread.sleep()的方式，显得更加优雅高效。

这样，我们就了解到在 Android 开发过程中，如何执行 RunOnUiThread()方法和使用 Handler 和 Message 配合，在后台任务线程和主线程之间进行通信的处理方式。其实在 Android 提供了此类应用更加高级和完善的后台任务执行和调度模式：AsyncTask（异步任务）。我们下面就来了解一下。

8.2.4 AsyncTask（异步任务）

为了进一步简化异步任务调用和执行的开发，Android 提供了 AsyncTask 类（在 android.os.AsyncTask 包中定义，说明这是一个针对 Android 操作系统的特性），封装了通用的异步任务建立和执行的过程和规则，来帮助开发者快速实现异步异步任务相关应用的开发。

在 AsyncTask 应用的场景中，一个异步任务被定义为在后台线程中进行处理，但其处理操作进行中的状态和完成后的结果将可以被会被返回到 UI 线程中。

这一过程中，涉及到的三个通用的泛型变量为：

（1）Params（参数变量），用于控制异步任务的执行，当任务开始执行时，这些参数被发送到任务，在 doInBackground()方法中以供。

（2）Progress（过程变量），在任务在后台执行期间，任务进度状态更新时，可以向 UI 线程发布用某种方式表示进度数值，该参数可以在 onProgressUpdate() 方法中使用。

（3）Result（结果变量），任务执行过程完成后，结果变量可以在 doInBackground()方法中产生并返回，此变量将传递到 onPostExecute()方法中以供取用。

这三种类型的参数类型都可以由开发者自己定义，并且使用时可以是可变的。相应的，在整个任务对象实例的执行的过程中涉及到下面四个步骤：

（1）onPreExecute()，任务执行预处理

任务被执行（execute()方法被调用后，这个方法中的过程被执行，它可以调用 UI 线程。这步通常被用于设置任务开始的提示，例如在用户界面初始化并显示一个进度条。

（2）doInBackground（Params...）

onPreExecute()完成执行后，立刻执行在后台线程中执行这一步骤，通常被用于执行较长时间的后台计算。异步任务的参数也被传到这个方法。该方法的返回值也可以计算的结果必须在此返回，将传送到下一步 onPostExecute（result）。

（3）onProgressUpdate（Progress...）

一次呼叫 publishProgress（Progress...）后调用 UI 线程，执行的时机没有定义。这个方法通常用于后台任务执行时在用户界面显示进度。例如：显示一个进度条动画或在文本域显示进度步骤和日志记录。

（4）onPostExecute（result）

当后台计算结束时，后台计算结果作为一个参数传递到这步。UI 线程可以在这里调用，如显示执行成功等信息。

要使用 AsyncTask，必须先定义继承一个子类，并至少重写一个方法 doInBackground(Params..)。如下面的示例代码来自 developer.android.com 关于 AsyncTask 类的部分，这个例子演示了在后台异步下载多个 Web 文件的操作：

```
// 定义一个基于 AsyncTask 的子类
private class DownloadFilesTask extends AsyncTask<URL, Integer, Long> {
      protected Long doInBackground(URL... urls) {
            int count = urls.length;
            long totalSize = 0;
            for (int i = 0; i < count; i++) {
                totalSize += Downloader.downloadFile(urls[i]);
                publishProgress((int) ((i / (float) count) * 100));
            }
            return totalSize;
       }

      protected void onProgressUpdate(Integer... progress) {
            setProgressPercent(progress[0]);
      }

      protected void onPostExecute(Long result) {
           showDialog("Downloaded " + result + " bytes");
      }
}

//子类创建后，执行任务时的调用是非常简单的:
new DownloadFilesTask().execute(url1, url2, url3);
```

代码分析如下：

（1）需要使用一个简单的方式实现多个 Web 资源的后台下载操作，输入参数是需要下载的资源的 URL （可变参数），输出是需要在下载过程中在 UI 中显示下载资源的进度和总的下载资源的大小；

（2）首先定义了一个基于 AsyncTask 类的子类；

（3）这个例子中使用了 URL，Integer 和 Long 作为 Params，Progress 和 Result 的类型；

（4）重写 doInBackGround ()方法，其中的参数使用的是 URL 对象（类别），表示需要下载的内容而且是可变参数；

（5）遍历 URL 列表数组，调用 Downloader.downloadFile()方法开展下载，参数为当前的数组成员；

（6）计算当前下载资源的大小，并进行累加；

（7）当前资源下载完成后，调用 publishProgress()更新进度参数，这里的进度是当前完成的资源数量和资源总数之比；

（8）所有资源下载完成后，返回总的资源大小 （Result）；

（9）重写 onProgressUpdate()，方法，此方法将会在 publishProgress()方法被调用时触发，此方法的内容是使用 Progress 参数更新进度条的数值，由于 Progress 数组中只有一个默认值，使用 progress[0]；

（10）重写 onPostExecute()方法，此方法会在 doInBackGround()返回后执行，参数为 Result，方法的内容是显示下载资源的总的大小；

（11）调用过程是，创建一个新的 DownloadFilesTask 实例并调用 execute()方法执行，参数为 url1,url2,url3(可变)。

在后台任务执行过程中，可以通过调用 cancel()方法来取消任务的执行，这一调用会导致 isCancelled()方法返回值为真（表明任务对象的状态为正在取消，为了确保任务取消顺利执行，最好在取消前调用 isCancelled()来验证一下取消的状态），并且在 doInBackground()方法中断时（取消生效），会调用 onCancelled()方法而不是 onPost，开发者可以在这里编写一些清理任务和显示取消信息的代码。

AsyncTask 类的整体的使用流程如下图 8-13 所示：

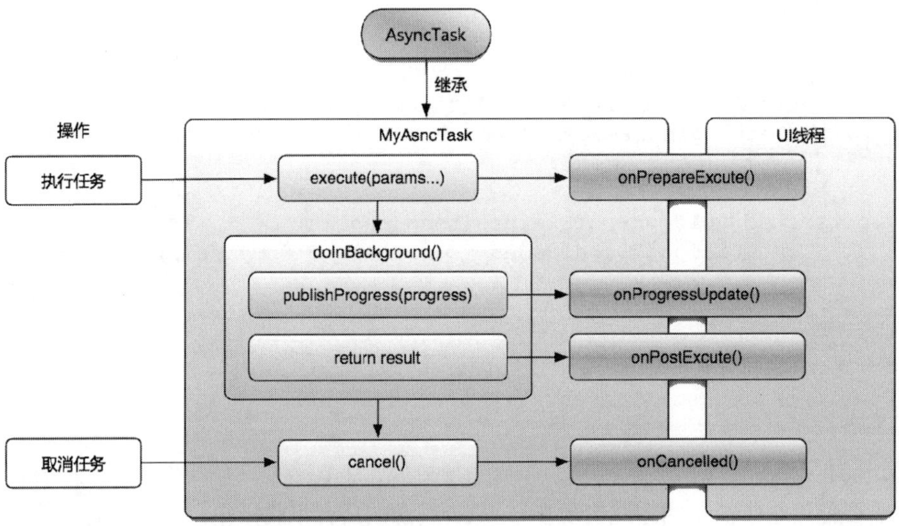

图 8-13　AsyncTask 类的操作和使用

此外，在使用 AsyncTask 类时需要注意的一些规则如下：

（1）任务实例必须在 UI 线程中创建；

（2）execute(..)方法必须在 UI 线程中调用；

（3）不要在外部手动调用 Async 的四个内置方法（它们都是由系统维护的）；

（4）任务只能执行一次（如果尝试第二次执行，则会抛出错误）。

和前面讨论的 Thread、Runnable 等技术相比，AsyncTask 更像一个“框架”，它提供了用于进行后台任务线程运行的整个生命管理的机制。所以我们需要理解，AsyncTask 是具有明确的使用环境和方式的，开发者需要根据应用的需要进行选择和实现。

8.2.5 实现任务线程池

我们在应用中经常会遇到需要同时运行多个任务和操作的情况，这些操作可以是相同类型的，也可以是不同类型的，为了更好的控制和平衡多线程运行时线程调度和切换的效率，可以考虑引入线程池技术。所谓线程池，就是一个线程调度管理器，它可以管理同时运行的多个线程，对线程的运行进行优先级的排列，控制同时运行的线程任务的数量，这样的处理方式有很多好处：

- 能够控制同一时间运行的线程的数量，避免计算资源的阻塞；
- 线程能够自动的按照推入的次序执行，不用用户手动监控线程结束和新线程开始；
- 能够较好的平衡不同负载、不同类型的任务执行；
- 充分利用现代计算体系架构和技术如多内核，支持多线程的中央处理器，从而提供更高的处理效率和性能。

下面的代码实现了一个线程池管理的类：

```
public class RunManager {
    public static final int MAX_TASKS = 5;
    public static final int MAX_INSERT = 2;

    private ArrayList<Runnable> active = new ArrayList<Runnable>();
    private ArrayList<Runnable> queue = new ArrayList<Runnable>();

    private static RunManager instance;

    public static RunManager getInstance() {
        return (instance == null) ? new RunManager(): instance;
    }

    public void push(Runnable runnable) {
        queue.add(runnable);
        if (active.size() < MAX_TASKS) startNext();
    }

    public void insert(Runnable runnable) {
        queue.add(0,runnable);
        if (active.size() < MAX_TASKS+MAX_INSERT) startNext();
    }

    private void startNext() {
        if (!queue.isEmpty()) {
            Runnable next = queue.get(0);
            queue.remove(0);
            active.add(next);

            new Thread(next).start();
        }
    }

    public void didComplete(Runnable runnable) {
        active.remove(runnable);
        startNext();
```

```
        }
    }
```

详细的代码分析如下：

（1）设置最大任务队列长度，即最多创建多少个同时执行的线程数量（这里为 5）；

（2）设置插入任务情况时，可以执行的高优先级任务线程的数量（这里为 2）；

（3）正在执行的线程列表和等待执行的线程列表，类型为 List<Runnable>，这里只要是实现了 Runnable 接口的对象都可以应用；

（4）设置使用单实例模式，保证在程序中共享一个任务管理器；

（5）定义 getInstance()方法，这一方法用于从外部获取当前的类实例（单实例），（如果没有实例，就新创建一个）；

（6）定义 push ()方法，此方法用于外部的业务调用，参数是一个 Runnable 对象实例，此方法将参数中的任务对象放在等待列表中并且启动下一个任务；

（7）调用 List 的 add()方法，将一个任务对象推入等待列表（放在等待列表最后）；

（8）如果正在执行的任务数量没有达到上限，则调用 startNext()方法执行等待列表中的第一个任务（如果达到上限，则需要等待某个任务执行完毕）；

（9）定义 Insert ()方法，这个方法将任务放在等待列表中的第一个位置（最优先执行）；

（10）如果正在执行的任务没有达到插入任务的上限，将会优先执行；

（11）startNext()用于在推入、插入和结束任务时执行队列中的第一个任务；

（12）先判断等待队列是否为空；

（13）如果不为空，获取队列中的第一个项目（任务），放入执行列表中；

（14）创建一个线程，将该任务放到线程中执行；

（15）定义 didComplete()方法，这也是一个外部调用方法，当任务对象完成时调用；

（16）这个方法会从运行列表中删除任务对象，并调用 startNext()执行下一个任务。

这个类的使用非常简单，使用是指需要将需要执行的任务（有 Runnable 接口并实现了 run()方法的）类实例作为 push()或者 insert()方法的参数调用就可以了。代码通常如下所示：

```
// 实现了 Runnable 接口的类，并重写了 Run 方法
RunManager.getInstance().push(this);
// 如果希望优先执行:
RunManager.getInstance().insert (this);
```

其实，关于线程管理，还有很多课题，比如线程的生命周期管理、线程同步、线程安全等等，我们这里主要是了解如何在 Android 中应用多线程的技术来帮助我们执行业务操作，通常这种操作都不会太复杂，而且这些业务操作之间也没有太复杂的需要协调的设计，这里就不深入讨论了。

此外，多线程应用程序的开发和运行特别容易导致一些逻辑上的冲突和意外，从而造成数据和应用的破坏。因此在进行多线程开发的时候，应当认真仔细的规划这些线程中执行的任务代码，特别是前后的依赖关系，充分考虑各种意外情况，保证整个应用的正常稳定的运行。

下面，我们就要将我们学习到的知识应用到实例程序中，使用多线程技术来改进我们对于网络数据服务访问的操作。

8.2.6　改进的网络访问类

现在，我们使用上面接触到的一些技术和方法来对我们的 HTTP 数据服务访问过程进行相应的改进，以达到下列的设计目标：

（1）相关网络访问的参数从 Preference 中读取；

（2）在访问中进行摘要式认证；

（3）可以实现在后台多线程并发操作；

（4）可以依据不同的操作类型进行不同的处理。

我们为此创建一个用于 HTTP 数据访问的类，该类实现了 Runnable 接口，可以用于在后台线程中执行：

```
BlogAccess.java
public class BlogAccess implements Runnable  {
…
}
```

为这个类设置一些常量和成员变量，包括执行状态（DID），访问业务操作类型，访问操作类型对应的服务地址（SVR），参数设置索引（KEY），和运行所需要的成员变量 Context（环境），HttpClient（HTTP 客户端），消息句柄 Handler，业务类型 etype 和业务参数 List<NameValuePair>：

```
    public static final int DID_START=1001;
    public static final int DID_SUCCESS=1002;
    public static final int DID_ERROR=1099;

    public static final int GET_BLOG=2001;
    public static final int POST_BLOG=2002;
    public static final int CHANGE_PWD=2003;

    public static final String SVR_BLOG_LIST="/enblogs.json";
    public static final String SVR_BLOG_ADD="/enblogs";
    public static final String SVR_BLOG_DELETE="/enblogs";

    public static final String KEY_USERNAME="USERNAME";
    public static final String KEY_PASSWORD="PASSWORD";
    public static final String KEY_SERVERADD="SERVERADD";
    public static final String KEY_REALM="REALM";

    private Context context;
    private HttpClient client;
    private Handler handler;
    private List <NameValuePair> params;
    private int etype;
```

编写一个 execute 方法，负责传送相关的参数，并且执行操作，其代码如下：

```
    public void execute(Context _context,Handler _handler,int _exe_type, List
<NameValuePair> _params) {
```

```
        context = _context;
        handler = _handler;
        etype = _exe_type;
        params = _params;

        RunManager.getInstance().push(this);
    }
```

这里为了简单，就没有再写单独的构造函数，而是将参数引用和执行操作合并成一个方法，其操作是直接将这个 Runnable 对象压入（Push）到 RunManager 的任务队列中，由 RunManager 调用该对象的 run 方法来进行具体的操作。

下面就是重写的 run()方法：

```
    @Override
    public void run() {
        String urlaccess;
        HttpResponse response = null;
        URL url=null;

        // 设置网络访问参数
        SharedPreferences settings=PreferenceManager.getDefaultSharedPreferences
(context);
          String username =  settings.getString(KEY_USERNAME,"tom");
          String password =  settings.getString(KEY_PASSWORD,"jerry");
          String surl= settings.getString(KEY_SERVERADD,"http://192.168.1.100:3000");
          String srealm  = settings.getString(KEY_REALM,"mycompany.com");

        // 创建新客户端
        client=new DefaultHttpClient();

        //设置超时参数
        HttpConnectionParams.setSoTimeout(client.getParams(), 5000);

        //开始访问
        handler.sendMessage(Message.obtain(handler, DID_START));
          try {
             // 认证设置
             url = new URL(surl);
           DefaultHttpClient client=new DefaultHttpClient();

           client.getCredentialsProvider().setCredentials(
                  new AuthScope(url.getHost(), url.getPort()),
                  new UsernamePasswordCredentials(username, password));

           // 生成 DIGEST 方案对象,将其放到一个 HttpContext 对象中，并设置为优先认证方式
           DigestScheme digestAuth = new DigestScheme();

           // 设置 realm 认证域
           digestAuth.overrideParamter("realm", srealm);

           // 假设已经有了一个 nonce 值，其实是随便设的值
           digestAuth.overrideParamter("nonce", "whatever");
```

```
        // 为 HttpContext 对象设置优先验证方案为摘要式验证
        BasicHttpContext localcontext = new BasicHttpContext();
        localcontext.setAttribute("preemptive-auth", digestAuth);

        switch (etype) {
         case GET_BLOG:
            // GET 参数设置
            urlaccess=surl+SVR_BLOG_LIST;

            String paramString = URLEncodedUtils.format(params, "utf-8");
            if((paramString!=null&&paramString.length()>0))urlaccess+="?"+paramString;

            response = client.execute(new HttpGet(urlaccess),localcontext);
            break;
         case POST_BLOG:
            urlaccess=surl+SVR_BLOG_ADD;
            HttpPost httppost = new HttpPost(urlaccess);

            // 为 Post 方法对象设置请求参数
            httppost.setEntity(new UrlEncodedFormEntity(params, HTTP.UTF_8));
            response = client.execute(httppost,localcontext);
            break;
         case CHANGE_PWD:
            break;
         }

          Log.e("HTTP", response.getStatusLine().toString());
          // 返回结果到调用端
         handler.sendMessage(Message.obtain(handler,DID_SUCCESS+ etype, response));

      } catch (Exception e) {
         handler.sendMessage(Message.obtain(handler, DID_ERROR, e));
      } finally {
         RunManager.getInstance().didComplete(this);
      }
   }
```

这里的代码完成了下述操作：

（1）从 Context 中读取网络访问相关的 Preference 设置的内容，包括服务器地址、认证域、用户名和密码；

（2）为 HTTP Digest 摘要认证配置相关认证设置；

（3）依据业务类型，选择相应的访问方式（Get 和 Post）和设置访问参数；

（4）执行 HttpClient 的 execute()方法，获取 HttpResponse 对象，并且放到 Handler Message 中，返回到主调用线程中进行处理。

在调用端的代码可能如下，首先设置 Handler 和相应的处理操作：

```
    private Handler handler = new Handler() {
        public void handleMessage(Message message) {
            switch (message.what) {
```

```
                case(BlogAccess.DID_SUCCESS+BlogAccess.GET_BLOG):{//成功获取Blog信息
                    HttpResponse response = (HttpResponse) message.obj;
                    // 下面是处理任务结果的代码
                    …
                    break;
                case (BlogAccess.DID_SUCCESS+BlogAccess.POST_BLOG): {//成功执行Blog发布
                    HttpResponse response = (HttpResponse) message.obj;
                    if (response.getStatusLine().getStatusCode()==200){
                                // 一切正常
                    }
                                break;
                }
            }
        }
    };
```

然后在合适的地方创建网络访问对象并调用其 execute()执行方法：

```
    (new BlogAccess()).execute(this, handler, BlogAccess.GET_BLOG, null);
```

如果有需要，还需要为第四个参数准备好要提交的参数，如下面的代码可以用于发布 Blog：

```
    List <NameValuePair> params=new ArrayList<NameValuePair>();
    params.add(new BasicNameValuePair("username", "tom"));
    params.add(new BasicNameValuePair("body", "通知：明天放假！"));
    (new BlogAccess()).execute(this, handler, BlogAccess.POST_BLOG, params);
```

这样，我们就有了一个相对完善的业务类来让我们完成和业务相关的网络访问操作，并且在这个类中我们实现了后台多线程并发的访问和网络认证等功能特性，下面，我们来探讨一下如何进一步将这种网络访问从应用程序中分离，并且以服务程序的形式提供持续自动的网络数据访问和更新。

8.3 网络数据访问服务

上一节我们讨论了如何开发和配置将网络服务访问的任务放到独立的后台线程中去执行，现有的程序结构有一个小小的不足，就是这个任务执行必须是在 Android 应用程序开启的情况下才能执行，但某些情况下，我们希望无论程序是否被启动，都希望能够定期在后台进行某种操作，如在我们的程序中，在程序运行方面，我们希望实现的特性主要有下面 3 个：

（1）访问网络数据服务的操作可以在操作系统启动后就可以执行；

（2）该操作可以独立于主程序，就是无论主程序是否由开启，这个操作都会在后台执行；

（3）能够定期的进行网络数据服务的访问，从而获取最新的内容。

这一应用需求可以通过 Android 的 Service(服务程序或简称服务)技术实现。

8.3.1 Service 概述

首先说说 Service（服务）是什么。

在 Android 系统中，服务就是运行在后台的应用程序或者应用程序的一部分。它可以运行在它自己的进程中，也可以运行在其他应用程序的上下文（context）里面，取决于应用的需要。Android

平台的 Service 组件不提供可视界面（但可以从其他界面中进行控制），可以用于一些适合于后台处理的操作，如更新检查、下载文件、播放音乐等。就像发电机一样，总是在后面勤垦沉默而又持续不停的运转，那些发光发亮的事情都让霓虹灯（Activity）去做了。

其实 Service 的概念我们不应当陌生，特别是服务器操作系统如 Windows Server 2003 中，它的很多功能如 HTTP、DNS 服务都是通过服务程序提供的。然而 Service 并不是服务器操作系统独有的概念，像 Windows XP 其实也能够运行服务程序，如系统更新服务也是典型的服务程序。

使用服务程序有很多好处，它通常不需要复杂的 UI，可以节省大量相关的系统资源；它的运行过程不需要和人交互，按照设计和配置好的方式自动执行，从而保证任务执行和服务不会被中断；它通常被设计成定期自动执行任务或者按照请求执行任务，从而表现出很高的“自主性”。正因为有了服务程序的机制，计算机才可能变得更加智能，更加主动。

虽然在 Android 系统中 Service 的概念和桌面操作系统中的类似，但这里还是需要澄清一下让人们容易混淆的看法和概念。

Service 不是一个独立的进程，Service 对象并不是简单的运行在自己的进程当中，除非特别指定，Service 是作为其应用程序的一部分运行在应用程序的进程当中的。此外，Service 也不是一个线程，其操作也不是独立于主线程的，因此，并不是使用 Service 就可以避免 ANR 错误，在 Service 中同样需要使用线程管理技术。

因此，Service 的主要特性和用途是：它可以用于告知系统，该应用程序有一些工作适合并需要在后台运行，这通常使用 Context.startService()来调用，系统会为此进行规划和准备，并运行直到服务程序停止或者执行其他终止操作。它还可以用于为其他应用程序提供功能性的接口，这可以通过 Context.bingService()来调用，它可以维持一个长久的服务程序连接并开展互相操作。通过这些特性，Service 提高了 Android 应用程序开发的模块化和灵活性。

8.3.2　Android 中 Service 的实现

作为一个现代化的先进的手持设备操作系统，Android 提供了良好的 Service 应用开发的框架，其核心组件是 android.app.Service 类。和 Activity 类似，Service 也有自己的生命周期，但相对简单，由于没有用户界面前置-后置处理的问题，通常只需要关注下面三个回调方法：

（1）onCreate()：Service 对象被创建时回调的方法；

（2）onStartCommand()：Service 命令被执行时回调的方法；

（3）onDestory()：Service 关闭时回调的方法。

要实现一个 Service，通常包括以下几个步骤：

（1）创建业务 Service 继承 Service 类；

（2）重写 onCreate；

（3）在需要的时候（如系统启动时，应用程序启动时）启动 Service。

下面用一个简单的例子来说明这个问题，首先是 Service 的类定义：

```
public class ServiceBlog extends Service {
    public static final String LOGTAG="SERVICE";

    //当初始化时回调
```

```
    public void onCreate() {
        super.onCreate();
        Log.d(LOGTAG, "service created");
    }

    //服务启动时回调
    public void onStart(Intent intent, int startId) {
        //业务代码通常在这里实现
        super.onStart(intent, startId);
        Log.d(LOGTAG, "service started");
        (new BlogAccess()).execute(this, handler, BlogAccess.GET BLOG, null);
    }

    //服务实例销毁时回调
    public void onDestroy() {
        Log.d(LOGTAG, "service destroied");
        super.onDestroy();
    }

    //当绑定服务时回调
    public IBinder onBinder(Intent intent) { return null; }
}
```

这里只需要注意其继承了 Service 类，并且重写了相关的方法，特别是 onCreate()常用于类实例初始化等设置工作，onStart()用于启动业务操作，我们这里将访问网络信息的代码就放在了这里。

作为一种应用执行类型，Service 需要在 Manifest 文件中进行设置，其设置方法和 Activity 类似：

```
AndroidMenifest.xml
<service android:name=".ServiceBlog">
    <intent-filter>
        <action android:name="cn.myapp.ServiceBlog" />
    </intent-filter>
</service>
```

下面我们来了解一下如何控制这个服务能够在系统启动时就开始定期化的运行，而不需要用户来进行操作和干预。

8.3.3 Service 的周期执行和启动执行

在实际应用当中，为了保证能够及时获取最新的内容，我们可以将服务程序设置为定期执行某个操作，这个可以在程序中使用各种方法达成，比如使用前面提到过的线程控制等方式，但这并不是我们推荐的执行方法。同时我们希望这个过程能够“脱离”应用程序并且能够自动启动和执行，并且能够在资源占用、电力消耗方面达到一个比较好的平衡。

我们的解决方案如下：

（1）要保证程序在系统开机后执行，需要一个启动事件接收器，它可以在 Android 系统启动后进行某些操作；

（2）在定期执行控制方面，我们使用系统提供的定时执行器 AlarmManager；

（3）在任务执行方面，我们使用任务执行 Service；这个 Service 并不永远运行，而是定期由 AlarmManager 调用来执行；

（4）由于需要脱离应用程序执行，就不能使用 AlarmManager 直接控制这个 Service，而是使用 AlarmManager 定期发送某个广播事件；

（5）需要一个定期事件接收器接收定期事件的广播，并且启动服务程序。

其具体实现如下。

首先是启动广播接收器，它用于在 Android 系统启动后注册一个 AlarmManager 定期执行器。其原理是利用 Android 的广播通知处理机制，先在应用中继承一个广播接收器（BroadcastReceiver）类并重写其 onReceive()方法，在这个方法中可以编写需要执行的操作，这里是注册一个定期执行器；然后在配置文件中进行接收器的注册，使其能够接受到系统的 BOOT_COMPLETED 消息。这样，在系统启动完成后，会找到这个接收器并其触发器 onReceive()方法，并启动定期执行器。其代码如下：

```
    ReceiverBoot.java
    public class ReceiverBoot  extends BroadcastReceiver {
        @Override
        public void onReceive(Context ctx, Intent intent) {
            AlarmManager am = (AlarmManager) ctx.getSystemService(Context.ALARM_
SERVICE);
            PendingIntent pi = PendingIntent.getBroadcast(ctx, 0, new Intent(ctx,
ReceiverAlarm.class), 0);
            am.setRepeating(AlarmManager.ELAPSED_REALTIME, SystemClock.elapsed
Realtime(), 60000, pi); }
    }
```

AlarmManager 是 Android 系统提供的定时器，它可以用于在特定时间或者定期启动操作，由于它能够利用系统的一些电源管理机制，所以在 Android 系统操作中，它比 Java 提供的 Timer 定时器机制更好。它的使用方法是先使用 getSystemService（Context.ALARM_SERVICE）方法获取系统 AlarmManager 实例，然后调用 setRepeating()方法来设置定时。这个方法有四个参数，一是执行的类型，二是初始启动的时间，三是以毫秒计的执行的时间间隔，四是一个 PendingIntent，即具体执行的操作。

这里的定时操作被封装在 PendingIntent 对象中；顾名思义，PendingIntent 就是“待定”的 Intent，它不是有当前的代码之间执行，而是将 Intent 作为一个参数放在另一个回调方法中，让其他相关的程序来执行，这里其他的程序就是 AlarmManager 的定时执行方法。在这里的 PendingIntent 要执行的是另一个广播接收器，所以使用 getBroadcast()方法，有四个参数，一是调用者相关 context，二是请求 ID，可以作为标识符区别不同的调用者使用，三是具体的 Intent，它使用要执行的接收器类，四是标志位。

此外，要使上面的接收器生效，需要在 Manifest 配置文件中进行注册，注册的关键是声明一个 intent-android.intent.action.BOOT_COMPLETED 项目作为 intent 的过滤项目，具体如下：

```
    AndroidMenifest.xml
        <receiver android:name=".ReceiverBoot">
              <intent-filter>
                  <action android:name="android.intent.action.BOOT_COMPLETED" />
```

```
        </intent-filter>
    </receiver>
```

前面已经提到，我们在 AlarmManager 中并不直接执行业务方法，而是再次创建和调用一个接收器，然后使用这个接收器来调用业务服务方法。这个接收器的定义如下：

```
public class ReceiverAlarm extends BroadcastReceiver {
    @Override
    public void onReceive(Context context, Intent intent) {
        context.startService(new Intent(context, ServiceBlog.class));
    }
}
```

这里的 onReceive()方法就很简单了，直接使用 startService()方法调用业务服务对象。在接收器中的主要目的是捕获系统消息，并不建议编写复杂的需要长时间处理的代码，而是建议使用 Service 来进行具体的处理。同样，需要相对应的注册信息：

```
AndroidManifest.xml
    <receiver android:name=".ReceiverAlarm" />
```

这里，我们可以进一步将所需要定时执行的操作封装到 ServiceOperator 服务程序类当中，这里的内容和前面讨论过的服务类就基本一样了。

```
    <receiver android:name=".ReceiverAlarm" />
```

需要注意的是，一旦服务启动，就会按照设定的时间间隔不停的运行下去，作为一个选项，开发者应该在程序中保留一个关闭服务的接口，可以使用下面的代码：

```
    AlarmManager am = (AlarmManager) ctx.getSystemService(Context.ALARM_SERVICE);
    PendingIntent pi = PendingIntent.getService(ctx, 0, new Intent(ctx, ServiceBlog.
class), 0);
    am.cancel(pi);
```

这个操作会撤销特定 PendingIntent 的定时执行操作。当然，有撤销就应该有再启动，比如在程序的初始化过程中添加和启动接收器类似的 AlarmManager 注册代码。

这里笔者想要说明一下，上述的操作流程和代码参考自 Google Code 的一些内容，但经笔者实验，如果不使用 ReceiverAlarm，直接在 AlarmManager 中设置 Service 业务服务，也是可以的，可以预见的差别在于可以在“外部”通过系统广播通知来执行 Service，是否会影响到程序关闭后服务仍然能够执行，或者其他的影响，笔者没有体会出来。

如果使用这种方式，相应的代码是：

```
ReceiverBoot.java(直接使用 Service 方式)
public class ReceiverBoot  extends BroadcastReceiver {
    @Override
    public void onReceive(Context ctx, Intent intent) {
        AlarmManager am = (AlarmManager) ctx.getSystemService(Context.ALARM_
SERVICE);
```

```
        PendingIntent pi = PendingIntent.getService (ctx, 0, new Intent(ctx,
ServiceBlog.class), 0);
        am.setRepeating(AlarmManager.ELAPSED_REALTIME,SystemClock.elapsedRealtime(),
60000,pi);}
    }
```

代码中的差别是使用 PendingIntent.getService()方法来声明一个 Service 类型的 PendingIntent，并在后面指定相应的服务程序类，此外，显然，也不再需要 ReceiverAlarm 这个类和注册信息了，相对简单一点。

8.3.4　与 Service 交互

Service 虽然通常被没有正式的用户界面，但并不表示不能向用户进行某种形式的反馈。通常我们建议使用一些系统级别的机制来实现这些特性，如 Android 系统中的 Notification 通知系统。

下面的一段示例代码演示了如何调用 Android 的通知服务功能，这个程序很简单，就是在调用这个方法是在 Android 状态栏显示一条通知：

```
        // 设置一个通知识别符
        private static int MOOD_NOTIFICATIONS = R.string.service_notify_id;
    ..
        private void showNotify(){
            // 通知服务实例
            NotificationManager mNM = (NotificationManager) getSystemService(NOTIFICATION
SERVICE);

            // 消息内容
            CharSequence title = "时间服务";
            CharSequence message = (new Date()).toLocaleString();

            Notification notification =
                new Notification(android.R.drawable.stat notify more, message, System.
currentTimeMillis());

            PendingIntent contentIntent =
                PendingIntent.getActivity(this, 0, new Intent(this, ServiceDemoActivity.
class), 0);

            notification.setLatestEventInfo(this,title,message,contentIntent);
            // 振动设置暂停 100ms ，振动 250ms，暂停 100 ms，再次振动 500ms.
            notification.vibrate = new long[] { 100, 250, 100, 500};

            mNM.notify(MOOD NOTIFICATIONS, notification);
    }
```

我们简要的分析一下：

（1）为我们的通知设置一个整型的识别符（我们可以使用一个资源标识符作为识别符），将我们的通知和其他通知区别开来，方便管理和控制；

（2）执行 getSystemService()获取系统通知服务；

（3）通知条目可以设置标题和内容；

（4）创建一个通知对象，参数分别是：图标资源，显示在状态栏上的文字（ticket），和通知时间；

（5）为通知条目设置一个回调 Activity，它使用了 PendingIntent 方式；

（6）为通知设置最后的事件内容，因为通知是可以按照类型划分的，同样的一类通知可以共享通知条目，而不用显示很多单独的通知条目；

（7）还可以为通知设置振动（vibrate），请注意振动操作需要相应的操作权限：

```
AndroidMenifest.xml
<uses-permission android:name="android.permission.VIBRATE" />
```

（8）最后，调用通知服务的 notify()方法，发送和显示通知。

程序运行的效果如下：

图 8-14　Android 通知

通知显示后，会一直出现在 Android 状态栏中，除非用户清除，当然用户也可以调用 cancel()方法来撤销通知：

```
mNM.cancel(MOOD_NOTIFICATIONS);
```

上述的操作其实也展示了一个比较完整的 Service 应用的操作流程，Service 在系统启动后，自动在后台执行，当需要时发送通知显示在 Android 系统状态栏上，用户可以检查通知内容，点击通知条目可以打开预设的 Activity 并传送 Intent 进行进一步的处理。

实际上，除了使用 Service 结合 Notify 解决在后台检查信息更新之外，还可以使用 Widget（桌面小程序）来显示通知信息，我们在下一节详细讨论。

8.4　Widget（桌面小程序）

Widget（桌面小程序）是一个非常有趣的技术。它能够帮助开发者将应用程序的相关信息和操作直接集成到桌面界面当中。这一个技术可以大大提升 Android 系统和应用程序的灵活性，我们通常在 Android 系统首页（2.2 版本）看见的搜索框和使用贴士程序（图 8-15）都是使用这个技术实现的，这一节我们会详细的分析这项技术在 Android 开发中通常是如何使用和实现的。

为了帮助开发者进行这种 Widget 应用的开发，Android 提供了一个开发 Widget 程序的框架。从技术角度上讲，Widget 就是系统在桌面上提供给应用程序的一个小的程序“窗口”，然后提供了相关的接口让开发者可以定义这个窗口的布局和操作的逻辑。

图 8-15　Widget 使用实例

当然，这个 Widget 的控制不是通过 Activity 来实现的，而是通过 AppWidgetProvider 这个类来实现的。我们可以继承这个类，并且重写 onUpdate（Context context, AppWidgetManager appWidgetManager, int[] appWidgetIds）方法来实现我们自己的业务逻辑。同样，和 Activity 类似，Widget 的界面可以在布局文件中进行定义和引用，并且在 Manifest 文件中对这个接收器进行注册和配置。

下面我们就来逐步解析这一开发过程，为了便于我们理解 Widget 的工作方式，我们使用一个独立的示例程序和数据来进行说明：

（1）明确应用需求和功能

我们为 Widget 提出的应用需求如下：

- 在系统主页面上使用一个占用 1*4 空间的 Widget；
- 此 Widget 用于显示最新的未读的 Blog 条目；
- 在此 Widget 上还可以显示下一条目按钮和刷新按钮（同时用于显示记录数量）；
- 在此 Widget 点击该条目可以转换到应用程序界面中。

根据上述的需求，我们为 Widget 设计的初步效果如图 8-16 所示：

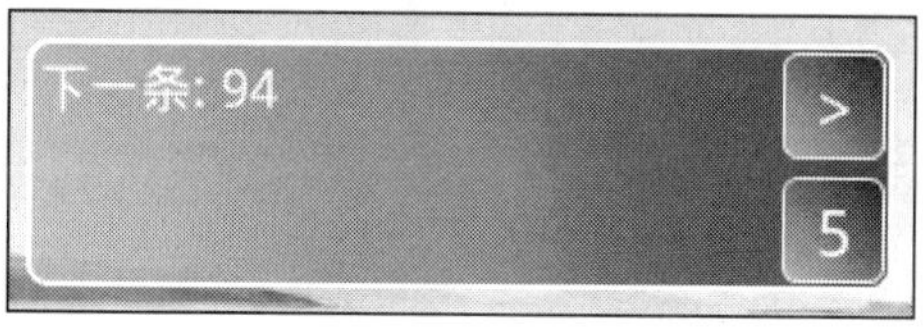

图 8-16　Widget 的布局

下面，我们就依据这个设计图和操作逻辑来进行实现，当然我们用一些随机数来模拟显示记录条目的效果。

（2）创建一个 Android 应用程序工程

首先安照默认方式创建一个 Android 应用程序工程文件，名为 WidgetSample。系统默认的 Activity 并不是必须的，但为了说明 Widget 和 Activity 互操作的功能，我们暂时保留默认的 Activity 文件。

（3）定义一个 Widget 布局设计文件

像常规的 Activity 一样，作为一个可见元素，可以通过为其指定布局文件来定义 Widget 的外观。下面为我们为其定义的布局文件：

```
Res/layout/widget_layout.xml
<?xml version="1.0" encoding="utf-8"?>
<LinearLayout
  android:layout_width="match_parent"
  android:layout_height="match_parent"
  android:background="@drawable/wframe"
  android:layout_margin="8dip" xmlns:android="http://schemas.android.com/
apk/res/android">
        <TextView android:textAppearance="?android:attr/textAppearanceMedium"
         android:text="内容"
         android:id="@+id/txt_body"
         android:layout_height="match_parent"
         android:layout_width="250dp"
         android:layout_margin="4dip"
         />
        <LinearLayout android:id="@+id/linearLayout2"
         android:layout_height="match_parent"
         android:layout_gravity="right"
         android:orientation="vertical"
         android:layout_width="match_parent">
            <TextView android:textAppearance="?android:attr/textAppearanceLarge"
              android:text=">" android:id="@+id/txt_next"
              android:layout_height="36dp"
              android:layout_width="36dp"
              android:layout_gravity="right"
              android:gravity="center"
              android:background="@drawable/bframe"
              android:layout_margin="3dip"
              />
            <TextView android:textAppearance="?android:attr/textAppearanceLarge"
              android:text="0"
              android:id="@+id/txt_refresh"
              android:layout_height="36dp"
              android:layout_width="36dp"
              android:layout_gravity="right"
              android:gravity="center"
              android:background="@drawable/bframe"
              android:layout_margin="3dip"
              />
        </LinearLayout>
</LinearLayout>
```

图 8-17 显示了上述布局设计的基本思路，两个 LinearLayout 主要用于组织横向和纵向的元素排列，为了简单起见，我们这里使用的都是 TextView 来同时作为信息显示和实现按钮的功能。

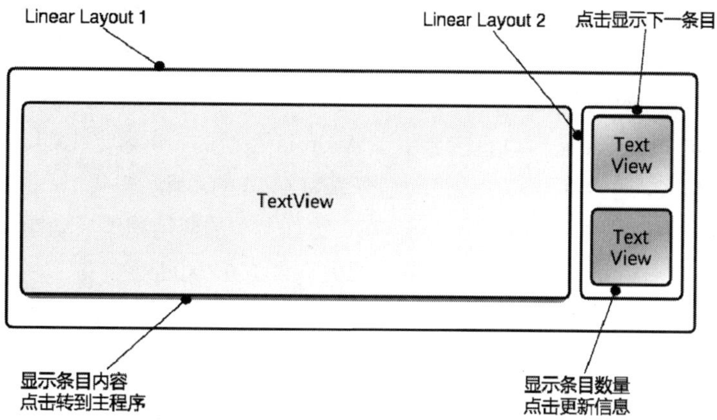

图 8-17　Widget 布局设计

这里还为布局和 TextView 设计了具备简单的背景和圆角的图框，它们由两个文件进行定义，分别应用于整个 Widget 和 TextView：

```
/res/drawable-mdpi/wframe.xml
<?xml version="1.0" encoding="UTF-8"?>
<shape xmlns:android="http://schemas.android.com/apk/res/android"
    android:shape="rectangle">
    <stroke android:width="2dp" android:color="#FFFFFFFF" />
    <gradient android:startColor="#DD000000"
         android:endColor="#DD2ECCFA"
         android:angle="225"/>

   <corners android:bottomRightRadius="7dp"
    android:bottomLeftRadius="7dp"
       android:topLeftRadius="7dp"
       android:topRightRadius="7dp"/>
</shape>

/res/drawable-mdpi/bframe.xml
<?xml version="1.0" encoding="UTF-8"?>
<shape xmlns:android="http://schemas.android.com/apk/res/android"
    android:shape="rectangle">
    <stroke android:width="1dp" android:color="#FFFFFFFF" />
    <gradient android:startColor="#DD000000"
          android:endColor="#DD2ECCFA"
         android:angle="225"/>

   <corners android:bottomRightRadius="5dp"
    android:bottomLeftRadius="5dp"
       android:topLeftRadius="5dp"
       android:topRightRadius="5dp"/>
</shape>
```

这两个文件通过定义 Android 的 shape 元素实现了 View 元素的背景和边框效果，包括渐变的背景，边框的宽度和颜色，圆角半径等效果，当然开发者也可以使用图片文件作为背景来实现这一点。

需要注意的是，在这里我们没有直接定义整个布局的宽度和高度，因为它们不是基于整个屏幕的尺寸来定义的，而是基于系统分配给 Widget 的大小和位置来作为参照，这些信息我们需要在后续的 Widget 的配置文件中进行定义。

（4）定义一个 Widget 配置文件

和 Activity 不同，Widget 是可以直接显示在 Android 系统的主屏幕之上的，为了充分利用屏幕空间和使布局比较整齐，通常将屏幕有效空间划分成为 4×4 的单元，一共 16 个单元（Cell），Widget 可以根据应用的需求占据其中的单元（如图 8-18），比如典型的应用程序启动图标是 1×1 单元，搜索框是 4×1 单元。在 HVGA 屏幕上，每个单元的大小为 100×80dp。

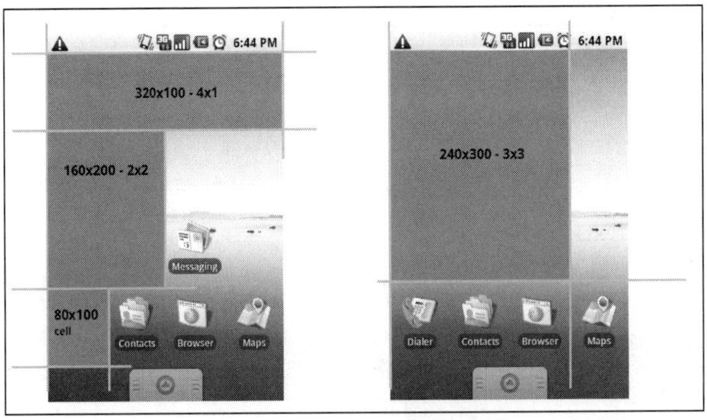

图 8-18　Android 屏幕空间单元划分

这样，我们需要的空间为 4×1 的单元，大小应该为 320×100。这个定义不是在布局文件或应用程序配置文件中描述，而是单独定义在一个 xml 文件的 appwidget-provider 配置单元中的，我们为此新建一个 xml 文件，用于配置 Widget 的行为和外观，其内容如下：

```
/res/xml/widget_info.xml
<?xml version="1.0" encoding="utf-8"?>
<appwidget-provider xmlns:android="http://schemas.android.com/apk/res/android"
    android:updatePeriodMillis="300000"
    android:minWidth="320dp"
    android:minHeight="100dp"
    android:initialLayout="@layout/widget_layout">
</appwidget-provider>
```

这里主要定义了下述内容：

① Widget 的更新周期（以毫秒计），Widget 会按照这个周期自动调用对应实例中的相关方法来进行更新，但通常一个比较好的做法是将这个值设的比较大，不使用 Widget 的更新机制，而是通过相关的服务或者程序来进行外部的控制；

② Widget 的宽度和高度（大小）；

③ Widget 所使用的布局文件。

有了布局和配置文件之后，我们就可以着手编写 Widget 的各项具体的业务操作功能了。

（5）Widget 的程序实现

在 Android 系统中，Widget 的操作逻辑是通过 AppWidgetProvider 类来实现了，使用方式也和

Activity 或者 Service 差不多，定义一个自己的类，继承 AppWidgetProvider，并重新其中的方法，代码如下：

```
    MyTextWidget.java
    public class MyTextWidget extends AppWidgetProvider {
        public static final String MYACTION NEXT = "cn.myapp.action.widget.next";
        public static final String MYACTION REFRESH = "cn.myapp.action.widget.refresh";

        @Override
        public void onUpdate(Context context, AppWidgetManager appWidgetManager,
int[] appWidgetIds) {

            // 获取远程视图实例
            RemoteViews remoteViews = new RemoteViews(context.getPackageName(),R.
layout.widget layout);

            // 设置打开应用程序
            Intent itOpen = new Intent(context.getApplicationContext(),Widget
SampleActivity.class);
            PendingIntent piOpen = PendingIntent.getActivity(
                    context.getApplicationContext(), 0, itOpen,PendingIntent.FLAG
UPDATE CURRENT);

            remoteViews.setOnClickPendingIntent(R.id.txt body, piOpen);

            // 设置显示下一条记录
            Intent itNext = new Intent(context.getApplicationContext(),UpdateWidget
Service.class);
            itNext.putExtra(AppWidgetManager.EXTRA APPWIDGET IDS, appWidgetIds);
            itNext.setAction(MYACTION NEXT);
            PendingIntent piNext = PendingIntent.getService(
                    context.getApplicationContext(), 0, itNext,
                    PendingIntent.FLAG UPDATE CURRENT);

            remoteViews.setOnClickPendingIntent(R.id.txt next, piNext);

            // 设置刷新纪录
            Intent itRefresh = new Intent(context.getApplicationContext(),Update
WidgetService.class);
            itRefresh.putExtra(AppWidgetManager.EXTRA APPWIDGET IDS, appWidgetIds);
            itRefresh.setAction(MYACTION REFRESH);
            PendingIntent piRefresh = PendingIntent.getService(
                    context.getApplicationContext(), 0, itRefresh,
                    PendingIntent.FLAG UPDATE CURRENT);
            remoteViews.setOnClickPendingIntent(R.id.txt refresh, piRefresh);

            // 设置远程视图
            appWidgetManager.updateAppWidget(appWidgetIds, remoteViews);

            // 启动服务，并通过服务更新 Widget
            context.startService(itNext);
        }
    }
```

这里的要点是：

① 需要继承 AppWidgetProvider 类；

② 通常需要重写 onUpdate()和 onRecive()方法；

③ 这里 onUpdate()的参数有三个：应用程序 Context，Widget 管理器和 Widget 索引，由于 Android 可以支持在屏幕上显示多个同样的 Widget，所以这里是一个数组；

④ 这段代码需要达到两个目的，为 Widget 的视图元素设置点击事件响应，以及启动用于视图更新的 Service；

⑤ 首先创建一个 RemoteView 对象，它可以用来设置 Widget 的视图；

⑥ 创建一个 intent，可以用来调用主 Activity（WidgetSampleActivity）；

⑦ 但这个 intent 并不是在此处立刻执行，而是在点击 txt_body 视图后才开始调用，所以需要为此设置 PendingIntent；

⑧ 设置的方式是调用 PendingIntent.getActivity()方法，参数包括 Context，requestcode（暂时不用，统一设为 0），intent 和 flag（标志）；

⑨ 调用 remoteView 的 setOnClickPendingIntent()为 txt_body 视图设置准备好的 PendingIntent；

⑩ 类似的，可以为调用业务更新 Service 设置相应的 PendingIntent；

⑪ 因为需要涉及到具体的 Widget，所以需要将 appWidgetIds 封装到 Intent 的附加数据中进行传递，然后在 Service 中进行处理；

⑫ 调用 updateAppWidget()方法将 remoteView 设置到 Widget 中；

⑬ 调用 startService()启动服务。

在程序后面我们可以看到，Widget 本身并没有实现内容的更新，而是将这些行为放在了后台的服务程序中，这就是我们前面提到的从外部来进行内容更新的操作，所以我们在下一步需要编写具体实现的服务程序。

（6）内容更新服务程序

接上一步，为了达到从外部对 Widget 进行控制和内容更新的目的，我们需要编写一个服务程序来实现这一点，其代码如下：

```
    UpdateWidgetService.java
    public class UpdateWidgetService extends Service {
        @Override
        public void onStart(Intent intent, int startId) {
            Log.i("UpdateWidgetService", "Called");
            // Create some random data
            String fakeUpdate = null;
            Random random = new Random();

            AppWidgetManager appWidgetManager
                    = AppWidgetManager.getInstance(this.getApplicationContext());

            int[] appWidgetIds = intent.getIntArrayExtra(AppWidgetManager.EXTRA_
APPWIDGET_IDS);
            if (appWidgetIds.length > 0) {
                for (int widgetId : appWidgetIds) {
                    int nextInt = random.nextInt(100);
```

```
                if (intent.getAction().equals(MyTextWidget.MYACTION_NEXT)) {
                    fakeUpdate = "下一条: " + String.valueOf(nextInt);
                } else if (intent.getAction().equals(MyTextWidget.MYACTION_REFRESH))
                {
                    fakeUpdate = "刷新记录: " + String.valueOf(nextInt);
                }

                RemoteViews remoteViews
                     = new RemoteViews(getPackageName(),R.layout.widget_layout);
                remoteViews.setTextViewText(R.id.txt_body, fakeUpdate);
                remoteViews.setTextViewText(R.id.txt_refresh, "5");

                appWidgetManager.updateAppWidget(widgetId, remoteViews);
            }
            stopSelf();
        }
        super.onStart(intent, startId);
    }

    @Override
    public IBinder onBind(Intent intent) {
        return null;
    }
}
```

这里的要点如下：

① 继承 Service 类，这个类在 Widget 中的业务处理 Intent 中进行了引用；

② 重写了 onStart()方法；

③ 这里使用了随机数来模拟数据刷新的状态；

④ 由于可能会有多个 Widget 实例的状态，所以需要通过 appWidgctIds 这个数组来循环处理；

⑤ 从 Intent 的 Action 设置可以区别不同的处理状况；

⑥ 类似的，可以为调用 Widget 建立和设置 remoteView，在这里可以实现内容的更新和设置；

⑦ 由于这里的 Service 仅用于响应操作进行数据更新，完成后就可以调用 stopSelf()停止服务了。

到这里，通过服务程序和 Widget 的配合，就可以完成 Widget 数据的显示和操作相应了，但作为应用程序组件，两者都需要在应用程序配置文件中进行注册。

（7）应用程序配置文件

最后，我们需要对应用程序的配置文件进行相应的修改：

```
AndroidMenifest.xml
<?xml version="1.0" encoding="utf-8"?>
<manifest xmlns:android="http://schemas.android.com/apk/res/android"
      package="cn.myapp"
      android:versionCode="1"
      android:versionName="1.0">
    <uses-sdk android:minSdkVersion="8" />

    <application android:icon="@drawable/icon" android:label="@string/app_name">
        <receiver android:name=".MyTextWidget">
            <intent-filter>
```

```
                <actionandroid:name="android.appwidget.action.APPWIDGET_UPDATE" />
            </intent-filter>
            <meta-data android:name="android.appwidget.provider" android:resource
="@xml/widget_info" />
        </receiver>

        <service  android:name=".UpdateWidgetService"/>
        <activity android:name=".WidgetSampleActivity" android:label="@string
/app_name"/>
    </application>
</manifest>
```

这里的修改涉及三个地方：

① Activity，如果不作为独立程序启动，此 Activity 只需要有一个注册项目和类的引用就可以了；

② Service，增加数据更新服务的 Service 类引用；

③ Widget 的程序组件 AppWidgetProvider，在 Android 中是作为一个接收器组件进行注册的，它可以接受系统的 APPWIDGET_UPDATE 类型的 Action，接受该事件后触发其 onUpdate() 方法来执行具体的操作；

④ 需要通过为这个接收器定义 meta-data 配置，类型是 android.appwidget.provider，内容是 widget 配置文件 widget_info。

（8）配置和执行

Widget 安装部署后，并不会作为一个应用程序来直接运行，而是需要在 Android 系统中进行设置，将其显示到桌面上。

部署的方式是，在主页面环境下，点击“菜单”按钮，系统会启动选项菜单，然后点击“添加”，选择“窗口小部件”，找到我们的 Widget 程序（这里是 WidgetSample），如果屏幕上有空余的空间，此 Widget 就会显示到相应的空间当中，这一过程如图 8-19 所示：

图 8-19　部署和运行 Widget

这时，如果点击“>”按钮，系统会显示下一条记录，如果点击“5”，系统会更新并显示最新记录，如果点击记录条目，系统会执行应用程序并显示其主界面。

最后总结一下，要实现可交互的从外部 Service 更新的 Widget，需要完成以下步骤：首先需要为 Widget 设计相应的界面布局（widget_layout）和配置信息（widget_info）；其次继承 AppWidgetProvider，实现 Widget 的显示和操作，它们可以通过为 appWidgetManager 设置包含了 PendingIntendt 的 remoteView 完成；然后实现用于相应操作并进行数据更新的 Service，它同样通过为 appWidgetManager 设置 remoteView 完成；最后在 Manifest 文件中对 Receiver（设置 widget_info）、Service 和 Activity 进行配置和注册。

下面，我们简单的总结一下上面的内容，并且讨论它们是如何集成和应用到 Android 应用程序当中的。

8.5　组装和集成

最后，在所有的功能模块和技术细节都比较清楚之后，我们就可以将它们组装起来，形成一个相对比较简单却完备的应用程序了。我们下面使用一个简单的组件和功能结构流程图（图 8-20）来进行描述。

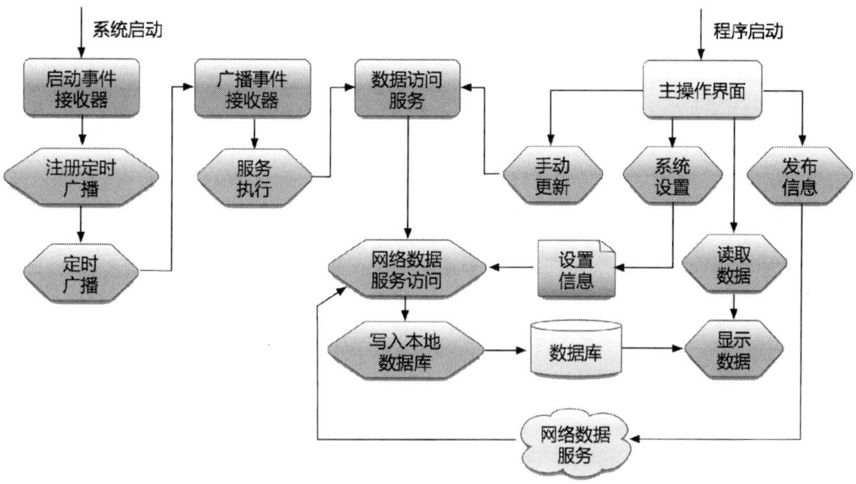

图 8-20　实例程序客户端组件和功能架构

这个程序的应用流程如下：用户首先设置系统信息，包括网络数据服务地址、用户名和密码，并保存在程序的 Preferences 中；程序中使用一个数据访问服务来进行网络数据的访问，它是由用户手动或者一个周期性执行的广播接收器来执行的；这个周期性广播接收器在系统或者程序启动时注册；数据访问服务获取数据后，并不直接显示，而是将其写入数据库，然后发出已更新的通知；由主操作界面在启动时，或者根据通知来刷新显示；如果使用了 Widget，也可以使用数据库的数据来显示更新的数据。

8.6　总结

这一章我们深入探讨了如何对我们的网络应用程序进行进一步的增强，使之更适合于实际的应用需求，为用户提供更好的安全性和应用体验。这一节所涉及的技术包括：

- Android 的网络应用程序的安全性考量
- HTTP 基本认证和摘要认证
- 使用 SSL 增强数据传输安全性

- 设计一个自定义的更安全的网络连接认证架构
- 实现并发的多线程网络访问
- 使用 Service（服务）来进行后台的自动化数据更新
- 使用 Nofity（通知）和 Widget（桌面小部件）和 Service 及应用程序进行交互

思考题：

1．Android 网络应用程序的安全性体现在哪些方面？
2．HTTP 摘要认证的过程是怎样的？
3．如何设计一个比 HTTP 摘要认证更安全的认证过程？
4．为什么在 Android 应用中需要使用多线程操作？
5．在 Android 中有哪几种方式可以实现多线程的操作？
6．使用 Thread 类和实现 Runnable 接口在应用中的主要区别是什么？
7．什么是 Service 程序？
8．为什么要使用 Service?
9．怎样控制 Service 能够自动定期执行和在启动时执行？
10．什么是 Notify？它是怎样实现的？
11．Widget 的优势是什么？
12．实现 Widget 主要包括哪些步骤和内容？

第 9 章　测试、优化、团队开发和发布

到这里，我们已经了解了很多 Android 应用开发方面的工作，下面我们会进一步讨论一些比较“高级”的高课题，包括应用程序的测试、优化，然后还会接触一些关于团队开发和应用程序发布等方面的内容。之所以将这些内容放在这里讨论，是因为经过了前面的学习，我们已经对 Android 应用开发有了一个相对深入而全面的了解，并熟悉了 Android 系统的一些特点和思维模式，此时再来探讨这些更加深入的内容，会更加容易理解和掌握。

9.1　Android 应用测试

我们这一节主要讨论在 Android 应用开发过程中通常是如何来开展软件测试工作的。

测试，是现代应用软件开发过程中一个非常重要的环节，它通过一套科学而系统的方法，来帮助开发者查找并且分析应用软件中的各种缺陷和错误，并进行修正和改进，最终提高软件的质量和使用的满意度。测试技术本身是一个比较复杂和系统的技术，这里不会在非常专业化的层面上讨论这个技术，而是通过常用的概念阐述和简单的案例让大家了解测试技术的基本概念、基本流程和运用。

9.1.1　测试技术概述

这一节中我们先通过一些相关的基本术语和概念从不同的侧面来对测试技术进行初步的了解。

首先来明确一下测试的目的。虽然测试的终极目的就是提高软件质量，但具体而言，我们认为在实际测试工作的操作过程中，希望达到下面几个目的：

（1）检验软件的正常执行能力

检验软件是否能够按照设计的要求，实现所有预期的设计目标和功能，并且在正常的操作之下，得到正常的、预料之内或者可预期的操作响应和结果。在此过程不应出现任何不可预料的异常，也不应该得到错误的数据或结果。

（2）检验软件的异常处理能力

即测试软件的“容错”能力，即如果输入或者运行中间涉及到错误的数据和信息，软件是否能够“正确”的进行处理从而不影响软件的正常运行。

（3）检查软件的适应性

软件是否在各种确定或者兼容的软硬件平台上执行，或者执行过程中是否由于兼容性的问题导致各种错误和异常。

（4）评估软件执行的性能、稳定性和安全性

检查软件执行的速度和效率，检验软件是否在不同的负载情况下长期稳定的正常工作，并且保证系统和信息的安全，如有没有内存泄漏、注入式攻击等常见的问题。

对于不同的测试目标，可能需要使用不同的测试方法、过程和工具。所以说，测试，也是一个独立、专业而系统的体系。下面我们来具体了解一下在软件开发过程中，测试工作是如何开展和执行的。

广义的测试可以分为静态测试和动态测试。静态测试是在不运行被测程序的情况下，仅仅通过分析或检查源程序的语法、结构、过程、接口、参数等来检查程序的正确性。找到例如参数不匹配、不适当的循环分支嵌套、不合理的递归、未使用过的变量、空指针的引用和可疑的方法调用等。静态测试结果可用于进一步的查错，并为测试用例的编写提供指导。而动态方法是指通过运行被测程序，检查运行结果与预期结果的差异，并分析运行效率和健壮性等要素，这个过程一般包括构造测试用例、执行程序、分析输出结果等三个步骤。现代的集成开发环境如 Eclipse 本身就可以很好的完成静态测试的大部分（除业务逻辑外）的静态测试工作，所以我们所说的“测试”，通常指动态测试。

从测试的执行过程来看，还可以将测试的类型可以分为手工测试和自动化测试。

手工测试是软件测试人员人工操作软件，模拟软件在实际使用中的操作过程包括使用各种示例数据，运行软件并且观察软件在运行过程中出现的各种问题和错误等的过程。

而自动化测试则更进一步，使用测试程序来代替手工操作的过程。和手工测试相比，自动化测试需要使用测试程序（通常称为测试用例，Test Case），但这个程序并不会自动生成，而是通常需要测试人员根据测试要求进行编写，而且通常自动化测试过程是“沉默”的，它不会向真实的程序运行那样，在用户界面中显示程序运行的过程和状态并且和用户进行交互，而是将其反映在测试结果当中，比如各种运行日志和断言结果等等，这就需要测试人员对测试结果进行分析，才能得出测试的结论。

无论使用手工测试还是自动化测试，都需要测试人员根据软件应用的要求（通常有比较明确的软件开发需求、功能和过程描述等相关的开发文档），认真仔细的分析整个软件运行的过程，编写软件测试计划。在这个计划中，应当包含各个模块的操作过程和数据，包括输入、处理和输出，测试完成后，还需要编写相应的测试包括，以反馈给开发人员进行改进和修正。此过程如图 9-1 所示：

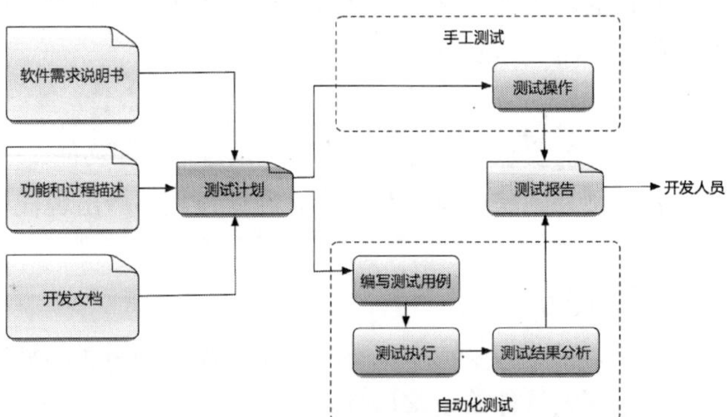

图 9-1　软件测试工作流程

显然，手工测试的主要问题就是测试效率比较低，如果要进行全面的测试，就需要大量的计划工作、操作人员和测试时间，特别是如果程序修改，又得照样再来一遍，这样会导致软件开发成本和周期大幅度提高。而自动化测试由于是通过程序来执行测试，测试程序和过程都可以复用，对于重复性测试或者规模测试的效率更高。此外自动化测试的质量容易得到保证，只要测试测试程序编写合理，就不容易出现人为错误。但自动化测试需要测试人员编写合适的测试用例，并使用适合的模拟数据，还需要对测试结果进行分析，对测试人员的提出的要求比较高。

但实际上，手工测试和自动化应该是相互补充的，并不是所有的测试工作都适合于手工测试或者自动化测试，就需要合理的搭配，以达到更好的测试效果。

从测试的深入程度来看，还可以分为黑盒（Black Box）测试和白盒（White Box）测试。

软件的白盒测试需要对软件的过程性细节做深入细致的检查。所谓白盒，就是指将测试对象看做一个打开的盒子，并要求测试人员在明确程序内部的逻辑结构及相关信息，进行测试用例的设计或选择，并程序所有逻辑路径进行测试。然后，通过在不同的状态节点检查程序实际状态与预期状态的一致性判断其运行是否正常。因此白盒测试又称为结构测试或逻辑驱动测试。

白盒测试通常执行下列检查工作：

- 测试程序模块的所有独立的执行路径；
- 对所有的逻辑判为“真”或“假”的两种情况都进行测试；
- 在整个循环的范围内执行循环测试；
- 检测程序内部数据结构的有效性。

相对而言，软件的黑盒测试则通常在软件的接口处进行。黑盒是一个很好的比喻，它假设测试人员完全不考虑程序内部的逻辑结构和特性，只依据程序的需求分析和规格说明，来检查程序的功能是否符合其功能要求。因此黑盒测试通常被称为功能测试或数据驱动测试。

黑盒测试的主要目的是发现下列错误：

- 接口能否正确的接受输入；
- 程序能否输出正确的结果；
- 是否有错误或遗漏的功能；
- 在各种情况下是否出现初始化或终止性错误；
- 是否有接口数据结构错误；
- 是否有外部信息如数据库或者文件访问错误；
- 能否满足性能要求。

通常白盒测试的成本较高，它需要测试人员深入了解软件运作和实现，但它更加彻底细致，并且更有利于问题的解决和程序的优化；而黑盒测试的重复性更好，能够支持将测试和开发人员进行分组，效率较高，易于组织。当然在实际测试工作中，两个也可以是相互补充的关系。

从测试的范围来看，还可以分为单元测试（Unit Test）和相对应的框架和总体测试。

框架和总体测试通常指对整个应用程序的运行进行测试，而单元测试则是一个相对具体的概念，就是对程序的某个应用程序单元来进行测试。

对于开发人员和开发过程的组织而言，单元测试是非常基本和重要的。单元测试的本质是分解复杂的测试工作，其目标是隔离程序单元并证明这些程序的单元是正确的。单元测试能够提供代码片断或者组件满足设计需求的书面约定。单元测试的好处是可以帮助开发团队在开发过程的早期就能发现问题。

单元测试可以由程序员来实施，因为它比较“内部化”，编写程序单元的开发者也很适合于编写单元测试用例代码，在这种情况下，开发人员可以在单元模块完成后就可以开展单元测试工作。同时，由于单元测试用例主要针对内部功能和接口，这样的测试工作可以在内部重复进行，并且不影响总体的开发和测试，从而大幅度缩短开发-测试-改进的工作周期。

在普通的开发过程中，单元测试是测试工作的核心，很多开发环境和工具都为单元测试提供了支持和工具，如 Java 的 JUnit 系统，就是 Java 开发中最常用的单元测试和测试工具。在 Android 系统中，也提供了这样一套类似的方法和工具，被称为 Android 测试框架（Testing Framework），我们在后面的内容继续讨论。

9.1.2 Android 测试框架

作为一个完善的现代化开发体系，AndroidSDK 提供了一个集成的测试框架（Android Testing Framework）可以为 Android 应用程序的开发测试工作的各个阶段提供全面的支持和帮助，从单元测试到框架测试。

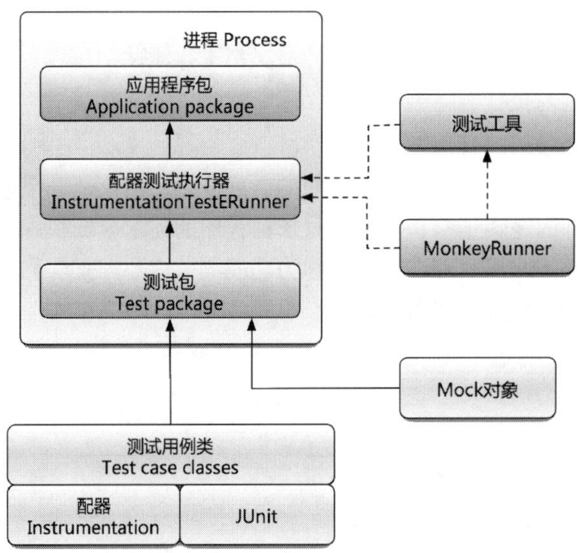

图 9-2 Android 测试框架

这个测试框架（如图 9-2）包含了一个完整的结构和一套工具集，具有以下一些关键特性：

首先，Android 测试套件基于在 Java 开发中被广泛应用的 JUnit 测试技术。实际上，可以直接使用普通的 JUnit 系统对 Android 应用程序进行测试，当然在这种情况下，主要针对 Java 类和过程，并不能开展 Android API 和功能相关的测试。在这个基础上，Android 测试套件对 JUnit 进行了扩展，可以执行面向特定组件的测试用例，包括特定的测试用例类和辅助方法，可以用于创建模拟的对象和方法，以帮助测试人员控制组件的运行过程。常见的测试用例包括 AndroidTestCase，被用于一些比较简单和通用的测试。

其次，测试相关的 SDK 工具已经集成在 ADT 中，可以从 Eclipse 进行执行，非常方便。当然对于其他的 IDE 系统，这些工具也可以通过命令行方式来执行。

SDK 还提供了 monkeyrunner，它是一个用 Python 语言编写的 API 测试执行程序，它包括了一个用户界面/应用程序模拟执行器，还有一个命令行工具，它可以通过向测试程序发送伪随机用户操作事件来进行 UI 操作过程和逻辑的测试。

一个有效的应用程序测试系统是由一系列标准测试结构、测试用例类、测试软件包和测试工程组成的。Android 测试工作基于 JUnit 技术，通常一个 Android JUnit 测试是一个可执行的测试类，它包含了若干测试方法以完成测试要求，每个测试类通常都可以针对应用程序的某个部分（如 Activity 或者 Service 等等）开展测试。这些类又被称为测试用例（Test Case）或者测试套件（Test Suite）。在测试中测试用例在应用程序中是隔离而独立的。每个测试用例都是相关测试方法的容器，同时它们也有自己的一些辅助程序和方法。

在 JUnit 中，你可以将一个或者多个测试源文件编写到同一个类中。在 Android 中，也可以运用 SDK 的编译工具在一个 Android 测试包中编写一个或者多个测试源文件。在 JUnit 中，通常使用测试运行器来执行测试类，而在 Android 中，需要使用测试工具来加载测试包和应用程序包，并且执行针对于 Android 系统的测试运行器来加载测试用例。

Android SDK 提供的用于 Android 测试的测试用例基础类，都继承自 JUnit 的 TestCase 和 Assert 类，并扩展了针对 Android 系统的 setUp，tearDown 和 helper 等等方法。具体包括：

（1）AndroidTestCase（Android 测试用例）

这是通用和基本的 Android 测试类。它继承了 TestCase 和 Assert 类，提供了 JUnit 标准的 setUp() 和 tearDown() 方法以及 Junit's 断言方法。除此之外，它还提供了用于测试权限的方法，和通过清除对象引用的操作来防止内存泄漏的一些辅助方法。

（2）针对组件的测试用例基础类（Component-Specific test cases）

Android 测试框架的一个重要特性是支持针对不同组件的测试。因为不同的程序组件可能对于测试的要求和控制是不同的。组件测试类还可以提供构造模拟对象的方法。Android 测试可以针对下面三种 Android 应用组件进行测试：

- Activity Testing
- Content Provider Testing
- Service Testing

注意，Android SDK 没有单独提供对于 BroadcastReceiver 进行组件测试的方式。而是通过测试发送 Intent 对象的组件，并验证 BroadcastReceiver 的相应来实现测试。

（3）应用程序测试用例（ApplicationTestCase）

可以使用这个类来测试应用程序对象的 setup 和 teardown，这个对象可以保存针对此应用程序包中所有组件的全局状态和信息。通常这个测试用于验证在 manifest 文件中<application>的元素是否设置正确。但这个测试不能用于控制应用软件包中组件的测试工作。

（4）配器测试用例（InstrumentationTestCase）

如果需要在测试用例中使用配器的相关方法，就需要使用 InstrumentationTestCase 类或者其子类。Activity test cases 类已经继承此类并且扩展了一些其他用于 Activity 测试的辅助方法。

（5）断言类（Assertion classes）

因为 Android 测试用例类都继承自 JUnit，所以是可以在其方法中直接使用其相关的断言方法来显示测试的结果的。断言方法通过可以对比测试返回结果的值和期望值返回测试结果，如果对比测试失败就会抛出 AssertionException 异常。使用断言比使用日志更加方便，简化了结果分析的过程，并且能够提供更好的性能。

另外，除了标准的断言类外，Android 测试框架还提供了高级断言（MoreAsserts）和视图断言（ViewAsserts）。高级断言提供了一些扩展的断言方法，如 assertContainsRegex（String, String）可以用于处理正则表达式匹配。而视图断言包括了对 Android 视图对象的处理，如 assertHasScreenCoordinates（View, View, int, int）可以测试该视图是否在屏幕上特点的位置，通常可以用于用户界面相关的测试。

（6）模拟对象类（Mock object classes）

为了在测试过程中解决环境的问题，Android 测试框架还提供了可以模拟系统对象的类，比如可以模拟 Context、ContentProvider、ContentResolver 和 Service 对象，一些测试用例类还可以提供模拟的 Intent 对象。它们通常被称为模拟对象（Mock Object），使用模拟对象可以把测试和系统之间隔离起来，并且降低测试过程中的依赖注入。这些类可以在 android.test.mock 包中找到。

模拟对象可以在测试过程中替换系统的正常操作。例如，MockContentResolver 可以替换普通的 resolver 框架，从而和真正的系统进行隔离。

模拟对象还可以处理依赖注入，它通过模拟某些类的子类，你可以对其只指定一些期望的功能而无需使用完整的父类。例如，MockResources 对象可以提供 Resource 的子类，但是在默认情况下，调用所有的方法都会抛出错误，要使用它，你可以继承该类并且重新希望提供信息的方法，来实现对 Resource 对象的模拟，并且减少依赖注入。

在 Android 中，可用的模拟对象包括：

- 简单模拟对象类（Simple mock object classes）

如 MockApplication（应用程序），MockContext（上下文）, MockContentProvider（内容提供者），MockCursor（游标），MockDialogInterface（对话框），MockPackageManager（包管理器），and MockResources（资源），这些类提供了简单而使用的模拟策略。通常是一些常用的系统对象。

注意：MockContentProvider 和 MockCursor 是 API level 8 的新特性。

- 解算器模拟对象（Resolver mock objects）

MockContentResolver 可以使用自己的内容表而不是系统 Content Provider 提供的内容，主要用于模拟使用自定义的测试数据的情况。

9.1.3 Android 测试示例

下面我们通过一个简单的 Android 工程来了解在 Android 应用开发过程中如何来进行测试工作。

如果想在 Android 里面做单元测试，有两种方法，一种是 Java 程序员熟悉和常用的 JUnit，但如果直接使用 JUnit 的话，需要配置 JDK 的环境、引用类库和执行器 Runner，本质上而言这种方法是做一个 Java 测试，并不是 Android 测试，所以，通常只能用于测试一些和 Android 无关的东西，比如业务逻辑、数据封装、数值计算等等。

真正意义上的 Android 测试使用的是 Android 在 JUnit 基础上提供的配器（Instrumentation）。它会为 Android 单元测试专门提供配器测试执行器（InstrumentationTestRunner），以启动测试过程，相当于 JUnit 当中 TestRunner 的作用。这里可以将 Instrumentation 理解为一种没有图形界面的，可以启动的并且可以监控其他类（如 Activity 类）的工具类。任何想成为 Instrumentation 的类必须继承

android.app.Instrumentation。理解这一点，会帮助我们理解在 Android 中如何编写测试用例以及进行测试的操作和过程。

在 Java 中要对某个工程进行测试，通常需要在工程文件中编写测试用例类，并且在此类安装测试要求中编写相应一系列测试方法，但这种方法通常需要进行相应的配置工作，比较复杂，也会影响到正常开发的项目。因此，在 Android 测试框架中，提供了更好的方式，即通过一个外部的测试工程作为测试程序来运行测试程序。这种方式好处很多，它能够使程序配置更为简单，也能够比较明确的将开发和测试代码分离，从而让测试工作不会直接影响到正常的开发工作。

下面，通过一个来自 developer.android.com 的教程示例来具体说明这个问题，这个示例可以在其 resource 中找到（教程 Hello, Testing）。

1. 准备被测试工程

作为示例，我们可以直接使用最基本的 Hello 应用程序：

```
HelloActivity.java
package cn.myapp;

import android.app.Activity;
import android.os.Bundle;

public class HelloActivity extends Activity {
    @Override
    public void onCreate(Bundle savedInstanceState) {
        super.onCreate(savedInstanceState);
        setContentView(R.layout.main);
    }

    public int add(int a, int b){
        return a + b;
    }
}
```

这里需要注意三个地方：

（1）类的包名称 cn.myapp；

（2）这个 Activity 的类名 HelloActivity，它会在测试类中进行引用；

（3）额外增加了一个公共方法 add()，在测试中可以用到。

还需要修改布局文件 main.xml，这里需要为 TextView 添加一个 id（txt_info），因为我们会在后面的测试中对这个控件进行引用：

```
<TextView
   android:layout_width="fill_parent"
   android:layout_height="wrap_content"
   android:text="@string/hello"
   android:id="@+id/txt_info"/>
```

2. 创建测试工程

下面，我们就需要为被测工程编写测试用例了。它的具体内容包括创建一个独立的测试工程，并编写测试类和测试方法。具体操作如下：

（1）在菜单中点击 File-New-Project..，会出现 New Project 对话框（图 9-3）：

（2）在“新建工程”对话框的 Android 类别中，我们可以看到除了常规的 Android Project 选项外，还有一个 Android Test Project 选项，也就是说，Android SDK 提供了一个模板来帮助建立 Android 测试工程。

（3）点击“Next”，会出现“New Android Test Project”对话框，我们在这里可以对 Android 测试工程进行相关的设置（图 9-4）：

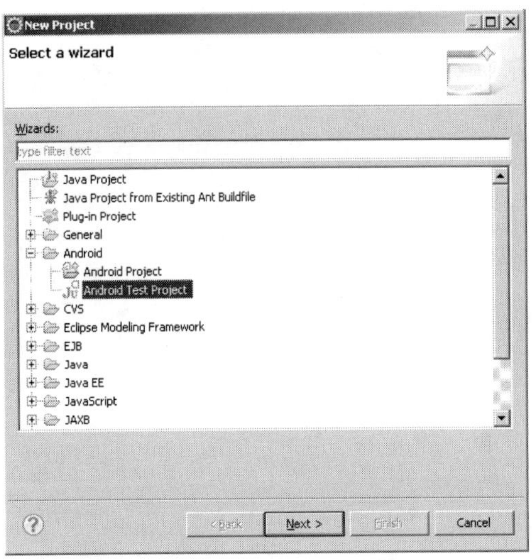

图 9-3　新建 Android　Test Project

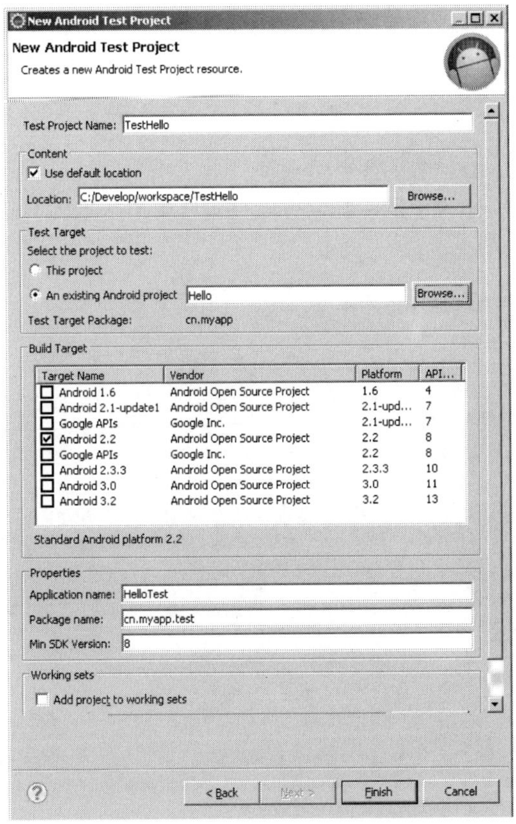

图 9-4　Android 测试工程配置

我们这里的重点配置项目主要包括：

- Test Target：测试目标及被测试程序工程，选择 Hello；
- Build Target：编译目标，选择和被测工程一致；
- Package name：cn.myapp.test，即测试程序的子包。

完成后点击“Finish”，就可以看见在 Eclipse 中新创建的工程 TestHello，这里我们通过分析这个工程的结构，可以看到这个测试工程基本上和标准的 Android 工程文件有一点点差别（图 9-5）。

图 9-5　Android 测试工程结构

这些差别在于：

- 没有 Activity 类文件，因为测试程序具有自己的启动器和程序入口（在 Manifest 文件中配置），并且执行的程序也会在后面的测试类中定义；

- 注意这里的包 cn.myapp.test 是和被测程序是分离的；
- AndroidManifest.xml 中的内容是不一样的：

```
<?xml version="1.0" encoding="utf-8"?>
<manifest xmlns:android="http://schemas.android.com/apk/res/android"
     package="cn.myapp.test"
     android:versionCode="1"
     android:versionName="1.0">
   <uses-sdk android:minSdkVersion="8" />
<instrumentation
android:targetPackage="cn.myapp"
android:name="android.test.InstrumentationTestRunner" />
   <application                                   android:icon="@drawable/icon"
android:label="@string/app name">

   <uses-library android:name="android.test.runner" />
   </application>
</manifest>
```

这里需要注意所使用的包，<instrumentation>标签和<uses-library>库引用，这些都表明这是一个用于测试的 Android 程序。"android.test.InstrumentationTestRunner"表明了测试程序会通过这里执行器进行启动（而不是 JUnit Runner）。

3．创建测试类

有了测试工程之后，我们就可以在此工程中定义测试类了。创建测试类的方法就是在 cn.myapp.test 包下面创建一个 Java 类：

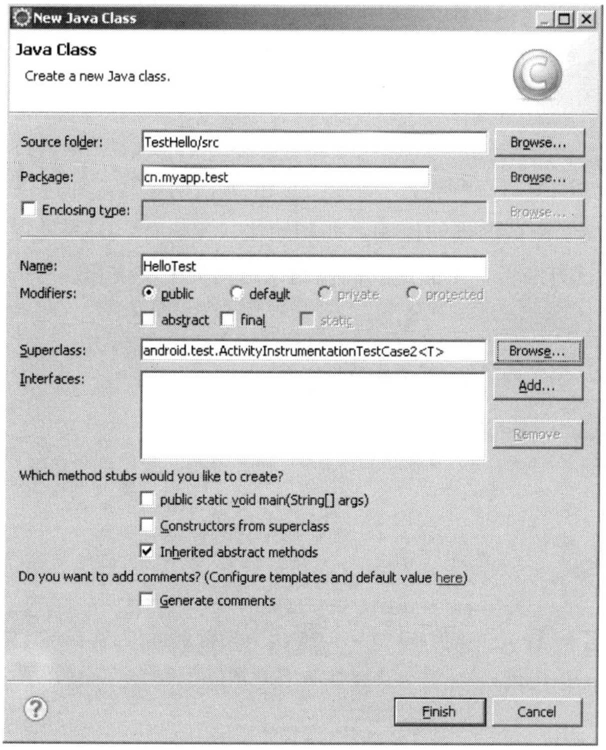

图 9-5　创建测试用例类

这里需要注意的地方是：

- Package：测试类的包，这里是 cn.myapp.test；
- Superclass：超类，这里继承了 ActivityInstrumentationTestCase2，注意一定是“2”，因为前一个版本已经不被推荐使用；
- 继承的泛型应该是某个 Activity 类，因为超类使用的是 ActivityInstrumentationTestCase2，它可以用于对 Activity 进行测试，这里暂时使用默认值，我们会在后面进行修改。

创建测试类后，我们需要进行相应的修改，最后的结果如下：

```
HelloTest.java
package cn.myapp.test;

import cn.myapp.HelloActivity;
import android.test.ActivityInstrumentationTestCase2;

public class HelloTest extends ActivityInstrumentationTestCase2<HelloActivity> {
    public HelloTest() {
        super("cn.myapp", HelloActivity.class);
    }
}
```

这里的要点是：

（1）引用了被测试 Activity 类和测试用例类 ActivityInstrumentationTestCase2；

（2）将类泛型定义改为<HelloActivity>，表明这个测试类可以对这个 Activity 展开测试；

（3）创建并定义了构造函数，注意这里的构造函数继承参数，第一个是被测软件包名，第二个是被测 Activity 类，两个都应该严格对应。

下面，我们就可以为测试过程编写具体的测试方法了。

4. 定义测试方法

通常 JUnit 测试方法的编写有两类，一种是 JUnit 方法的重写，如包括 setUp()，TearDown()，runTest()等等，它可以用于测试过程的控制，如初始化、预执行、关闭处理等等。另一类当然就是根据业务需求编写的测试方法了。下面是我们在测试用例类中实现和编写的一些测试方法：

```
HelloTest.java
    private HelloActivity mActivity;
    private TextView mView;
    private String resourceString;

    @Override
    protected void setUp() throws Exception {
        super.setUp();
        mActivity = this.getActivity();
        mView = (TextView) mActivity.findViewById(cn.myapp.R.id.txt_info);
        resourceString = mActivity.getString(cn.myapp.R.string.hello);
    }

    public void test1() throws Throwable{
      int i=4+8;
```

```
        assertEquals(5,i);
    }

    public void test2(){
        assertEquals(5, getActivity().add(2, 3));
    }

    public void test3() {
        assertNotNull(mView);
    }

    public void test4() {
        assertEquals(resourceString,(String)mView.getText());
    }
```

这里编写的几个测试方式主要是说明几种常用的测试操作，简单说明一下：

（1）setUp()这个方法会在测试执行是调用，可以作为初始化使用；

（2）可以使用 getActivity()方法获取当前测试类关联的 Activity；

（3）获取了 Activity 之后，可以使用 Activity 的方法获取关联 Activity 的视图和字符串等资源等用于测试；

（4）test1()方法判断一个两个变量是否相等；由于通过 ActivityInstrumentationTestCase2 继承了 JUnit Test Case，所以可以直接使用断言方法如 assertEquals()，此外，这里应该会返回一个断言失败；

（5）test2()方法可以调用测试目标 Activity 的某个公共方法，在这里是 add()，这里应该为断言正确；

（6）test3()方法可以判断某个视图是否存在；

（7）test4()方法可以取出视图的内容并进一步判断是否和预先的相同。

这样测试结果会是怎样的呢？让我们运行一下。

5. 运行测试

要运行测试，我们可以选择测试用例类，点击工具栏上的运行，在运行方式对话框（图 9-6）中选择“Android JUnit Test”项目，就可以执行测试了。

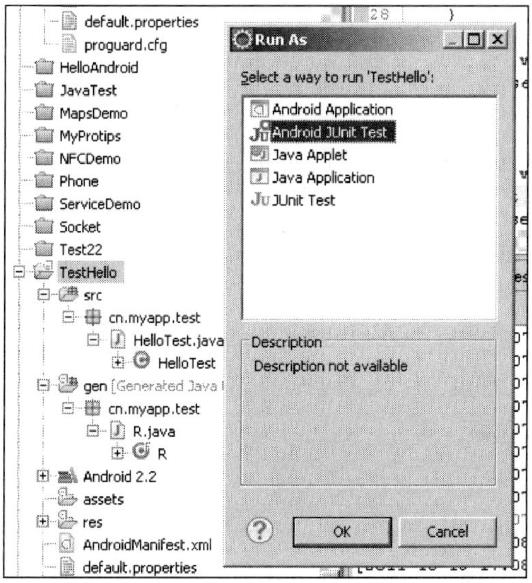

图 9-6　Android JUnit Test 运行选项

这时，Eclipse 会使用 InstrumentationRunner 执行器来运行这个程序，这一点我们可以通过查看程序工程的执行配置了解到（图 9-7）：

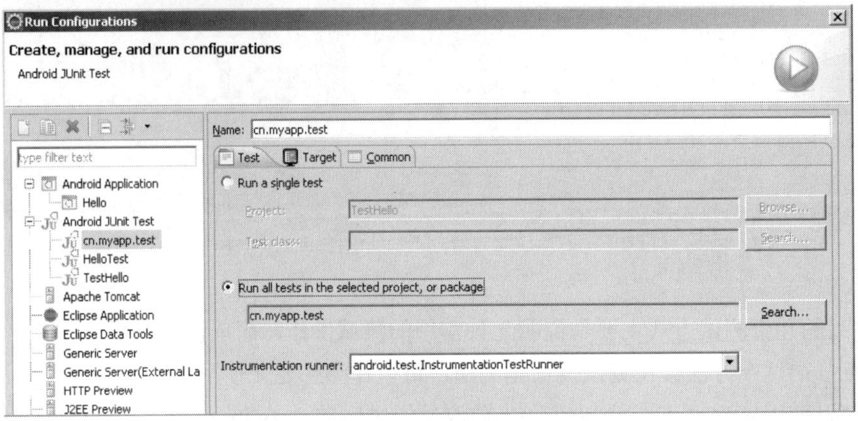

图 9-7　Android 测试运行配置

测试程序执行后，我们会在控制台上看到执行的状态，这里程序也会控制打开模拟器和执行测试目标的运行，在模拟器中也可以看到界面的变化，而当测试完成后，测试程序会关闭被测试程序。

当然，也可以选择菜单上的“Run as – Android Unit Test”来启动测试。

6．分析测试结果

测试开始后，系统会打开 JUnit 窗口（图 9-8）来显示测试过程：

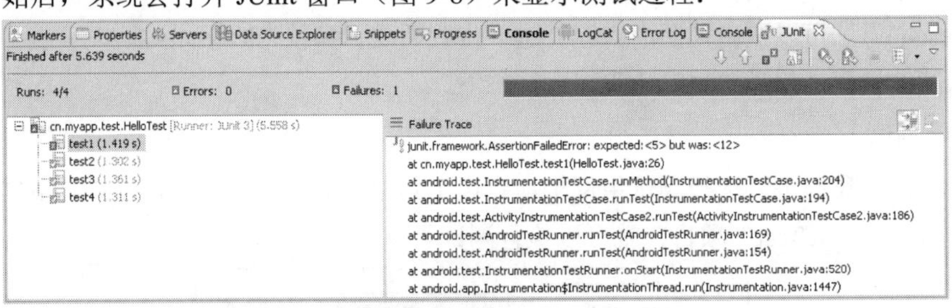

图 9-8　JUnit 测试结果

这个视图中包含了非常多的有用的信息：

- 测试执行的时间，包括每个步骤使用的时间；
- 执行测试方法的数量，错误数量和失败数量（断言为假的）；
- 测试失败的方法和失败原因，这里是 AssertionFailedError，显然 test1()方法我们设计的就是这样的结果。

通过测试的结果，我们就可以了解到程序是否能够按照我们设计的步骤进行正常的运行，以及数据处理的结果是否符合我们的期望，如果错误或者失败，其原因如何，这些都可以帮助开发者对程序进行改进。改进后可以立刻再次进行测试，直到满足我们设计的要求，这就是一个完整的开发测试的过程。

7．通过命令行执行测试

除了在 Eclipse 中启动之外，测试也可以通过命令行方式执行（需要先打开模拟器和安装被测程序）：

```
adb shell am instrument -w cn.myapp.test/android.test.InstrumentationTestRunner
```

也可以在命令行窗口中看到测试结果：

```
命令提示符

C:\Documents and Settings\yanjh>adb shell am instrument -w cn.myapp.test/android
.test.InstrumentationTestRunner

cn.myapp.test.HelloTest;
Failure in test1:
junit.framework.AssertionFailedError: expected:<5> but was:<12>
        at cn.myapp.test.HelloTest.test1(HelloTest.java:26)
        at java.lang.reflect.Method.invokeNative(Native Method)
        at android.test.InstrumentationTestCase.runMethod(InstrumentationTestCas
e.java:204)
        at android.test.InstrumentationTestCase.runTest(InstrumentationTestCase.
java:194)
        at android.test.ActivityInstrumentationTestCase2.runTest(ActivityInstrum
entationTestCase2.java:186)
        at android.test.AndroidTestRunner.runTest(AndroidTestRunner.java:169)
        at android.test.AndroidTestRunner.runTest(AndroidTestRunner.java:154)
        at android.test.InstrumentationTestRunner.onStart(InstrumentationTestRun
ner.java:520)
        at android.app.Instrumentation$InstrumentationThread.run(Instrumentation
.java:1447)
...
Test results for InstrumentationTestRunner=.F...
Time: 4.774

FAILURES!!!
Tests run: 4,  Failures: 1,  Errors: 0
```

图 9-9　Android 测试命令行

这些信息和我们在 JUnit 中看到的其实是差不多的。

8. 高级测试

除了上面的针对 Activity 的 Android 单元测试之外，在 Android 测试框架中还提供了针对 Service 和 Content Provider 等的测试方法。此外，这个框架还提供了相关的模拟对象和测试用例类来进行用户界面（UI）操作和状态管理的测试。这里由于篇幅的限制，不再例举完整的示例代码，而是通过简单的分析其核心代码代码片段帮助理解其基本思路和过程。

比如，我们已经知道如何在测试用例中访问 Activity 的某些视图的内容，下面的代码显示了在测试用例中可以使用 sendKeys()方法向 UI 发送按键操作事件来模拟用户实际的操作：

```
  this.sendKeys (KeyEvent.KEYCODE_DPAD_CENTER);
    for (int i = 1; i <= TEST_POSITION; i++) {
      this.sendKeys(KeyEvent.KEYCODE_DPAD_DOWN);
    } // end of for loop

 this.sendKeys(KeyEvent.KEYCODE_DPAD_CENTER);
 而下面的测试用例代码片段则显示了如何控制 Activity 的状态切换:
 @UiThreadTest
 public void testStatePause() {
    Instrumentation mInstr = this.getInstrumentation();

    mActivity.setSpinnerPosition(TEST_STATE_PAUSE_POSITION);
    mActivity.setSpinnerSelection(TEST_STATE_PAUSE_SELECTION);
```

```
    mInstr.callActivityOnPause(mActivity);

    mActivity.setSpinnerPosition(0);
    mActivity.setSpinnerSelection("");

    mInstr.callActivityOnResume(mActivity);

    int currentPosition = mActivity.getSpinnerPosition();
    String currentSelection = mActivity.getSpinnerSelection();

    assertEquals(TEST STATE PAUSE POSITION,currentPosition);
    assertEquals(TEST STATE PAUSE SELECTION,currentSelection);
}
```

简单分析如下：

（1）使用@UIThreadTest 注解告知测试方法可以对 UI 进程进行测试；

（2）使用 getInstrumentation()获取一个配器，这个配器可以用于操控被测 Activity 的状态；

（3）调用配器的 callActivityOnPause()可以使被测试的 Activity 进入暂停状态；

（4）同理 callActivityOnResume()可以是被测 Activity 从暂停状态恢复；

（5）此测试是验证该用户界面是否能在 Activity 暂停和恢复操作（如界面切换等）中恢复正确的状态。

本节我们讨论了 Android 开发过程中关于软件测试的一些相关内容，下一节我们来了解一下关于软件优化方面的一些问题。

9.2　程序性能优化

除了功能性和操作性之外，在手持设备上进行开发，效率和性能是一个非常重要的需要考虑和注意的因素，因为它会直接影响用户的操作体验，不光是应用程序自身的，可能还会影响到整个操作系统的应用。我们这一节主要讨论在 Android 应用开发如何考虑开发效率更高的应用程序，以及如何对现有的应用程序进行性能方面的评估和优化。

9.2.1　编码的性能考虑和最佳实践

要提高 Android 应用程序的性能，首先需要从设计和编码阶段就为程序执行效率进行考虑。虽然本身而言 Android 应用程序就是受到硬件资源的限制，对程序效率的要求比较高，但我们更加应该理解的是 Android 性能优化的最重要的因素在于一个综合的性能，特别是能耗相关的性能，因为即便你觉得你的应用程序运行的已经“足够快”了，也应当考虑更高的执行效率，以提高整个系统的电池寿命。为此，在有些 Android 发行版本中特地提供了一个应用程序来分析各个程序对于电量的消耗数量，由此可以看到你的应用程序是否消耗了大量的电能，这也会影响到用户对于你的应用程序的观感和评价。

在程序优化方面，developer.android.com 中专门有一个章节“Designing for Performance”对相关的问题进行了讨论。里面首先提出，要编写更高效的代码和应用，需要遵循两个基本的原则：

（1）不做不需要的工作；

（2）如果可以避免就不要分配不需要的内存（资源）。

在这方面，下面提供了一些比较好的做法，供开发人员参考：

（1）谨慎的进行优化

关于优化的具体操作我们会在后面一节讨论。这里假设你已经知道如何量化程序的运行效率，并且也知道需要那些部分需要进行优化，同时，假设在数据结构和算法方面没有太大的问题。

这里的主要问题在于你的应用程序可能会以不同的速度、运行在不同类型的处理器和不同版本的虚拟机之上。还有，在我们开发过程中会经常使用模拟器，但和在真实的设备上运行程序相比，其实并没有太大的可比性。再如，同一个应用程序，在有 JIT 支持和没有的情况下，表现可能会差别巨大，所以一段在某个环境中 “高效”的代码，在另一个不同的应用环境中可能却不那么有效率。所以，要知道应用程序的实际表现，必须要在实际设备上进行测试。而且在理想情况下，可能需要为不同的应用环境提供不同版本的代码。

（2）考虑 JIT 的影响

JIT 是 Java 的实时编译技术（Just In Time）。谷歌在 Android 2.2 之后的版本在系统中正式引入了 JIT 引擎，能够大幅度（据说 2～3 倍）提升应用程序执行的效率。对于这个提升，作为开发者应该正确看待，那是在特定的条件下实现的，对于真实的应用程序，受到很多因素的限制，可能不会有那么好的效果，另外据说会有一些稳定性的问题。

JIT 的基本原理并不复杂，传统 Java 程序通常使用转译后执行的方法，比如一个 Java 指令，执行时会被转译为若干条微处理器指令；而 JIT 使用“按需转译”的方式，在需要的时候才进行转译，这样就能够减少不必要的工作，提升程序启动和运行的速度。但这个方法有一个缺点，就是对于较少使用的指令处理效率很低。为此通常还需要配合一套优化程序，能够智能的判断和处理不同类型和频率的指令，从而达到总体上的运行速度提升的效果。

（3）避免创建不需要的对象

任何的对象创建都是有代价的。虽然 Java 使用垃圾回收机制来处理临时对象，在一定程度上可以改善这个问题，但总是比不分配内情的情况开销要大。

如果在用户界面循环中分配对象，系统可能会强行进行周期性的垃圾清理，这样会影响用户操作的流程性，如随机的“发愣”现象。在新的版本（Android3.0 姜饼系统）中引入了同步收集器，但还是应当尽量避免不必要的对象创建。下面有一些较好的操作方式可以提供帮助：

对于需要返回字符串的方法，如果它会被用于对 StringBuffer 进行扩展，那么可以考虑直接使用扩展方法（append），这样就可以避免临时中间对象的创建。

再如，如果需要从输入的数据中抽取一个字符串，则可以考虑使用原始数据的子字符串（substring），而不是创建一个副本。这样，虽然也会创建一些新的字符串，但它将会和原始数据共享一个字符数组（char[]）。

又如，多个平行的数组，在处理效率方面，比单一的多维或者复杂对象数组要好很多，无论对于各种基本类型或者对象而言，都是如此。例如，如果需要实现一个保存对象数组（Foo,Bar）的容器，可以使用两个并列的 Foo[]和 Bar[]数组，而不是一个单一的自定义对象（Foo,Bar）数组，虽然后一个方法可能在某些情况下对于开发会简单方便一点，但应尽可能的使用前一种方式。

总而言之，尽量避免创建短期的临时对象，更少的对象意味着更低的垃圾回收频率，这会显著提高用户体验。

（4）性能迷局

在没有 JIT 的设备上，通过变量而不是接口来调用某些方法确实效率稍好一点（例如，通常使用 HashMap 比 Map 的代价更小，即使它们都是 HashMap)，但远未达到几倍的差别，实际的差别只在 6% 左右。另外，如果没有 JIT，使用变量缓冲访问常用的项目可以提高 20%左右的速度。而如果有 JIT, 基本上看不出来其中的差别。在这种情况下，就很难说某项优化是有效或者有必要的，这需要开发者具体分析和掌握。

（5）尽量选择 Static（静态）而不是 Virtual（真实）

如果不需要访问对象的成员变量，应该将方法声明为静态方法。其处理速度大概能够提高 15%～20%，因为在方法调用和执行过程中，不会影响到对象的其他状态。

（6）避免在内部使用 Getters/Setters

在一些原生语言如 C++ 中，要访问对象的成员变量，倾向于使用 getters 方法，比如 i = getCount()，而不是直接访问成员变量，如 i = mCount，因为其编译器为此操作进行了优化。而在 Android 系统中，这不是一个好的做法，这样的调用代价很高，所以推荐在外部访问时使用 getters/setters，而在内部访问时直接使用成员变量就可以了。

如果没有 JIT，频繁的直接访问某个成员变量，会比调用 getter 方法快三倍，在 JIT 支持下，这个差距会达到七倍。这个效果我们在 Android 2.2 系统中可以直接体会到。

（7）为常量使用 Static Final

在类中我们经常会考虑声明某些变量，如：

```
static int intVal = 42;
static String strVal = "Hello, world!";
```

在这种情况下，编译器会生成一个类初始化方法<clinit>, 它会在这个类第一次被使用时执行。它会为保存 42 这个值到 intVal 变量中，从类文件常数表中提取指针并赋予 strVal。在后面，如果要引用这些值，可以通过程序变量查找的方式获得。

再来看看如果在前面使用了“final”关键字的情况:

```
static final int intVal = 42;
static final String strVal = "Hello, world!";
```

这里，这个类不再需要<clinit> 方法，因为这些常量可以在编译后直接保存在 dex 文件当中。引用时，对于 intVal 可以直接访问其数值，而 strVal 可以通过“字符串常量（string contant)”指令的方式获取，这个操作比成员变量查找要简单很多。

最后需要说明，这种方式只对基本类型和字符串类型有效，但应该尽可能使用这个方式来声明常量。

（8）使用增强的循环语法

增强的循环方式（即“for-each”循环）可以用于可迭代的集合（Collection)，也可以用于数组。通常我们都建议使用这种循环方式，但数组的情况比较特别，就效能而言，使用一个手写的计数循环比使用迭代要快三倍（无论是否使用)。

下面举出了几种变量数组的遍历方式：

```
static class Foo {
    int mSplat;
}
Foo[] mArray = ...
```

```
    public void zero() {
        int sum = 0;
        for (int i = 0; i < mArray.length; ++i) {
            sum += mArray[i].mSplat;
        }
    }

    public void one() {
        int sum = 0;
        Foo[] localArray = mArray;
        int len = localArray.length;

        for (int i = 0; i < len; ++i) {
            sum += localArray[i].mSplat;
        }
    }

    public void two() {
        int sum = 0;
        for (Foo a : mArray) {
            sum += a.mSplat;
        }
    }
```

其中，zero()方法是最慢的，因为 JIT 在不能在每次循环迭代的情况下进行优化，而且每次都需要调用.length 方法来获取数组的长度；one() 会快一点，它将所有的内容都先放到本地变量中，就无需启动外部查找操作，但只有在 len 变量上可以对性能有所帮助；two() 在没有 JIT 的情况下是最快的，然而如果有 JIT，就 one()差不多了。

最后总结一下，尽量在程序中使用默认的增强循环方式。但如果性能是一个比较看重的因素，对于 ArrayList 应该优先考虑使用手写的循环迭代方式。

（9）使用包而不使用内部私有类

我们来看看下面的代码：

```
public class Foo {
    private class Inner {
        void stuff() {
            Foo.this.doStuff(Foo.this.mValue);
        }
    }

    private int mValue;

    public void run() {
        Inner in = new Inner();
        mValue = 27;
        in.stuff();
    }

    private void doStuff(int value) {
        System.out.println("Value is " + value);
    }
}
```

这里需要注意，我们定义了一个内部类(Foo$Inner)，在这里内部类中直接访问其所在类的私有方法和私有变量。这个操作是合法的，也会正常的执行打印“Value is 27”这样的结果。

问题在于虚拟机会认为从 Foo@Inner 内部来访问 Foo 类的私有成员是非法的，因为 Foo 和 Foo$Inner 是不同的类，即使 Java 语言允许这样的操作。为了解决这个问题，编译器生成了一些合成方法：

```
/*package*/ static int Foo.access$100(Foo foo) {
    return foo.mValue;
}
/*package*/ static void Foo.access$200(Foo foo, int value) {
    foo.doStuff(value);
}
```

但需要访问外部类的 mValue 变量或者调用 doStuff 方法时，内部类会调用这些方法。这意味着在访问成员变量的时候，实际执行的是存取器的操作。在前面我们已经提到使用存取器的效率要低于直接访问，在这种情况下，这个例子存在着我们无法直接了解的性能问题。

如果确实要使用类似上面的代码，可以声明通过包存取而不是通过私有变量或者方法来进行访问，但这也意味着访问权限会暴露给本包中的其他类，所以，也意味着不应该在公共 API 使用这种方式。

（10）谨慎的使用浮点类型

就一般经验而言，浮点类型的变量处理速度比整型要慢两倍。这个规则对于没有浮点处理加速、没有 JIT 的 G1，以及有浮点处理加速，有 JIT 的 Nexus One 都是适用的，虽然它们的数学运算速度相差了差不多十倍，但这个效益依然存在。

在速度方面，浮点型和双精度性对于现代的硬件架构没有什么区别，当然在占用空间上差了一倍。如果空间不是太大的问题，建议使用双精度类型。

但是，即使对于整型而言，有一些硬件芯片支持硬件乘法加速，但缺乏除法加速，这时系统只能使用软件来执行除法和求余的运算。如果在程序中有哈希表的设计或者大量的数学运算，这些因素都应该予以考虑。

（11）了解并使用资源库

我们都知道，对于同样的功能，我们应该优先使用资源库。除了那些通常的原因（可靠的开发和测试）之外，还有一个原因是它使用了更底层的汇编，相对于 Java，它比 JIT 能够生成的最好的代码还有好。一个典型的例子是 String.indexOf 相关的方法，Dalvik 可以使用一个内部的方法来进行代替，如在 Nexus One 上（带 JIT），System.arraycopy 的执行速度比手工编码循环速度快九倍。

（12）谨慎的使用原生方法

我们知道，Android 提供了 NDK，它可以帮助开发者使用 C 语言（和 Linux 操作系统内核及硬件架构相关，所以被称为“原生，Native”）来进行应用的开发。但是原生代码并不一定比 Java 效率更高。因为这涉及到 Java 和原生代码直接的转换，在这里，JIT 是无效的。如果你分配了原生资源（在原生堆、文件句柄等等），显然对于这些资源的周期性回收会更加困难。此外，还需要为每个不同的系统架构或者版本来编译代码（如为 Nexus One 的 ARM 编译的代码有可能是不适用于 G1 的 ARM 的）。

所以，原生代码通常在从原有的代码向 Android 进行迁移的过程中非常有用，而不是为了给 Java 应用程序提升运行速度。

最后，要对原始和优化的结果进行计量。在开始优化之前，确认能够精确的测量现有的性能，否则，你将无法评估各种优化操作和尝试的效果。

你可能会发现，Traceview 是一个很好的性能描述工具，但要认识到在当前的版本 Traceview 是不支持 JIT 的，所以通常只能作为一个参考。

以上是一些在应用设计和代码编写方面好的做法和经验，下面，我们来探讨一下如何对于现有的应用程序进行执行效率的分析，提出性能优化方案。

9.2.2　程序执行跟踪和描绘

在了解了一些 Android 程序优化的基本概念和原则之后，我们来具体看看在 Eclipse 中，如何运用那些提供的功能和工具进行性能监控和分析的工作。和程序调试工具一样，相关的性能分析和跟踪工具也集成在 DDMS 当中，它们主要包括下面几个方面：

1．应用程序调试和运行控制

要进行性能跟踪分析，通常需要控制应用程序进入“调试和跟踪”状态，这一任务通常通过 Device（设备）窗口来完成（图 9-10）。在这个窗口中的工具栏上，提供了一系列对于当前应用程序进行调试分析的相关工具，它们可以在不同的方面对其跟踪和运行的状态来进行控制。

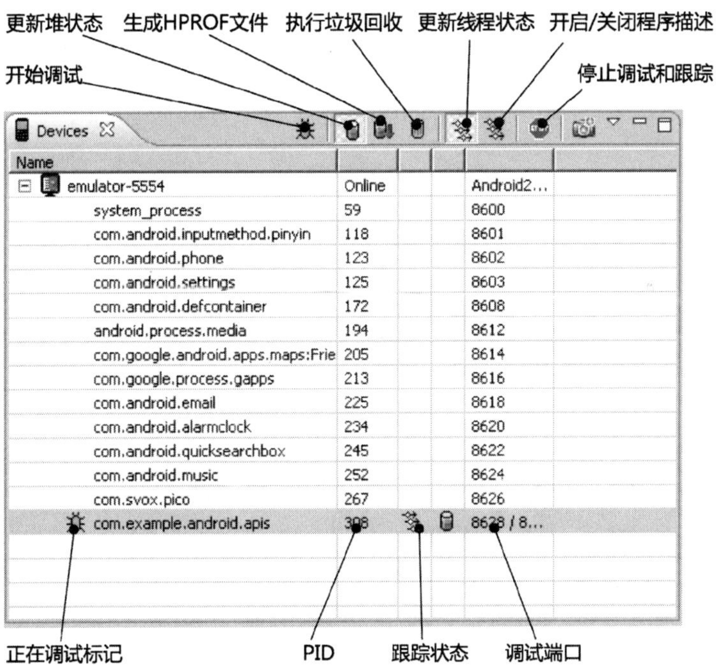

图 9-10　设备和应用程序调试窗口

这些工具主要包括：

（1）堆（Heap）状态跟踪

在设备窗口选择需要跟踪的应用程序进程，然后在设备窗口工具栏上点击“Update Heap”（更新堆状态）按钮，就可以在堆状态信息窗口（图 9-11）中看到当前程序对于堆的使用情况。

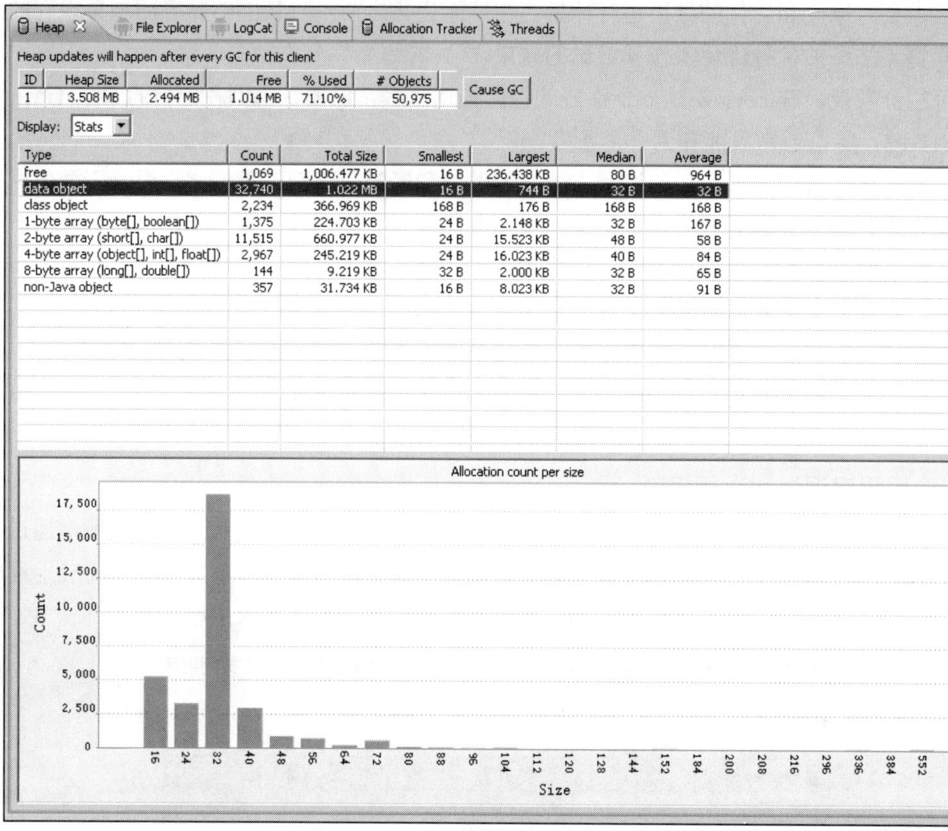

图 9-11　堆状态窗口

这里可以看到整个堆占用的内存大小，占用比例，对象的数量等信息，在下面的列表中还可以检查各种对象和类型变量的数量，了解到那些对象占用的内存容量最大，这些信息都有助于进行资源占用的分析。在这个窗口中还可以进行垃圾回收的操作，通过对比回收前后资源的占用状况，这样开发者可以评估应用程序垃圾回收机制的运行状况和效率。

（2）生成堆 HPROF 文件

HPROF 代表 Heap/CPU Profling（堆和 CPU 描绘），它可以使用一种标准化的文件方式来记录当前应用程序在当前运行状态下的各种资源分配和占用的情况，即 HPROF 文件。

点击设备窗口工具栏上的 “Dump HPROF File”（生成 HPROF 文件）可以输出 HPROF 文件。当然这个文件是一个编码格式，不能直接查看，通常需要通过一些第三方工具来进行查看和分析。HPROF 能够比前面的 Heap 状态窗口提供更加丰富和详细的信息，比如它可以具体分析到占用内存较大的对象。这个功能对于经常出现内存泄漏（OOM）的 JAVA 系统进行优化很有帮助。

（3）更新线程

要查看当前应用程序进程中运行的各种线程的状态，可以在设备窗口选择需要查看的应用程序进程，然后在设备窗口工具栏上点击“Update Threads”（更新线程）就可以在线程信息窗口（图 9-12）中查看到应用程序的线程运行和使用的情况了。

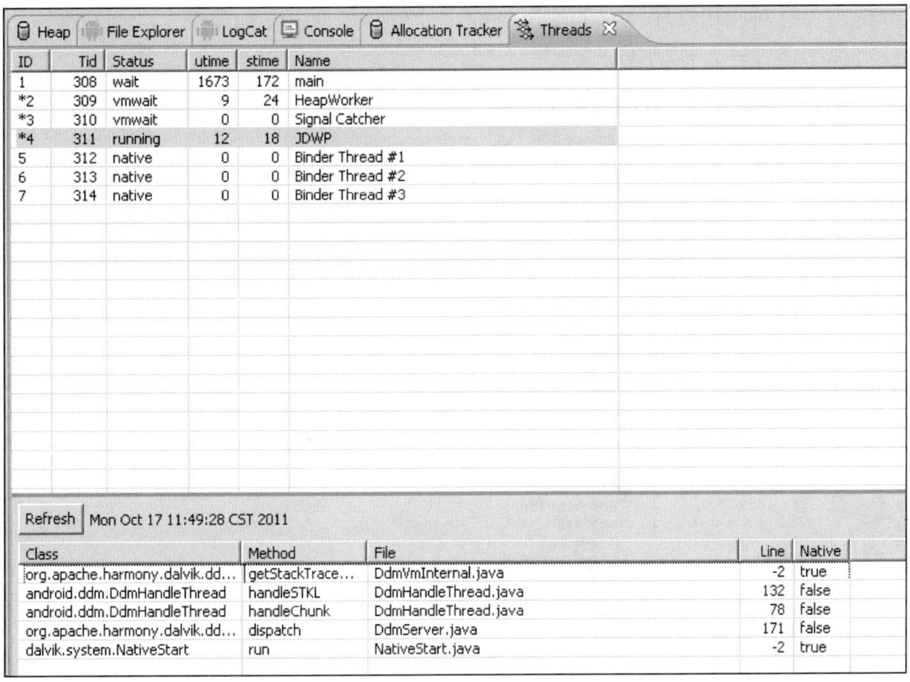

图 9-12　线程信息窗口

在这个窗口中，可以看到线程列表、线程的数量、线程功能、线程运行和占用的时间以及相关调用的对象和方法等等信息。这些信息有助于进行多线程应用程序的优化。

（4）方法运行描绘

除了线程对象窗口之外，DDMS 还提供了方法描绘工具，来帮助开发者进行应用程序运行过程的跟踪和分析。点击设备窗口工具栏上 “Start Method Profiling”（开启方法描绘）按钮，就可开始对程序的运行进行跟踪，这时开发者可以安装正常的方式对于应用程序进行操作和测试，如果需要查看和分析运行过程，再次点击这个按钮，跟踪过程就会停止，并且 Eclipse 会打开 Trace（跟踪）窗口（图 9-13）来显示在这段运行时间内各个组件、对象等执行的状态信息。

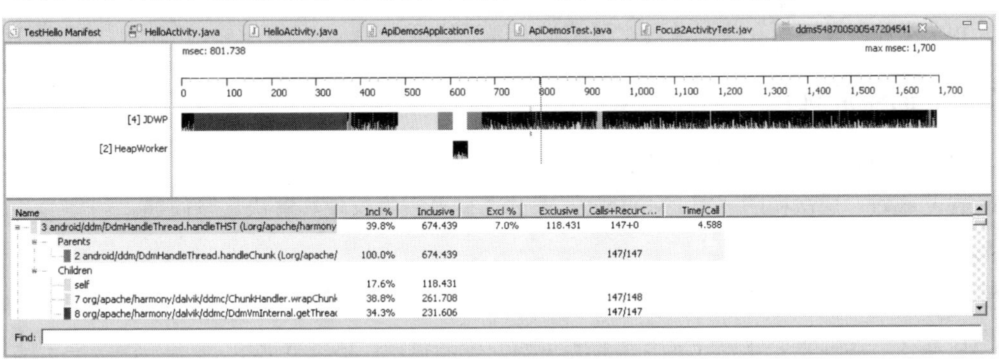

图 9-13　运行跟踪描述信息

这个窗口是一个结果窗口，可以将这些信息保存成为一个 trace 文件做进一步分析。当然在 Eclipse 里面直接提供了很好的分析视图，可以用图形化和树状结构来直观的了解程序的运行过程。

这个分析主要针对应用程序运行的速度性能，分析人员可以看到那些方法和过程占用了最多的运行时间，以便于进行针对性的优化。

2．资源分配（Allocation Tracker）跟踪

除了设备工具栏之外，DDMS 还提供了资源分配跟踪的窗口：

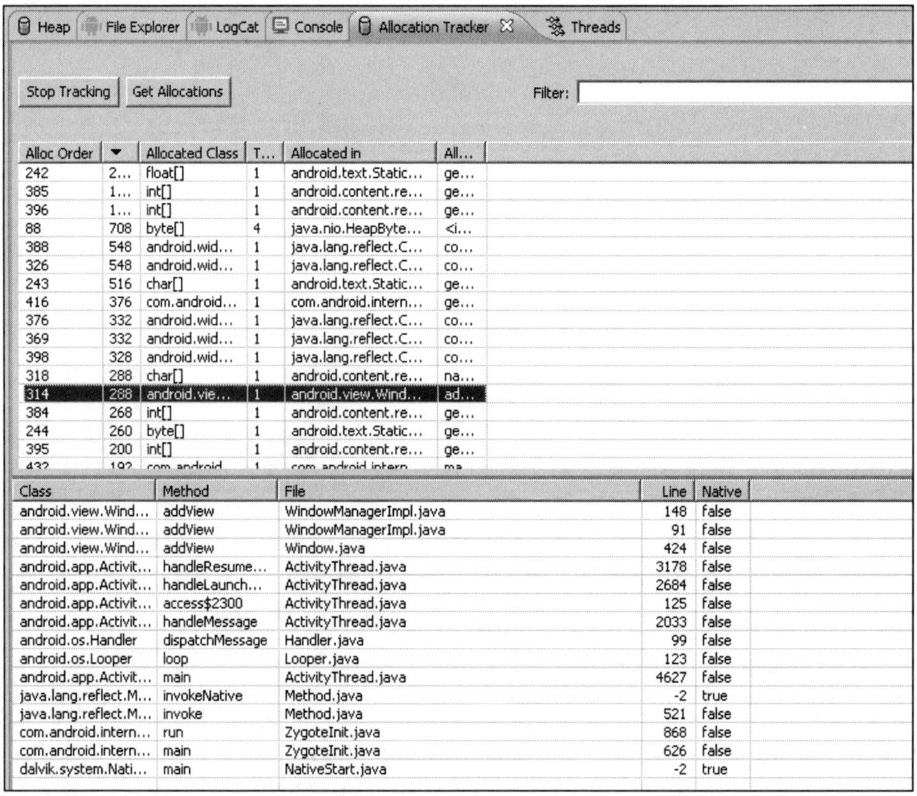

图 9-14　资源分配跟踪

在这个窗口中，开发者可以控制开启和关闭资源分配的跟踪，获取分配信息，包括分配的顺序、大小、相关类和对象、所在代码片段、分配类型等等信息。

9.2.3　界面布局优化

有时，应用软件的性能问题可能和用户界面的设计不合理有关。为此 Android SDK 提供了 Hierarchy Viewer（层次视图）和 layoutopt 工具来帮助开发者发现和解决这些问题。

1．Hierarchy Viewer

Hierarchy Viewer 是一个应用程序，它可以帮助调试和优化用户界面。它提供了一套界面相关的视图让开发中直观的了解某一个用户界面布局的层次结构，执行性能，

要使用这个工具，可以在命令行中输入 hierarchyviewer 命令，系统会打开 Hierarchy Viewer 程序窗口，在这个程序中提供了三个视图，首先是窗口浏览器（图 9-15），这里显示了当前运行的模拟器中所有的有效窗口（可见或者不可见），我们在中间还可以看到几个系统窗口。

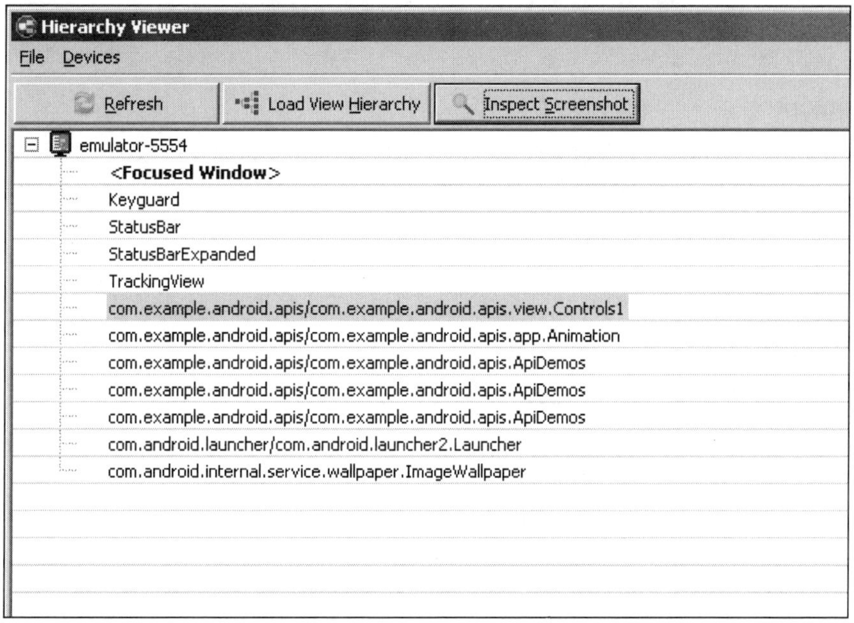

图 9-15　Hierarchy Viewer 窗口浏览器

选择需要分析的窗口，点击工具栏上的 Load View Hierarchy 按钮和 Inspect Screenshot 按钮可以打开另外两个视图。其中层次视图（图 9-16）显示了当前窗口的布局视图的层次结构，视图加载的性能，视图属性等等信息。在右下角的 Show Extras 还可以直观的用颜色来标识该视图元素加载的性能，绿色表示好，红色表示差，黄色表示平均。这些信息都可以提供给开发者作为性能分析和优化的依据。

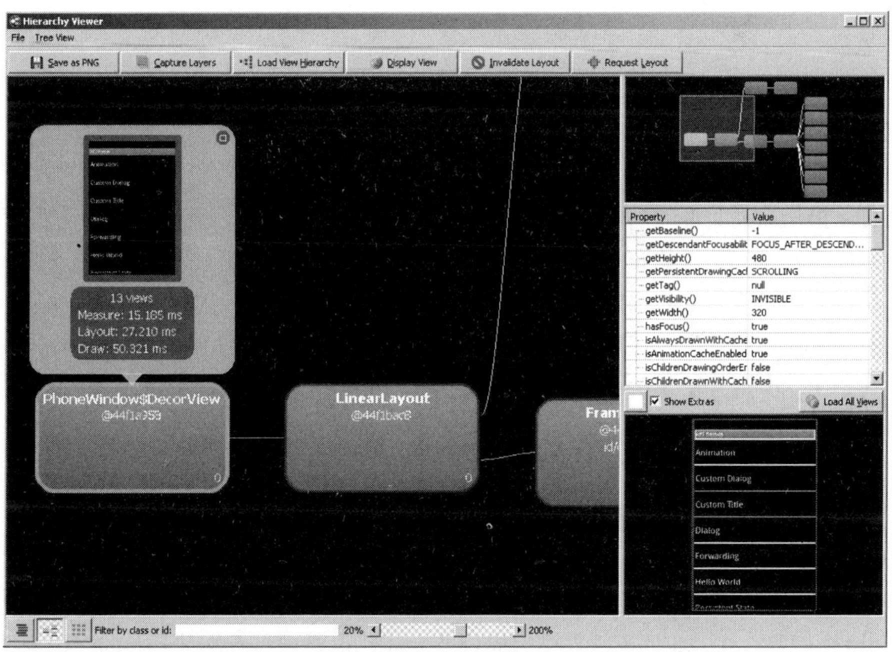

图 9-16　层次结构视图

在这个视图中，另一个 Inspect Screenshot 窗口主要用于针对基于位图的布局设计，这里就不再详述了。

2. layoutopt

layoutopt 是一个 SDK 提供的命令行工具，它可以通过分析布局 xml 文件，发现其中的问题，来为开发者提供界面布局优化的依据。

可以从命令行启动该程序，其运行分析的结果类似于下面的内容：

```
    $ layoutopt samples/
    samples/compound.xml
       7:23 The root-level <FrameLayout/> can be replaced with <merge/>
       11:21 This LinearLayout layout or its FrameLayout parent is useless samples/
simple.xml
       7:7 The root-level <FrameLayout/> can be replaced with <merge/>samples/too
deep.xml
       -1:-1 This layout has too many nested layouts: 13 levels, it should have <= 10!
       20:81 This LinearLayout layout or its LinearLayout parent is useless
       24:79 This LinearLayout layout or its LinearLayout parent is useless
       28:77 This LinearLayout layout or its LinearLayout parent is useless
       32:75 This LinearLayout layout or its LinearLayout parent is useless
       36:73 This LinearLayout layout or its LinearLayout parent is useless
       40:71 This LinearLayout layout or its LinearLayout parent is useless
       44:69 This LinearLayout layout or its LinearLayout parent is useless
       48:67 This LinearLayout layout or its LinearLayout parent is useless
       52:65 This LinearLayout layout or its LinearLayout parent is useless
       56:63 This LinearLayout layout or its LinearLayout parent is useless
    samples/too many.xml
       7:413 The root-level <FrameLayout/> can be replaced with <merge/>
       -1:-1 This layout has too many views: 81 views, it should have <= 80!
    samples/useless.xml
       7:19 The root-level <FrameLayout/> can be replaced with <merge/>
       11:17 This LinearLayout layout or its FrameLayout parent is useless
```

从中我们可以看到：

（1）可以一次分析一个目录下的多个布局文件；

（2）可以指出布局文件的问题和出现问题的位置；

（3）可以分析没有使用的布局元素；

（4）可以分析过于多的布局嵌套；

（5）对于某些布局问题，还能够提供建议的解决方案。

在这一节中，我们讨论了关于应用程序优化的一些内容，下面我们来了解一下如何进行团队化的开发。

9.3 团 队 开 发

随着应用软件的开发规模及复杂程度日趋大型化，使得软件开发模式从早期的个人作坊式渐渐转变为团队协作开发方式。此外，软件应用的日益灵活性也要求对于软件开发的生命周期进行更好的管理，这些都离不开软件的版本控制和内容协作系统。

通常的软件协作开发系统主要提供下面两个方面的功能：

（1）代码和文档的版本控制

（2）团队协作和工作管理

9.3.1　版本控制技术概述

在所有的团队开发过程中，都需要改善和解决这样一个基础问题：怎样使用户有效更加的分享各种代码、数据和信息，而不会让他们互相干扰？通常倾向于使用一个版本控制软件系统来满足这样的应用需求。经过多年的发展，关于版本控制的理念、过程、操作和技术都日趋程序，并在此基础上发展出了基于网络的自动化的版本控制和管理软件系统。下面我们简单探讨一下这些系统的工作原理。

首先，通常的版本管理系统基本上都是一种集中的分享信息的软件系统，其核心是用于数据存储的数据库，通常被称为版本库（Repository）。为了便于支持开发，它采用和一般操作系统存储文件的方式类似的树形结构来储存数据，如文件和目录等。客户端可以通过网络连接到版本库，读写这些文件。

看起来和一个网络文件系统好像没有太大差别？其实不是这样的。版本管理系统应该能够记录版本库变更的操作，如文件的增加、修改、删除等等，有的系统还可以管理目录，包括增加、删除和重新组织文件和目录等等。

当然，当一个客户端从版本库读取数据时，通常只会看到最新的版本。但是版本管理系统提供了一种能力，让客户端“回溯”去查看以前的任何一个版本。版本管理不仅需要解决线性化的文档更新过程，还应该可以协调和解决共享的文档的访问冲突和协调的问题。

考虑这样一个简单的场景，有两个需要协作的工作者，张三和李四，他们需要同时编辑版本库里的同一个文件。如果首先张三编辑了文档并保存它的修改，但过了一会，李四可能凑巧用使用自己的版本覆盖了这些文件，虽然张三的更改已经被系统记录下来了，但问题是这些修改不会出现在李四的文件中，对于李四而言，张三的工作没有体现出了，而且可能也不会体现在将来的版本中，这就是典型的所谓访问冲突问题，显然，这个问题是需要避免的。

避免的方式通常有两种，第一种被称为锁定（Lock 或 Checkout）-修改-解锁（Unlock 或 Checkin）。在这样的模型里，在某一时间段里版本库的一个文件只允许被一个人修改。修改之前，张三需要“锁定”住这个文件，锁定后版本库会标记这个文件，并且拒绝所有需要编辑此文件的请求。在张三结束编辑并且解锁之前，其他人只能读取，但不能做任何修改。张三解锁之后，文件处于“可编辑”状态，这时李四就可以来锁定并且继续编辑这个文件了。

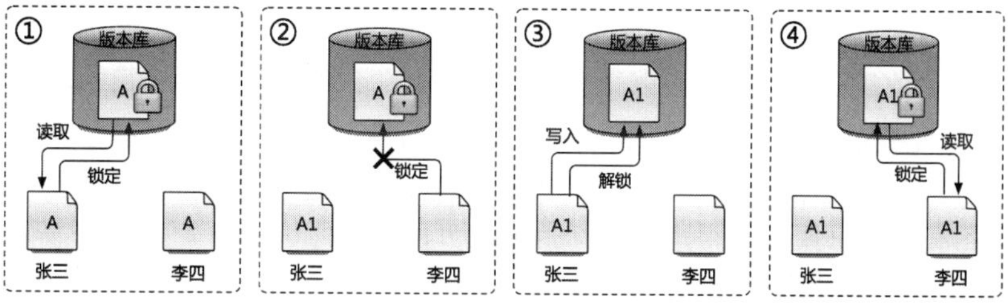

图 9-17　锁定-修改-解锁模型

这个模型虽然解决了访问冲突的问题，但有一点问题就是限制太多，经常会成为用户的障碍。比如有时候用户锁住文件后然后忘记了此事，其他人员就需要等待他解锁或者管理员强制开锁，容易导致不必要的耽搁和时间浪费。此外，如果文档工作量比较大，这种模式却不能帮助用户在文档的不同部分同时展开工作，就造成了开发效率的降低和人力资源和时间的浪费。

锁定模型还有可能导致错误的安全状态。比如张三正在锁定和编辑一个文件 A，同时李四锁定并编辑另一个文件 B，但如果 A 和 B 之间有相互依赖的关系，需要同时进行修改，如果这样就不能正确工作了。也就是说，锁定模型只是简单的假设文件是相互孤立的关系，不能适应更复杂的逻辑关联。

为此，更先进的版本控制系统使用复制（Copy）-修改-合并（Merge）模型。在这种模型里，每个用户都可以读取项目版本库，建立私有的工作副本版本库的本地映射。用户可以在本地并行工作，修改各自的工作副本，最终，系统能够将各个私有的副本合并在一起，生成最终版本。这种合并可以通过软件辅助操作，但通常需要人工来确定正误。

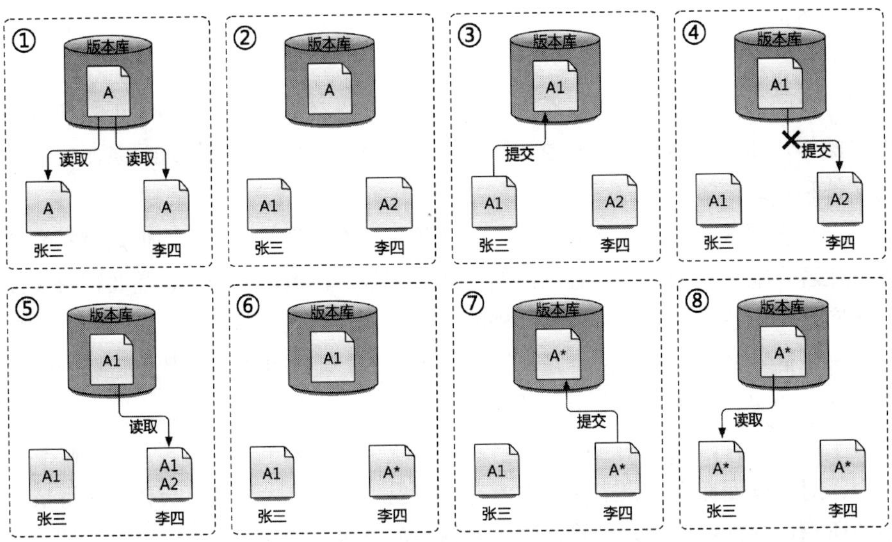

图 9-18　复制-修改-合并模型

在这种情况下，张三和李四同一个项目各自建立了一个工作副本，工作并行展开。比如张三修改了一个文件 A 并保存到版本库，当李四提交修改的时候，版本库会提示文件 A 已经过期，就是说，A 在他上次更新之后又被更改了，对于李四而言修改的基础改变了。

这是会有两种情况，如果他通过客户端请求合并版本库和他的工作副本时，碰巧张三的修改和其不冲突，就可以将所有的修改集成到一起，并将工作副本保存到版本库。

但如果两者的修改冲突了该怎么办呢？通常这并不是个大问题，在这种情况下，系统会通知李四发生了冲突，李四也可以看到一对冲突的内容集合，通过对这些内容的审查（也许还需要和张三沟通和讨论），李四可以手工的选择保留其中一组修改，这个操作通常被称为冲突解决。

复制-修改-合并模型虽然在感觉上是有一点混乱，但在实践中却通常运行的很平稳。因为如果规划和分工比较合理，用户可以并行工作，不必等待别人，也很少会有重叠发生，冲突并不频繁，处理冲突的时间远比等待解锁花费的时间少。

当然，最后，一切都要归结到一条非常重要的因素: 沟通。当用户缺乏沟通，冲突就会增加，在这方面也不应该过于依靠技术和系统，因为没有系统可以强制用户完美的进行交流，没有系统可以检测语义上的冲突，没有系统能够做出最公平合理的决定。

这样看来，复杂-修改-合并的模型具有很大的优势，但有一种情况下锁定-修改-解锁模型可能会更好，就是有不可合并的文件，例如版本库包含了图片，两个人同时编辑这个文件，现在的技术条件下没有办法将这两个修改合并，锁定是一个比较好的选择。

在理解了版本控制的基本原理之后，我们再来了解一下常用的版本控制系统。在软件开发组织中，常见的版本控制软件包括 VSS、CVS、SVN 和 Git 等等。

（1）VSS（Visual Source Safe）是微软的产品，它通常和微软的开发工具和平台（如 Virtual Studio）集成的比较好，较为易学易用，但 VSS 只能在 Windows 平台上运行，并且不是免费软件，安全性也不高，对于 Java 或者其他开发工具而已，应用并不太广泛。

（2）CVS（Concurrent Version System，同步版本系统）是免费开源的版本和配置管理工具，其源代码和安装文件都可以免费下载。由于其简单易用、功能强大，跨平台，支持并发版本控制，而且免费，它在全球中小型软件企业中得到了广泛使用。Eclipse 很早就内置了对 CVS 的支持，使用的时间也非常长，现在也可以作为默认的版本控制系统选项。但 CVS 的配置相对复杂，还有一些明显的应用方面的缺陷。

（3）SVN（Subversion，子版本）通常被认为是 CVS 的重写版和改进版，它主要针对 CVS 的一些缺陷所涉及，其目标就是提供一个更好版本控制系统来取代 CVS。包括更好的文件夹管理，更好的分支管理和网络传输等等。总的来说，CVS 已经逐渐失去优势，不再适合现代化的软件开发发展的要求，很多 CVS 服务已经在转向 SVN，如大名鼎鼎的 Google Code 开源项目托管平台就将 SVN 作为其版本控制的技术平台。

（4）Git 是另一个比较独特的系统，它的一个最大的特点是分布式存储，而前面几个系统都是 C/S 架构的。此外，git 通常通过命令行来进行操作，在 Linux/Unix 系统上应用比较方便，另外它的分支管理，网络使用和数据存储都有自己的优势。随着开源运动的发展，Git 也受到了很大的关注，应用也越来越广泛，比如 RoR 就是使用 git 作为其默认的协作和版本系统。

作为比较传统的版本控制模式，我们这里的讨论主要围绕 SVN 来进行，目的是初步的了解在 Android 应用开发中是如何使用版本控制系统进行开发管理的。

相比 SVN 的主要特性是：

（1）目录版本控制

通常 CVS 只能追踪单个文件的历史，而 Subversion 实现了一个“虚拟”文件系统，可以跟踪整个目录树的修改，文件和目录都是可以版本控制的，这样用户可以在客户端对文件和目录执行无差别一致性的移动和复制。

（2）原子化提交

这个特性类似于像数据库系统中的事务处理。提交的内容要么完全进入版本库管理，要么一点都没有，这允许开发者提供=一个完成的逻辑块内容。这样可以杜绝提交到一半的时候，由于网络或系统故障导致的数据不完整。

（3）版本控制的元数据

可以为每个文件和目录设置附加的“属性”，这些属性以任意的键/值对形式存在，属性也可以进行版本控制。

（4）可配置的网络层

Subversion 在版本库访问方面提供了网络抽象层，而不是专用的网络协议，使用起来更加灵活。Subversion 的服务器是 基本上是 Apache 网络服务器的一个模块，它使用 HTTP 的变种协议 WebDAV/DeltaV 进行通信，由于这些技术非常成熟稳定，这样在稳定性和交互性方面提供了很大帮助。此外它还可以直接使用服务器的一些特性如如认证、授权、传输压缩和版本库浏览等等。除此之外，还有一类单独运行的 Subversion 服务器，它基于 SSH 协议进行内容的传输和封装。

（5）一致化的数据处理

Subversion 使用二进制文件差异算法区分文件的差别，所以可以使用一致的方式处理文本（人类可读）和二进制（人类不可读）文件，这两种类型的文件都在压缩后存放在版本库中，在网络上传递的内容是其差异的部分，并且可以双向处理，这样就极大的提高了使用灵活性和网络传输的效率。

（6）高效的分支和标签

在 Subversion 中，创建分支与标签的代价和工程的大小并没有直接的关系，它在建立分支与标签时使用了一种链接的机制，这类操作通常只会花费很少并且相对固定的时间，占用的版本库空间也很小。

（7）良好的维护能力

和 CVS 不同，Subversion 没有历史的负担。它是由一系列重新优化设计的，性能良好的 C 语言库实现，有一套合理的程序架构和 API 接口，这使 Subversion 容易进行维护和开发。

下面我们就来具体了解一下 Subversion 在 Android 应用程序开发中的安装和使用。

9.3.2 SVN 系统的安装和配置

前面已经提到，SVN 使用客户端/服务器的架构。在客户端，可以在 Eclipse 上安装 SVN 的客户端插件；而在服务器端，通常需要自己安装和配置 SVN 服务器（当然也可以使用互联网上的 SVN 托管服务）。和很多的开源系统一样，SVN 的服务器也有很多选择。在 Windows 系统上，可以选择 VisualSVN Server 作为服务器系统，它简单易用并且功能比较全面。

VisualSVN Server 的安装非常简单，到 www.visualsvn.com 可以下载到安装程序，运行这个安装程序，会启动一个向导式的安装过程（如图 9-19）。

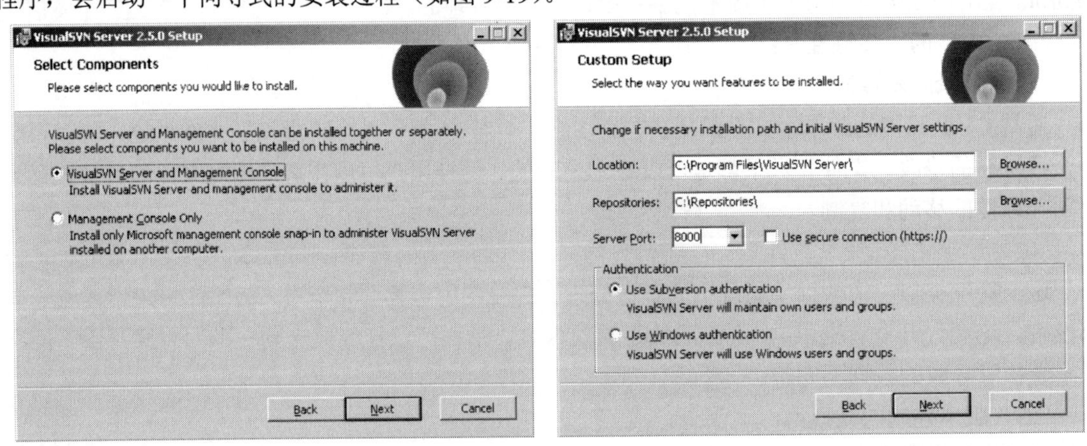

图 9-19　VirtualSVN Server 安装向导

本质上来说，VisualSVN Server 就是一个功能性的 HTTP 服务器，所以在按照的过程中需要注意的是设置 HTTP 服务的端口，如果服务器上还运行其他 Web 服务器，就需要选择其他端口来避免冲突。其他的重要的安装选项还包括协作数据存储位置和认证的方式。

安装完成后，系统提供了一个 VisualSVN Server Manager 管理程序（见图 9-20），它是一个 Windows 控制台程序，管理员可以使用这个程序对 Visual SVN Server 进行管理。

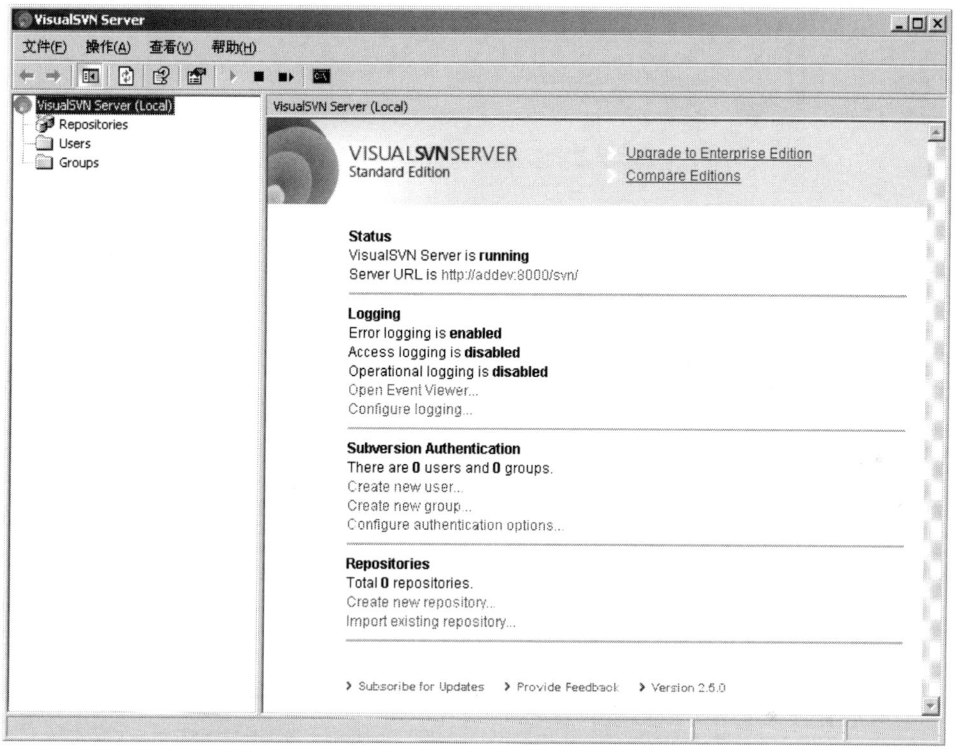

图 9-20　VisualSVN Server 管理器

常规的管理任务包括：

- 创建和管理 SVN Server 的用户和组
- 创建和管理协作资源库（Repository）
- 监控服务运行状态，启动和关闭服务，查看运行日志

在开始使用之前，需要先确认服务器正在运行，并且为开发项目建立了协作资源库，以及为相关人员建立和配置了 SVN 用户的账号并配置了全新。

下面我们来了解一下如何安装和配置 SVN 客户端。通常 SVN 客户端并不是以一个独立的软件形式出现，而是以开发环境（如 Eclipse 等）或者操作系统的插件形式出现，当然还有一种客户端是命令行方式。

先来看看开发环境中的 SVN 客户端。在最新的 Eclipse 版本中，提供了 Eclipse Markgetplace（Eclipse 市场，如图 9-21）作为一种新的插件和扩展程序发布、部署的方式，我们可以在这里搜索、下载和安装 Eclipse 相关的软件，当然也包括 Subversion 插件。

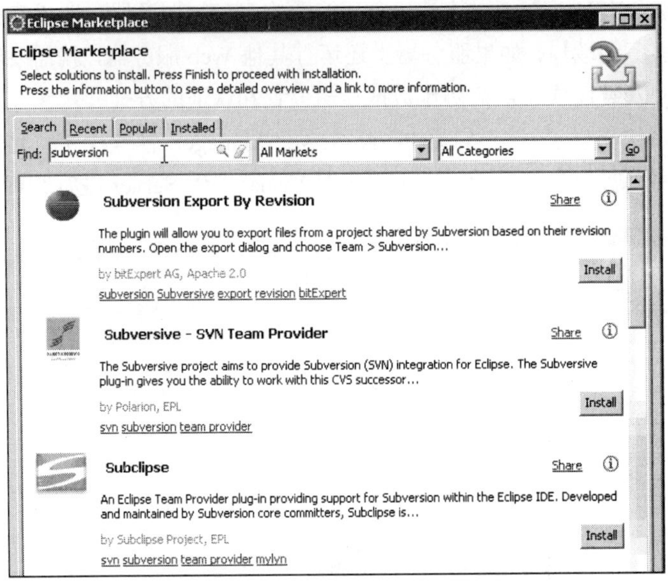

图 9-21　Ecplise Marketplace 中的插件搜索和安装

在 Eclipse 中点击菜单“Help-Eclipse Marketplace”，我们会看到 Eclipse Marketplace 窗口，通过“subversion”关键字的搜索，我们可以找到很多和 subversion 相关的功能，这里我们选择比较常用的 Subclipse 版本管理插件。点击其右侧的“Install”按钮，就可以在线安装这个插件，当然，在 Eclipse Marketplace 中还可以对插件进行更新和卸载的管理。安装完成后重新启动 Eclipse，SVN 客户端插件就已经安装完成，可以开始使用了。

SVN 的客户端不仅可以作为插件安装到 IDE 当中，也可以直接安装到操作系统当中。比如对于 Windows 系统，我们可以选择 TrotoiseSVN（这个软件可以从 tortoisesvn.net 下载）作为配套的 SVN 客户端软件。这个软件的安装非常简单，但需要注意的是，安装完成之后，它并不是一个常规的独立运行的软件，而是将其功能和操作集成到了 Windows 操作系统的资源管理器当中。可以通过资源管理器项目的右键（上下文）菜单来访问这些功能（图 9-22）。

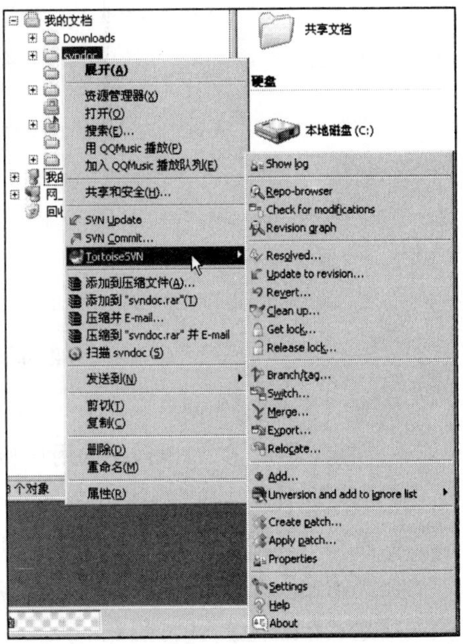

图 9-22　TortoiseSVN 上下文菜单

在 SVN 的客户端服务器都安装完成后，在后面的内容中我们会讨论如何使用 SVN 进行版本管理。

9.3.3　使用 SVN 进行开发的版本控制

下面，我们通过一些简单和常见的操作来了解一下在开发过程中，使用 SVN 进行版本控制管理的流程。这里指出了一些常规和常见的操作步骤。

1．连接和导入工程

假设我们现在有一个 Android 工程，需要将其放在版本库中共享给团队其他成员，可以进行下面的操作。

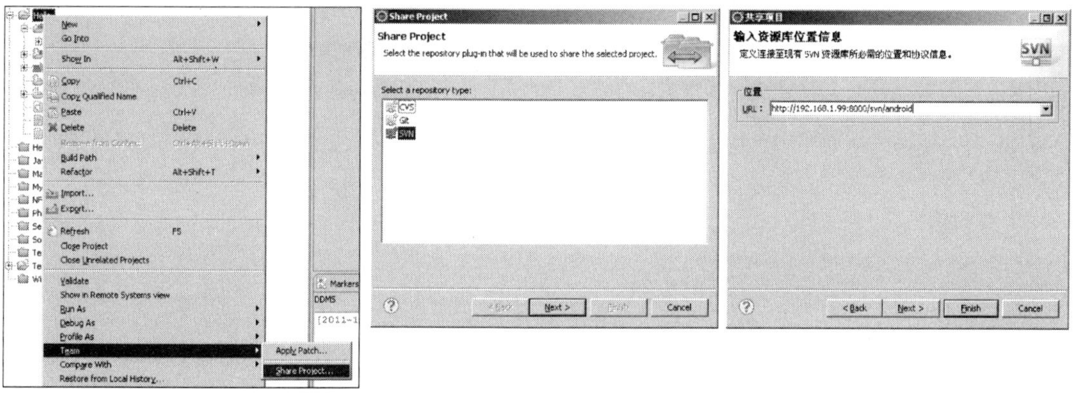

图 9-23　SVN 共享项目

在需要共享的项目上点击右键，在“Team-Share Project”可以调出共享项目向导（图 9-23），在随后的步骤中可以选择使用“SVN”作为版本管理方式，并输入 SVN 服务器和版本库的 URL 地址，系统会提示输入用户名和密码并连接到版本库（图 9-24）。

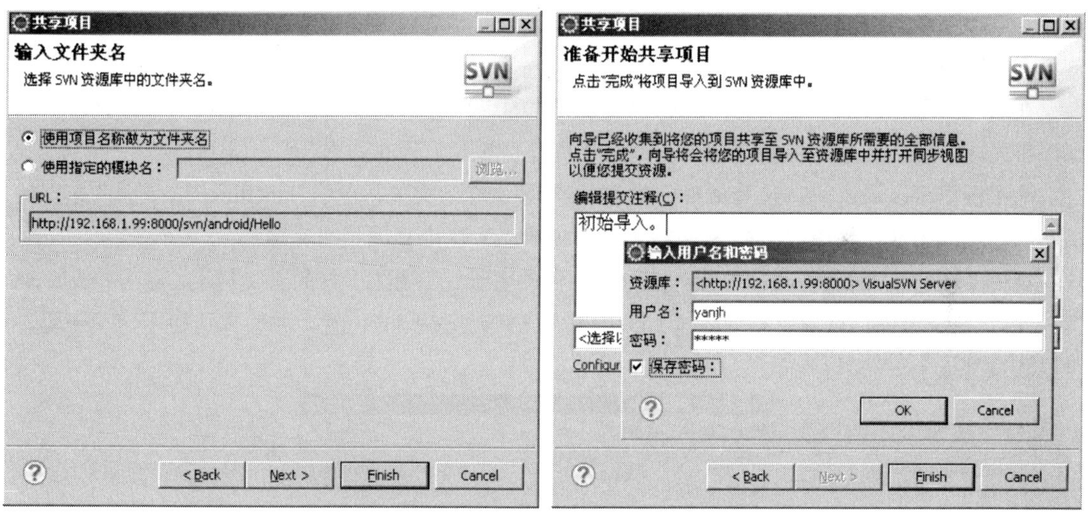

图 9-24　SVN 共享项目（续）

连接成功后，SVN 会将这个项目标记为“SVN 管理的”项目，这时后的上下文菜单会出现很多和版本控制相关的功能项目（图 9-25）。

但到目前为止，项目内容并没有实际的放到版本库中。而作为一个初始化版本，通常还需要进行一次“提交”操作。这个操作上载文件和修改属性的过程我们在控制台中都可以看到。在这个操作完成之后，在项目视图中，项目的图标会发生变化，并且显示各个文件的状态。

这个状态表明，用户已经将初始化的文档发布到版本库中，可以给团队成员来共享和协作编辑了。

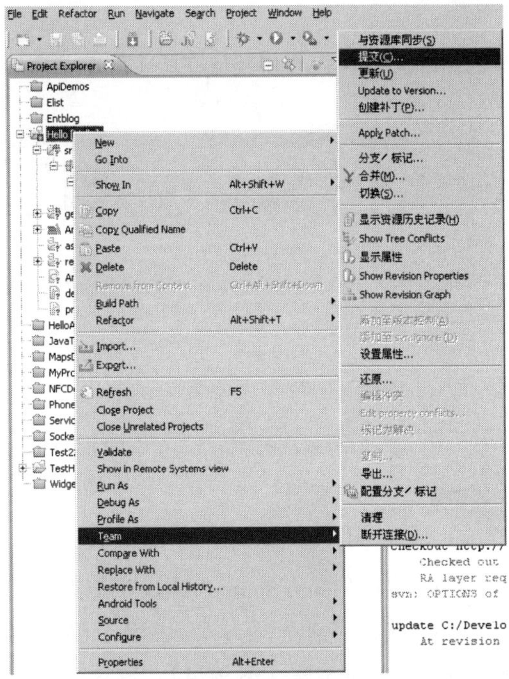

图 9-25　连接成功后的 Team 上下文

2. 工程检出

在第一个用户共享了某些文档之后，如果其他的用户也希望加入到编辑工作当中，比如代码编写，首先就需要从版本库中复制这个工程，并且建立本地工程的副本。

这个操作可以通过“SVN 资源库研究”（确实是这样定义的，说明 SubClipse 这个插件是支持多语言的，但似乎应该翻译成“SVN 库检索”更加恰当）这个视图集来完成。

首先要创建 SVN 服务器的连接，在“SVN 资源库研究”视图上方的工具栏上，点击“添加 SVN 资源库”，在资源库地址对话框（图 9-26）中输入 SVN 版本库的位置，并输入连接用户和密码，就可以连接到这个 SVN 版本库了。

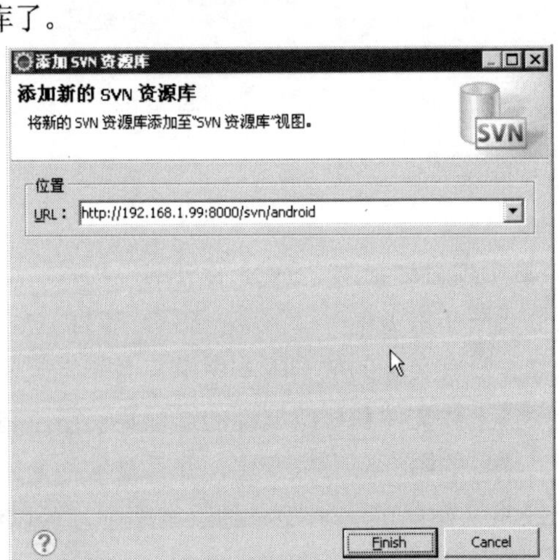

图 9-26　添加新 SVN 资源库

连接成功后，在 SVN 资源库视图中会显示已经配置的 SVN 服务器条目和版本库（每个对象后面的数字代表其当前版本编号）。如果格式支持的化，从这个视图还可以直接打开这个文档，当然只能查看内容，是不能编辑的，因为这里实际上是通过网络来进行访问的。

然后，在视图中找到需要共享的项目文件夹，在上下文菜单中选择“检出为…”，并在检出对话框总填写相关信息（通常使用默认信息），如图 9-27 所示，点击完成后，就可以将共享的工程复制到本地并建立本地的工程副本了。

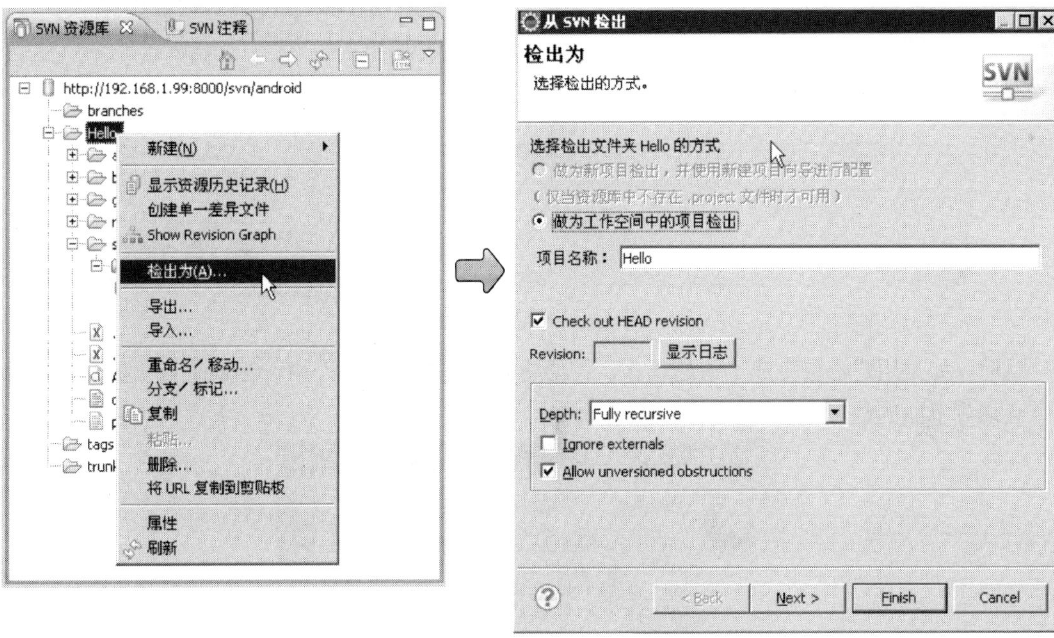

图 9-27　从 SVN 资源库研究视图创建工程

这里，还有一个导出的选项，但检出和导出的主要差别是检出会将导出的内容按照原来的方式创建一个工程，这样就非常方便进行协作开发。而导出是简单地将版本库的内容复制到一个本地文件夹中，主要用于内容的查看。

3. 编辑文档并提交

这时候，有权限的用户进行文档的并行协作编辑了。在编写完成之后，用户都应该将结果提交到版本库中，以形成一个最终的版本。这时候会出现几种情况。

比如，对于同一个版本，甲和乙都检出并进行了修改，在文件保存之后，系统的图标会发生变化（图标上出现*型），表明该文件进行了修改和保存，但没有被提交到版本库中，和其他的用户也没有关系。

比如甲已经完成了自己的工作，他可以使用“Team-提交...”菜单来对自己的工作做一个提交，这时会出现一个提交操作的对话框（图 9-28），这里有一些提交的选项如选择具体修改的文档，或者输入一些版本说明信息等等。

如果一切顺利，当用户甲点击 OK 之后，修改的文件将提交到版本库中，并为此创建一个新的版本。

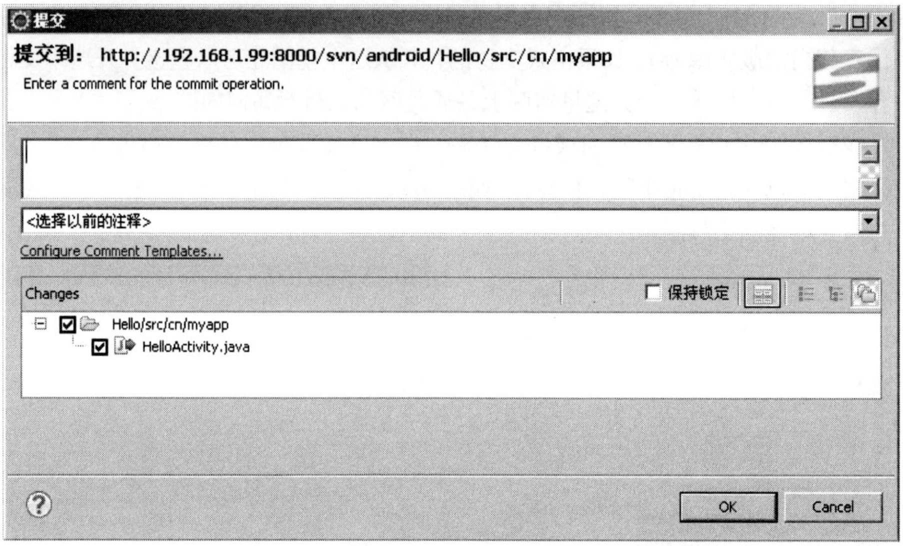

图 9-28　修改工作提交

这时，如果用户乙也完成了他的工作，需要将修改提交到资源库中，当他来点击提交按钮时，通常会遇到下面的故障。

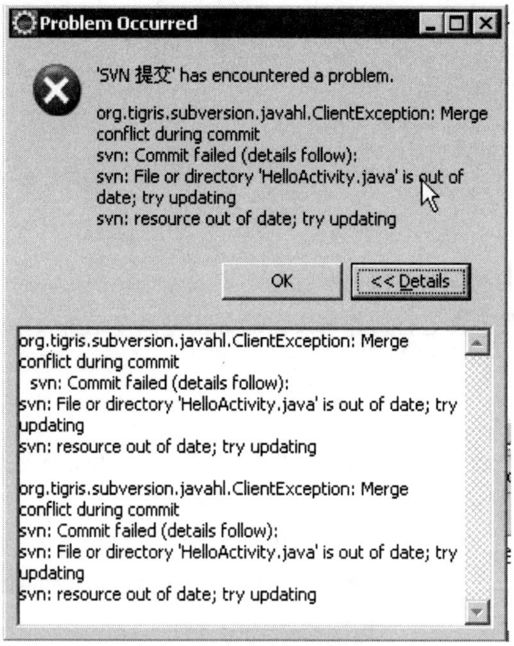

图 9-29　合并冲突故障

在错误对话框中指出了错误的原因，Merge conflict during commit，就是原来用户乙进行修改的基础的那个版本已经发生了变化，因为用户甲已经做了修改，这时就不能直接提交，而是需要进行“更新”或者“冲突解决”后才能提交。

4．更新操作

解决更新问题第一个方式就是尝试“更新”操作，这个操作会将最新的版本更新到乙现在正在更新的版本中，如果运气比较好，甲和乙编辑的内容不直接冲突（比如甲和乙编写了不同的函数），这时内容会直接合并，这时如果乙再次进行提交操作的话，应该就可以顺利完成了。

5．冲突解决

如果更新过程当中比较不凑巧，甲和乙对同一个内容（比如同一行代码）进行了修改，这时就造成了冲突，作为提醒，我们会在代码编辑的窗口看到类似的信息（图 9-30）：

```
public class HelloActivity extends Activity {
    private static final String LTAG="TAGTEST";
    @Override
    public void onCreate(Bundle savedInstanceState) {
        super.onCreate(savedInstanceState);
        setContentView(R.layout.main);
<<<<<<< .mine
        Log.d(LTAG, "for test4 ");
=======
        Log.d(LTAG, "for test3 ");
>>>>>>> .r10
        Log.d(LTAG, "shixc3");
    }
```

图 9-30　冲突的代码行

在这些信息中我们可以了解来自不同版本冲突代码的具体内容，这里“mine”是当前用户的代码，“r10”是冲突的第十个版本的代码，这时需要用户来决定具体使用那个代码。

当然我们需要直接在编辑器里进行编辑，而是使用“Team-编辑冲突”菜单命令，它可以打开一个版本对比的编辑窗口（见图 9-31）来辅助开发中完成冲突解决的工作。

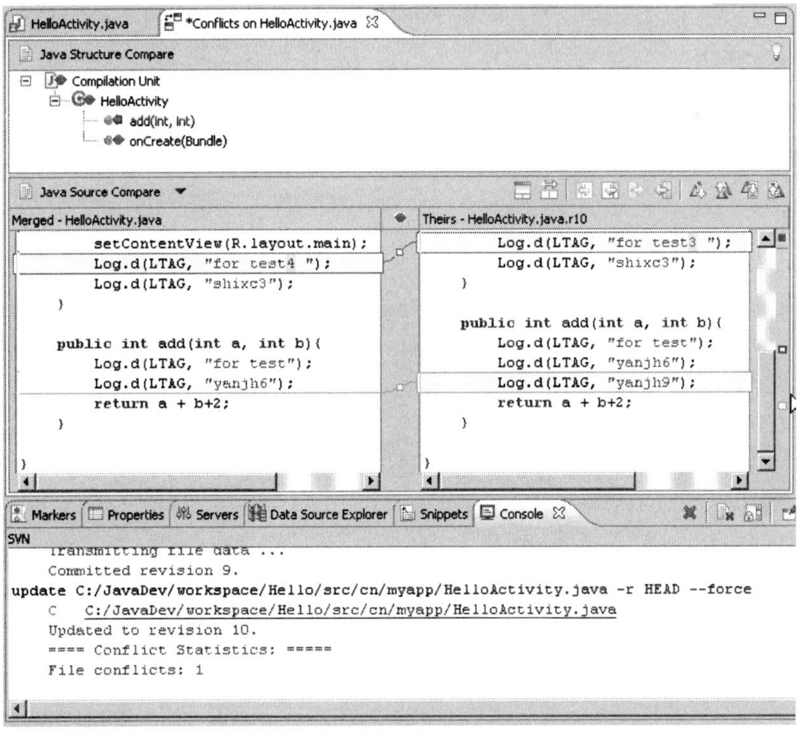

图 9-31　编辑冲突窗口

在这个窗口中，开发中可以“肩并肩”地进行代码的复查，可以选择保留自己的版本，或者使用版本库中的版本，或者插入代码库中的版本，当这些复查和编辑工作完成后，用户需要再次执行“Team-标记为解决”菜单命令，并在出现的对话框（图 9-32）中选择合适的选项，点击 OK，就可以完成冲突解决的操作了。

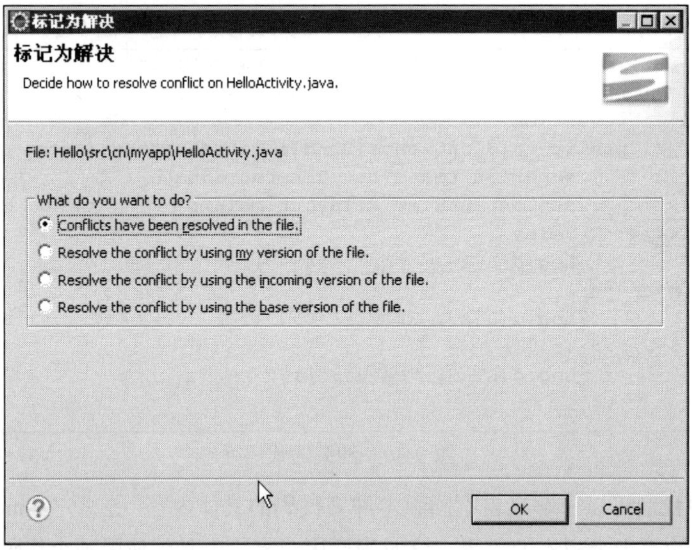

图 9-32　冲突解决标记窗口

当然，在这里我们知道可以直接跳过代码复查的操作，直接使用某一个版本作为最终版本。解决冲突后，再次尝试“提交”操作来生成最后的版本。

6. 查看版本历史

在 Eclipse 中，还可以查看代码提交的版本历史记录。这些内容可以在“History（历史）”视图中查看到（如图 9-33）。

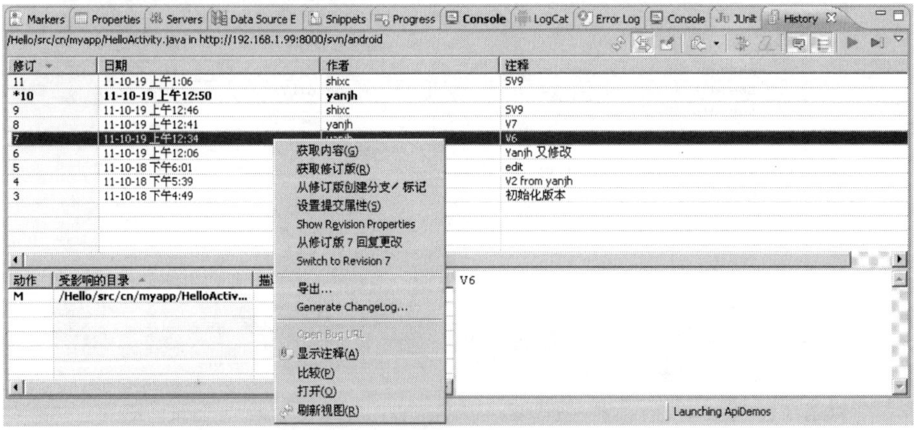

图 9-33　代码版本历史视图

在这个视图当中，我们可以查看该文档历史上的各个版本，包括日期、作者和相关的注释信息。如果有必要的话，还可以获取具体的版本内容，进行比较或者恢复到特定的版本。这样，对于开发历史和内容的管理无疑提供了很大的方便。

7. 使用其他客户端

在开发团队中，并不是每个人员都是开发和测试人员，都需要安装和他们相同的开发工具，而且在版本库中并不只是会保存代码，也会存放各种文档或者支持用的软件等等。这样就没有必要每个人都使用开发工具作为 SVN 客户端。他们可以根据自己的需要和方便，使用浏览器或者 SVN 客户端来访问版本库。

使用浏览器来访问版本库非常方便，直接在地址栏中输入 SVN 服务器的地址就可以了（图 9-34）。服务器可以自动将版本库转换为网页编码让用户来进行导航和访问，在页面中也可以下载具体的文件。

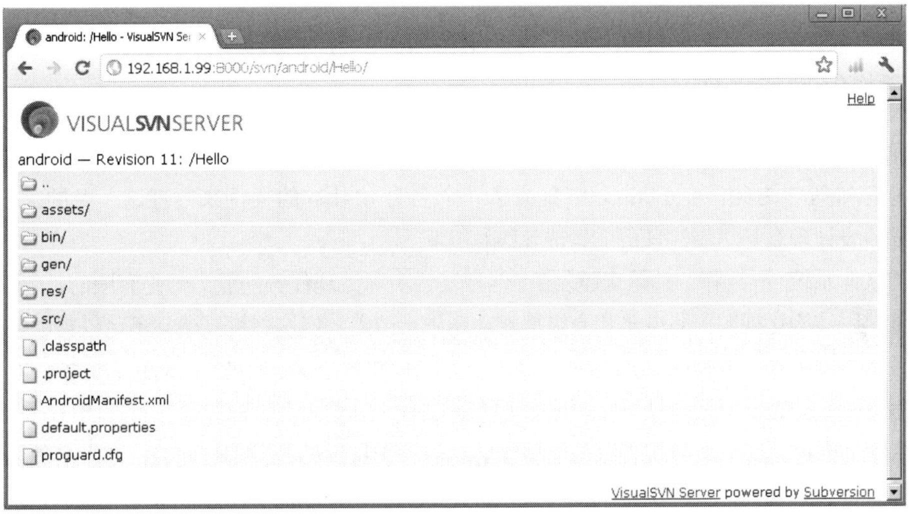

图 9-34　使用浏览器访问版本库

如果想要更方便一点，在 Windows 系统中也可以使用文件管理器来作为 SVN 客户端的外壳，如可以使用上下文命令“SVN Checkout（SVN 检出）”在本地文件系统建立 SVN 目录的副本（图 9-35）。

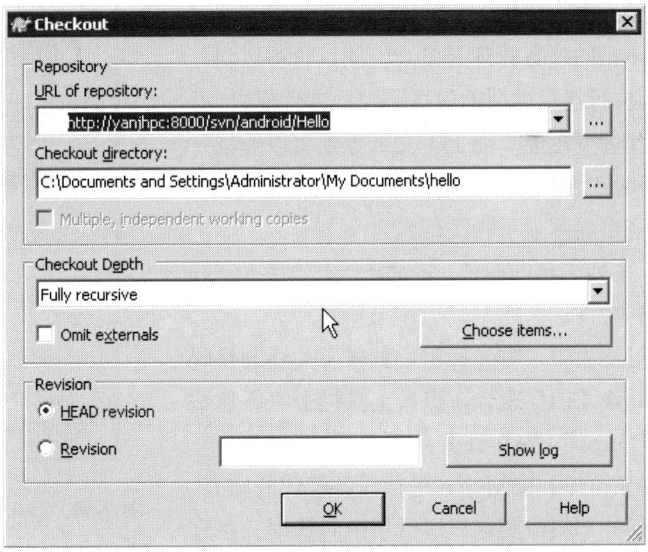

图 9-35　检出版本库内容到本地文件系统

版本库内容检出后，甚至可以像在开发工具内一样实现大多数版本管理的工作，如提交、锁定等等。

而且，对于各种操作系统而言，如果安装了合适的 SVN 客户端，还可以通过命令行方式来进行 SVN 版本库的管理。由此可见，SVN 是一个非常灵活易用的版本管理工具。

8．其他操作

到这里，我们其实已经使用 SVN 技术完成了一个典型而简单的应用协作开发的工作过程。当然，关于 SVN 还有很多选项和内容，比如分支/标记/合并、锁定/解锁、补丁管理、目录冲突管理、属性管理、图标状态、同步管理等等，这里就不再详细展开讨论了。

下面我们探讨一下如何在开发过程中进行另一种协作-工作管理。

9.3.4 工作管理和协作

除了最为常用的代码和文档管理之外，团队开发过程中的还有一些重要的管理工作包括任务管理、问题跟踪等等。为此，在 Eclipse 中集成了一个名为 Mylyn 的插件来处理这一类的需求。

Mylyn 的设计理念是“专注任务的集成化编程”。

现代的软件系统、框架和工具越来越复杂，但开发者实际处理任务的能力却是有限的，一些好的 IDE 系统会尝试使用结构化视图、编辑器和高级搜索功能进行改善，但这些机制通常不足以帮助管理完成典型编程任务所需要处理的大量信息，这样就会导致“信息过载，Overload”的问题。比如，在导航一些企业应用程序时，Eclipse 工程浏览器会显示数百个源文件，每个源文件都有数百行代码 —— 这种情况需要消耗大量的时间来滚动、导航和跟踪这些信息。但对于特定的开发工作而言，在大多数情况下，开发者是不需要查看系统的整个层次结构或者某个特定方法的每个引用也可以完成编程任务。例如，对于 Bug 的修复或者新特性的添加，通常只需要了解系统的某一个部分就可以了。

为此，区别于常规的任务管理工具，Mylyn 引入了交互技术，它将集成的任务（Task）和自动上下文（Context）管理这两个功能添加到 Eclipse 中，在用户界面中可以突出显示您感兴趣的系统内容。Mylyn 的任务管理是多功能的，它可以将任务/缺陷/漏洞/票据/描述/问题等类型的信息跟踪器进行集成，并提供高级的任务编辑和调度功能。而上下文管理则可以监视开发者与 Eclipse 的交互，自动识别与当前任务相关的信息，并让结构化视图和编辑器突出显示显示相关信息。

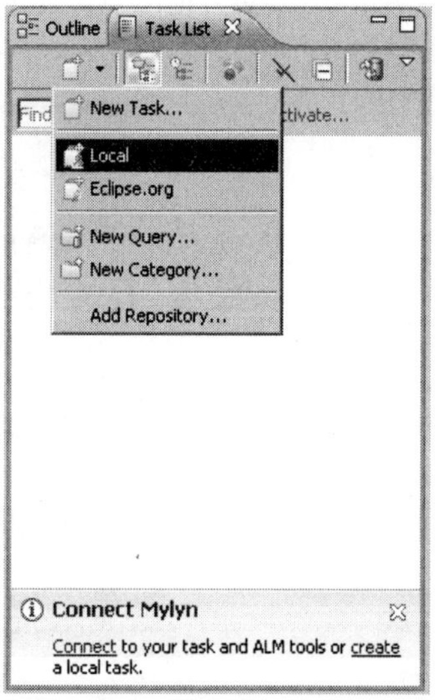

图 9-36　Task List 窗口和创建新任务

下面，我们通过一系列简单的操作，来体验一下使用 Mylyn 进行任务管理的过程和特性。

首先，在编程的过程当中，将光标定位到需要关注的代码位置，找到并打开“Task List”窗口，点击工具栏上“新建按钮”，在菜单中选择“Local”（图 9-36）。

Task List（任务列表窗口）是 Mylyn 进行任务管理的核心，它能够将所有类型的任务都集成到这里进行集中的管理。在这里“Local”是本地任务库，这里的操作不需要网络和任务库服务器。

此命令会打开“新任务”窗口（图 9-37），在此可以添加任务相关的信息，点击右上角的“Activate Task” 激活任务（灰色原点），然后关闭并保存任务，任务就创建完成并且激活了。

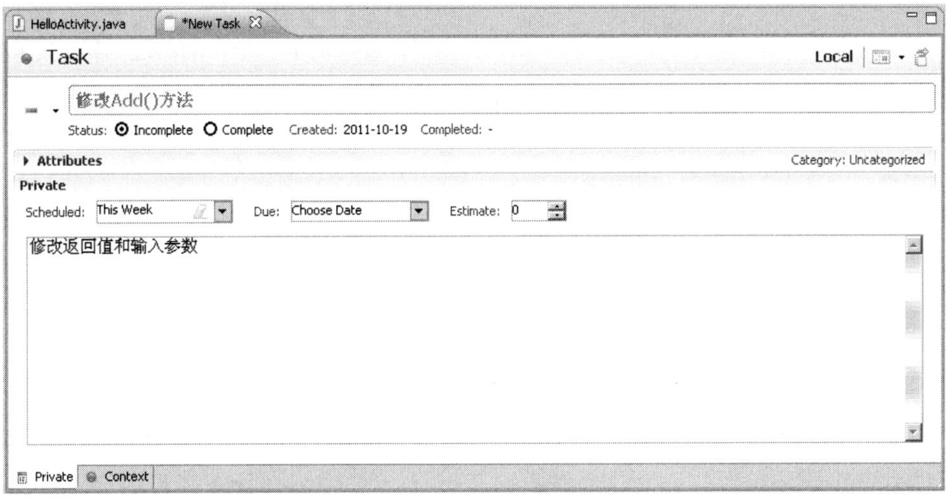

图 9-37　新建任务窗口

这里可以选择编写的任务信息包括：

- 优先级
- 标题和内容描述
- 状态，如是否完成
- 类别，可以将任务放到子定义的类别分组当中，便于管理
- 日程计划，包括开始结束时间，预计消耗时间等等
- 创建和管理子任务
- 存储位置，是在本地，还是预配置好的网络任务库
- 关联的 URL

任务创建完成后，我们可以在 Task List 中看见此任务，双击打开后，可以进入任务编辑窗口。这里的关键是，点击任务窗口下面的“Context”标签，我们可以切换到上下文（Context）视图（如图 9-38）。

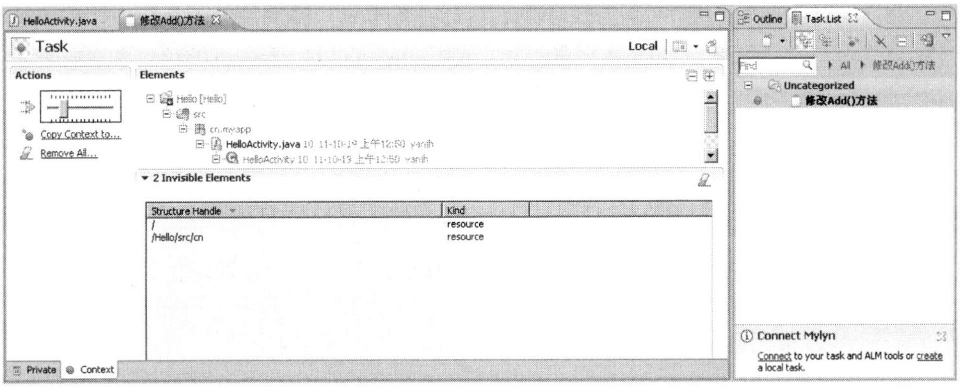

图 9-38　任务上下文相关元素视图

在这视图中，我们就可以看到在任务创建时，和任务相关的开发环境的状态，比如管理的文件和代码行，我们可以直接双击打开并定位到那里，这就是所谓的上下文集成，Mylyn 的精华和核心特性之一。

Mylyn 还有一个重要的特性是“专注于活动的任务”，它提供了一个自动的过滤器，能够将和活动任务和当前正在编辑的一些文件从包浏览器中筛选出来进行显示，如图 9-39 所示。我们可以清晰的看到开启和关闭这个选项时，其内容显示的变化。显然，这一操作能够达到减少无关信息对于开发工作的影响，提高了开发专注度和效率。

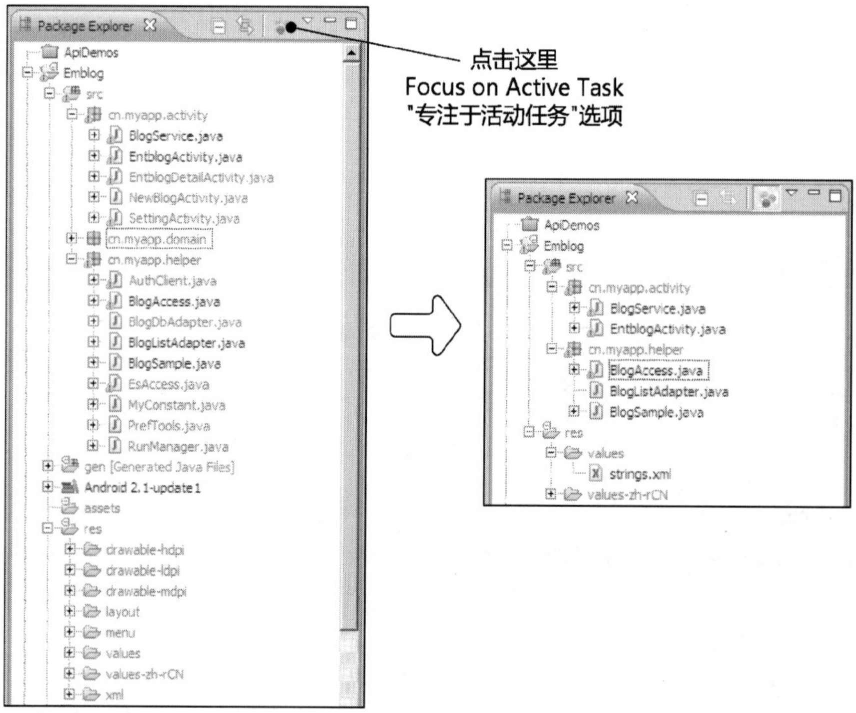

图 9-39　在包浏览器中对活动任务相关文件进行过滤

在上面的内容中我们应该已经体会了如何使用 Mylyn 进行工作任务管理。当然这列我们举了一个本地操作的例子，Mylyn 也支持网络任务库（Task Repository），并且能够支持多种类型和技术实现的网络任务库服务器，它们通常通过在 Mylyn 上安装不同的“连接器”来实现。比如 Bugzilla 服务器和连接器，可以用于任务、Bug 和报告管理；XPlanner 可以用于任务的项目和事件管理；Trac 和 JIRA 可以用于问题跟踪等等，其他支持的服务器还包括 MS Team Foundation Server，Google Code，Google Gmail、GitGub 等等。

在 Mylyn 中已经内置了 Bugzilla 连接器和对 Eclipse Bug 系统的支持（它使用 Bugzilla 技术），由此我们可以大致了解网络化任务管理的机制。

通常我们可以使用“Team Synchronizing”视图集来组织和团队任务管理相关的视图（图 9-40）。

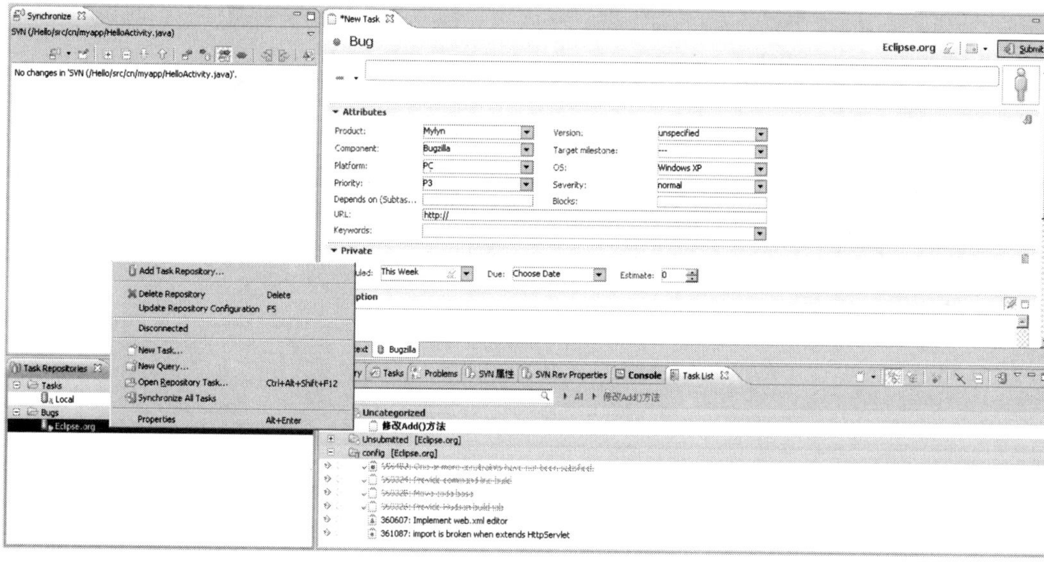

图 9-40　团队同步视图集

要进行网络化的任务管理，首先需要配置一个连接器，系统已经为我们配置好了一个名为 Eclipse.org 的任务库连接（图 9-41），它的配置是这样的：

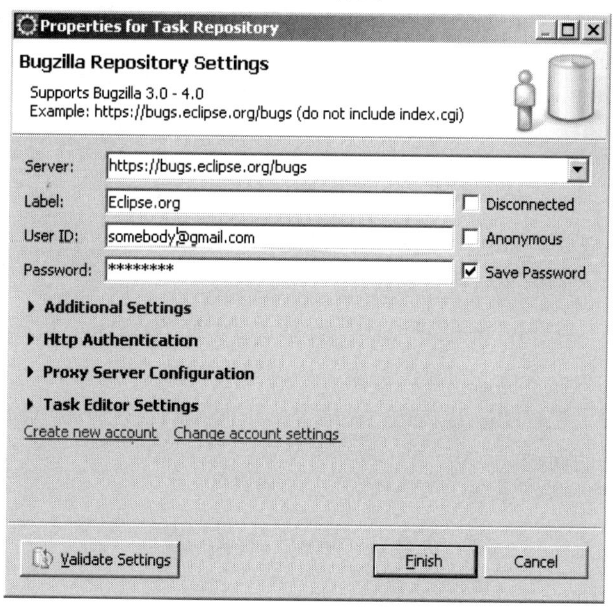

图 9-41　Eclipse Bugzilla 系统连接配置

如果需要进行提交或者查询，可能需要先去申请一个账号。连接器配置完成之后，就可以如图 9-35 所示，通过连接器的上下文菜单创建网络项目了，这里的例子是创建一个 Bug 报告，我们可以看到它使用的信息和普通本地 Task 是不一样的，取决于服务器对于信息格式的要求。

除了提交任务之外，开发中可以通过创建搜索来查询和同步任务，这样操作可以使用“New Query”上下文菜单来执行，用户可以配置非常精确的搜索条件来获取精确的任务信息条目（图 9-42），以有效的获取共享的信息。

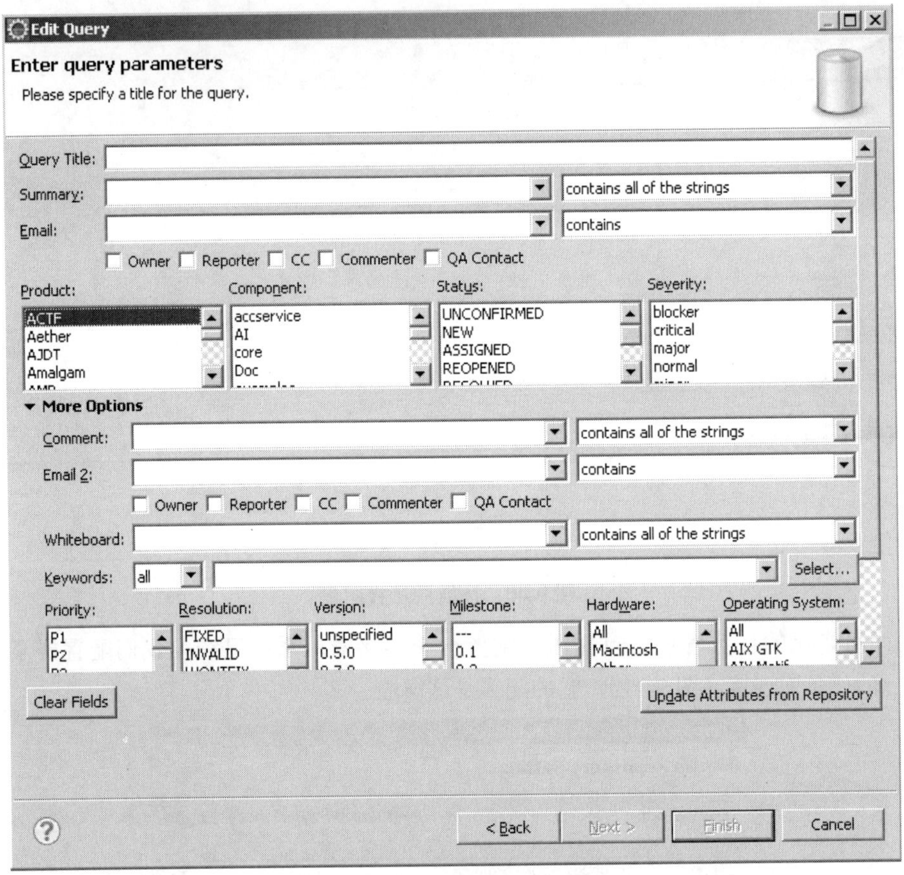

图 9-42　Bug 和任务检索窗口

检索创建之后，系统就会启动检索操作并且将结果显示在 Task List 窗口中，并且还会自动定期同步，让用户总是能够获取最新的信息和状况。

最后需要再次说明，在 Mylyn 的管理体系当中，对于任务、Bug、问题、报告等信息的处理方式基本上是相同的，区别主要在于信息的类型和格式略有差别。

至此，我们就了解了进行团队开发的相关内容，下面我们会讨论在 Android 应用程序开发完成之后，如何发布和部署的问题。

9.4　发布和部署

在 Android 应用程序开发完成之后，我们就需要将最终形成的应用软件包发布出去，这样软件的用户就可以使用某种方式获得这些软件包，并安装到他们的操作系统之上。这个过程包括了安装文件的生成、文件签名、注册和发布等内容。

9.4.1　Android 安装文件和过程概述

为了发布和部署的方便，通常应用程序使用某种安装过程将程序和其支持组件安装到目标的操作系统之上，而不是直接复制可执行文件。因为可能需要在安装过程中进行一些软件配置、系统适配和模块选择的工作。因此，如果经常使用 Windows 操作系统，大家都熟悉这样一个软件安装过程：首先插入光盘，导航到安装文件目录，运行安装程序，安装向导进行各种选项的配置，最后完成安装。

但这个规则其实并不太适合手持系统，因为它们通常并不使用标准的光盘或者网络文件系统，此外手持设备操作系统本身就有设计良好而严格的结构规范，并不需要太多的用户选项。这样在手持设备上通常使用同步或者在线的安装方式。这些安装方式更加简单直观，此外，它也要求安装的文件更加小巧紧凑。最好是单一文件而不是传统操作系统的安装目录。

为此 Android 系统使用一种 APK 格式的单一文件作为其标准的安装文件，所有要安装到 Android 操作系统上的软件或者中间件程序都必须先封装为这个格式。APK 代表 Android Application Package File，即 Android 应用包装文件。从技术上而言，APK 实际上就是一种形式的 JAR 文件，包括了应用程序的可执行文件（在 Android 系统中是.dex）、资源和辅助文件、签名文件和配置文件等等。如果将其解压缩，可以看到典型的 APK 文件的目标结构如下（图 9-43）：

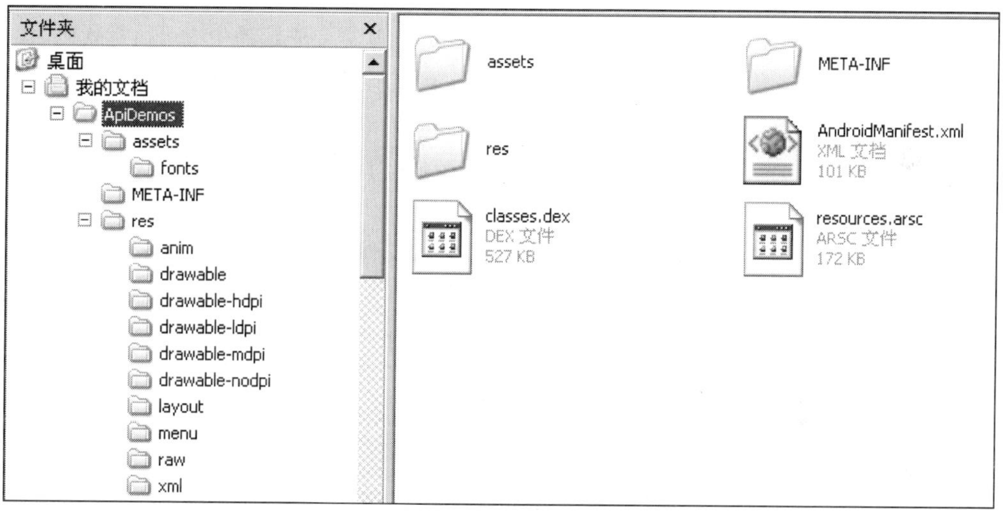

图 9-43　APK 文件内容结构

简单说明如下：

- META-INF：签名信息文件夹（只有签名的 APK 文件才有这个文件夹）
- MANIFEST.MF：签名配置文件
- cert.rsa 和 cert.sf: 签名相关文件
- res：资源文件夹，如图片、布局、菜单等等
- assets：资产文件夹，如特殊的字体等等
- AndroidManifest.xml: Android 应用程序配置文件
- classes.dex: Dalvik 可执行文件
- resources.arsc：资源编译文件

APK 文件的组成和生成过程如图 9-44 所示，这个图我们其实已经在第四章看到过，但这里我们需要强调的是在 APK 文件生成的各个阶段涉及到的相关组件和工具。

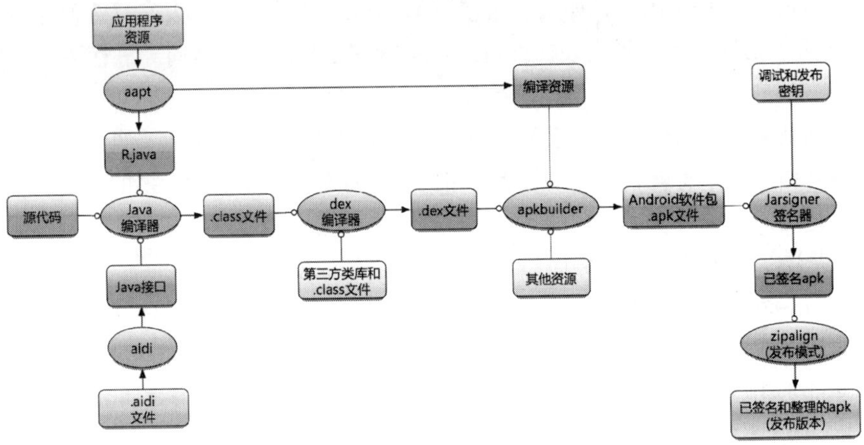

图 9-44　APK 文件组成和生成过程

简而言之，在从源代码生成最终的 APK 文件之前，通常需要先编译生成可执行代码后，再和其他的辅助性文件统一封装压缩到一个单一文件当中，经过签名和优化后就可以作为 APK 文件用于部署了。

在开发过程中，很多阶段都是自动化的，我们无法直观的了解，但可以理解 Eclipse 提供了很多工具，来帮助我们完成这一过程。

而如果要进行发行和部署的，就需要得到实际的 APK 文件，但这个操作也非常简单。在 Android 工程文件上下文菜单的 Android Tools 菜单项中有两个项目 Export Signed Application Package..和 Export Unsiged Application Package..，可以用于导出签名或者不签名的 APK 文件（图 9-45）。

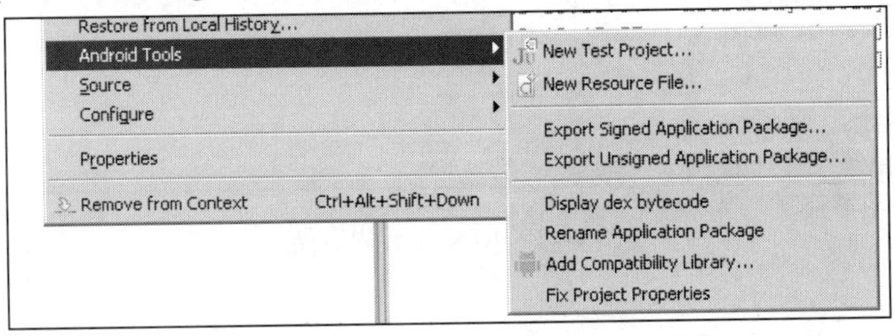

图 9-45　APK 文件导出菜单

通常不签名的 APK 文件可能是需要在后续过程中进行签名和优化的处理，如果手头就有签名文件，或者希望在此过程中创建自签名文件，可以直接使用签名导出方式。

下面我们来了解一下 Android 应用程序签名相关的内容。

9.4.2　Android 应用程序签名

为了提升系统应用的安全（避免重蹈 Windows 系统的复辙），Android 引用了应用程序签名机制。在 Android 系统中，所有安装和运行的应用程序都必有一个数字证书，该数字证书标识应用程序的作者并且和系统直接建立信任关系。数字证书可以防止应用程序被冒用，并且可以控制应用程序的执行权限。Android 使用的证书机制和 Java 标准证书机制相同。谷歌建议开发中使用权威的证书颁发机构颁发的证书，但并不禁止使用自签名证书（iOS 强制使用 Apple 颁发给开发者的证书，通常被认为具有更加严格的控制性）。

下面是一些关于 Android 数字证书使用的要点：

- 所有的应用程序都必须有数字证书进行签名，否则不能安装和运行；
- Android 程序包可以使用自签名的数字证书，并不需要完全权威合法的签名认证；
- 正式发布应用程序时，不要使用 adt 插件或者 ant 工具生成的调试证书（开发用证书）；
- 需要注意数字证书都是有期限的，但 Android 仅在应用程序安装时才会验证有效期，如果已经安装完成，过期的证书不会影响程序运行，但不能进行升级和重装；
- Android 使用标准的 java 工具 Keytool and Jarsigner 来生成数字证书，并给应用程序签名；
- 签名时最好使用 zipalign 优化程序。

此外，建议对于同一个开发者，在多个程序中尽可能使用同样的证书，理由如下：

（1）便于程序升级

当新版程序和旧版程序的数字证书相同时，Android 系统才会认为这时一个程序的不同版本，而不是两个无关的程序。如果不是这样，系统会认为两个同名的程序会产生冲突。

（2）便于模块化设计和开发

Android 系统允许拥有相同签名的程序运行在同一个进程中，并将其视为同一个程序。因此开发者可以将自己的程序分模块开发和部署，用户也可以按需安装和使用。

（3）可以通过授权（Permission）方式在多个程序间共享数据

要使用数字证书对应用程序进行签名，首先需要获取或者生成有效的数字证书。正规的开发者和商业机构都应该获取有权威机构（如 VeriSign）颁发的数字证书，这样可以提高信任度，因为用户如果信任这些颁发机构，就会信任其颁发的证书，在程序使用过程中减少信任操作的麻烦。

如果作为实验或者小型应用，也可以使用自签名的数字证书。生成自签名证书的方式很多，比如可以使用 JDK 的 Keytools 命令行工具，或者最方便的直接使用 Android Tools 菜单中的 Export Signed Application Package…（导出签名的应用程序包）选项，如图（9-46）：

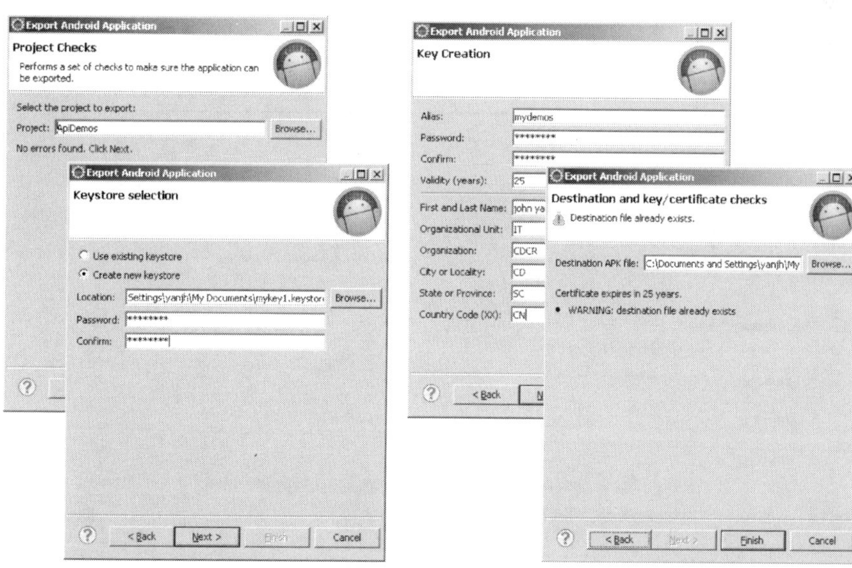

图 9-46　Android 签名生成和 APK 签名输入

这个过程大致分为四个步骤：

（1）选择输入的 Android 工程；

（2）选择使用证书或者新建证书；

（3）输入新建的证书信息；

（4）选择输出的 APK 文件。

当然，上述证书生成和签名的过程也可以使用命令行工具 keytool 和 Jarsigner 完成。

其实，在这个步骤中，其实还进行了一个优化的步骤，它使用 zipalign 工具统一将资源进行了 Data Structure Alignment（数据结构对齐标准:DSA）操作，可以帮助处理器快速而准确的在内存地址中定位所需要的资源。因为 APK 的程序是高可复用性设计的，它所包含的内容不仅限于当前程序所使用，也可以被其它的程序或者进程调用，从而提供系统资源的效率和灵活性。所以这个优化的要求在开发和应用阶段是不一样的，需要在发布之前进行操作。但这个操作通常不需要开发者进行干预，在 ADT 中它是完全透明和自动化的。

这样，我们最终就获得了可以用于安装和部署的合格的 APK 文件。下面我们来了解一下 Android 是怎样进行分发和安装的。

9.4.3 Android 应用程序分发和安装

作为 Android 应用生态系统的一个重要的组成部分，Android 应用程序最“官方”的分发方式当然是使用 Android Market（Android 电子市场）了。电子市场的网址在 market.android.com。通常开发者如果需要通过电子市场分发他们的软件的话，需要以下几个步骤。

1. 注册 Android 应用发布账号

开发者可以先去注册一个 Gmail 的账号，用这个账号可以登录谷歌的各项服务，包括 Android 发布服务。然后使用这个账号访问电子市场的发布页面（https://market.android.com/publish/），系统会认为你是一个开发者，并启动发布注册的流程。

2. 填写用户资料

首先需要开发者填写一些个人信息，在这个页面（图 9-47），也提供了注册的流程。

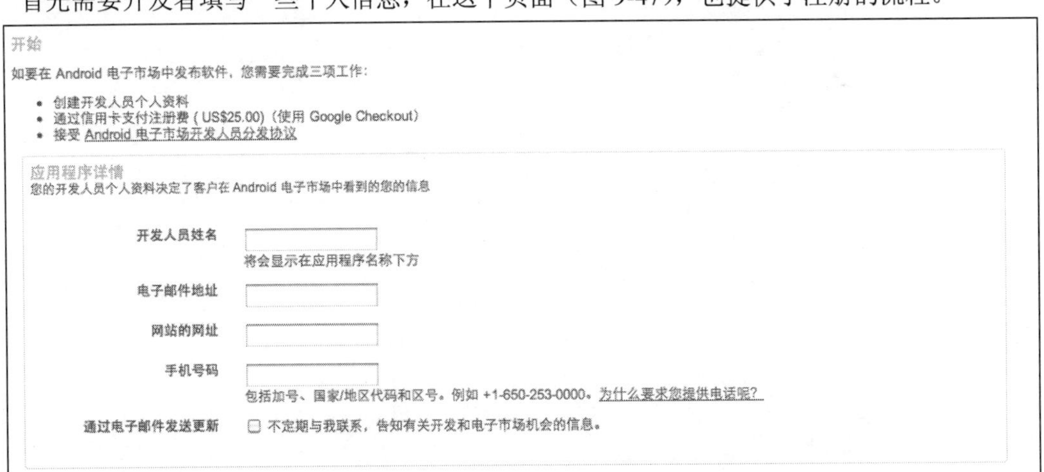

图 9-47　Android 应用发布者注册页面

3．支付注册费用

每一个需要在 Android 市场中发布应用软件的用户都需要支付 25 美元的一次性注册费用，这些费用通过 Google Check Out 服务支付，它支持大多数信用卡系统比如 VISA 信用卡（中国的合作信用卡，如果上面有 VISA 标记也应当支持）。

4．接受使用协议（法律文件）

5．上载和发布应用程序

成功注册之后，系统会提供一个开发者控制台（Developer Console），在这里你可以上载应用程序，上载的内容包括应用程序的 APK 文件，程序截屏等等，在这里还可以输入程序标题、描述等一些必要的信息。

当一切资料都准备好之后，就可以“发布”了。这时用户才可以从电子市场搜索并且下载发布的应用程序。

6．查看访问报告

在开发者控制台中还提供了应用程序的管理和报表功能，包括程序列表和发布状态，下载和安装数量，用户评价和评论等等，这些信息都可以帮助开发者了解其应用的受欢迎程度和改进方向。

如果是一个商业开发者，需要发布收费的软件，只需要建立一个 Google 商务账户（Google Merchant Account），就可以给应用程序标价了。其他的如软件授权管理和财务管理都不需要开发者操心，应用软件有了销售收入之后，谷歌会定期将收入分成付到相应的开发者账号中。

看起来不错吧，但不幸的是，中国的开发者和用户使用 Android 市场是非常不方便的。不仅由于“技术”的原因，在中国访问谷歌的服务质量不能保证，而且并不是每部 Android 手机都内置了 Android Market 软件，使用电子市场还需要谷歌账号和手机绑定等等，都会影响用户的应用体验。

所以在很多情况下，实际的 Android 系统用户还是通过手机厂商内置或者第三方的分发系统（各种“市场”），或者回到原来智能手机的同步方式，使用比如豌豆夹，甚至自己建一个 Web 服务器来提供 APK 文件的下载服务，然后在手机上通过浏览器下载和安装这些程序也是可以的。

总体来说，谷歌虽然提供了电子市场平台和更高的灵活性，但并没有提供像 iOS 那样提供一个比较权威规范，简单易用的应用市场体系。相比苹果庞大正规的应用软件超级市场，Android 的各种市场更像规模各异的便利店和自由市场，对于开发者和用户而言都比较不利。笔者认为，谷歌在这方面应该有很大的改善空间。

最后，无论使用何种方式，当 Android 系统获得一个 APK 文件之后，它会触发安装器（Installer）程序执行一系列操作，基本过程如下：

在 Android 系统中，APK 文件即安装文件同时也是其执行文件，该文件“执行时”会调用。

（1）安装程序 Installer 通过 manifest 文件获取与当前关联的权限信息，并提示用户操作；

（2）复制 APK 文件到应用程序文件夹；

（3）通知 Home Application 读取当前 APK 的应用程序名称和图标等信息；

（4）系统服务将读取一些与程序运行相关的信息，如通知请求等等。

在 APK 文件被安装到 Android 系统之后，用户就可以正式的开始使用这个 Android 应用软件了。

9.5　总结

在本章的内容中，我们探讨的内容和话题主要包括：

- Android 应用开发测试
- Android 应用程序优化
- 团队开发
- Android 应用程序的分发

这些内容都是整个 Android 应用程序开发和应用生命周期的重要组成部分，对我们建立更加丰富和完善的开发体系具有很大的帮助。

思考题：

1．Android 应用程序测试基于哪种测试技术？

2．什么是单元测试？

3．Android 测试框架的基本结构是怎样的？

4．为什么 JUnit 不能直接作为 Android API 相关的测试？

5．在 Android 测试中，基础的测试用例类是什么？

6．什么是断言？为什么要使用断言？

7．Android SDK 提供了哪些运行和性能分析工具？

8．版本控制有哪两种基本模型？

9．什么是版本库？在文中版本库是如何实现的？

10．在 Subclipse 中，是如何进行冲突解决的？

11．Mylyn 的主要作用和特点是什么？

12．什么是 APK 文件，怎样生成 APK 文件？

13．为什么需要对 Android 应用程序进行数字证书签名？如何签名？

14．使用 Android 电子市场发布应用程序的流程是怎样的？

第 10 章 Socket 编程

Android 作为以 Linux 和 Java 技术为基础的系统平台，对网络应用的支持极为强大。在其 SDK 中，完全实现了 Java 的相关网络应用类，其中，就包括了可以开发基于 Socket 技术的网络应用程序。我们这一章将使用一个示例应用程序，来讨论 Android 中关于 Socket 编程相关的一些内容。

10.1 Socket 技术概述

Socket（中文意为插座，但在网络术语经常称为套接字）是一种抽象层对象，应用程序可以通过它在网络上发送数据，从而实现计算机设备之间以及网络应用程序之间的数据通信。Socket 技术在开发层面上是最基本网络信息传输技术，在各种主流的网络应用开发技术中都有相应的实现，实际上 Socket 技术也是高层的网络应用协议如 HTTP、FTP 等的技术基础。

根据不同的底层协议实现，有很多不同类型的 Socket。我们这里主要讨论和 TCP/IP 协议族密切相关也是应用最为广泛的两种 Socket，它们是流套接字（Stream Socket）和数据报套接字（Datagram Socket）。其中流套接字使用 TCP 作为其连接协议，可以提供一个可信赖的字节流的传输；而数据报套接字则使用 UDP 协议，提供可一个“尽力而为”的数据报传输服务。为了简单起见，我们也将其称为 TCP Socket 和 UDP Socket。

Socket 也使用客户机和服务器的应用模型。在 TCP Socket 应用中，服务器端通常被设计为一个多线程、多实例的系统架构，能够同时为多个客户端提供数据通信服务。在 Java 中，根据这一应用需求和过程，它被设计为两层的结构。首先，基于某个网络通信端口（就是标识符）建立一个“Server Socket（服务器 Socket）”，这个 Socket 并不负责真正的数据传输，而是用于管理连接。当客户端通过 Socket 要求和服务器建立联系的时候，它会基于这个连接创建一个 Socket（客户 Socket），这个 Socket 才是真正和客户端进行通信的接口。

Socket 建立连接了之后，系统可以从这个 Socket（Stream Socket）获取流数据的读写器，通过这个读写器就可以在两个 Socket 之间传输数据了，如在客户端写入的时候，对应的可以在服务器端读取；而在服务器端写入的时候，对应可以在客户端进行读取，甚至可以将这两个 Socket 看成一个大系统的两个相关联的部分。

真正的应用系统中，需要考虑的问题很多，如多个 Socket 实例的管理、线程生命周期、线程关联、读写匹配、异常处理（特别是网络异常）、数据缓冲、循环侦听、关闭清除等等，我们会在后面结合实例详细分析。

而 UDP Socket 应用和 TCP Socket 稍有不同，它是面向 “Datagram 数据报” 的。也就是说在服务器和客户端它都使用同一种 Socket-Datagram Socket，这个 Socket 并不管理和维护网络连接，它直接处理一种名为 DatagramPacket 数据包，在这个包中包含了需要传输的数据和相关的网络信息（收发地址和端口），在发送端 Socket 的操作是发送 Packet，而在接受端的操作则是接受和还原 Packet。由于使用 UDP 协议，它的处理方式基本上是“发送后不管”，由于没有反馈、校验和重发机制，因此，它不能保证 Packet 能够完整正确的送达目标地址，另外，这个数据包有大小的限制，通常为 65500 字节。而两种 Socket 能够使用的端口范围都应该在 1024~65500 之间。

经过上面的分析，我们可以看到，TCP Socket 的工作方式更像打电话，需要先拨号建立联系，然后双方就可以通话了，在一方发出的声音会在另一方被还原并回放；而 UDP Socket 工作的的方式更像快递，发送方将货物封装在包裹中写上目标地址，然后投递到邮局，由邮局系统来处理和负责将这个包裹发送给收件人，收件人打开包裹就可以看到里面的内容了。关于两种之间的相同和差异，我们会在后面的实现过程中详细解释。

另外，所谓的 TCP Socket 能够保证数据传输主要是指在网络层面，通过 TCP 协议可以保证由客户端发出的信息能够完整、准确的传送的服务端，而客户端和服务器端如何利用和处理这些信息，就不是这个协议需要关心的问题了。

在 Android 网络应用开发中，和在 Java 中使用 TCP/IP 的 Socket 进行数据传输的系统架构和过程基本上一样，可以参考图 10-1：

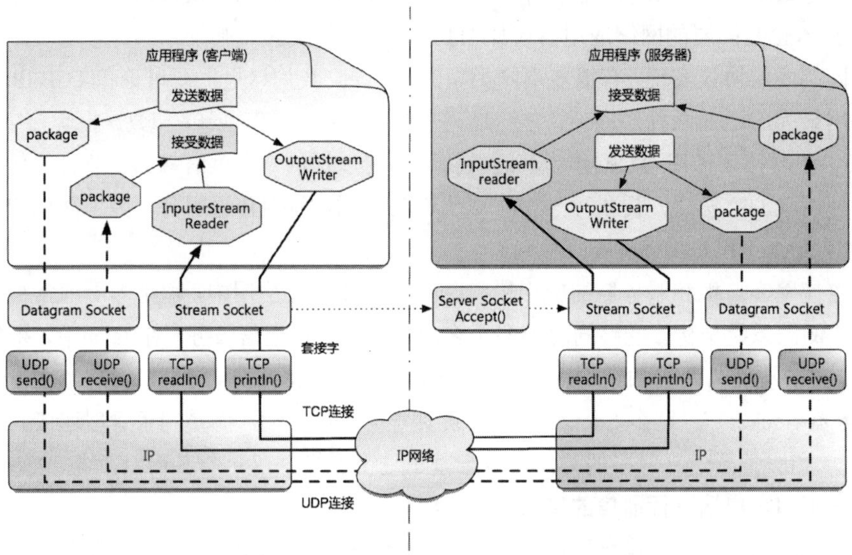

图 10-1　Android Socket 应用系统架构

这个图非常详细的描述了在 Android 系统中，Socket 应用的组成以及其基本工作方式。我们的 Android Socket 应用开发也完全可以参考这个流程。

下面我们就来具体看看在 Android 应用中是如何使用 Socket 来开发网络应用的。

10.2　示例应用程序

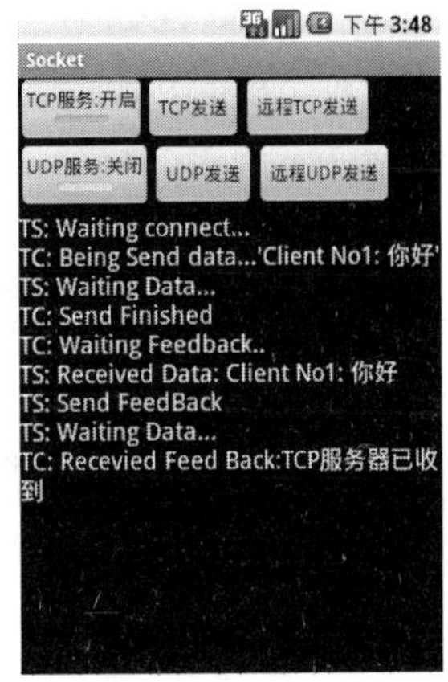

图 10-2　Socket 示例应用程序

为了更好的理解上一节绘制的 Android Socket 应用系统架构和过程示意图，我们这里用一个简单的 Socket 示例应用程序的开发过程来进行详细说明，我们先来看看最后总体运行的效果（见图 10-2）：

这里虽然界面比较简单，功能却相对比较完善，可以分别控制 TCP/UDP Socket 服务器的开启和关闭，也可以作为客户端向本地服务器或者远程服务器发送信息，在下面的状况区域可以显示客户端和服务器连接和发送接收的信息内容和操作过程。

具体而言，在这个应用程序中可以实现以下功能：

- TCP Socket 服务器创建、运行和关闭；
- UDP Socket 服务器创建、运行和关闭；
- 客户端 TCP Socket 信息发送，包括本地和远程；
- 客户端 UDP Socket 信息发送，包括本地和远程；
- 服务器接收信息后，可以向客户端发送一个反馈信息；
- 在客户端显示受到的反馈信息；
- 服务器可以支持多个客户端连接和信息处理；
- 服务器和客户端收发信息实现多线程化，不影响主界面操作响应。

下面我们来具体分析一下这个程序的基本结构和相关重要的设置：

1．Acitivity 类

我们可以使用 Android 工程模板创建一个新的 Android 工程项目，基本配置如下：

```
Project Name: Socket
Build Target: Android 2.1
Package Name: cn.myapp
```

创建后的主 Activity 类文件的内容如下：

```
SocketActivity.java
public class SocketActivity extends Activity {
    @Override
     protected void onCreate(Bundle savedInstanceState) {
         super.onCreate(savedInstanceState);
         setContentView(R.layout.main);
     }
}
```

2．网络访问权限

我们的 Socket 应用显然是网络应用，在 Android 中需要为此设置相应的权限，修改 AndroidManifest.xml 文件，加入下面的内容：

```
<uses-permission android:name="android.permission.INTERNET" />
```

注意，如果这个项目没有设置，可能会出现下列的错误：

08-23 09:19:40.775: WARN/System.err（206）: java.net.SocketException: Permission denied（maybe missing INTERNET permission）

3. 主界面模板

我们来修改这个主界面模板 res/layout/main.xml，它的样子可能如下（图 10-3）：

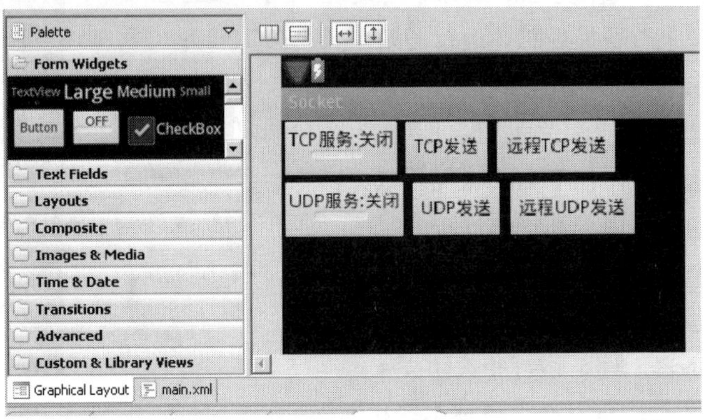

图 10-3　Socket 应用界面模板

这里的要点包括：

（1）这里有两行按钮，每排三个，都用一个横排的 LinearLayout 进行组织；

（2）第一行是 TCP Socket 相关的功能：

```
<LinearLayout android:id="@+id/linearLayout1"
android:layout height="wrap content" android:layout width="fill parent">
       <ToggleButton android:layout width="wrap content"
        android:id="@+id/toggleButton1"
        android:textOn="TCP 服务:开启"
android:textOff="TCP 服务:关闭"
        android:onClick="btn click"
android:layout height="fill parent"/>
       <Button android:layout height="wrap content"
android:layout width="wrap content"
android:onClick="btn click"
android:id="@+id/button1"
android:text="TCP 发送" / >
       <Button android:layout height="wrap content"
android:layout width="wrap content"
android:onClick="btn click"
android:id="@+id/button3"
android:text="远程 TCP 发送"/>
    </LinearLayout>
```

（3）第一个按钮使用了 ToggleButton，用来管理 TCP 和 UDP 服务程序开启和关闭；

（4）这里的 android:onClick()= “btn_click”表明所有的按钮的点击事件都指向 btn_click 这个方法，我们会随后在程序中进行定义，并使用 id 区别并处理具体操作；

（5）在最下面有一个 TextView，（界面中暂时看不到）用于显示操作过程和内容信息。

4. 一些常量设置

我们增加一些常量和初始变量，这些变量将会在后面用到：

```
SocketActivity.java
    public static final int SERVER_STATUS=1000;

    private static final String LOGTAG="SCOKET";
    private static final String RHOST="192.168.1.32";
    private static final String LHOST="127.0.0.1";
    private static final int TPORT=51111;
    private static final int UPORT=51112;
    private TSocketServer ttcp;
    private USocketServer tudp;
```

说明：

（1）HOST 是本地或者远程主机 IP 地址；

（2）PORT 是 TCP 或者 UDP 端口；

（3）SocketServer 是 TCP 或 UDP Socket 服务器运行的线程实例，这两个类会在后面定义。

5. 定义 Handle 属性

为类定义一个 handler 私有变量，并进行初始化，这个 handler 将会在多线程环境中来更新状态信息框中的内容，这里暂时只用了一种消息类型：

```
    private Handler handler = new Handler() {
        public void handleMessage(Message message) {
            switch (message.what) {
                case SERVER_STATUS:
                    setText((String)message.obj);
                    break;
            }
        }
    };
```

6. 设置信息框内容

这里定义了 setText()方法，用于在主界面的 TextView 上显示客户端和服务器端的连接状态和发送接收的信息，相当于自己编写了一个控制台，如果传入参数为空字符串，则清空 TextView，否则增加一行内容。

```
    private void setText(String line){
     TextView tv= (TextView) findViewById(R.id.txt_log);
     if ("".equals(line)) {
         tv.setText("");
     } else {
         tv.append(line+"\n");
     }
    }
```

7. 定义按钮响应方法

对应着 main.xml 文件中各个按钮的 android:onClick 设置。

```
public void btn_click(View v){
    switch (v.getId()){
    case R.id.toggleButton1:setTCP();break;
```

```
        case R.id.toggleButton2:setUDP();break;
        case R.id.button1:sendTCP(LHOST);break;
        case R.id.button2:sendUDP(LHOST);break;
        case R.id.button3:sendTCP(RHOST);break;
        case R.id.button4:sendUDP(RHOST);break;
            }
        }
```

其中：

（1）setTCP()/setUDP()是设置 TCP 和 UDP Socket 服务器；

（2）sendTCP()/sendUDP()是向特定的主机发送测试信息；

（3）这四个方法具体在后面实现。

上面是程序的总体架构，下面我们来看看具体的 Socket 功能实现。

10.3 TCP Socket 应用实现

虽然被封装在同一个应用程序中，关于 TCP Socket 的实现实际上是分为两个部分，即客户端和服务器端，它们又分别被封装到两个类中，下面分别阐述。

10.3.1 TCP Socket 客户端类

TCP Socket 的客户端类是一个客户端信息发送的“线程”类，它继承了 Thread 类，并能够根据设置的主机信息和消息内容向服务器发送 TCP Socket 信息，我们将其单独的封装到一个 Java 文件中：

```
TSocketClient.java
public  class  TSocketClient  extends  Thread{
    public static final int  HANDLE_TYPE =  1002;
    private String host;
    private int port;
    private Handler handler;

    private  Socket  sk  =  null;
    private  PrintWriter outw = null;
    private  BufferedReader inr = null;
    private  String line=null;

    public  TSocketClient() {this(new Handler(),"localhost",50001);}
    public  TSocketClient(Handler _handler,String _host, int _port) {
        handler = _handler;
        host=_host;
        port=_port;
    }

    private void sendMessage(String messagebody){
        handler.sendMessage(Message.obtain(handler,HANDLE_TYPE,messagebody));
    }

    public  void  run()   {
        try  {
```

```
            sk = new Socket(host, port);
            outw = new PrintWriter(sk.getOutputStream(), true);
            inr = new BufferedReader(new InputStreamReader(sk.getInputStream()));

            System.out.println( "Client Begin Send Data");
            sendMessage("TC: Being Send data...'Client No1: 你好'");
            outw.println("Client No1: 你好");
            sendMessage("TC: Send Finished");
            System.out.println( "Client Data Sent finished");

            sendMessage("TC: Waiting Feedback..");
            System.out.println("Client Waiting data in...");
           line = inr.readLine();
            sendMessage("TC: Recevied Feed Back:"+line);
            System.out.println("Client Received Data: "+line);
        }  catch   (IOException   e)   {
            e.printStackTrace();
        } finally {
            try {
                if (sk !=null) sk.close();
            } catch (IOException e) {
                e.printStackTrace();
            }
        }
    }
}
```

简单分析一下：

（1）这个类继承了 Thread，这里为了简单，没有使用实现 Runnable 接口的方式；

（2）构造方法的参数包括了线程间通信对象 handler，目标地址和端口；

（3）sendMessage()方法用于简化使用 Handler 发送消息的操作（以后的定义都是类似的）；

（4）使用目标地址和端口，创建一个名为 sk 的 Socket，这个操作将会建立和服务器的连接；

（5）使用 getOutputStream()打开输出流，并创建一个名为 outw 的写入器 PrintWriter，用于向服务器发送信息；

（6）使用 getInputStream()打开输入流，并创建名为 inr 的一个缓冲读取器 BufferedReader，用于接收服务器发出的反馈内容；

（7）调用 outw 的 println()方法向 Socket 中写入信息；

（8）当服务器有反馈后，调用 inr 的 readLine()读取反馈信息；

（9）在这一过程中调用 sendMessage()方法将状态输出到控制台上；

（10）完成后关闭 Socket。

这样，在调用这个方法的时候，程序会向服务器发送一个 TCP Socket 信息，并等待和处理服务器的反馈，这一过程完成后，客户端 Socket 将会关闭，不会维持这个连接。

为了在这些独立线程的运行过程中，及时向外界反应运行状态，我们使用了 Handler 技术来传递消息，为了简单起见，我们在示例程序中使用了共享的 Handler 来处理所有客户端和服务器操作的信息，并将它们显示在我们的控制台（TextView）上。

下面来看看服务器端的处理。

10.3.2 TCP Socket 服务器端

TCP Socket 的服务器端的操作相对有点复杂，因为要考虑到不能阻塞用户操作，需要将这个服务器程序放到后台线程中执行，而且需要考虑同时对多个客户端进行通信的情况。同样，我们也将服务器类封装到一个单独的文件中：

```
TSocketServer.java
public class TSocketServer extends Thread{

    public  static final String  HOST =  "localhost";
    public  static final int  HANDLE TYPE =  1001;
    private static final String FEEDBACK="TCP 服务器已收到";
    private int port;
    private ServerSocket ssk=null;

    private Handler handler;
    public  TSocketServer() {this(new Handler(),50001);}
    public  TSocketServer(Handler  handler,int  port) {
        handler =  handler;
        ort= port;
    }

    private void sendMessage(String messagebody){
        handler.sendMessage(Message.obtain(handler, HANDLE TYPE,messagebody));
    }

    @Override
    public void interrupt() {
        // TODO Auto-generated method stub
        super.interrupt();
        try {
            if(ssk!=null) ssk.close();
        } catch (IOException e) {
            e.printStackTrace();
        }
    }

    public void run(){
        try {
            ssk = new ServerSocket(port);
            sendMessage("TS: Waiting connect...");
            while (!ssk.isClosed()&&!Thread.interrupted())   {
                Socket csk = ssk.accept();
                 (new IOThread(csk)).start();
            }
            ssk.close();
        }  catch   (IOException   e)   {
            e.printStackTrace();
        }
    }
// IOThread 实现
…
}
```

这里的关键在于：

（1）继承自 Thread，让服务器为可以在独立线程（后台）中运行；

（2）构造函数的参数包括了 Handler 和侦听的端口设置；

（3）重写 Run()方法，在线程开始时执行；

（4）创建一个名为 ssk 的 Server Socket；

（5）利用 While 进入循环侦听状态；

（6）如果有客户进行连接，会触发 accept()方法，ssk 会新建并返回一个名为 csk 的 Socket 对象；

（7）为 csk 新建一个 IO Thread 线程对象（在后面定义），由这个对象完成具体的信息收发的操作；

（8）如果中断 While 循环或者中断线程（重写 interupt 方法），则关闭 ssk（调用 close 方法），这个操作非常重要，如果没有关闭，就会在系统中留下不能管理的服务器对象，它会占用相应的端口资源；

这里使用了一个两层的设计，TSocketServer 和 IOThread，TSocketServer 不负责具体的信息发送，它只负责使用 Server Socket 侦听并接受客户端连接，并进一步为此连接创建 Socket，并基于这些 Socket 再创建新的 IOThread，在这些线程中由 Socket 具体进行信息收发的操作，IOThread 这个类的定义如下：

```
TSocketServer.java
   private  class  IOThread  extends  Thread  {
      private  Socket  csk  =  null;

      public IOThread(Socket csk) {this.csk = csk; }

      public  void  run()  {
         String line;
         BufferedReader inr = null;
         PrintWriter outw = null;
         try  {
            inr=new BufferedReader(new InputStreamReader(csk.getInputStream()));
            outw = new PrintWriter(csk.getOutputStream(), true);

            System.out.println("Server Waiting data in...");
           sendMessage("TS: Connected, Waiting Data...");
             line = inr.readLine();
             sendMessage("TS: Received Data: "+line);
              System.out.println("Server Received Data: "+line);

             outw.println(FEEDBACK);
           sendMessage("TS: Send FeedBack");
           System.out.println("Server Send Feedback ");
         }  catch  (Exception  e)  {
            //e.printStackTrace();
         } finally {
           try {
              inr=null;
              outw=null;
              if (csk!=null) csk.close();
                sendMessage("TS: Client Closed");
              this.interrupt();
```

```
                } catch (IOException e) {
                    // TODO Auto-generated catch block
                    e.printStackTrace();
                }
            }
        }
    }
```

分析如下：

（1）这个类是作为 TSocketServer 的私有类定义的，因为它和 TSocketServer 操作紧密相关；

（2）IOThread 用于具体数据传输操作，同样是继承了 Thread 类，可以在独立的线程中进行操作；

（3）构造函数的参数是由 Server Socket 生成的 Socket，这个 Socket 可以用于与客户端进行数据传输；

（4）重写 Run()方法，实现信息收发操作；

（5）和客户端 Socket 类似，获取输入输出流，为其创建读取和写入器；

（6）注意这里的操作的次序和客户端是匹配的，即客户端写-服务器读，服务器写-客户端读；

（7）在读写周期操作完成后，关闭 Socket 并中断线程。

这样，就完成了服务器端 Socket 的定义和封装，下面来看看如何对其启动和关闭。

10.3.3 启动和关闭 TCP Socket 服务器

启动和关闭 TCP Socket 服务区在 ToggleButton 的事件中进行定义，它调用了 setTCP()方法，具体代码如下：

```
SocketActivity
    private  void setTCP(){
     ToggleButton tbtn1= (ToggleButton) findViewById(R.id.toggleButton1);
        if (tbtn1.isChecked()){
         setText("");
         ttcp=new TSocketServer(handler,TPORT);
         ttcp.start();
        } else {
         if (ttcp!=null) {
             ttcp.interrupt();
         }
        }
    }
```

简要的分析一下：

（1）这个方法将会在 ToggleButton 点击时被调用；

（2）获取 TCP 服务切换所对应的 ToggleButton 对象(findViewById)和状态（isChecked）；

（3）清除控制台，setText(“”)；

（4）如果状态是开启，则会新创建并启动 TCP Socket 服务器线程，参数是用于获取状态更新的 handler 和端口设置；

（5）如果状态是关闭，则停止服务器线程（interupt）。

这样，我们就实现了服务器端 TCP Socket 的相关管理的操作，主要是启动和关闭。启动 TCP Socket 服务器后，服务器就进入侦听状态，准备随时接受客户端来连接并且收发信息了。

10.3.4　TCP Socket 信息发送

这里通过实现 sendTCP()方法来完成 TCP Socket 消息的发送，这个操作很简单，就是创建一个 TSocketClient 实例并启动线程，具体代码如下：

```
SocketActivity
    private void sendTCP(String host){
     (new  TSocketClient(handler,host,TPORT)).start();
    }
```

这个方法会在发送消息按钮点击时调用，传入的构造函数包括 handler（用于获取线程状态更像），主机和端口。

在了解了 TCP Socket 应用之后，下面我们来看看 UDP Socket 的实现。

10.4　UDP Socket 应用实现

UDP Socket 应用，和 TCP Socket 的实现在结构上是非常相似的。主要差别在于处理数据传输的细节之上使用了不同的类，我们具体来分析一下。

10.4.1　UDP Socket 客户端

UDP Socket 的客户端代码如下：

USocketClient.java

```
public  class  USocketClient  extends  Thread{
    public static final int  HANDLE_TYPE =  1004;
    private   String host;
    private   int port;
    private Handler handler;

    private   static final String message="UDP 消息";
….
    public   void   run()   {
        DatagramPacket packet=null;
        DatagramSocket usk=null;
        try   {
            InetAddress serverAddr = InetAddress.getByName(host);

           //创建一个用于发送的 DatagramPacket 对象
           byte[] data=message.getBytes();
           packet=new DatagramPacket(data,data.length,serverAddr,port);

            //发送数据
           usk=new DatagramSocket();
           sendMessage("UC: 开始发送..."+message);
           usk.send(packet);
           sendMessage("UC: 发送完成");
```

```
            data=new byte[1024];
            //创建一个空的 DatagramPacket 对象用来存放接收到的 DatagramPacket
            packet=new DatagramPacket(data,data.length);
            //使用 receive 方法接收客户端发送的数据
            sendMessage("UC: 等待反馈...");
            usk.receive(packet);
            String result=new String(packet.getData(),packet.getOffset(), packet.
getLength());
            sendMessage("UC 收到反馈: "+result);

        }  catch  (IOException  e)  {
            e.printStackTrace();
        } finally {
            if (usk!=null) usk.close();
        }
    }
}
```

和 TCP Socket 客户端非常类似，略有不同的地方在于：

（1）它不使用 Stream Socket 而是创建一个名为 usk 的 DatagramSocket 类实例，而且在创建过程中不需要指定目标主机和端口；

（2）将要发送的信息使用 getBytes()方法转换为 byte[]数组 data；

（3）基于要发送的信息（data），信息长度，目标服务器地址和端口创建 DatagramPackage 实例 packet，也就是说在 Packet 中已经封装了所有信息传送需要的数据和信息；

（4）调用 DatagramSocket 的 send()发送方法，发送 packet；

（5）为接受消息创建空的 data（byte[1024]）和 packet；

（6）调用 receive（packet），接受 packet；

（7）将 packet 转化为 String，得到服务器发送来的反馈消息原文；

以上完成了 UDP Socket 客户端对象的定义，下面来看看 UDP Socket 的服务器端。

10.4.2 UDP Socket 服务器端代码

使用 UDP Socker 在客户端发送信息的代码如下：

USocketServer.java

```
public class USocketServer extends Thread{
    private int port;
    public  static final int  HANDLE_TYPE =  1003;
    private static final String FEEDBACK="UDP 服务器已收到";
…
    public void run(){
        DatagramSocket usk=null;
        DatagramPacket packet=null;
        byte[]data;
        try  {
            //创建一个 DatagramSocket 对象并指定监听的端口
            usk=new DatagramSocket(port);
            while (!Thread.interrupted()) {
```

```
                data =new byte[1024];
                //创建一个空的 DatagramPacket 对象用来存放接收到的 DatagramPacket
                packet=new DatagramPacket(data,data.length);
                //使用 receive 方法接收客户端发送的数据
                sendMessage("US: 等待发送...");
                usk.receive(packet);
                String result=new String(packet.getData(),packet.getOffset(),packet.
getLength());
                sendMessage("US,收到数据: "+result);
    // 获取客户端网络信息
                SocketAddress csa =packet.getSocketAddress();

              //创建发送反馈的 DatagramPacket 对象
               byte[] data2=FEEDBACK.getBytes();
               DatagramPacket packet2=new DatagramPacket(data2,data2.length,csa);
              //使用 send()方法发送反馈信息
               sendMessage("US: 发送反馈..."+FEEDBACK);
               usk.send(packet2);
               sendMessage("US: 发送反馈完成");
            }
        } catch(IOException e) {
         e.printStackTrace();
        } finally {
         if (usk!=null) usk.close();
        }
      }
    }
```

简要说明如下：

（1）UDP 服务器和客户端使用的都是 DatagramSocket 类；

（2）服务器端使用 While()实现循环侦听；

（3）和客户端的操作对应，服务器端是先收后发（先读后写）；

（4）向客户端发送反馈信息时，需要从收到的 packet 中找到客户端的地址信息；

（5）使用 getSocketAddress()方法从发来的 packet 中取出客户端的地址和端口信息，并重新包装在反馈的 packet 中。

可以看到，和 TCP Socket 相比，使用 UDP Socket 的方式在实现细节上有很大的不同，服务器本身只有一个线程，但它可以通过数据报内容而不是 Socket 来区分不同的客户端，另外，它使用相同的机制，基于 DatagramSocket 和 DatagramPacket 对象在客户端服务器端进行数据的封装、发送和读取。

最后来看看 UDP Socket 服务的启动关闭和客户端的调用。

10.4.3 启动和关闭 UDP Socket 服务器

和 TCP Socket 服务器的启动和关闭实现方式基本相同：

```
    private void setUDP(){
     ToggleButton tbtn2= (ToggleButton) findViewById(R.id.toggleButton2);
       if (tbtn2.isChecked()){
```

```
            setText("");
            tudp= new USocketServer(handler,UPORT);
            tudp.start();
            Log.d(LOGTAG, "UDP start");
           } else {
            if (tudp!=null) {
                tudp.interrupt();
                tudp=null;
            }
           }
```

10.4.4 发送 UDP 信息

和 TCP Socket 信息的发送方式也基本相同，我们开启 UDP 服务，点击 UDP 发送，运行结果如图 10-4，这里的按钮响应的方法如下：

```
        private void sendUDP(String host){
            (new
USocketClient(handler,host,UPORT)).start();
    }
```

在其中，我们可以清晰的看到客户端和服务器在各个阶段的操作，以及它们收发和处理信息的先后次序。让我们能够更加直观的了解到基于 Socket 技术的网络应用的运行原理。

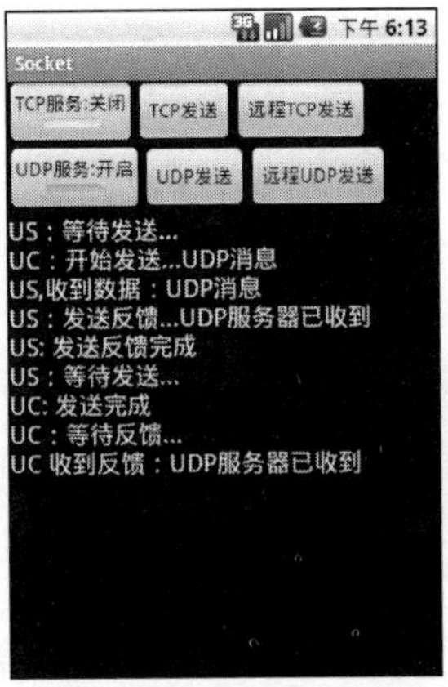

图 10-4　UDP Socket 信息发送测试

10.5　远程数据传输

我们前面完成了在 Android 应用程序中实现了 TCP 和 UDP Socket 客户端和服务器的应用，但它们都是针对 Android 系统这个本机的，如果需要和外部设备或者应用程序通信，可能需要考虑更多的问题。

比如，如果需要从 Android 设备，向一个远程系统发送信息，就需要在远程系统实现 Server Socket，由于远程的服务器完全有可能是异构的，那么它的实现方式也可以是多种多样的，幸运的是这种网络应用已经标准化了，所有主流的开发平台都可以实现相应的 Server Socket 和 Datagram Socket 技术。

如果在 Java 平台上，我们甚至可以直接运行我们编写的 TCP Socket 和 UDP Socket 服务器类直接进行移植，比如定义远程服务器地址，删除 Handler 的定义和调用，删除 Android 类库引用，使用 System.out.println()方法输出状态信息等等。然后直接在类中增加 main()方法，使它能够独立运行：

```
    public  static  void  main(String[]  args)  {
        (new  TSocketServer()).start();
    }
```

经过改造后，就可以点击"远程 TCP 发送"，应该可以得到如图 10-5 所示的运行结果：

图 10-5　在 Java 环境中运行的服务器

但是，如果反过来，要从远程应用程序向 Android 应用程序发送信息，可能就没有这么简单了。因为虚拟系统本身没有 IP 地址，它基本上是通过模拟器做的类似于 NAT（Network Address Translate 网络地址转换）借助实机系统来实现网络访问的，所以我们无法直接通过那个 Socket 端口来访问应用程序的 Socket 服务。不过也不是没有办法，SDK 提供了一个工具 redir 来帮助我们进行端口的映射，映射后其内部端口就可以为外部访问了。

要使用这个工具，首先要使用 Telnet 登录虚拟设备控制台，在 DOS 命令行环境中输入：

```
telnet localhost 5554
```

这里 5554 是当前 Android 虚拟设备的端口，可以在模拟器标题栏上看到。

命令输入后会进入虚拟设备的终端（见图 10-6），可以输入 help 查看可用的命令和功能：

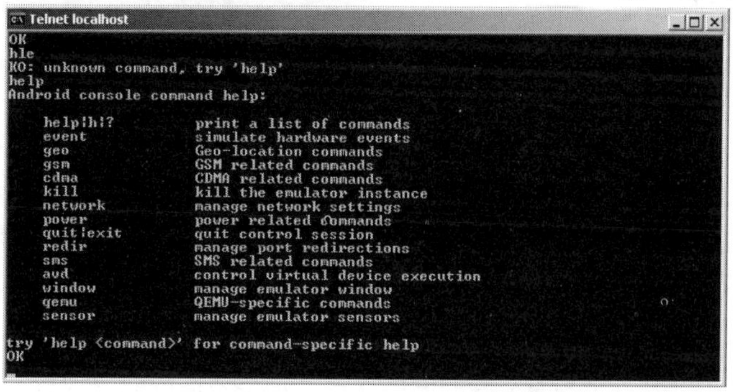

图 10-6　虚拟设备终端环境

可以使用 redir 命令向虚拟设备添加一个端口映射，并且可以使用 list 子命令可以查看当前映射（见图 10-7）。

```
redir add tcp:51111:51111
OK
redri list
```

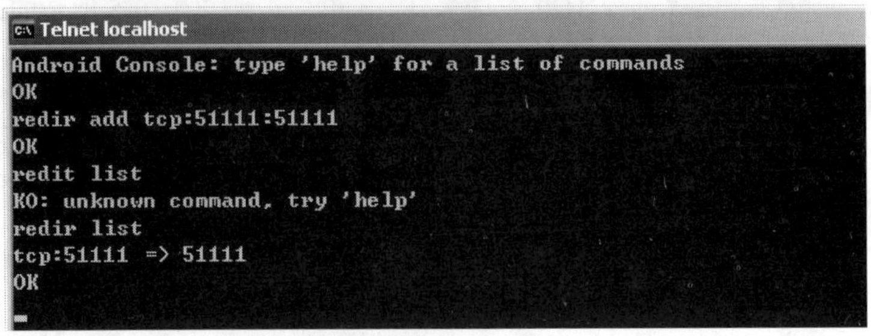

图 10-7　确认端口映射

端口映射完成之后，就可以进行测试了，我们同样直接将 Android 中 TCP Socket 客户端代码移植到标准 Java 中，稍作修改，注意这里的“客户端”访问服务器的地址仍然需要为“localhost”这台开发计算机（也不能使用主机的真实 IP，可能是模拟器的限制吧），运行后我们就可以看到这样的结果（见图 10-8）：

图 10-8　Android 程序接收远程信息

到这里，关于 Android Socket 网络应用开发的内容基本上就差不多了。其实我们这里学习基于 Socket 技术进行 Android 网络应用的开发，并不是准备要开发一个网络应用协议（如 HTTP 或者 FTP），或者实现一个特殊协议的客户端或者服务器系统，而是让我们对互联网技术和其一些基本的原理有更好的了解和理解。

因为要从最基础来开发一个相对完善的网络应用，需要考虑的问题太多了，如何在客户端和服务器端处理各种数据和指令信息，如何处理异常，如何保证数据传输的安全，如何处理并发和队列、程序负载和稳定性考虑等等。无一不是经典的应用命题，而如果把这些问题都解决了，基本上也就是把 HTTP 和 Web 重新发明了一次。

所以我们通常会直接只用那些高层的网络应用协议，如 HTTP 结合 Web 数据服务来完成实际的应用软件的数据传输和操作。但在某些特定的场合，可能 Socket 技术还是有用武之地。特别是一些嵌入式应用的场合如工业通信和控制，有些设备和控制模块不使用高级网络协议，而是使用简单的自定义的数据和指令格式，就需要考虑自己编写 Socket 进行通信和集成了。

10.6　总结

在本章节中，我们讨论了在 Android 如何使用 Socket 技术来进行网络应用相关的开发，主要包括：

- Socket 技术概述
- 示例应用程序架构
- TCP Socket 客户端和服务器实现
- UDP Socket 客户端和服务器实现
- Socket 远程数据传输

思考题：

1．为什么说 Socket 是网络应用协议的基础？

2．TCP/IP 协议族中有哪两种主要的 Socket 类型？

3．TCP Socket 和 UDP Socket 的主要区别和联系是什么？

4．实现 Socket 服务器需要考虑的最重要的因素是什么？具体是如何操作的？

5．什么应用环境下适合利用 Socket 编程？

第 11 章 Android 浏览器和 Web 视图技术

这一章我们来开始了解在 Android 平台上的浏览器和其相关技术，主要包括：

- 手持设备平台上 Web 应用的发展
- Android 浏览器和 WebKit
- Android SDK 中的 Web 视图技术（WebView）
- Android 浏览器和 HTML5

11.1 手持设备平台 Web 应用的发展

在这一节中我们先来讨论一下原生应用程序和 Web 应用程序，随后回顾在手机平台上 Web 应用的发展，包括 WAP 技术和新型智能手机的 Mobile Web 应用。

11.1.1 原生应用程序和 Web 应用程序

在前面的章节中，我们接触了很多 Android 应用程序开发的内容，我们使用 Google 提供的 Android SDK，开发基于 Java 语言的应用程序，这些应用程序被安装到 Android 设备中进行运行来满足应用的要求。这和我们在桌面系统平台上开发的很多应用程序很相似，它们都需要特定操作系统平台的支持，自身有被开发和安装的过程，我们将之称为“原生应用程序”。

在以 Windows 为代表的桌面操作系统本地化应用时代，绝大部分应用都是这种传统的应用模式。后来情况慢慢发生了变化。刚开始，应用程序的模式其实还主要是以应用程序为核心加上一些网络连接和数据传输的功能。但还是需要在不同的操作系统平台上进行针对性的客户端软件的开发和安装，并且它们可能使用不同的网络连接方式和协议，就是所谓的客户端/服务器模式（C/S），本质上来说仍然是某种意义上的改进型的网络化的“原生应用程序”。

Web 技术和网络浏览器的出现彻底改变了这种情况。它解决了几个 C/S 应用架构的几个关键性缺陷。

首先，从应用架构的角度，它同样源自客户端/服务器架构，但它进一步统一了客户端和服务器的相关规范，通过制定 HTTP 协议和 HTML 语言的一系列规范和标准，它规定了信息的存储、编码、传递和呈现的方式。使不同的系统供应商在不同层次开发的不同的产品能够在统一的标准规范中顺利的实现互相连接和操作。

其次，从应用的角度，它极大的改善了用户获取和理解信息的体验，它使信息处理从原有的编码方式转向了“可视化”和“可操作”，并且通过超文本链接的技术使原本分散的各种信息能够“集成”起来，使用户可以使用前所未有的简单方式开展信息的应用。

最后，从开发的角度，它根本的改变了应用程序的开发和部署方式，原有的“原生应用程序”模式它的开发和部署都是在“客户端”实现的，用户需要“安装”软件的过程，这样就限制了应用发展的灵活性；而 Web 应用的开发和部署在“服务器”端完成，应用可以随时随需而变，用户打开浏览器就可以使用最新版本的“应用程序”。

这样，相对于原有的客户端/服务器应用架构，在此基础上，出现了一种新的模式：浏览器/服务器架构，也称之为 B/S 架构。相对于“原生应用程序”，此应用被称之为“Web 应用程序”，更简单的定义就是使用 Web 技术，运行在浏览器中的应用程序。我们现在所看到的所谓的网站、网页、信息搜索、网络电子商务、博客微博、社交网络等等使用浏览器作为客户端的网络应用从应用角度来说都是这种“Web 应用程序”。

由于 Web 技术的复杂性，以上的定义并不是非常的严格。比如 Flash 技术，它也在浏览器中运行，也使用 Web 的数据传输协议，但严格而言它并不是 Web 应用程序，因为它本身不是 Web 标准的一部分，其程序代码也不是标准 Web 代码（HTML 或者 JavaScript），其可执行组件也不是作为浏览器的一个部分，通常是作为插件安装到浏览器中的（注意这个安装过程），它并非是独立于操作系统的，这些特点都说明 Flash 实际上是一种“原生应用程序”，类似的技术还有 ActiveX 等等。只是因为它们使用广泛，另外现有的 Web 应用在某些方面不能达到应用的需求，需要类似的技术来进行解决和改善，我们才将它们认为是一种 Web 技术。

这里我们就可以理解到，Web 成功的一个要素在于其开发和包容，它并不由极少数人和机构把持，也不制定非常严格完全不可侵犯的技术标准，更多的是提供一种建议和规范，它追求的是一种“妥协”的进步，同时这种进步并不纯粹取决于天才的软件和信息技术工程师，也将广大的应用者包括了进来，由应用需求和技术发展相互促进共同推动。这样一种模式对于我们开发应用程序也应该有很大的启示。

而在手持设备平台上，类似的故事也将发生。当然，由于一些技术上的限制，到目前为止，Mobile Web 应用可能还不能提供像原生程序那么好的性能和体验，但我们应当看到，和网络应用在桌面系统发展的状况类似，这也是一个必然的发展方向，所以，我们也应该来了解相关的现状和趋势。

在随后的章节中，作为 Android 系统本身网络应用的另外一个重要组成部分，我们将会了解 Android 网络浏览器应用程序和在其 Android SDK 中对应的 Web 应用 API：WebView 技术。

首先让我们先来回顾一下在手机平台上开展 Web 应用的历史。

11.1.2 从 WAP 到 Web

在早期的手机平台上，要提供和访问互联网内容和服务，并没有直接使用标准的 Web 技术体系，通常借助于另一种名为 WAP 的技术。WAP 意为 Wireless Application Protocol（无线应用协议）是在数字移动电话、因特网或其他个人数字助理机（PDA）、计算机应用之间进行通信的开放性全球化标准，这一标准的建立是 WAP 论坛成员共同努力的结果，WAP 论坛是在 1997 年 6 月，由诺基亚、爱立信、摩托罗拉和无线星球（Unwired Planet）共同组成的。

WAP 协议设计目标基本上是利用现有的移动数字通信技术在数据处理方面提升后建立一套和互联网相对“平行”的移动互联网体系。在网络通信方面，它需要兼容现有的各种移动无线承载网络系统标准和技术，比如 TDMA，CDMA，GSM，GPRS（通用分组无线系统），CDPD（蜂窝数字分组数据网），CSD（电路交换式数据网），SMS（短消息服务），USSD 等等。而在表示层和网络层，它也支持现有广泛应用的互联网相关标准，如 TCP/IP、SSL、HTTP、XML 等等，并在此基础上提出了自己的软件和应用标准，是各个厂商按照 WAP 标准生成的各种无线设备具有基本一致的应用和运作方式。

WAP 本身并不简单的是 Web 的一个简化版本，它是相对独立和完整网络和应用技术框架，但借鉴了 Web 的一些技术特点，其体系主要由三部分组成（以 1.1 版本为例，如图 11-1 所示）。

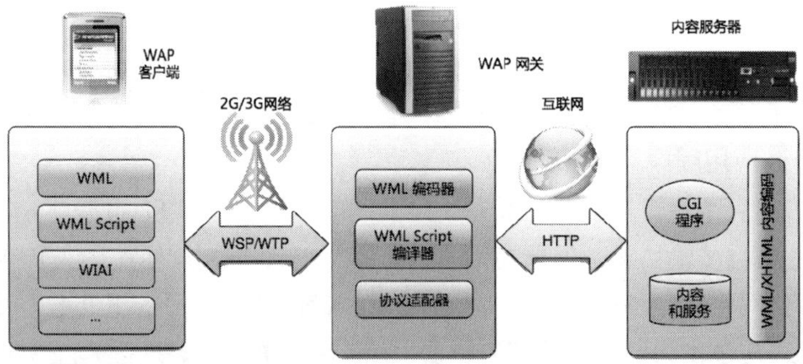

图 11-1　WAP 应用系统架构

（1）移动客户端（Client）

指安装有微浏览器的无线终端设备（如手机），能够对 WAP 网页进行显示、解释、执行。

（2）WAP 网关（WAP Gateway）

完成 HTTP 协议向无线 Internet 传输协议（WSP/WTP）的转换（Protocol Adapters），并对无线 Internet 内容进行压缩（WML Encoder）和编译（WML script Compiler）。

（3）Web（内容）服务器（Web server）

与一般的 Internet 站点的区别仅仅是在网页编写上采取的语言有所不同，它采用 WML（WAP 标记语言，在 2.0 版本中升级为 XHTML）语言编写。

WAP 内容和应用采用与 WWW 类似的模式定义，内容的传输也采用一套与 Web 通信协议类似的标准通信协议。但 WAP 协议的特点是使用了一套独立的协议栈和设置了 WAP 网关系统，其中 WAP 网关系统的作用主要体现在下面两个方面：

（1）协议转换

它能够把 WAP 协议栈（WSP、WTP、WTLS 和 WDP）的请求转换为 Web 协议栈（HTTP 和 TCP/IP）的请求。从而建立连接移动数字通信网络和互联网络的桥梁。

（2）内容编码和解析

网关内包括了内容编码器组件，负责把 WAP 内容转换成压缩编码格式，从而减小无线网络上传输的数据量。

通过使用网关和代理技术，移动终端用户可以浏览大量的 WAP 内容，应用开发者也能开发出大量与具体终端无关的应用服务。同时，WAP 代理允许内容和应用驻留在固定的 Web 服务器上，并且采用成熟的 Web 技术来开发应用。

WAP 基本上有两个版本，WAP1.0 和 WAP2.0，其差别主要在于 WAP1.0 是基于 WML（Wireless Mark Language 无线标记）语言编写的，而 WAP2.0 是基于 XHTML 语言，支持 CSS，表现方式比 1.0 更为丰富，包括布局、颜色等各个方面的差异。

WAP 的出现有其历史的原因和背景，那个时候虽然互联网技术已经基本成熟，但由于很多技术上现实的限制（主要体现在网络和终端设备上如网络连接速度慢，数字通信带宽窄，响应时间长，终端设备处理能力弱，屏幕狭小，多媒体处理能力弱等等），使得 Web 技术无法很好的移植到手持设备平台之上。WAP 就作为一个妥协性的选择出现了。

WAP 技术的 WAE 层基本上就是 Web 的一个简化版本，它使用 WML（2.0 是 XHMTL）来进行内容表示，和标准 HTML 规范相比，裁剪了大量的功能和内容，在结构和开发方面也有诸多限制。图 11-2 中展示了一个典型的 WAP 的页面，我们可以看到，基本上是一个文字内容的罗列，尤其在一些低端手机上（也许架构并不低），也许还使用按键进行导航，和我们熟悉的 Web 页面相比，实在是谈不上什么布局、设计、交互和用户体验。

由此可见，WAP 发展本身是存在着一些先天性缺陷的。虽然 WAP 本身是一套独立而完整的技术体系，但这个技术体系是由一些无线通信设备厂商建立和发展起来的，它更偏向于无线通信网络技术应用本身，并没有和整个互联网产业链的发展结合起来，也不符合整个互联网以致于移动互联网开放融合的趋势。另外，WAP 协议技术本身的发展速度也大大落后于网络硬件和终端设备的发展。WAP 应用本身基本上不需要高速的网络连接和高端的硬件规格，但反过来，其应用的价值也很难体现出来，无法快速规模化应用各种先进技术和理念。众多手机厂商和无线网络内容提供商不思进取，被限定在 WAP 技术之中，相对于互联网的飞速发展，移动互联网发展和应用不温不火，波澜不惊。

图 11-2 联通 WAP 首页

图 11-3 在 iPhone 上浏览纽约时报主页

转机出现在 iPhone 这一革命性产品的问世。在 iPhone 的开发过程中，苹果公司提出了当时看起来极其大胆的决策，将桌面级的浏览器技术移植到手持设备之上，让手机上的浏览器直接访问通用的 Web 网站（如图 11-3），并且在相当程度上保证了访问性能和体验（如网页自动缩放和触控操作）。这是一个戏剧性的改变，它从技术角度消除了互联网和移动数据通信网络之间的隔阂，并在商业上改变了原有的由移动通信运营商主导的运营模式，使得移动互联网由运营商的私有网络转而真正融合到互联网当中，进一步推动了新型智能手机、3G 网络和网络内容供应商等构成的整个移动互联网产业链的发展。

iPhone 的成功引领了技术发展的潮流，现在各个新型手机操作系统上的浏览器基本上都采用了这种模式（当然也包括 Android），互联网内容厂商也不需要再为 WAP 设立专门的系统，同时基于 Web 技术，他们能够为用户提供更好的标准化的服务和体验，WAP 基本上已经完成了其历史使命，所以应该不会有 3.0 版本了。

下面，我们就来具体看看在 Android 平台上，是如何实现桌面级浏览器级别的技术的。

11.2　Android 浏览器和 WebKit

前面已经提到，在对待浏览器的问题上，Android 采用了和 iPhone 相同的思路，即这个浏览器必须能够支持大多数已经存在的标准 Web 站点和 Web 技术。其实，从技术角度而言，两者也是非常接近的。Android 的默认浏览器和 iPhone 都使用一种叫做 WebKit 的技术作为其核心，同时，Webkit 也是桌面浏览器 Chrome 和 Safari 的内核。因此，Android 上的浏览器和 iPhone 一样，也是“桌面级”的浏览器，可以直接访问普通的 Web 站点并且能够获取接近桌面系统的使用体验。

图 11-4　WebKit 标志

WebKit 是一个开源的浏览器引擎（图 11-4 为 WebKit 的图标），与之对应的有 IE 的 Trident 引擎，以及 FireFox 的 Gecko 引擎，WebKit 主要由 Apple 进行开发和维护，作为其浏览器产品 Safari 的内核，后来由于其开源高效的特性，很快的被移植到多个系统平台，除了一些桌面浏览器如 Chrome、Konqueror（Linux 系统上的一款常用浏览器），包括一些移动设备如 Android、iOS、NOKIA S60、Blackberry、WebOS 等的浏览器程序都是基于 WebKit 的。

作为浏览器的内核，WebKit 的主要作用有两点：第一是页面渲染，基本作用将一段输入 HTML 代码，按照相应的规则显示出来（WEB 页面视图）；第二，是能够提供页面中相关脚本程序运行和操作的环境，以支持这些程序的执行。

WebKit 由三部分组成（见图 11-5），WebCore, JavaScript Core 和 WebKit，其中，WebCore 是 Webkit 的核心部分，它实现了对文档的模型化，包括了 CSS，DOM，Render 等的实现，JavaScript Core 是对 JavaScript 支持的实现。而 WebKit 部分包含了很多不同平台对 WebKit 封装的实现。

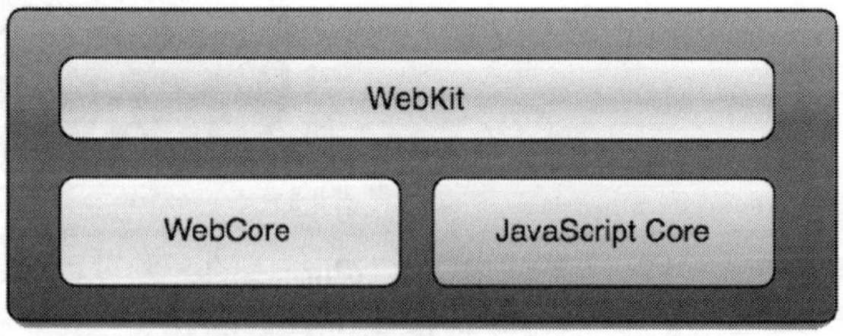

图 11-5　WebKit 架构

由此可见，WebKit 这个结构是模块化的，软件和浏览器开发商可以根据自己的需求来进行替换和扩展，如 Google 就是以 WebKit 为基础，JavaScript Core 使用了一个名为 V8 的 JavaScript 引擎，而大幅度提高 Chrome 浏览器的 JavaScript 代码的执行速度的。

和其他浏览器内核相比，WebKit 的优点主要包括：

- 快，非常快，相当快

在第二次浏览器大战中，以 Webkit 为内核的 Safari 和 Chrome 异军突起，都是以快而著称的。程序启动快、内容加载速度快，页面渲染快、JavaScript 程序运行速度快。同时资源占用少，运行健壮稳定。都给用户提供了更好的选择。

- 新的网络标准的支持

虽然 HTML5 和 CSS 的相关标准还在发展当中，但在 Apple、Google 等厂商的大力推动之下，很多的优秀的特性和技术已经在 WebKit 中得以实现，如绘图、多媒体、本地存储、CSS 动画、手势操控、Web 调试、离线应用、地理位置等等，都是令 Web 开发者非常兴奋的。我们会在本章后面的内容中结合示例深入说明。

要体验这些新的功能和特性，可以访问 Apple 的 HTML5 演示页面，就可以了解到它的地址是："http://developer.apple.com/safaridemos/"。

- 对移动设备的优化

WebKit 提供了一些特殊的 metatag，可以更加符合手持设备的应用特点。比如提供了 viewport（视野）meta 属性可以设置自动适应设备的屏幕宽度和设置页面画幅缩放的倍率。WebKit 在移动设置上还能够识别手势和触摸，如划过、捏合等操作。可以结合手持设备的多点触控技术屏幕，给用户提供更酷更好的应用体验。

WebKit 是一个模块化的浏览器技术平台，不仅仅是浏览器可以使用这个技术作为其核心，开发者也将这个技术应用到自己的程序中来为自己的应用增光添彩。从这个意义上来讲，我们熟悉的 Android Web 浏览器是一个 WebKit 的产品级实现，而在我们自己的产品开发中，又能怎样利用这项技术呢？为了解决这个问题，在 Android SDK 中，提供了 Web View 技术作为 WebKit 的开发接口。在下面的章节中，我们来具体了解一下如何在 Android 应用程序中使用这一开发接口。

11.3 基于 Web 视图技术的开发

简单而形象的讲，WebView（Web 视图）能够在用户的应用程序中提供窗口，在这个窗口中封装和嵌入了一个浏览器，这个浏览器使用和系统浏览器相同的技术（在 Android 中是 WebKit）和使用相似的方式来使用网络。当然，这个 WebView 和真正的全功能的浏览器程序还是有很多不同的地方，其中最大的差异就是 WebView 没有地址栏，工具栏等功能，只提供了相关的编程接口，具体的导航和控制设置功能需要编程实现，另外，在开发 WebView 相关应用的时候，还需要考虑这个组件和其内容和应用程序的交互问题。

在程序中引用 WebView 技术有很多种形式和方式，我们一一进行讨论。

11.3.1 系统 Intent 方式

我们在开发中经常需要满足这样一个应用需求，从程序中调用浏览器来显示一个站点内容或者页面。通常显示新窗口我们需要调用 Activity，这里，最简单的方式，就是在调用过程中使用系统提供的 Intent 来实现。先看看具体的实现代码：

```
...
Uri uri = Uri.parse("http://www.baidu.com");
Intent intent = new Intent(Intent.ACTION_VIEW, uri);
startActivity(intent);
```

这段代码使用 ACTION_VIEW 类型创建并执行了一个 Intent，运行的结果就是在用户程序中调用并执行了 Android 浏览器程序，并定位到百度的首页（如图 11-6 所示）。

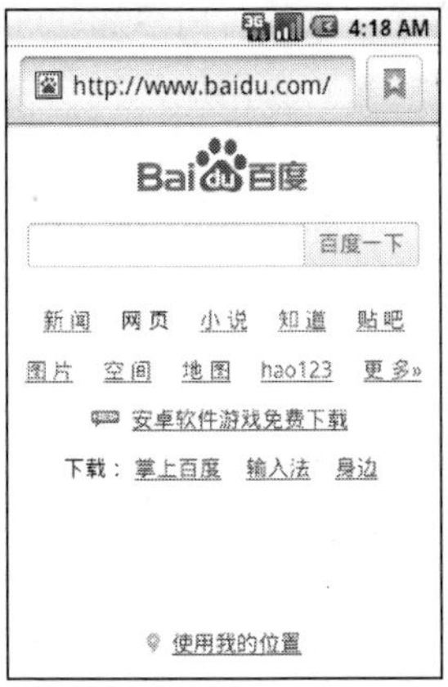

图 11-6　使用 Intent 打开浏览器

ACTION_VIEW 是一个常量，表明这个 Intent 使用的系统功能，Activity 将会使用系统认定的方式来处理这个 uri，这个程序和在桌面系统应用程序中点击网络链接，操作系统会打开一个浏览器并定位到相应的网络地址的道理是一样的。

其实，在这里我们并没有使用任何关于 WebView 的代码，完全使用了操作系统提供的相关功能和接口。但从效果上做到了两个程序之间的集成，我们还可以点击系统按键“返回”来关闭浏览器程序并返回到调用的程序，就和在一个应用程序中不同的 Activity 间进行切换一样。

这个实现非常简单易用，但是用户程序在调用后，不能对浏览器程序进行控制，因为这个窗口已经是另外一个应用程序（浏览器）了。如果我们希望提供更多的控制功能，就需要考虑在程序中使用 WebView 了。

11.3.2　WebView 方式

在 Android SDK 中，WebView 是一个视图类，用户可以通过其接口和方法对它的行为进行操控，来实现业务需求。我们再来看下一段示例代码，其执行的效果如图 11-7 所示。

```
public class Test1 extends Activity {
    @Override
    protected void onCreate(Bundle savedInstanceState) {
        super.onCreate(savedInstanceState);
        WebView wv = new WebView(this);
        setContentView(wv);
        wv.loadUrl("http://www.baidu.com");
    }
}
```

如果我们将前面的操作结果（图 11-6）和这个结果进行比较，能看到有什么不同的吗？后者没有地址栏，但是有标题栏（HelloAndroid），这很能说明问题。它说明这是一个应用程序中的视图，是调用它的应用程序的一部分，而不是另外一个独立的程序。要想控制这个视图，需要在程序中进行实现。这就是使用 WebView 和调用 Android 浏览器最大的不同。

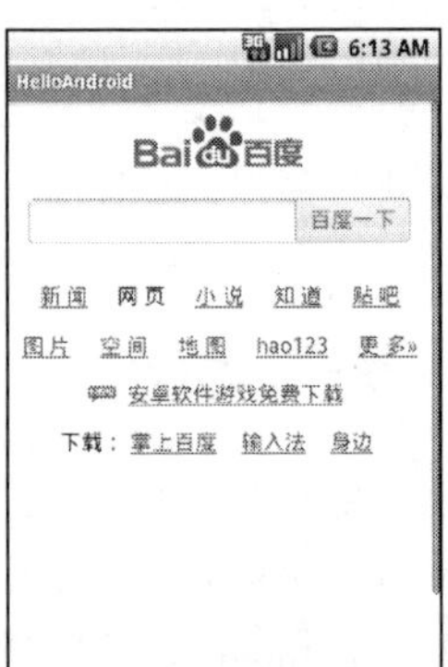

图 11-7　WebView 显示页面

再来分析一下其具体的实现过程：

（1）这是一个 Activity，作为 Web 内容的界面容器；

（2）这里没有使用布局模板文件，而是创建一个 WebView 对象，并调用 setContent()方法将其设置为这个 Activity 的视图（全屏视图，并且是唯一的视图）；

（3）调用 WebView 的 loadUrl 方法加载百度主页面；

（4）不要忘了，作为一个 Activity，需要在 manifest 文件中添加此 Activity 的定义；

```
<activity android:name=".Test1" />
```

（5）还需要应用程序对于网络的访问权限。

```
<uses-permission android:name="android.permission.INTERNET" />
```

WebView 不仅仅可以加载某个网络地址和页面，也可以加载本地的 HTML 文件，甚至加载一个 HTML 数据片段。

加载本地 HTML 文件的示例代码如下，如果是常用的本地文件，建议放在 assets 文件夹中：

```
webView.loadUrl("file:///android_asset/XX.html");
```

要加载 HTML 数据，需要使用 loadData 方法，此过程还可以控制 mimeType 和编码方式，对于我们中午处理非常重要，下面的代码将在 WebView 添加一个 HTML 链接：

```
final String mimeType = "text/html";
final String encoding = "utf-8";
String html= "<a href='www.baidu.com'>Hello 百度</a><br>"
webView.loadDataWithBaseURL(null, html, mimeType, encoding,null);
```

注意，如果 HTML 中有非拉丁字符，需要使用 loadDataWithBaseURL()方法而不是 loadData()方法，因为 WebView 默认使用 ISO8859-1 进行处理，这里应该是一个缺陷。

11.3.3　WebView 事件处理

我们使用 WebView 技术，不仅仅是简单的访问一个页面，还有一个主要的原因是希望能够自己来控制页面加载过程和相关内容处理的方式。就需要利用 WebView 提供的各种编程的接口来完成这些任务，WebView 通常使用回调技术来实现各种实际操作，即将这些操作代码放到继承类重新的对于回调方法，一旦在 WebView 进行了某些操作，会调用这些方法。一般的过程如下：

（1）创建一个新的 WebViewClient 对象；

（2）重写所需要处理的方法，实现相关的任务；

（3）将此对象赋予所需要进行处理的 WebView 视图。

下面是一些常见的任务处理：

（1）页面跳转（重写 shouldOverriderUrlLoading 方法）

一般情况下，我们在点击 WebVew 内容中的链接的时候，会跳转到浏览器中（系统会打开），如果我们希望跳转后还是在我们的 WebView 当中，可以使用下面的方法：

```
//创建一个类，继承 WebViewClient，重写 shouldOverrideUrlLoading()方法
private class MyWebViewClient extends WebViewClient {
    @Override
    public boolean shouldOverrideUrlLoading(WebView view, String url) {
        if (Uri.parse(url).getHost().equals("www.example.com")) {
            //可以控制是否在 Web 或者新的浏览器窗口中显示
            return false;
        }
        // Otherwise, the link is not for a page on my site, so launch another Activity
that handles URLs
        Intent intent = new Intent(Intent.ACTION_VIEW, Uri.parse(url));
```

```
            startActivity(intent);
            return true;
        }
    }
    // 为 WebView 设置 WebViewClient
    webView.setWebViewClient(new MyWebViewClient();
```

（2）返回

在 WebView 浏览的过程中，按下返回按键，默认情况下会回到调用 WebView 的 Activity 中，而不是像浏览器一样返回到上一个 Web 页面，如果希望对这种情况进行修改，模拟真正浏览器中的处理，可以重载 Activity（不是 WebViewClient!）中的 onKeyDown()方法，结合调用 WebView 对象的 goBack()方法来实现：

```
    @Override
    public boolean onKeyDown(int keyCoder,KeyEvent event) {
    if(webView.canGoBack() && keyCoder == KeyEvent.KEYCODE BACK) {
            webview.goBack();
            return true;
        }
        return super.onKeyDown(keyCode, event);
    }
```

（3）加载过程（重写 onProgressChanged）

系统可以监控加载的过程，需要重载 WebViewClient 的 onPregressChanged()监视加载进程：

```
    @Override
    public void onProgressChanged(WebView view, int newProgress) {
    if(newProgress==100){
    title.setText("加载完成");
        } else  {
            title.setText("加载中.......");
        }
    }
```

类似的，下面是一些常用的可以用于控制 WebView 的方法：

- onPageStart （页面开始加载）；
- onPageFinish （页面结束加载）；
- onReceiveError （响应错误）；
- onReceivedHttpAuthRequest （收到认证请求）。

11.3.4 WebView 和 HTML 内容的交互

我们已经知道如何在 Android 程序中加载 HTML 数据和页面，但是如果我们希望在 Web 页面中的一些操作可以反馈到 Android 程序中（比如，我们希望点击页面中的某个链接或按钮，使用一个 Android 对话框而不是浏览器对话框来进行提示），WebView 也提供了解决方案。其基本思路是：

（1）在 Web 页面（WebView 内容）中的操作由 JavaScript 实现；

（2）在 Android 中定义一个接口类，来为 Web 页面提供 JavaScript 接口以进行 Android 的任务操作；

（3）使用 WebView 的 addJavaScriptInterface 方法将此接口类和 JavaScript 代码联系起来。

各个组件的关系如图 11-8 所示：

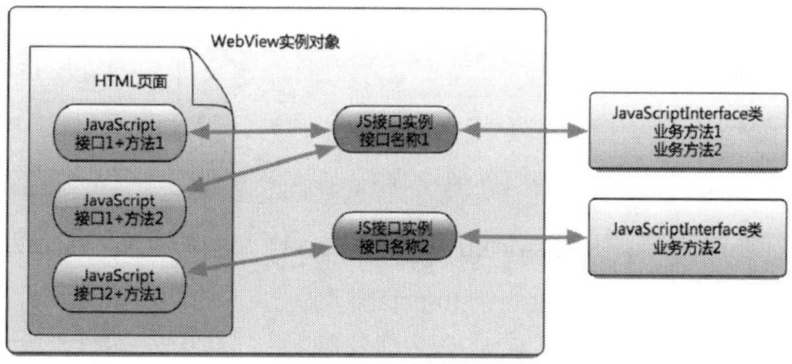

图 11-8　WebView JavaScript 接口关系

具体而言，我们来看下面两段代码，先是接口类的定义（在 Android 应用程序中）：

```
// 独立的 JavaScriptInterface 文件
public class JavaScriptInterface {
    Context mContext;
    /** 定义一个以 Context 作为参数的构造函数*/
    JavaScriptInterface(Context c) {
        mContext = c;
    }

    /** 定义的方法可以在 JS 中调用，实现了具体的业务操作*/
    public void showToast(String toast) {
        Toast.makeText(mContext, toast, Toast.LENGTH LONG).show();
    }
}
```

在 WebView 的内容中，使用 Javascript 代码，这里为了方便，写在客户端程序中，通常是在服务器端写独立配套的 HTML 文件和 Javascript 代码文件：

```
// 在 Activity 中
…
WebView wv = new WebView(this);
setContentView(wv);
// 下面是 HTML
html+= "<input type=button value='向 android 问好' onClick=\"showAndroidToast('
你好 Android!')\" />";
html+= "<script type=text/javascript>"+
     "  function showAndroidToast(toast) { " +
     "    var ct = new Date();"+
     "    var st = ct.getYear()+'-'+ct.getMonth()+'-'+ct.getDate();"+
     "    st = toast+'现在是:'+st; "+
     "    Android.showToast(st); " +
     "  }"+
     "</script>";

wv.getSettings().setJavaScriptEnabled(true);
wv.addJavascriptInterface(new JavaScriptInterface(this), "Android");
wv.loadDataWithBaseURL(null, html,mimeType, encoding,null);
```

整个调用的流程是：

（1）定义一个 JavaScriptInterface 类，并定义业务方法（显示 Toast 消息），用于在 JavaScript

程序中调用（Context 在这里是 Toast 需要的，并不是接口类需要的）；

（2）创建一个 WebView 对象，并分配给当前的 Activity；

（3）构造一段 JS 代码（也可以以文件的形式提供），定义了在 Web 页面中点击一个按钮后进行执行的操作，这里为调用一个 JS 对象及其方法：

```
Android.showToast(st)
```

具体而言，这个调用表示需要调用 Android 类中的 showToast()方法，它们分别在添加接口和定义接口阶段进行了定义。如 Android 是 addJavascriptInterface 时定义的接口名字，而 showToast()则是这个接口类对应的业务方法；

（4）默认情况下 WebView 不能执行 JavaScript 程序，需要使用 WebView 的 setJavaScriptEnabled()方法将允许执行的设置打开；

（5）使用 addJavascriptInterface()方法为 WebView 添加一个 JavaScript 接口。

其中接口的实例对象来自前面对接口类的定义，new 构造函数中的 this 只当前的 Activity；接口名称参数为“ Android”（可以在 JavaScript 中引用的类），接口类对象参数来自所引用的接口类实例。

图 11-9　Javascript 调用 Android 应用代码

到此，各个部分都能够在逻辑上连接起来了，最后执行的效果如图11-9，其中这个按钮是属于 WebView 里面的 HTML 内容的，而下面的提示消息是属于 Android 应用程序的，这样就实现了在 Web 页面中对 Android 程序进行操作。

再次提醒，如果访问的页面中有 Javascript，又希望能够执行这些代码的话，则 WebView 必须设置为支持 Javascript 的执行，设置的代码如下：

```
webview.getSettings().setJavaScriptEnabled(true);
```

最后，需要注意的是这种方式允许从 JavaScript 中直接调用 Android 程序的类方法，可能会留下一些安全隐患和注入攻击的漏洞，需要在程序设计时特别小心。

11.3.5　WebView 技术的应用场合

至此，我们已经了解如何在 Android 应用中使用 WebView 技术，包括如何控制 WebView 加载 HTML 页面和内容，已经反向的如何在 WebView 的内容中对 Android 应用进行操作。本质上，我们可以在这个基础上通过提供更多的控制功能来实现一个我们自己的“浏览器”程序，当然我们没有太多必要这么做，但在程序中合理的使用这个技术确实能够给我们的开发工作带来极大的灵活性。

如我们可以使用 WebView 技术来封装我们的企业 Web 应用，就是可以实现一个类似于 C/S 架构的 B/S 应用，并可以实现一些额外的控制功能。

再如我们的一些信息和内容可以使用 Web 的方式来封装到应用程序中进行分发，如一些在线的帮助信息，支持服务等等，用户不需要离开自己的应用程序即可获得这些应用，就和这些内容本身就是应用的一部分一样，这样无疑提供了更好的用户体验。

在本章节最后的内容中，我们来了解一下 Android 浏览器发展的一个重要的方向：对于 HTML5 标准的支持。

11.4　HTML5

前面我们已经简单提到，作为 Android 浏览器的核心，WebKit 技术的优势很大程度上体现在对 HTML5 标准的实现和积极推动之上。这个特性对于在 Android 上开展 Web 应用具有非常重要的意义。本节中我们就来深入了解一下，HTML5 相对于现有的标准在那些方面具有重大的创新和提升，能够给开发者和用户提供更加优秀的应用体验和更加开阔的应用前景。

11.4.1　HTML5 概况

HTML5（Hyper Text Markup Language Version 5 超文本标记语言）是新一代 Web 页面语言标准。它的上个版本 HTML4 在 1997 年发表，距今已经十多年，更重要的是在这十几年互联网的生态环境已经发生了翻天覆地的变化，各种新的网络应用方式和需求层出不穷，现有的互联网和 Web 标准已经明显不能满足飞速发展的互联网应用的要求了，在这个时候应运而生，从某种意义来说 HTML5 是如此重要，被认为决定了互联网的未来（图 11-10 为 HTML5 的标志)。

图 11-10　HTML5 标志

HTML5 的发展历史其实并不是那么“理所当然”。甚至其主要的标准制定和编写者，也不是我们熟知的互联网标准组织 W3C（World Wide Web Consortium 全球万维网联盟），而是 WHATWG（Web Hypertext Application Technology Working Group 网络超文本应用技术工作组）。

这个故事非常有趣，值得一提。

在完成 HTML4 之后，W3C 志得意满，雄心勃勃的投入到下一个网络标准 XHTML2 中，希望将 Web 带向 XML 的光明未来，但问题是，W3C 太追求完美，XHTML2 不向前兼容，甚至不兼容之前的 HTML，它是一种全新的语言，他们似乎已经忘记，Web 已经不是实验室里科学家着迷的高技术玩具，而是一个关系全球数十亿普通人，数千万从业者，数万亿美元计的巨大产业，来自产业界的反对让 XHTML2 的应用和推广举步维艰。

在 Web 编码格式的链条上，包括了标准制定者、实现者（浏览器厂商）、开发商和用户等几个部分。W3C 没有平衡好他们之间的关系，特别是脱离了应用发展的要求。2004 年，浏览器厂商 Opera 提出在 HTML4 的基础上，针对现有的局限和问题，进行扩展以满足新的 Web 应用的要求。这个提议遭到了 W3C 的拒绝。于是 Opera、Apple 和 Mozilla（它们都是浏览器厂商）就另起炉灶，成立了超文本应用技术工作组（Web Hypertext Application Technology Working Group，即 WHATWG）。WHATWG 和 W3C 采取不同的标准发展策略，前者有一个带头大哥，来自 Opera 的 IanHickson 作为主要执笔人，他负责决策；而 W3C 使用讨论和投票的方式开展工作。这时候民主制度的低效就体现了出来，各种内部纷争使决议迟迟不能达成也无法实施。而 WHATWG 则有更好的执行力，最新的技术和标准草案在初步通过后就可以迅速在浏览器产品上实现，虽然很多是试验性的，但很快就展现出巨大的进步和应用方面的优势。

在 2007 年，W3C 终于认识到了自己的问题，和 WHATWG 共同组建了工作组，推动 HTML5 的规范制定和标准化的工作，WHATWG 也获得了推动标准的“名分”。如果一切顺利的化，在 2012 年，HTML5 将会被接纳为候选标准。而对 Web 开发设计者来说，这并不重要，因为很多浏览器已经对其有了事实上的支持，并且随之而发展。HTML5 创造了一种新的技术和标准化的推广和发展之路，它由应用需求和实现推动，它并不设立宏大和完整的目标，而是分解成为很多小型的相对独立的任务，并采用渐进和快速调整的方式进行实现。

广义而言 HTML5 并不简单的是一个标记语言，更多的是一套 Web 应用框架，其内涵远远超过了过去的 HTML 所涉及的范围。它基本上包括了三个方面的内容，一套 HTML 语言，一套 CSS 样式表和 JavaScript 脚本语言接口 API。

```
HTML5=HTML+CSS+JS APIs
```

我们下面结合一些例子来进行说明。

11.4.2 用户界面组件

现有的 HTML 在用户界面特性和应用方面有明显的不足，HTML5 结合 CSS3，可以为 Web 开发提供更美观方便的用户界面元素。

1. 表单控件

支持 HTML5 的浏览器可以实现类似于原生程序的表单元素控件，如增加了日期选择器，数值选择器，进度条，滑动数值选择器等等元素，下面是一些表单元素在 Opera 里面实现的效果：

表 11-1 HTML5 扩展控件

表单元素/效果图	HTML 代码
日期选择器： 	<input type="date" name="mydate"> <input type="time" name="mytime">
颜色选择器： 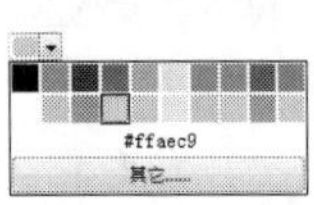	<input type=”color”>
进度条： 	<progress max="100" value="80">
复合输入框： 	<input type="text" list="listdata"> <datalist id="listdata"> <option label="www.csser.com" value="csser"> <option label="www.popcg.com" value="popcg"> <option label="www.easejs.com" value="easejs"> </datalist>
滑动范围 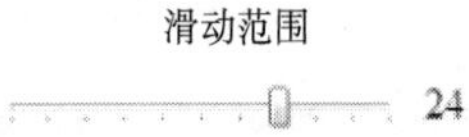	<input type="range" min="10" max="30" step="2" value =”24” name=”i1”> <output onforminput=" value=i1value"></output>

续表

表单元素/效果图	HTML 代码
占位符 请输入CSSer的网址	<input type="text" placeholder="请输入网址">
数值文本框 2	<input type="number" min="1" max="10" value="2">
必须填写属性 必须填写	<input type="text" required>

当然，现在的 HTML+CSS+JS 也可以实现这些需求，但如果由浏览器来实现，HTML 的代码更加简单和优雅。而且，在表单元素中可以指示信息属性、如 email、数值、电话号码等等，在应用中可以更好更简单的进行处理。

2. 更好的语义

在 HTML5 中，页面开发者可以描述页面的结构了，通过引入<header>、<footer>、<nav>、<article>、<aside>等标签（这些结构几乎在所有的网页中都会使用），开发者和浏览器可以清晰的了解页面的结构，从而更好支持 Web 应用的开发和信息的有效使用，比如搜索引擎可以直接查找和分析<article>和<header>元素中的内容而不用分析整个页面。

下面的页面布局对比了在 HTML4 和 HTML5 中对页面结构描述的差异：

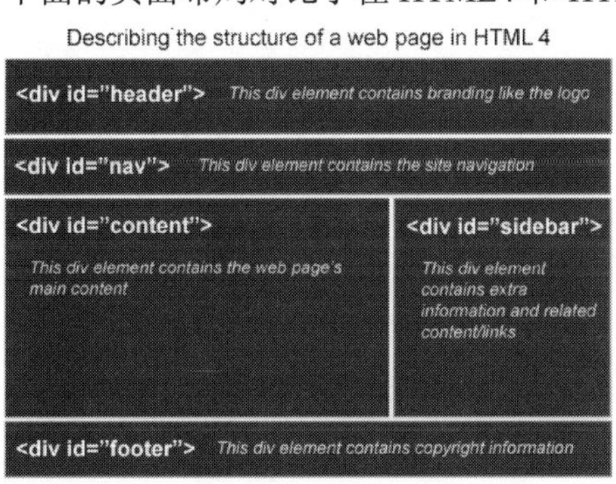

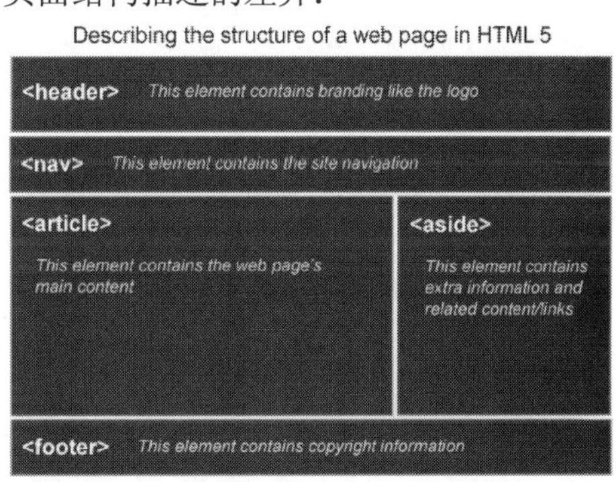

（1）Microdata，HTML5 通过 Microdata 支持自定义语义，可以帮助改善搜索内容分析

（2）可编辑的元素

将页面元素的 contenteditable 属性设置为 true，将会使该元素中的内容变为可编辑状态，浏览者可以直接在网页上进行编辑。这样的特性会大大的增强页面的交互能力。

（3）拖放操作

在 HTML5 中，已经可以支持页面元素的拖放操作了，使用得当可以大大简化用户交互操作的实现。

（4）简化的语法

HTML5 的一个设计原则是简单，先看看 HTML5 的 DocType 说明：

```
<!DOCTYPE html>
```

再看看过去的形式：

```
<!DOCTYPE html PUBLIC "-//W3C//DTD XHTML 1.0 Transitional//EN"
 "http://www.w3.org/TR/xhtml1/DTD/xhtml1-transitional.dtd">
```

甚至在 HTML5 中 DocType 说明都不是必须的，在文件开头加入这一声明只是为了保持浏览器的兼容性。如果浏览器不能识别，将会以默认的标准模式（Standard Mode）渲染网页。

再来看看在 HTML5 中对 CSS 和 JS 的引用，不在需要声明 type 属性：

```
<link rel="stylesheet" href="path/to/stylesheet.css" />
```

而 HTML4 中是要加入 type=" text/css" 的，实在是多此一举：

```
<link rel="stylesheet" href="path/to/stylesheet.css"  type="text/css" />
```

同样，引入 JavaScript 文件也可以省略 type="text/javascript"。

```
<script src="path/to/script.js"></script>
```

11.4.3 CSS 增强

在 HTML5 中，结合增强的 CSS3 样式表，可以轻易的实现令人兴奋的用户界面特性，因为这些特性能够显著的提升页面的美观和视觉效果，同时不增加页面代码的复杂性（过去要实现同样的效果，需要大量代码和外部图形资源的支持）。例如：

（1）背景：可以支持多个背景，背景大小适应等等；

（2）图块：可以定义圆角、渐变、阴影、反射等等。

下面是一段 CSS 代码，它的实现效果如图 11-11 所示：

```
    text-shadow: rgba(0, 0, 0, 0.5) 0 6px 6px;
    background: -webkit-gradient(linear, left top, left bottom,
    from(rgba(200, 200, 240, 0.82)), to(rgba(255, 255, 255, 0.82)));
    border-radius: 13px;
    -webkit-box-reflect: below 10px
    -webkit-gradient(linear, left top, left bottom, from(transparent), to(rgba(255,
255, 255, 0.6)));
```

图 11-11　图形的圆角、渐变和反射效果

其中：

- 圆角样式：-border-radius
- 渐变样式：-webkit-gradient
- 反射样式：-webkit-box-reflect

（3）文字：可以定义阴影、反射、描边、段落的分栏显示等等；

（4）颜色：支持透明度、HSL（色相/饱和度/亮度）色彩模式；

（5）变换：定义几何图形的定位、倾斜、三维变换、变换；

下面是一个二维和三维变换的 CSS 代码，前面为二维，后面为三维：

```
#threed-example {
  -webkit-transform: rotateZ(5deg);
  -webkit-transition: -webkit-transform 2s ease-in-out;
}
#threed-example:hover {
  -webkit-transform: rotateZ(-5deg);
}

-webkit-transform: rotateY(45deg);
-webkit-transform: scaleX(25deg);
-webkit-transform: translate3d(0, 0, 90deg);
-webkit-transform: perspective(500px)
```

其效果如图 11-12 所示。

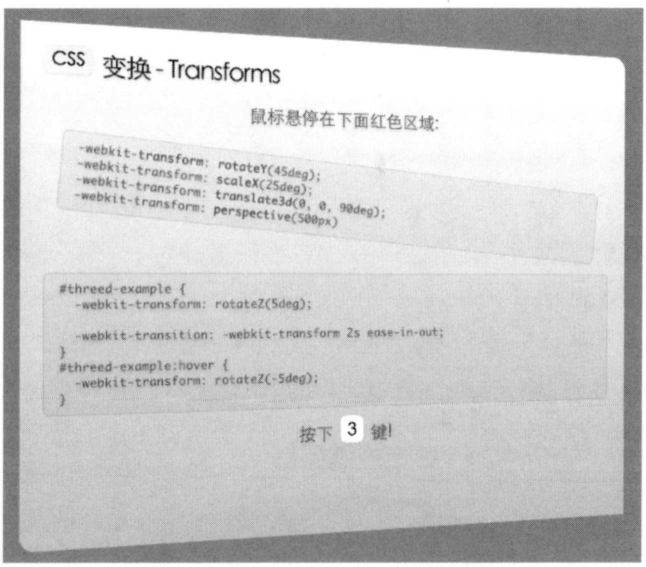

图 11-12　CSS 二维和三维变换效果

（6）动画：支持多种动画效果和关键帧等等，在某些浏览器上已经实现了硬件的图形加速；

下面是一段 CSS 动画代码，定义了一个跳动效果的文字：

```
@-webkit-keyframes pulse {
 from {
   opacity: 0.0;
   font-size: 100%;
 }
 to {
   opacity: 1.0;
   font-size: 200%;
 }
}
```

```
div {
  -webkit-animation-name: pulse;
  -webkit-animation-duration: 2s;
  -webkit-animation-iteration-count: infinite;
  -webkit-animation-timing-function: ease-in-out;
  -webkit-animation-direction: alternate;
}
```

（7）选择器：支持更复杂的对象选择方式，包括奇偶选择（可用于表格行）、属性选择、反选和逻辑选择（如选择第一个，最后一个等）；

（8）SVG 图形支持：HTML5 终于支持矢量化图形标准 SVG （Scalable Vector Graphics 可扩展矢量图形）了。

下面的一段代码定义了一个 SVG 对象，在浏览器中显示一个渐变填充的椭圆性，当然，使用 SVG 可以用矢量的方式轻易的绘制各种几何图形。

```
<h2>HTML5 SVG 渐变椭圆型</h2>
<svg id="svgelem" height="200" xmlns="http://www.w3.org/2000/svg">
   <defs>
      <radialGradient  id="gradient"  cx="50%"  cy="50%"  r="50%"  fx="50%"
fy="50%">
      <stop        offset="0%"          style="stop-color:rgb(200,200,200);
stop-opacity:0"/>
      <stop offset="100%" style="stop-color:rgb(0,0,255); stop-opacity:1"/>
      </radialGradient>
   </defs>
   <ellipse cx="100" cy="50" rx="100" ry="50" style="fill:url(#gradient)" />
</svg>
```

这个 SVG 对象的显示如图 11-13 所示：

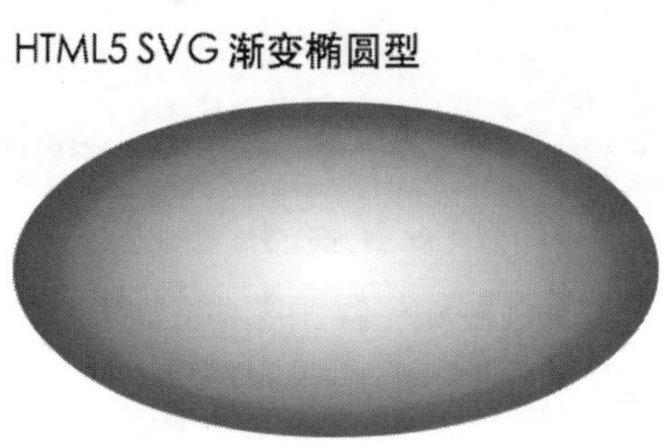

图 11-13　SVG 矢量图形对象

11.4.4　图形绘制

到目前为止，基本上想要直接在网页上进行绘图还是不能轻易完成的，即使是几何图形也不可以。在浏览器当中直接能跟图片的交互操作也很有限，多数是保存和点击。如果希望能够对图片进行更多的操作或者在浏览器当中画出图形，就需要 flash, silverlight 这类插件来帮忙，而这些插件庞大复杂，漏洞繁多，影响系统性能和稳定性，不适合于运行在手持设备平台上。

针对这种应用需求，HTML5 已经确定引入 Canvas（画布）标签，通过 canvas，用户将可以编写绘图程序动态的生成各种图形图像，图表以及动画。不仅如此，HTML5 也赋予图片图形更多的交互可能，HTML5 的 Canvas 标签还能够配合 JavaScript 来利用键盘控制图形图像，这无疑为现有的网页游戏提供了新的选择和更好的维护性和通用性。如图 11-14 展示的就是一些使用 Canvas 和 JS 实现的网页游戏（在 Android 浏览器中）。

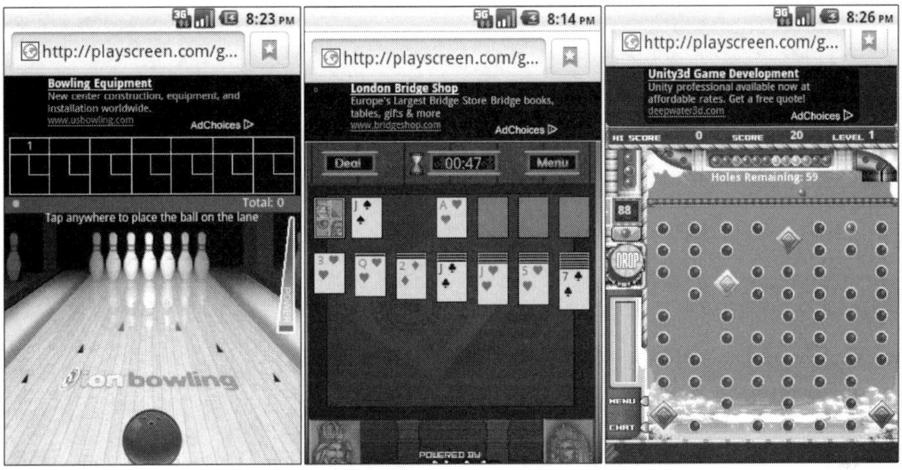

图 11-14　基于 Cavas 和 Javascript 的 Web 游戏

Canvas 还有一个非常有价值的应用方向——绘制商业图表。下面是使用 Canvas 绘制一个图表的代码：

```
function graph(report, maxWidth, maxHeight){
    var data = report.values;
    var canvas = document.getElementById("graph");
    var axisBuffer = 20;
    canvas.height = maxHeight + 100;
    canvas.width = maxWidth;
    var ctx = canvas.getContext("2d");

    var width = 50;
    var buffer = 20;
    var i = 0;
    var x = buffer + axisBuffer;
    ctx.font = "bold 12px sans-serif";
    ctx.textAlign = "start";
    for (i=0;i<data.length;i++){
        ctx.fillStyle = "rgba(0, 0, 200, 0.9)";
        ctx.fillRect(x, maxHeight - (data[i][report.y] / 2), width, (data[i]
[report.y] / 2));
        ctx.fillStyle = "rgba(0, 0, 0, 0.9)";
        ctx.fillText(data[i][report.x], x + (width / 4), maxHeight + 15);
        x += width + buffer;
    }

    // draw the horizontal axis
    ctx.moveTo(axisBuffer, maxHeight);
    ctx.lineTo(axisBuffer+maxWidth, maxHeight);
```

```
        ctx.strokeStyle = "black";
        ctx.stroke();

        // draw the vertical axis
        ctx.moveTo(axisBuffer,0);
        ctx.lineTo(axisBuffer,maxHeight);
        ctx.stroke();

        // draw gridlines
        var lineSpacing = 50;
        var numLines = maxHeight/lineSpacing;
        var y = lineSpacing;
        ctx.font = "10px sans-serif";
        ctx.textBaseline = "middle";
        for (i=0;i<numLines;i++){
            ctx.strokeStyle = "rgba(0,0,0,0.25)";
            ctx.moveTo(axisBuffer, y);
            ctx.lineTo(axisBuffer + maxWidth,y);
            ctx.stroke();
            ctx.fillStyle = "rgba(0,0,0, 0.75)";
            ctx.fillText(""+(2*(maxHeight -y)), 0, y);
            y += lineSpacing;
        }
    }
```

这段代码的执行结果如图 11-15 所示。

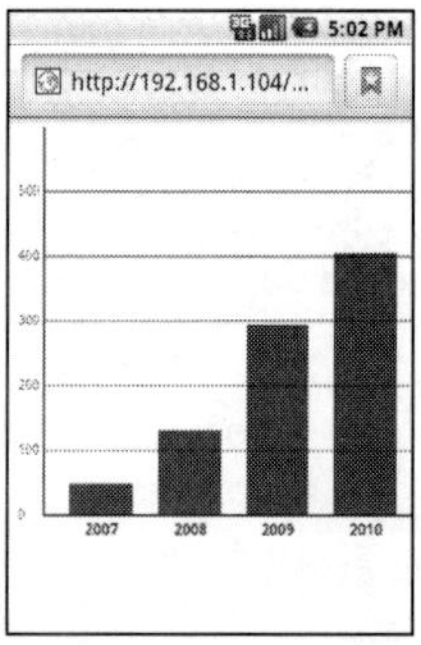

图 11-15　Cavas 图表绘制

这段代码其实也比较原始简单，和所有图形绘制语言都差不多，但是关键是绘制过程是在浏览器客户端完成的，而不像有些 Web 报表系统需要在服务器端生成图片传送到客户端，就大大简化了数据的传输和服务器端运算的负担。

11.4.5　位置应用

在互联网上，基于地理位置的服务（location-based service，LBS）已经成为非常热门的应用，关于“我在哪儿，你在哪儿，谁在哪儿，附近有什么”的话题可以衍生出无数新鲜有趣的应用模式。特别是在高度发达的商业社会，地理位置和信息，是标识用户属性以及为其提供个性化服务的一个重要的依据。特别是在移动平台上，随时移动和位置敏感的特性，使 LBS 拥有更广阔的用武之地。

基于这一热门应用方向的考虑，HTML5 标准引入了对于地理位置的支持。其兼容的浏览器可以用来确定和分享地理位置，从而实现和支持相关的应用。当然浏览器本身不去获取用户的位置，而是通过其他第三方接口来获取，例如 IP, GPS, WIFI 等方式，当然这些对于用户或者开发者都是透明的，另外在实现的时候，相关 API 被调用时会首先征得用户同意，保证了用户的隐私。

开发者可以通过脚本程序来访问 HTML5 当中相关的 API 来实现相关的 LBS 应用，我们先来看看一段典型的代码：

```
// 判断浏览器是否支持定位
function supports geolocation() {
    return !!navigator.geolocation;
}
```

```
// 获取当前地理位置，成功后调用 show_map 函数，并传递位置信息
function getLocation() {
  if supports_geolocation() {
var geolocation = navigator.geolocation;
    geolocation.getCurrentPosition(showLocation, errorHandler, {maximumAge: 75000});
  }
}

// 定位成功后调用
function showLocation (position) {
  // 获取当前位置的经纬度
var latitude = position.coords.latitude;
  var longitude = position.coords.longitude;
  // 在这里可以显示一个地图或者相关信息
}

// 定位失败后调用
function errorHandler() {
    alter("定位失败");
}
```

这些代码通常都是围绕着一个全局对象 navigator.geolocation 展开的。获取当前位置可以调用 getCurrentPosition()方法，该方法通常有三个参数，第一个是执行成功的回调函数，第二个是执行错误的回调函数，第三个可以设置一些选项和配置。一般我们会实现一个执行成功的函数，示例是 showLocation（position），定位成功后系统会将位置信息通过其参数传递给它进行后续的处理。

函数调用后，我们通常会接受到下列警告（见图 11-16），因为这个问题涉及到用户隐私权：

图 11-16　Geolocation 定位警告

显示地图的代码这里就不写了，我们来看看最终的结果（图 11-17），能猜到我在那里吗？

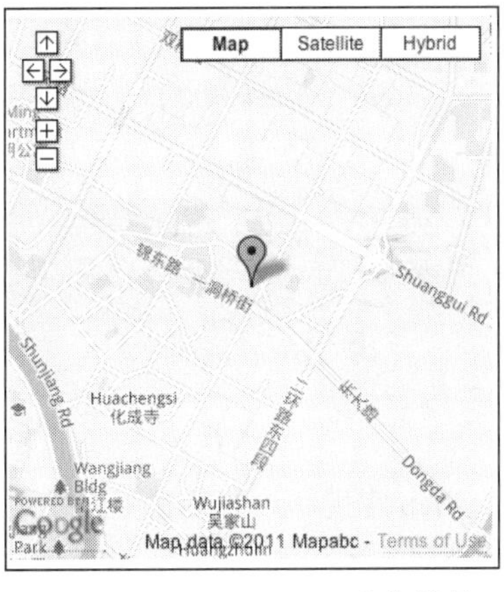

图 11-17　HTML5 Web 定位结果

需要提醒的是，这个结果是在桌面系统的浏览器上直接定位的，没有使用任何 GPS 和相关的硬件设备，应该是通过 IP 地址来定位，精度大概在 200 米左右，还是非常不错的。另外，如果有相关的硬件或者接口支持，HTML5 的 API 还可以提供授时、定向、测速，结合外部的数据服务，还可以进一步实现导航、路线规划、测距等应用。

11.4.6 视频和音频

支持 HTML5 的浏览器可以在不安装任何插件的情况下，播放兼容的音视频内容。在 HTML5 中明确支持的视频编码方式包括 ogv 和 mp4，支持的音频编码方式主要包括 oga 和 mp3。

下面是一段常见的在现在的 HTML 页面中播放视频的代码，使用<object>和<embed>标签，并且需要设置一堆参数：

```
<object width="425" height="344">
  <param name="movie"
    value="http://www.youtube.com/v/9sEI1AUFJKw&hl=en GB&fs=1&"></param>
  <param name="allowFullScreen"
    value="true"></param>
  <param name="allowscriptaccess"
    value="always"></param>
  <embed src="http://www.youtube.com/v/9sEI1AUFJKw&hl=en GB&fs=1&"
    type="application/x-shockwave-flash" allowscriptaccess="always"
    allowfullscreen="true" width="425"
    height="344"></embed>
</object>
而在 HTML5 中，这段描述和代码则有可能简化为:
<video  width=320  height=240  controls  preload  poster=turkish.jpg />
<source src=turkish.ogv  type=video/ogg>
  <source src=turkish.mp4  type=video/mp4>
  Download the <a href=video.ogg>Turkish dancing masterclass video</a>
</video>
```

HTML5 可以支持顺序的列出多个源文件，浏览器和可以选择自己支持的视频编码格式进行播放，甚至即使浏览器不支持<video>标签，系统也可以显示一个下载或者兼容性页面链接。

同理，音频文件的处理也是类似的：

```
<audio src="audio.oga" controls>
 audio not supported
</audio>
```

当然，HTML5 也为媒体文件的播放提供了一整套播放控制和同步的 API，开发者可以根据需求开发自己的播放控制组件，实现如：快进快退、变速、定点播放、循环播放、音量控制、动态媒体文件加载等等功能。

11.4.7 本地存储

基于信息安全的考虑，原有的 Web 应用和浏览器在处理本地信息方面的考虑和能力极其有限。浏览器能够直接操作的本地数据大概只有 Cookie 了。而 HTML5 支持更好的本地化信息存储方式，改进了 Cookie 方式，提供了会话存储之外，还可以支持本地存储、离线 Web 应用和 Web 数据库等技术，大大的扩展了 Web 应用的灵活性。

1. 会话存储（session Storage）

HTML5 的会话存储通过键-值对的模式来实现会话信息的存储和提供相关操作的 API，会话存储内容在会话期间有效，和 Cookies 相比，会话存储大小可以达到 4M，并且不会像 Cookie 一样每次都会在 HTTP 请求中进行传递，提高了信息传输的效率和安全性。下面是一些示例代码：

```
if( sessionStorage.hits ){
   sessionStorage.hits = Number(sessionStorage.hits) +1;
}else{
   sessionStorage.hits = 1;
}
document.write("Total Hits :" + sessionStorage.hits );
```

从这段代码可以看到会话存储的使用非常简单，在这里创建了一个名为 hits 的存储对象，在会话中每次调用都会加一。

2. 本地信息存储（Local Storage）

会话存储的主要问题是当会话关闭是，存储的信息会丢失，只适合于临时的数据存储。为了持久化的信息存储，HTML5 提供了本地信息存储。其他方面，本地存储和会话存储是一样的。下面是一些示例代码：

```
if( localStorage.hits ){
   localStorage.hits = Number(localStorage.hits) +1;
}else{
   localStorage.hits = 1;
}
document.write("Total Hits :" + localStorage.hits );
```

要删除某个本地存储对象或者清空本地存储，可以调用下面的方法：

```
localStorage.remove('key');
localStorage.clear();
```

在示例中，直接使用的对象的属性，也可以使用相关的操作方法，sessionStorage 和 localStorage 中可以使用的方法通常有：getItem（key）,setItem（key,value），removeItem（key）和 clear()。

3. 离线 Web 应用（Offline web applications）

离线 Web 应用允许浏览器缓存网络文件和资源，并且像使用网络 Web 应用程序一样使用本地的缓存文件，对于使用者来说是透明的。和通常我们所知道的页面“缓存”技术不同，这个缓存主要是从应用角度出发，它们是可以控制的网络文件在本地的副本，并且能够在浏览器离线的时候正常使用（就和在线一样）。定义和使用一个离线应用的简单过程如下：

首先为 Web 应用程序定义一个缓存清单文件，如名为 cache.manifest，其内容为：

```
CACHE MANIFEST
/clock.css
/clock.js
/clock-face.jpg
```

注意其第一行必须是 CACHE MANIFEST，在这个文件中定义了所有需要离线的文件和资源。

其次，在所有 Web 应用中作为页面加载的文件中，都定义对于这个清单文件的引用：

```
<!DOCTYPE HTML>
<html manifest="/cache.manifest">
```

```
<body>
...
</body>
</html>
```

最后，需要在 Web 服务器中配置文件类型：

```
AddType text/cache-manifest .manifest
```

整个文件缓存的定义和运行的原理如图 11-18 所示：

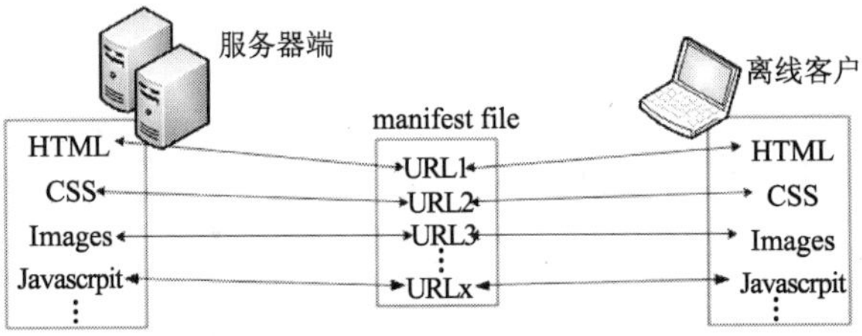

图 11-18　离线 Web 应用模式示意图

这个特性可能非常重要，尤其对于 Mobile Web 应用而言，因为它使开发一种可以“离线”应用的 Web 应用程序成为可能。通过缓存合适的页面和相关代码，配合本地信息存储的特性，并设计好和服务器信息同步的机制，我们就可以架构一个在离线状态下也可以使用的 Web 应用程序。同时，对于某些资源文件进行本地化缓存，也可以有效降低网络流量，使 Web 程序运行的更快。

4．Web 数据库（Web SQL）

严格说来 Web SQL 并不是 HTML5 的应用规范，但通常浏览器都会提供和支持这个 API。它使 Web 应用可以操作一个基于 SQLite3 技术的小型 SQL 关系数据库系统，能在 Web 客户端管理关系性的数据，这是一个很大的进步。

我们先来看看相关的 JS 代码：

```
var db = openDatabase('mydb', '1.0', 'Test DB', 2 * 1024 * 1024);
db.transaction(function (tx) {
  tx.executeSql('CREATE TABLE IF NOT EXISTS LOGS (id unique, log)');
  tx.executeSql('INSERT INTO LOGS (id, log) VALUES (1, "foobar")');
  tx.executeSql('INSERT INTO LOGS (id, log) VALUES (2, "logmsg")');
});
db.transaction(function (tx) {
  tx.executeSql('SELECT * FROM LOGS', [], function (tx, results) {
  var len = results.rows.length, i;
  msg = "<p>Found rows: " + len + "</p>";
  document.querySelector('#status').innerHTML +=  msg;
  for (i = 0; i < len; i++){
    alert(results.rows.item(i).log );
  }
 }, null);
});
```

这段代码完整的演示了浏览器创建和打开数据库，创建数据表，插入数据和查询数据的过程，和使用真正的 SQL 数据其实也比较类似。还可以了解到 SQLite3 也支持事务管理。

上述的几个特性使 Web 客户端的数据管理和操作能力大大的增强，无疑使 Web 应用的开发更加方便灵活。

11.4.8 Web Worker

随着 Web2.0 应用的迅猛发展，各种应用需求对浏览器和应用的互操作能力提出了更高的要求，人们突然发现，和服务器端各种 Web 服务实现的语言和方式百花齐放（如可以选择 Java，PHP，.Net，Rails…）的情景不同，在客户端竟然只有一个编程语言可以选择：JavaScript，这样 JavaScript 就从一个不被人重视的装饰性的页面脚本语言演化成为整个 Web 应用的核心，但虽然各个浏览器都拼命改进 JavaScript 执行引擎，使 JavaScript 的执行速度与以往相比有了很大的飞跃，但是一个结构化的问题越来越困扰着 Web 应用厂商和开发者，就是 JavaScript 是一个单线程应用，开发者们不得不想尽办法使用各种变通的方式来满足并发多线程应用的需求。

而在新 HTML5 标准的规划中，Web Worker 技术被设计出来并赋予重任来解决这个问题。Web Worker 技术允许一些 JavaScript 代码在与主页面线程（UI 线程）分开的线程（后台线程）中运行处理过程，保留页面以用于主要的功能，比如说维持一个稳定的 UI 等。图 11-19 形象的展示了在有无 Web Worker 技术是任务执行的差异：

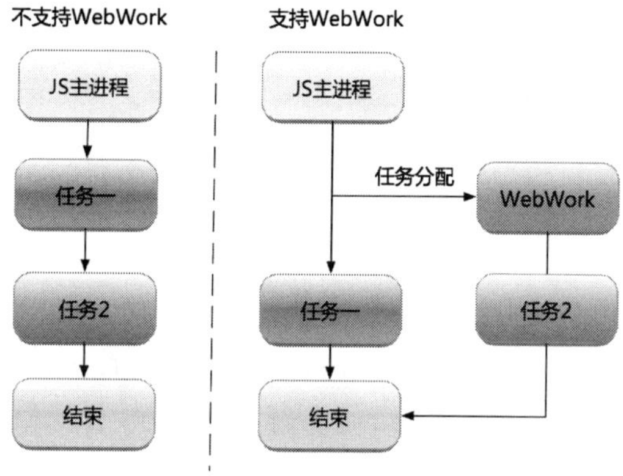

图 11-19　在任务中不使用和使用 Worker 的差别

简单来讲，一个 Web Worker 就是一个在后台加载并执行的 JavaScript 文件，这些 worker 允许你动态地加载一个 JavaScript，然后使用不会影响到 UI 的后台进程来执行脚本。在一定程度上实现了类似多线程操作的效果。

下面我们用一个简单的例子说明 Web Work 如何工作，这里在主页面中的 JS 代码：

```
// 创建新的 worker 对象
var worker = new Worker('worker.js');

// 发送一个消息启动 worker 并传递一个参数
var info = 'Web Workers';
worker.postMessage(info);

// 从 worker 接受消息
worker.onmessage = function (event) {
  // Do something
  alert(event.data);
};
在 work.js 文件中:
// 从主线程中获取消息
```

```
onmessage = function(event) {
  // Do something
  var info = event.data;
  var result = info + ' rise up!';
  // 向主线程传送结果
postMessage(result);
};
```

在实际使用中，Web Worker 的访问受到一些限制，因为 Web Worker 不使用浏览器的 UI 线程，所以他们不允许访问 DOM 和任何页面元素。但是 Workers 可以使用 self 和 this 引用访问 worker 的全局变量，也可以使用 navigator，location（只读），importScripts() 方法 （同一个域中），setTimeout() 和 setInterval()方法，XMLHttpRequest（可以用于 AJAX），而且传递的参数的类型基本上是不受限制的，包括字符串、数组、对象、日期等等。

另外，在使用前，需要使用下面的代码判断一下浏览器是否支持 worker：

```
// Check to see if Web Workers are supported
if (!!window.Worker) {
  // Yay, I can delegate the boring stuff!
}
```

11.4.9 Web Sockets（Web 插座）

Web Sockets 技术早期也被称为 TCPConnection（TCP 连接）。Web Sockets 技术的最大价值在于它试图改善和解决 Web 技术的一个很大的限制问题，就是现在的 Web 技术基于请求-响应模式，浏览器和服务器之间的连接是单向而无状态的，服务器不会主动的推送相关的信息给客户端系统。

但是这一的应用需求是存在的，比如一个对实时性要求比较高的股票查询和交易系统，客户端希望能在服务器信息更新时就获得更新的数据，传统的 Web 是做不到这一点的，一般有两种“变通”的方法，一种是使用客户端定时对服务器发起请求，一种是使用 iframe 框架和服务器建立长连接，由服务器端通过传输脚本来控制对数据的推送。无论使用那些变通的方式，都存在系统开销大，应用架构复杂，存在安全漏洞，兼容性不好等缺点。

Web Sockets 技术能够从结构上来解决这一问题。在 HTML5 中，Web Sockets API 允许使用新的 ws 协议建立和服务器之间的连接，这个连接存在于整个会话周期，它是全双工的，允许同时的双向通信。它需要客户端再为数据更新来对服务器进行定时请求或者使用类似于 Flash 的插件技术。

下面我们来简单看看在浏览器中如何来使用 Web Sockets：

```
// 创建一个 Web Sockets 对象，同时连接到 Web Sockets 服务器上
var ws = new WebSocket('ws://example.org:12345/demo');
// 打开连接是可以进行相关的操作，如想服务器发送 JSON 数据
ws.onopen = function(e) {
  // the connection is now established
  // let's send a simple message
  this.send('{"username": "Bruce", "message": "Hello!"}');
}
// 服务器推送消息是触发的方法，用于接收数据
```

```
ws.onmessage = function(e) {
  // got a message from the server
  var msg = JSON.parse(e.data);
  alert(msg.message);
}
```

下面的代码可以关闭连接：

```
ws.close();
```

使用是最好检查一下浏览器是否支持 Web Sockets：

```
if ('WebSocket' in window) {
  // Web Sockets supported
} else {
  // Web Sockets not supported
}
```

和传统技术相比较，Web Sockets 能够展现极大的效率提升，有相关的测试表明，在同样的应用条件下，相对于使用传统解决方案（如 AJAX、Comet 等）的信息推送类的 Web 应用，它能够将 HTTP 头信息传输的流量降低 500 到 1000 倍，网络延迟减小为原来的三分之一。简单而言，如果你的 Web 应用程序需要双向的数据通信，Web Sockets 可以使之更快，效率更高，扩展性更好。

有了 Web Sockets 技术，我们可以想象，在 Web 上可以更有效的实现即时消息、SNS 和信息广播等网络应用，也可以直接在浏览器上模拟很多原有客户端/服务器模式的应用程序，很多客户端程序就可能不再是有必要的了。

11.4.10　服务器发送事件（Server Sent Events，SSE）

处理 Web Sockets 之外，在 HTML5 中还有一项技术可以实现服务器到浏览器的信息推送，名为服务器发送事件（SSE）。SSE 使用<eventsource>标签，和服务器建立一个持续的连接，通过为 eventsource 对象设置一个事件侦听器，并指定侦听器消息事件的处理方法，来捕获由服务器端传送过来的信息。

示例代码如下：

```
<script type="text/javascript">
      // 为 enventsource 对象设置侦听器，应该是可以处理多个 enventsoure 对象的
  document.getElementsByTagName("eventsource")[0].
addEventListener("server-time", eventHandler, false);
      // 定义侦听器事件方法
  function eventHandler(event) {
      //输出服务器发送的信息
      document.querySelector('#ticker').innerHTML = event.data;
  }
</script>
定义 eventsource 对象，特别是 src 属性，指向服务器信息服务的地址
<div id="sse"><eventsource src="/cgi-bin/ticker.cgi" /></div>
```

在服务器端，也需要做相应的调整，下面是一段使用 Perl 提供 Web 内容服务的代码：

```
#!/usr/bin/perl
# 需要在 HTTP 头信息中设置内容类型为：event-stream，表示是一个信息流，持续性连接
print "Content-Type: text/event-stream\n\n";
# 每个 5 秒向客户端输出当前的时间
while(true){
  print "Event: server-time\n";
  $time = localtime();
  print "Data: $time\n";
  sleep(5);
}
```

相比 Web Sockets 方式，我们看到，SSE 的实现更为简单直接，使用也更加方便。

11.4.11　Math ML 数学描述语言

HTML5 可能会提出用于书写包括数学、化学等科学公式的标记语言，在网页上能够简单清晰的呈现复杂的科学公式。例如下面的公式：

$$A = \begin{bmatrix} x & y \\ z & w \end{bmatrix}$$

可以使用相应的 HTML5 代码来表示：

```
<math xmlns="http://www.w3.org/1998/Math/MathML">
  <mrow>
    <mi>A</mi>
    <mo>=</mo>
    <mfenced open="[" close="]">
      <mtable>
        <mtr>
          <mtd><mi>x</mi></mtd>
          <mtd><mi>y</mi></mtd>
        </mtr>
        <mtr>
          <mtd><mi>z</mi></mtd>
          <mtd><mi>w</mi></mtd>
        </mtr>
      </mtable>
    </mfenced>
  </mrow>
</math>
```

总的来说，HTML5 为新一代的 Web2.0 应用考虑的更加全面和周到，在 Web 应用的美观、功能、简洁、效率等方面等方面做了很多有益的工作。

11.5 为 Android 设备开发 Web 应用程序

最后，我们来简单讨论一下，如何为手持设备开发 Web 应用程序。

从某种意义上来说，WAP 协议的表示层部分——WML，可以看成是专门为手持设备应用而设置的。简单的讲就是 HTML 的手机版本。这时候，只需要使用 WML 来编写 Web 应用，就可以满足手机设备对于 Web 的应用要求。

WML 的问题是不能跟上新型智能手机和移动互联网发展的步伐，功能太简单，用户体验也不好。所以现在的解决方案是使用标准 HTML5 内容协议为新型的智能手机浏览器提供 Web 应用服务。

但手机的应用环境和桌面毕竟不同，在 Web 应用方面，最大的差别在于屏幕尺寸和处理能力。

屏幕尺寸方面，现在主流智能手机的屏幕通常为 480×320 或者 800×480，虽然其新型的浏览器软件可以通过缩放操作来处理普通的页面内容，但毕竟不能直观的操作和显示。此外，如果页面内容太多，用户需要频繁的缩放和滚动，还会影响渲染和处理的速度，显然降低了用户体验。

因此，虽然使用的是和桌面系统相同的 HTML 技术，但需要在内容方面针对手持设备的应用需求进行优化。例如，在 develop.android.com 中，就有一个部分——Web Applications（Web 应用程序）针对这些方面展开了讨论，它提出了以下一些比较好的做法：

（1）在站点中为移动设备创建专门的移动版本内容

在设计 Web 站点和应用时就应该考虑移动设备应用的需求。可以通过客户端访问请求提交时的“User Agent（用户代理）”参数内容来识别该客户端是否是手持设备，比如是否包括了“Android”或者“mobile”等关键字，然后将其重定向到专门为它们设计的页面地址去，或者向其输出有针对性的内容。

但有一种情况可能是例外的，现在很多平板电脑设备也装备了手持设备操作系统，如 Xoom、iPad 等等，它们有这近似于桌面系统的屏幕和处理能力，上述的限制就不是那么明显，基本上可以直接使用为桌面系统设计的站点。这种情况，开发者也应当予以甄别。

在页面中为移动设备使用有效的 DOCTYPE 标记。

目前，移动设备浏览器在 HTML 支持方面有一些限制，如通常不支持框架或者嵌套表格，此外，像字符集编码等信息都需要进行适当的声明，例如下面的内容：

```
<?xml version="1.0" encoding="UTF-8"?>
<!DOCTYPE html PUBLIC "-//W3C//DTD XHTML Basic 1.1//EN"
   "http://www.w3.org/TR/xhtml-basic/xhtml-basic11.dtd">
```

这种类型的页面通常使用 XHMTL Basic 标准和 UTF-8 编码格式。如果想要测试一下页面的兼容性，可以在 http://validator.w3.org 找到合适的验证和测试工具。

（2）使用 viewport 元数据设置页面

对于移动设备，由于很难明确其屏幕大小，可以通过在页面的<head>标签中提供 viewport 元数据设置来正确的进行显示。这个元数据可以设置内容的宽度和高度，甚至目标屏幕密度等信息。

常规的设置是这样的：

```
<meta name="viewport" content="width=device-width, initial-scale=1.0, user-
scalable=no">
```

这个表示在页面加载时，页面内容占满屏幕宽度，初始比例为 1，不能进行缩放操作。

这里简单讨论一下 Viewport（视区）的概念。原来的桌面浏览器是没有这个概念的，浏览器的显示区域有多大，视区就是多大，默认为 980 像素，页面内容如果超过视区大小，就使用滚动方式来处理。iPhone 引入了视区的概念，因为它需要在手机屏幕上对页面内容进行缩放，由于它的屏幕宽度永远都是 320，就需要将页面按比例缩小，然后“投射”到屏幕上，通过引入视区，它可以告诉浏览器应当怎样正确的处理这种情况，而不是破坏页面布局。

对于移动 Web 页面设计而言，视区的主要作用就是控制页面内容的显示，来适应移动设备的屏幕。下面的图 11-20 对比了在是否正确的设置了视区的情况下，相同网页内容的显示情况。

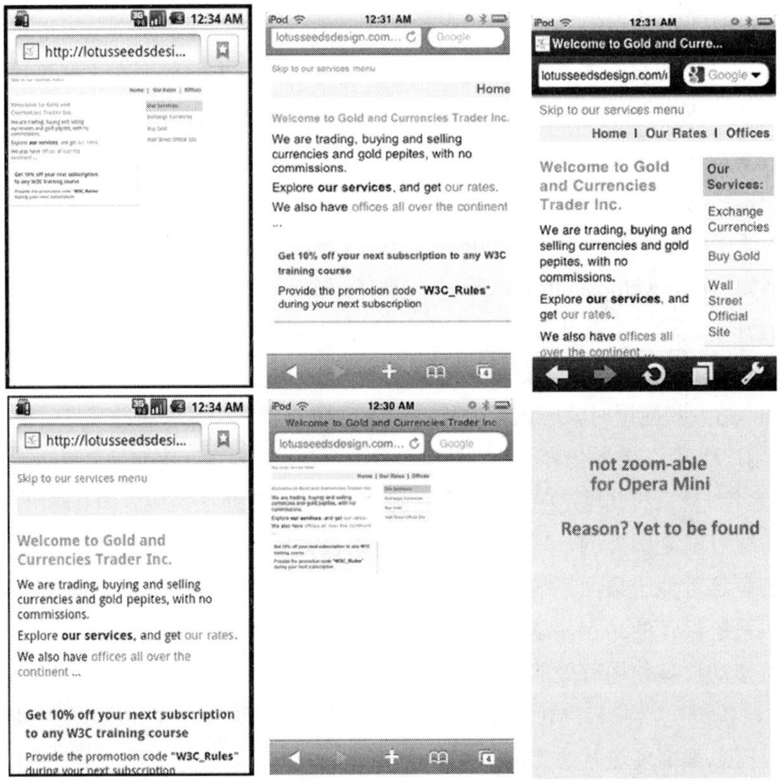

图 11-20　移动设备浏览器的视区设置影响

我们可以看到，在 Android 和 iOS 上，通过 viewport 的设置，使相应的内容显示更加合理了。

（3）避免碎片化的文件请求

由于网络连接速度和响应性的限制，应当对移动设备浏览器页面内容的加载过程进行更多的优化。例如，在可能的情况下，应当避免在一个页面中加载多个外部的文件资源，这样就可以降低新建连接和请求的开销。

这有很多操作方式，比如将 CSS 和 JS 文件内容直接放到 HTML 文件当中，使用单个的图片文件和 CSS 切割，而不是使用很多图片文件等等。

（4）使用竖直线型布局

在网页内容很多，需要进行滚动操作时，尽量将其安排在竖直方向，而不是水平方向，因为从人体工学和适应性的角度而言，竖直滚动更加简单习惯。

上面是一些为移动设备开发 Web 应用程序中需要注意的一些问题。除了一些零散的建议和规范之外，业界还提出了一些专门针对移动互联网 Web 应用集成化的框架和解决方案。例如 jQuery Mobile 和 SenchaTouch 等等。

jQuery Mobile（见图 11-21）来自大名鼎鼎的 JavaScript 框架 jQuery。但它除了 jQuery 和核心库之外，还包括了一套适合于手持设备的 UI 体系，包括对各种列表、按钮、控件等的显示和处理，能够在 Web 应用上提供和 iOS 及 Android 原生应用程序类似的节目和应用体验。

图 11-21　jQuery Mobile 移动 Web 应用框架

而 Sencha Touch（见图 11-22）则衍生自另一个著名的 Ajax 框架 ExtJS，当然也提供了配套的 UI 界面组件，提供的功能和特性和 jQuery Mobile 差不多，主要差别就是核心的 JS 库。通常认为 Sencha Touch 是一种“重量级”框架，提供的功能更加完善丰富。

图 11-22　Sencha Touch Web 应用框架

11.6 总结

在本章中，我们主要讨论了和 Android 浏览器和 Web 应用相关的主题。主要包括：

- 手持设备平台上 Web 应用的发展
- Android 浏览器和 WebKit
- Android SDK WebView
- Android 浏览器和 HTML5

在后续的章节中，我们会在本章内容的基础上，进一步学习在服务器端如何为 Android Web 应用提供 Web 内容和进行 Web 应用的调试。

思考题：

1．什么是原生应用程序和 Web 应用程序？

2．为什么说 Android 的浏览器提供了最新的 Web 应用技术的支持？

3．在 Android 应用程序中利用 WebView 技术进行开发的流程是怎样的？

4．WebView 对象如何和 WebView 中的 HTML 内容进行交互？

5．你觉得 WebView 对于现有的开发工作的价值在什么地方？

6．针对自己的情况，你认为 HTML5 的那些特性最让人兴奋，最有可能被用到下一个应用程序当中？

第 12 章 系统内容和硬件相关应用

在这一章节中，让我们来熟悉和了解一下 Android 作为智能手机平台，提供的和手机及手持设备应用相关的一些功能，这些功能包括：

- 获取系统基本信息，如软硬件信息、网络信息等等
- 内容管理，包括联系人、图库、媒体库等等
- 拨打电话，接收和发送短信、彩信
- 定位和地图应用
- 传感器
- 蓝牙和 NFC 通信

为了便于以上内容的说明，我们先创建一个简单的可扩展的示例应用程序。

12.1 示例应用程序

关于这个示例程序，我们的初步构想是这样的，它可以使用一个列表视图，每个功能项目我们都设计成从列表项目开始调用，这样整个结构就清晰简单，容易扩展和维护。下面是它的具体实现步骤。

12.1.1 基本程序

使用 Android 工程模板创建一个新的 Android 工程项目，基本配置如下：

```
Project Name: Phone
Build Target: Android 2.2
Package Name: cn.myapp
```

创建后的我们对主 Activity 类文件进行简单修改，我们这里使用继承 ExpandableListActivity，修改后的内容如下：

```
PhoneActivity.java
public class PhoneActivity extends ExpandableListActivity {
    private static final String NAME = "NAME";
```

```
    @Override
    public void onCreate(Bundle savedInstanceState) {
        super.onCreate(savedInstanceState);
        loadList();
    }

    private void loadList(){
        String[] g ={ "1-系统和网络","2-内容管理", "3-电话" ,"4-定位和地图","
5-传感器","6-蓝牙和NFC"};
        String[][] c ={
            {"系统信息","网络类型", "IP地址","电话号码"},
            {"访问网站","网络搜索","本地搜索","选取联系人","联系人列表",
             "图库浏览","音乐播放","视频播放", "日历" },
            {"拨号", "呼叫" ,"撰写短信","发送短信","发送彩信","发送邮件"},
            {"定位","地图","MapView" },
            {"加速度", "方向" ,"陀螺仪"},
            {"蓝牙", "NFC" }
            };

        List<Map<String, String>> gData = getGroup(g);
        List<List<Map<String, String>>> cData = getChild(c);

        // 创建列表数据适配器
        SimpleExpandableListAdapter mAdapter = new SimpleExpandableListAdapter (
                this,                                       // 当前Context
                gData,                                      //分组数据List对象
                android.R.layout.simple expandable list item 1,//分组列表条目样式
                new String[] { NAME },                      //要显示的分组数据
                new int[] { android.R.id.text1 },           //显示分组数据对应的样式
                cData,      //子项目数据List对象
                android.R.layout.simple expandable list item 2,//子项列表条目样式
                new String[] { NAME },                      //要显示的子项数据
                new int[] { android.R.id.text1 }            //显示子项数据对应的样式
                );

        setListAdapter(mAdapter);
    }
    private void showToast(String msgshow){
        Toast.makeText(this, msgshow, Toast.LENGTH LONG).show();
    }
```

执行后的效果如图 12-1。

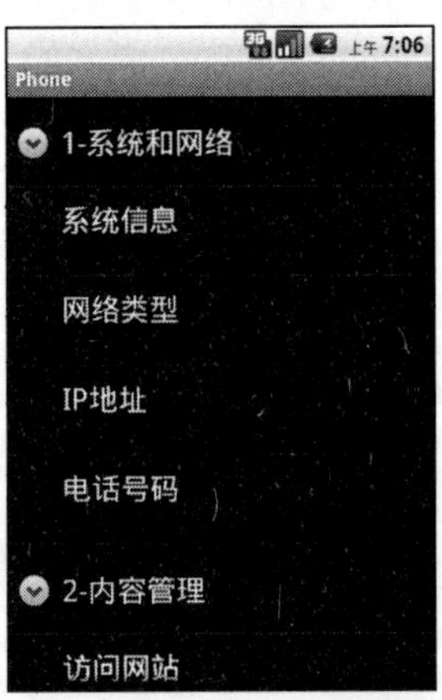

图 12-1　示例项目的可扩展列表

我们这里使用了扩展列表（ExpandableListActivity）来组织项目，更加清晰合理。它是一个两层的结构，第一层是分组条目，它可以包含若干个第二层子条目，在显示时展开显示或者收起。要实现这个可扩展的列表显示方式，其要点如下：

（1）继承 ExpandableListActivity；

（2）onCreate()方法中删除对 setContentView()方法的调用，改为调用 loadList()方法，这个方法用于加载可扩展列表条目数据；

（3）编写 loadList()方法的实现；

（4）我们创建两个字符串数组 g（String[]）和 c（String[][]）保存分组数据和子项目数据，这样方便维护；

（5）为了将字符串数组转换为列表数据适配器所需要的 List 对象，我们编写了两个转换方法 getGroup()和 getChild()，在后面有具体的实现；

（6）调用构造方法创建新的 SimpleExpandableListAdapter 示例；

（7）调用 setListAdapter()方法将适配器设置到 ExpandableListActivity 上；

（8）为了方便显示信息，我们在一个 showToast()方法中封装了 Toast 的调用显示。

这里适配器构造方法的分组数据显示稍微有点不好理解：

```
new String[] { NAME },
new int[] { android.R.id.text1 },
```

其实是这样的，在 List 条目中可以显示多个信息，比如标题、说明等等（比如 PreferenceActivity 中的说明行），他们可以用一个 Map 来表示，在 List 数据创建时可以定义多个 Map 项目，但在显示是可以选择显示其中的几个项目，第二还可以定义使用那些样式来显示这些项目，当然我们只定义显示 Map 中 NAME 这个项目。

这样，我们就能够按照要求来构造这个可扩展列表了，下一步我们要引入一个简单的列表项目数据的组织形式，便于维护和操作。

12.1.2　列表项目数据转换

前面提到，构造 SimpleExpandableListAdapter 的分组项目和子项目需要使用 List 对象，而为了维护方便，我们有希望将这些数据保存在 String[]数组当中，这样就需要在两种之间进行一个转换，转换的实现程序如下，注意子项目使用的是二维数组，对应的就是 List<List<Map>>：

```
    private List<Map<String, String>> getGroup(String[] grouplist) {
     List<Map<String, String>> gData = new ArrayList<Map<String, String>>();
     for (int i=0;i<grouplist.length;i++){
         Map<String, String> cGroupMap = new HashMap<String, String>();
         cGroupMap.put(NAME, grouplist[i]);
         gData.add(cGroupMap);
     }
     return gData;
     }

    private List<List<Map<String, String>>> getChild(String[][] childlist) {
    List<List<Map<String, String>>> cData = new ArrayList<List<Map<String,
String>>>();
     for (int i=0;i<childlist.length;i++){
        List<Map<String, String>> children = new ArrayList<Map<String, String>>();
        String[] c1=childlist[i];
        for(int j=0;j<c1.length;j++) {
           Map<String, String> cChildMap = new HashMap<String, String>();
           cChildMap.put(NAME, c1[j]);
           children.add(cChildMap);
        }
         cData.add(children);
     }
     return cData;
     }
```

转换的过程基本上是这样的：

（1）创建一个 HashMap；

（2）使用 put()方法将数据放入 Map；

（3）调用 add()方法将 Map 放入 List；

（4）循环这一过程；

（5）如果是子项目，则调用 add()方法将子 List 放入上级 List。

列表创建完成后，我们希望通过点击不同的列表项目，可以启动不同的功能，就需要编写列表项目的事件响应处理程序。

12.1.3 事件响应处理

和 ListActivity 不同，可扩展列表使用 onChildClick()方法来响应列表中子项目被点击的事件，传入的参数中包括了组位置编号和子项目位置编号，我们可以以此作为依据判断是那个子项目被点击了：

```
    @Override
        public boolean onChildClick(ExpandableListView parent, View v,
            int groupPosition, int childPosition, long id) {
        switch (groupPosition) {
        case 0:
            switch (childPosition){
            case 0: t00(); break;
            case 1: t01(); break;
            case 2: t02(); break;
            }
            break;
        }
        return super.onChildClick(parent, v, groupPosition, childPosition, id);
    }
    private void t00(){
// 在这里编写具体的任务代码
    }
```

这样，我们就完成了示例程序的基本结构的设计，这个结构非常容易扩展，以后每增加一个新功能，我们都在列表项目、列表项目点击事件、功能相应实现方法中进行对应的添加就可以了。

下面我们就可以进入正式的内容，先来看看如何获取 Android 系统的基本信息。

12.2 系统基本信息

在 Android 的网络应用中经常需要获取和查看各种系统信息，如系统版本、ID，检查各种网络状态和参数等等。这一节我们就来看看如何实现这些操作。

12.2.1 基本信息

下面的代码可以帮助开发者获取 Android 系统版本，硬件，编号和制造商等信息。

```
private void t00(){ // 系统信息
 String info="系统信息:";
 info+="\nAndroid 版本:"+Build.VERSION.RELEASE;
 info+="\nCPU:"+Build.CPU_ABI;
 info+="\n 硬件: "+Build.HARDWARE;
 info+="\n 编号:"+Build.ID;
 info+="\n 制造商:"+Build.MANUFACTURER;
 info+="\n 型号:"+Build.MODEL;
 info+="\n 序列号:"+Build.RADIO;
 info+="\n 产品名称:"+Build.PRODUCT;
 info+="\n 主机名:"+Build.HOST;

 ActivityManager activityManager = (ActivityManager) getSystemService(ACTIVITY
                                    _SERVICE);
 android.app.ActivityManager.MemoryInfo memoryInfo = new ActivityManager.
                                                       MemoryInfo();
 activityManager.getMemoryInfo(memoryInfo);
 info+="\n 可用内存:"+memoryInfo.availMem/1000000+"M";

 showToast(info);
}
```

关于这些系统信息，主要使用了 Builder 类的相关常量。内存信息使用了 activityManager 类的 getMemoryInfo()方法，执行结果如图 12-2 所示：

图 12-2　获取系统基本信息

12.2.2　网络类型

要想获取或者管理网络状态，当然首先需要系统的访问权限：

```
AndroidMenifest.xml
<uses-permission android:name="android.permission.ACCESS_NETWORK_STATE"/>
```

下面的代码可以获取当前可用的网络(Wifi 或者 3G)：

```
private void t01() {
    final ConnectivityManager connMgr = (ConnectivityManager)
    this.getSystemService(Context.CONNECTIVITY_SERVICE);
     final android.net.NetworkInfo wifi =
                connMgr.getNetworkInfo(ConnectivityManager.TYPE_WIFI);
     final android.net.NetworkInfo mobile =
                onnMgr.getNetworkInfo(ConnectivityManager.TYPE_MOBILE);
    String ns="";
    if( wifi.isAvailable() ) ns+="\nWifi 可用";
    if( mobile.isAvailable() ) ns+="\n3G 可用";
    showToast(("".equals(ns))?"无网络":"网络状态: "+ns);
}
```

这里利用了 ConnectivityManager 连接管理器来获取网络信息中关于网络类型的参数。

有趣的是，在笔者的计算机上，获取的网络信息是只显示“3G 可用”，而查看网络状态是确实看到 Wifi 显示的是错误的（见图 12-3），经过查证资料，得知模拟器是可以模拟 Wifi 网络的，不知道是什么原因造成了这个问题，但虚拟设备的一般网络功能还是正常的。

图 12-3　Wifi 网络错误

12.2.3　网络接口和 IP 地址

IP 地址是另一个非常重要的参数，可以使用下面的代码获取：

```
private  void t02() {
    String sip="";
  try {
        for (Enumeration<NetworkInterface> en =
NetworkInterface.getNetworkInterfaces(); en.hasMoreElements();) {
            NetworkInterface intf = en.nextElement();
            for (Enumeration<InetAddress> enumIpAddr =
```

```
intf.getInetAddresses(); enumIpAddr.hasMoreElements();) {
                InetAddress inetAddress = enumIpAddr.nextElement();
                if (!inetAddress.isLoopbackAddress())
sip+="\n"+inetAddress.getHostAddress().toString();
            }
        }
    } catch (SocketException ex) {
        ex.printStackTrace();
     //Log.e(LOG_TAG, ex.toString());
    }
    showToast(sip);
}
```

系统中可以有多个网络界面（网卡或者适配器）和多个 IP 地址，包括环回地址，这里可以一一枚举出来。它使用了 NetworkInterface 类的 getNetworkInterfaces()获取一个迭代器，遍历 NetworkInterface，并调用 getInetAddresses()获取 InetAddress 的迭代器，最终使用 getHostAddress()获取 IP。

笔者的虚拟设备 IP 地址是 10.0.2.15，这是一个内部保留地址，表明模拟器是通过 NAT 技术来配置虚拟设备的网络的。

虽然 Android 本身实现了 TCP/IP 网络，但由于手持设备的限制和特点，并不能像使用桌面系统那样方便的使用和配置网络，也不需要向配置有线网络一样有很多机会进行手动配置，一般情况下，这些在 Android 中都是由系统自动配置完成的，我们只需要能够获取相关的信息就可以了。

12.2.4 获取电话号码

Android 通常用于手机系统，我们有时侯需要获取用户当前的电话号码，这是一个很好的识别用户和设备的方式，这样的应用需要，该如何实现呢？ 可以参考一下下面的程序：

```
    private void t03(){
        TelephonyManager mTelephonyMgr;
        mTelephonyMgr = (TelephonyManager)getSystemService(Context.TELEPHONY_
SERVICE);
        String info="电话号码: "+mTelephonyMgr.getLine1Number();
        info+="\n 设备 ID: "+mTelephonyMgr.getDeviceId();
        showToast(info);
    }
```

这段代码非常简单，调用 getSystemService()方法，可以获取一个电话管理器，它提供了获取电话相关信息的功能，如 getLine1Number()就可以获取当前设备的电话号码，getDeviceId()可以获取当前设备的 ID（在模拟器中为 0）。

看到这里应该察觉到，这样可能带来一些安全和隐私问题，所以相关的操作同样需要权限设置项目：

```
AndroidManifest.xml
<uses-permission android:name="android.permission.READ_PHONE_STATE"/>
```

前面我们已经知道如何获取常用的系统相关信息，我们下面来详细看看如何在 Android 应用程序中集成一些系统内容管理方面的功能。

12.3 内容管理和集成

智能手机作为个人数字化信息平台，可以开展各种各样的应用，处理各种各样的信息，最重要的是 Android 系统还提供了一个可扩展，容易使用的内容集成的框架，让开发者可以将这些信息和应用集成起来。我们下面就来就这些内容一一进行探讨。

12.3.1 网络访问和信息搜索

在 Android 应用中进行网络内容的访问是非常简单的，下面的代码可以让 Android 应用打开浏览器并访问某个网络地址。

```
private void t10(){ //网站
    Uri uri = Uri.parse("http://www.baidu.com");
    Intent intent  = new Intent(Intent.ACTION_VIEW,uri);
    startActivity(intent);
}
```

除了打开一个网络地址外，我们也可以直接启动一个网络搜索：

```
private void t11(){ //网络搜索
    Intent intent = new Intent(Intent.ACTION_WEB_SEARCH);
    intent.putExtra(SearchManager.QUERY,"android");
    startActivity(intent);
}
```

请注意，这里使用到了 SearchManager 来构造搜索的行为，类似的，我们还可以启动一个全局的搜索，下面的代码会打开一个对话框，让用户选择搜索的信息（图 12-4）：

```
private void t12(){ //本地搜索
    Intent intent = new Intent(Intent.ACTION_SEARCH);
    intent.putExtra(SearchManager.QUERY,"android");
    startActivity(intent);
}
```

下面的图 12-4 分别展示了上述三种操作运行的结果：

图 12-4 网络和搜索

上面我们使用的其实是最简单和基础的搜索功能。实际上，对于搜索操作，Android 系统提供了一个相当完善的应用开发框架（大概由于是 Google 的产品的原因吧），不仅让开发者可以实现一致规范的查询操作和界面，还提供接口让应用程序可以响应系统级全局搜索。这个搜索技术本身也是一个比较大的课题，在这里就不详细讨论了。

接下来我们来了解一下联系人的管理。

12.3.2　联系人网络访问和信息搜索

联系人的管理和应用在手机上本身就是就是一个核心应用，在 Android 系统和网络中，很多应用和操作都是围绕着联系人而展开的。同时系统和提供了 Contacts 核心类来辅助此类应用程序的开发。

Android 本身提供了联系人应用程序和相关的数据存储服务，但如果要自己开发获取这些信息的，需要相应的权限：

```
AndroidMenifest.xml
    <uses-permission android:name="android.permission.READ CONTACTS"/>
    <uses-permission android:name="android.permission.WRITE CONTACTS"/>
```

可以看到，读写联系人信息的权限是可以分别设置的。在 Android 应用中，最简单的获取联系人的方式是使用下面的“选取”操作，它可以显示一个联系人列表并让用户在列表中进行选择：

```
    private void t13(){ //选择联系人
        Intent intent = new Intent(Intent.ACTION PICK, ContactsContract.Contacts.
CONTENT URI);
        startActivityForResult(intent, PICK CONTACT);
    }
```

这里使用了 stortActivityForResult()方法，它在列表显示后，如果用户点击了其中的条目，它可以将相应的信息返回来，可以使用下面的代码进行处理：

```
    @Override
    public void onActivityResult(int reqCode, int resultCode, Intent data) {
      super.onActivityResult(reqCode, resultCode, data);

      switch (reqCode) {
        case (PICK CONTACT) :
          if (resultCode == Activity.RESULT OK) {
            Uri contactData = data.getData();
            Cursor c =  managedQuery(contactData, null, null, null, null);
            if (c.moveToFirst()) {
              String name = c.getString(c.getColumnIndexOrThrow(ContactsContract.
Contacts.DISPLAY NAME));
              showToast("您选择的是: \n"+name);
            }
          }
          break;
      }
    }
```

实际上，这个操作返回的结果是一个代表联系人的 Uri 地址，可以使用 managedQuery()方法基于该 Uri 进行查询，查询的结果是一个 Cursor 游标，联系人的相关信息就保持在这些游标记录中，可以使用相应的操作将其取出（如 getColumnIndexOrThrow 方法）。

上述选取联系人的操作界面（选取器）是由系统提供的，开发者也可以自己开发相应的程序从联系人数据库中进行数据的检索和读取，下面的示例 ListActivity 就实现了上面的应用需求：

```
public class ContactList extends ListActivity {
    @Override
    public void onCreate(Bundle savedInstanceState) {
        super.onCreate(savedInstanceState);
        ContentResolver cr = getContentResolver();
        Cursor cur = cr.query(ContactsContract.Contacts.CONTENT_URI, null, null,
                null, null);
        ListAdapter adapter = new SimpleCursorAdapter(
                this, // Context.
                android.R.layout.two_line_list_item,
                cur,     // Pass in the cursor to bind to.
                new String[] {ContactsContract.Contacts.DISPLAY_NAME, ContactsContract
                .Contacts._ID},
                new int[] {android.R.id.text1, android.R.id.text2});
        setListAdapter(adapter);
    }
}
```

它的工作原理是这样的：

（1）调用 getContentResolver()方法可以获取一个内容访问对象，这个对象可以通过 Content Provider 技术访问系统提供的相关内容；

（2）通过调用该对象的 query()查询方法，可以获取相应类型的内容，返回结果是一个游标；

（3）将这个游标绑定到一个 SimpleCursorAdapter 列表游标数据适配器上，可以定义条目显示的内容和布局以及视图样式；

（4）将这个适配器设置到 ListActivity 上。

这样，针对同一个联系人记录，使用选取器、自定义联系人列表和系统的通信录程序分别运行的效果如图 12-5：

图 12-5　联系人选取和列表

下面的内容是一些跟媒体操作相关的， 我们先看看图片的访问和选取。

12.3.3　图片选取

Android 也提供了资源库化的媒体管理方式，来对图片、音频和视频文件进行统一的管理。针对图片，最常见的操作就是让用户可以从图片库中选择一个图片进行相关的操作和处理，这个操作可以使用图片选取器完成，参见下面的代码，我们使用了一个单独的 Activity 来进行操作：

```
    BrowsePicture.java
    public class BrowsePicture extends Activity {

        private static final int SELECT_PICTURE = 1;
        public void onCreate(Bundle savedInstanceState) {
            super.onCreate(savedInstanceState);
            setContentView(R.layout.picture);
        }

        public void btn_click(View v){
           Intent intent = new Intent();
           intent.setType("image/*");
           intent.setAction(Intent.ACTION_GET_CONTENT);
           startActivityForResult(Intent.createChooser(intent, "Select Picture"),
SELECT_PICTURE);
        }

        public void onActivityResult(int requestCode, int resultCode, Intent data) {
            if (resultCode == RESULT_OK) {
                if (requestCode == SELECT_PICTURE) {
                    Uri selectedImageUri = data.getData();
                    ImageView iv=(ImageView) findViewById(R.id.imageView1);
                    iv.setImageURI(selectedImageUri);
                    setTitle(getPath(selectedImageUri));
                }
            }
        }

        public String getPath(Uri uri) {
           String[] projection = { MediaStore.Images.Media.DATA };
           Cursor cursor = managedQuery(uri, projection, null, null, null);
           int column_index = cursor.getColumnIndexOrThrow(MediaStore.Images.Media
                        .DATA);
           cursor.moveToFirst();
           return cursor.getString(column_index);
        }
    }
```

这里的重点在于：

（1）创建一个类型为 ACTION_GET_CONTENT 的 Intent，并将其 Type 设置为"image/*"，即处理图片类型的内容；

（2）基于这个 Intent 创建一个选择器，createChooser()，并启动 Activity，这个选择器将显示一个图片列表让用户进行选择；

（3）选择器将返回一个 Uri，我们使用这个 Uri 显示这张图片；

（4）Url 代表图片文件在媒体库中的索引位置，但并不是真正的在文件系统中的位置（文件路径），可以使用相关的操作获取其真实路径。

上述程序的运行操作如图 12-6 所示：

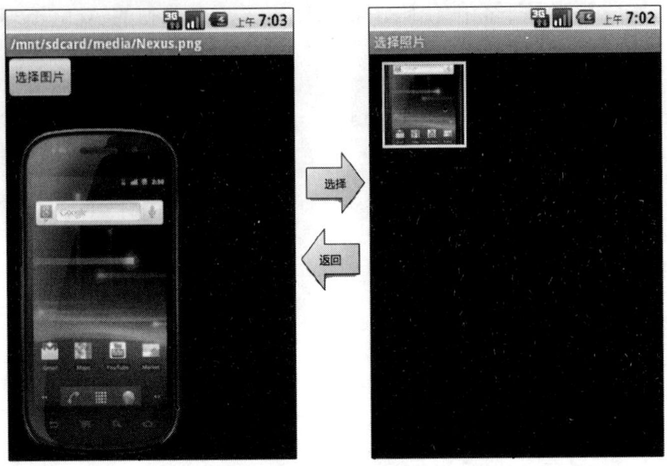

图 12-6 图片选取和显示

我们已经知道了如何选择图片，下面来看看如何进行媒体文件的播放。

12.3.4 媒体文件播放

媒体文件主要指音频和视频文件，在 Android 中可以简单的使用 ACTION_VIEW 由系统来决定如何处理这些内容：

```
private void t16(){ //音频播放
    Intent intent = new Intent(Intent.ACTION_VIEW);
    Uri uri = Uri.parse("file:///sdcard/media/YouAreBeautiful.mp3");
    intent.setDataAndType(uri, "audio/mp3");
    startActivity(intent);
}
private void t17(){ //视频播放
    Intent intent = new Intent(Intent.ACTION_VIEW);
    Uri uri = Uri.parse("file:///sdcard/media/Cars2.mp4");
    intent.setDataAndType(uri, "video/mp4");
    startActivity(intent);
}
```

音频和视频文件操作的差异在于类型是不一样的，系统将会调用不同的播放界面进行处理，如图 12-7 所示：

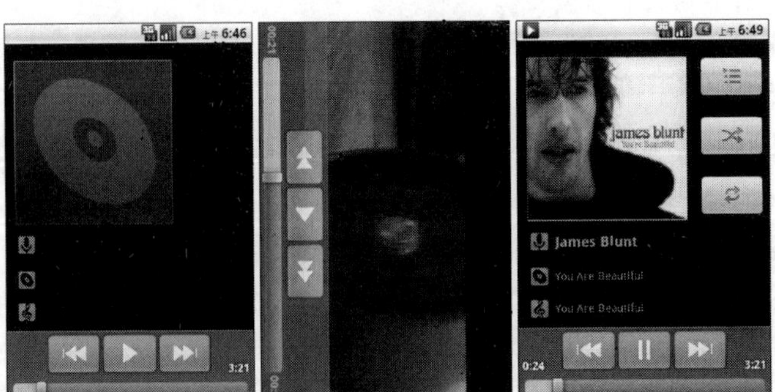

图 12-7 音频和视频播放

上图分别是播放音频、播放视频和系统内置的音乐播放器播放的效果，可以看到播放音频是这个默认播放界面不能解析 mp3 的附加信息。

除了上面的播放方式，Android 系统还提供了媒体播放类来进行媒体文件的播放，使用也是比较简单，下面是相关的示例代码：

```
Uri myUri = ....; // initialize Uri here
MediaPlayer mediaPlayer = new MediaPlayer();
mediaPlayer.setAudioStreamType(AudioManager.STREAM_MUSIC);
mediaPlayer.setDataSource(getApplicationContext(), myUri);
mediaPlayer.prepare();
mediaPlayer.start();
```

媒体播放类提供了更好的程序控制性，可以实现如后台播放，自定义播放界面等等功能。

到这里，我们了解到了很多有关于 Android 系统内容管理和应用方面的知识，这些知识可以帮助我们更好的将的应用程序和系统特性结合。但奇怪的是，在 2.2 版本的模拟器中，Android 并没有提供另外一个比较重要的程序：日程。所以我们这里也不讨论相关的内容。

下面我们继续来看看和电话相关的功能和应用。

12.4　电话相关应用

智能手机当然首先是个手机，所以到目前为止，手机功能是 Android 设备的一个最重要的功能。在 Android SDK 中，提供了利用程序控制拨打电话、发送和接收短信等相关的 API，这些内容大都在 android.telephony 这个类包当中进行了封装。如果读者有兴趣，可以在 SDK 中查看这些类和方法的定义。

12.4.1　拨打电话

要在 Android 应用程序中实现拨打电话的功能，首先要设置应用程序的相应权限，编辑应用程序配置文件 Androidmanifest.xml 文件，增加下列权限项目：

```
AndroidManifest.xml:
<uses-permission android:name="android.permission.CALL_PHONE"/>
```

然后，在程序中使用 android.intent.action.DIAL 类型的 Intent 启动 Activity 就可以了，代码如下：

```
private void t10(){
 String phonenumber="1-800-69-27753";
 Intent phoneIntent = new Intent("android.intent.action.DIAL",Uri.parse
                    ("tel:" + phonenumber));
 startActivity(phoneIntent);
}
```

这个的 Intent 构造方法有两个参数，第一个是 Action 的名字，第二个是根据一个特定格式的地址创建一个 Uri，这里如果是拨打电话，则格式应该为 tel:<电话号码>，程序运行的效果如下：

图 12-8　电话拨号界面

这里使用的 android.intent.action.DIAL 可以调出如图 12-8 的拨号界面，如果要直接拨打某个电话号码，可以使用 android.intent.action.CALL，示例代码如下：

```
private void t11(){
    String phonenumber="1-800-MY-APPLE";
    Intent phoneIntent = new Intent("android.intent.action.CALL",Uri.parse
                        ("tel:" + phonenumber));
    startActivity(phoneIntent);
}
```

图 12-9　电话呼叫界面

有趣的是，直接拨打电话可以解析使用非数字的字符串作为电话号码，如：1-800-MY-APPLE，并且在调用后模拟器将直接呼叫并且拨通目标电话，如图 12-9 中所示。

实际上，在 Android 系统中，从 Web 页面也可以发起一个拨号，这个页面无论在 WebView 视图或者浏览器中都可以，可以使用 tel：开头的连接，相关的 HTML 如下：

```
<a href='tel:10086'>拨打电话</a>
```

点击这个链接后，系统会启动拨号程序，并填写相应需要拨打的号码。

12.4.2　发送短信

在 Android 中发送短信，也分为两种，编写短信和发送短信。与拨打电话类似，可以调用系统 Action 来显示短信编写的界面，当然可以预先设置好发送地址和短信内容，代码如下：

```
    private void t12() {
      String phoneNum="10086";
      String message="你好，Android短信";
      Uri smsToUri = Uri.parse("smsto:"+phoneNum);
      Intent it = new Intent( android.content.Intent.ACTION_SENDTO, smsToUri );
      it.putExtra("sms_body", message);
      startActivity( it );
    }
```

运行的结果如图 12-10。

如果希望进一步由程序控制短信发送的过程，首先要设置程序权限项目：

图 12-10　短信编写

```
  AndroidMenifest.xml
  <uses-permission
android:name="android.permission.SEND_SMS"/>
```

下面是短信发送在 Android 应用中实现的代码，我们可以看到，和拨打电话不通，短信的相关功能是通过 SDK 中 SmsManager 类来提供的：

```
      private void t13() {
       String phoneNum="5554";
       String message="你好，Android短信";
       // Action标识
       final String SENT_SMS_ACTION="SENT_SMS_ACTION";
       //获取默认SmsManager实例
          SmsManager smsManager = SmsManager.getDefault();
          //创建发送处理PendingIntent
          PendingIntent spi = PendingIntent.getBroadcast(this, 0, new Intent
                                 (SENT_SMS_ACTION), 0);
          // 注册广播消息接收器
          registerReceiver(new BroadcastReceiver() {
             @Override
             public void onReceive(Context _context, Intent _intent) {
                switch (getResultCode()) {
                case Activity.RESULT_OK:
                    Toast.makeText(PhoneActivity.this,
  "短信发送成功-来自广播消息", Toast.LENGTH_SHORT).show();
                break;
                // 其他错误处理
                case SmsManager.RESULT_ERROR_GENERIC_FAILURE:  break;
                case SmsManager.RESULT_ERROR_RADIO_OFF:  break;
                case SmsManager.RESULT_ERROR_NULL_PDU:   break;
                }
             }
          }, new IntentFilter(SENT_SMS_ACTION));

          //长短信分割发送
          if (message.length() > 70) {
             ArrayList<String> msgs = smsManager.divideMessage(message);
             for (String msg : msgs) {
                smsManager.sendTextMessage(phoneNum, null, msg, spi,null);
```

```
            }
        } else {
            smsManager.sendTextMessage(phoneNum, null, message, spi,null);
        }
    }
```

这段代码的要点如下：

（1）为短信发送的行为定义一个标识 SENT_SMS_ACTION，这个标识在 Intent 和后续的广播消息响应中都要用到；

（2）执行 SmsManager.getDefault()获取短信管理器实例；

（3）如果需要对短信发送过程和结果进行管理，则需要调用 PendingIntent.getBroadcast()创建一个 PendingIntent（也可以使用 Null 放弃管理）；

（4）配套的，需要调用 registerReceiver()注册一个接受器，这个接受器接受 PendingIntent 回调的广播消息并进行相关处理，常见返回码的有：

- Activity.RESULT_OK：正常发送，这里的处理是显示一个发送成功的消息框
- SmsManager.RESULT_ERROR_GENERIC_FAILURE：　一般错误
- SmsManager.RESULT_ERROR_RADIO_OFF：　信号关闭
- SmsManager.RESULT_ERROR_NULL_PDU：　PDU 为空；

（5） 接收器使用 IntentFilter(SENT_SMS_ACTION)来过滤消息，让程序可以只处理这个类型的回调；

（6）如果消息过长（超过 70 字符），可以将消息分割依次发送；

（7）smsManager.sendTextMessage()方法用于实际的消息发送处理，其参数包括：

- String destinationAddress：目标地址
- String scAddress：短信中心地址，可以为 null 使用默认地址
- String text：消息内容
- PendingIntent sentIntent：消息发送后处理用 PendingIntent
- PendingIntent deliveryIntent)：消息交付（收件人收到并反馈）后处理用 PendingIntent

简单解释一下 PendingIntent，Pending 是待定的意思，就是这个 Intent 并不直接在调用时执行，而是现有调用者设置（这里是 sendTextMessage 方法），然后根据执行的结果来做出相应的处理，我们这里是使用一个 Action 为 SENT_SMS_ACTION 类型的 Intent，它可以在发送短信后进行结果的广播，我们通过注册了接受器来过滤并接受广播的消息，并根据返回结果编码来做后续的处理。

这里 PDU（Protocol Data Unit，协议数据单元）是一种短信编码方式，中文短信必须使用这种模式。所以在使用 Android 短信应用程序中处理中文一定要注意这个问题。

12.4.3　使用模拟器进行电话和短信功能的测试

我们可能会有一个疑问，如果我们使用模拟器开发电话相关应用程序，如何来进行测试呢，因为它必须要两个设备才能进行通信，另外，模拟器没有实际的电话号码啊，怎么才能将这些特性体现出来呢？

Android 模拟器提供了一个非常有趣的特性，可以使用模拟器端口号来模拟电话号码，我们使用两个模拟器就可以实现互相拨打电话和收发短信了。如下面是模拟器直接拨打电话的界面，如图 12-11：

图 12-11　虚拟设备相互拨打电话

请注意，虽然拨号是 5556，但显示的双方的电话号码都是补足了的。

类似，可以实现虚拟设备相互发送短信，如图 12-12 所示：

图 12-12　程序控制短信发送

请注意，这里的短信原文是“你好，Android”，这里受到的短信出现了乱码，原因似乎是模拟器不能将短信内容自动使用 pdu 进行编码。实际上，在程序外面，使用虚拟设备自带的短信程序也会出问题。但这个问题在实际设备上应该是不存在的。

除了使用虚拟设备之外，还可以使用命令行或者 DDMS 的 Emulator Controller 也可以模拟这一过程。命令行方式需要 Telnet 连接连接虚拟设备，并且运行 sms 命令：

```
telnet localhost 5556
sms 10086 hello
```

这里 5556 是需要测试的虚拟设备端口，第二行可以模拟 10086 手机向此虚拟设备发送短信“hello”。而图 12-13 是使用 DDMS 进行测试的界面：

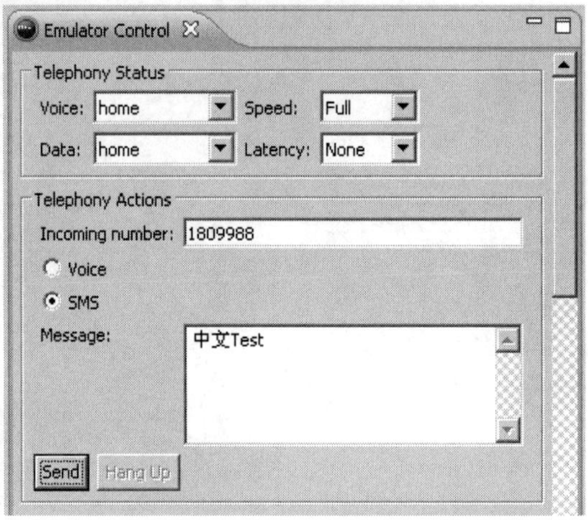

图 12-13 DDMS 短信和电话行为测试

12.4.4 接收和读取短信

除了发送短信之外，在 Android 中还可以控制接受和阅读短信。要实现这些功能，首先也要设置权限项目：

```
AndroidMenifest.xml
<uses-permission android:name="android.permission.RECEIVE_SMS" />
```

接受短信需要一个编写广播接收器：

```
public class SMSReceiver extends BroadcastReceiver {
   @Override
   public void onReceive(Context context, Intent intent) {
      Bundle bundle = intent.getExtras();

      Object messages[] = (Object[]) bundle.get("pdus");
      SmsMessage smsMessage[] = new SmsMessage[messages.length];
      for (int n = 0; n &lt; messages.length; n++) {
         smsMessage[n] = SmsMessage.createFromPdu((byte[]) messages[n]);
      }

      // 显示第一个短信
      String msgshow= "Received SMS: "+smsMessage[0].getMessageBody();
      msgshow += "\n"+"From:"+smsMessage[0].getOriginatingAddress();
      Toast.makeText(context, msgshow , Toast.LENGTH_LONG).show();
   }
}
```

简单解析如下：

（1）继承 BroadcastReceiver；

（2）重写 onReceive()方法，可以在这里实现广播消息接收后的处理；

（3）受到的参数分别是调用 Receiver 的 Context 和来自短信管理器的 Intent，包含了接受到的短信内容（以 Bundle 的形式）；

（4）从 Intent 中取出 Bundle；

（5）从 Bundle 中取出对象“pdus”，这是一个 pdu 数组；

（6）遍历数组，调用 SmsMessage.createFromPdu()方法，将 pdu 数组转换为 SmsMessage 对象数组；

（7）获取和显示数组中的第一个对象（最新的一条短信）。

要使这个接受器能够在程序中工作，需要在程序配置文件中进行注册：

```
<receiver android:name=".receiver.SMSReceiver" android:enabled="true">
<intent-filter>
<action android:name="android.provider.Telephony.SMS_RECEIVED" />
</intent-filter>
</receiver>
```

这里为这个接受器配置了一个 Intent 过滤器，可以让它接受短信接受事件广播（android.provider.Telephony.SMS_RECEIVED）。程序启动后，接收器就会在后台运行，直到接受到短信，它就会显现相关的信息（图 12-14）。

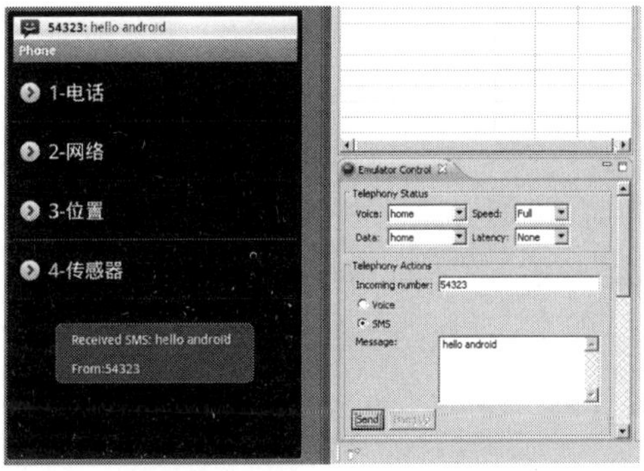

图 12-14　使用接收器接受短信

此处的程序设计需要格外注意，读取传入消息之后的操作必须迅速完成。尽管广播接收程序在系统中拥有较高的优先级，但它仍然必须快速完成相关操作，并且不能让用户看见。这里的选择是有限的，最好不要直接执行任何 UI 工作。比如可以发出通知，或者可以启动服务来继续工作。onReceive()方法完成以后，onReceive()方法的承载进程随时可能被结束，因此可以选择启动服务，但不能绑定到服务，因此进程需要存在一段时间，对系统管理会造成很大的麻烦。

12.4.5　发送彩信（MMS）

相比传统的手机，新型智能手机有一个非常大的优点就是有非常强的多媒体信息处理能力，因此它对彩信的支持也非常好，在 Android 系统中发送彩信可以使用下面的方式：

```
    public void t14(){
        Intent intent = new Intent(Intent.ACTION_SEND);
        intent.putExtra("sms_body", "Picture for you");
        intent.putExtra(Intent.EXTRA_STREAM,
Uri.parse("content://media/external/images/media/1"));
        intent.setType("image/jpeg");
```

```
        startActivity(intent);
    }
```

这个方式使用了系统提供的彩信服务，关键是 Intent.EXTRA_STREAM 来承载多媒体内容，而这个内容可以从系统的内容库（"content://media/external/images/media/1"）中取出，另外就是需要调用 setType 设置信息类型，如果不想区分，可以使用“*/*”来表示。程序运行效果如图 12-15：

图 12-1 地无银三百两 5　Android 程序彩信发送

注：虽然过程很清晰简单，但在笔者的系统上，模拟器不能完全模拟彩信的发送，一直显示正在发送（短信正常）。

12.4.6　发送电子邮件

严格的说，发送电子邮件的功能并不是在电话系统里面提供的，但在 Android 系统中发送邮件的操作和使用系统 Intent 发送彩信的方式是非常相似的，我们可以先来看看这段示例代码：

```
    public void t15(){
        Intent intent=new Intent(Intent.ACTION_SEND);
        String[] tos={"somebody@gmail.com"};
        String[] ccs={"otherone@gmail.com"};
        intent.putExtra(Intent.EXTRA_EMAIL, tos);
        intent.putExtra(Intent.EXTRA_CC, ccs);
        intent.putExtra(Intent.EXTRA_TEXT, "邮件内容。");
        intent.putExtra(Intent.EXTRA_SUBJECT, "邮件主题");
        intent.setType("text/html ");
        startActivity(Intent.createChooser(intent, "Choose Email Client"));
}
```

这里简单分析一下：

（1）使用 Intent.ACTION_SEND 作为参数创建一个 Intent；

（2）邮件的收件可以使用一个字符串数组来表示；

（3）作为一个邮件 Intent,可以通过约定的方式放入相关内容，如收件人，内容，主题等等；

（4）作为邮件，需要设置类型，这里选择 text/html；

（5）启动撰写邮件的 Activity；

（6）这里使用 Intent.createChooser()的意思是，如果系统中有多个可以处理这种 Action（如有多个电子邮件客户端），用户

图 12-16　调用发送邮件窗口

可以进行选择。

程序运行的效果如图 12-16。

从上面的分析来看，Android 认为发送彩信和发送电子邮件可能并没有太大的不同。实际上，我们要发送电子邮件，必须要先配置电子邮件客户端，否则，系统会使用彩信的方式让用户来发送消息。

另外，我们这里实际使用了系统提供的邮件客户端来处理信息，就需要一个用户干预的过程。Android 系统本身没有直接提供相关的邮件处理 API，所以我们无法通过程序直接发送邮件（因为在手机平台上提供这个功能有显著的安全性问题），但可以通过一些第三方类库（javax.mail）来作为邮件客户端来达到这个目的，我们就不再这里讨论了。

下面我们来看看在 Android 中是如何实现 LBS（Location Based Service，基于位置的服务）相关应用的。

12.5　地理位置应用

基于位置的服务（Location Based Service）是手机应用和移动互联网的下一个重要的发展方向。这一应用的内容也远远超过了单纯的定位应用，而能够更广阔的与跟位置相关的交通、信息、电子商务、社会网络等系统结合起来，衍生出很多非常新奇有趣的应用模式。

在 Android 中，和位置应用相关的内容主要包括两个部分，定位和地图（地理信息）。

12.5.1　定位

Android SDK 提供了可以帮助开发者获取位置服务的开发框架，其核心是 LocationManager 系统服务，以及其他相关的类库，它们通常位于 android.location 类包之下。

Android 的贡献是将定位服务完全抽象化了，原来的定位服务主要还借助于 GPS 系统，现代化的定位服务通常是一种混合的模式，它可以使用网络（IP 地址区域）、电话网络（移动基站定位）和 GPS 进行复合的定位，甚至手机设备都不需要一定配置 GPS 硬件也可以提供定位服务。定位作为系统服务提供给开发者，他们不需要关心这些细节的实现，就为快速开发各种应用提供了极大的方便。

通常在 Android 系统下进行定位应用的开发，过程是这样的，首先通过调用 getSystemService（Context.LOCATION_SERVICE）方法获取一个 LocationManager 的实例，然后可以在三个方向开展应用：

（1）查询位置提供者（Location Providers）获取最近已知的用户位置；

（2）注册/注销来自于位置提供者的定期的位置更新通知；

（3）为一个 Intent 注册/注销到达给定位置范围内的触发事件。

我们下面用一个简单的代码片段来进行相关的说明，首先需要注意相关的权限：

```
AndroidManifest.xml
<uses-permission android:name="android.permission.ACCESS_FINE_LOCATION" />
```

我们为定位应用可以新创建一个 Activity：

```
LocationActivity.java
public class LocationActivity extends Activity {
    LocationManager mlocManager;
```

```
    LocationListener mlocListener;

    @Override
    public void onCreate(Bundle savedInstanceState){
        super.onCreate(savedInstanceState);
        setContentView(R.layout.location);
        setText(null);
        /* Use the LocationManager class to obtain GPS locations */
       mlocListener = new MyLocationListener();
       mlocManager = (LocationManager)getSystemService(Context.LOCATION_SERVICE);
       mlocManager.requestLocationUpdates( LocationManager.GPS_PROVIDER, 0, 0,
mlocListener);
   }
       private void setText(Location loc){
    TextView tv= (TextView) findViewById(R.id.locationtext);
    if (loc==null) {
        tv.setText("");
    } else {
          tv.append("\n定位时间"+loc.getTime());
          v.append("\n定位方式"+loc.getProvider());
          tv.append("\n经度"+ loc.getLatitude() );
          tv.append("\n维度"+ loc.getLongitude());
    }
   }
   public  void btn_click(View v){
    switch (v.getId()){
    case R.id.btn_location1:locate(1);break;
    case R.id.btn_location2:locate(2);break;
       }
   }
   private void locate(int ltype){
    Location loc;
    if (ltype==1) {//网络定位
    loc mlocManager.getLastKnownLocation(LocationManager.NETWORK_PROVIDER);
    } else { // GPS定位
    loc =mlocManager.getLastKnownLocation(LocationManager.GPS_PROVIDER);
    }
    setText(loc);
   }

   /* 位置更新侦听器 */
   public class MyLocationListener implements LocationListener{
      @Override
      public void onLocationChanged(Location loc){
         setText(loc);
      }

      @Override public void onProviderDisabled(String provider){ }
      @Override public void onProviderEnabled(String provider){ }
      @Override public void onStatusChanged(String provider, int status,
                                             Bundle extras) {}

    }/* End of Class MyLocationListener */
}/* End */
```

这里的关键之处是：

（1）创建一个位置侦听器类 MyLocationListener，实现 LocationListener 接口；

（2）重写 onLocationChanged()方法，这个方法会在位置发送变化是触发调用；

（3）此方法传入的参数是一个 Location 对象，即更新后的位置；

（4）在此方法中实现位置变化时的操作，这里是将经纬度数据输出到界面中；

（5）在 Activity 的 onCreate()方法调用 getSystemService（Context.LOCATION_SERVICE）获取一个 LocationManager 的实例；

（6）可以调用 LocationManager 的 requestLocationUpdates()方法向 MyLocationListener 实例请求位置的更新操作；

（7）也可以调用 getLastKnownLocation()方法直接获取最后的有效定位信息，注意这个定位信息是分定位方式的（使用不同的 Provider）；

（8）这里为了方便，编写了一个 serText()方法，可以直接将 Location 对象的信息输出到 TextView 中。

我们使用 DDMS 来模拟给虚拟设备传输定位信息，程序的执行结果如图 12-17 所示：

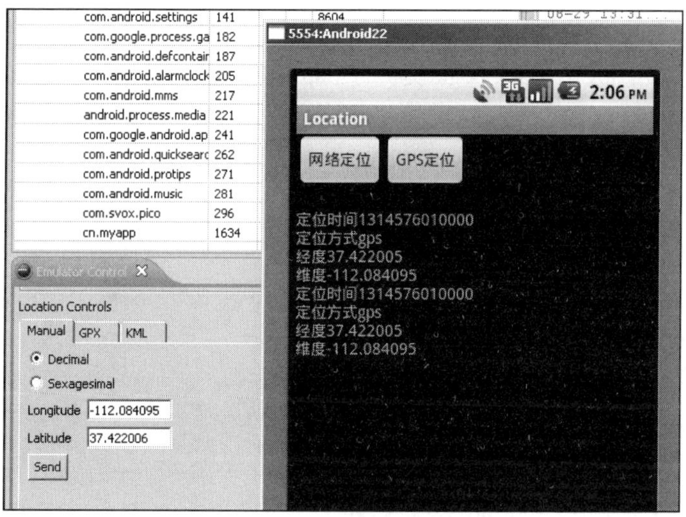

图 12-17　Android 设备模拟定位

注意：*在左侧的 Emulator Control 可以输入经纬度信息，和在虚拟设备标题栏上的“GPS”图标。*

除了定位之外，android.location 相关类（特别是 Location 类）还提供了地理位置相关的海拔高度、测距、测速、方位、授时等功能，开发者可以根据需要查阅相关的 SDK 文档。

在完成了定位之后，下面我们来看看和在定位应用上的一个重要的扩展应用：地图。

12.5.2　地图

默认的 Android SDK 没有内置提供对 MAP 等类型的地理位置应用的支持，这一部分内容是以 Google 的开发扩展包的形式提供的。我们可以在 ADT 中安装这部分内容，并且在配置虚拟设备的时候，选择 Google APIs（图 12-18）项目。

在配置好虚拟设备目标后，我们会在工程文件中看到增加的类库内容，除了标准的 android.jar 文件外，还多了一个 maps.jar 类包（见图 12-19）。

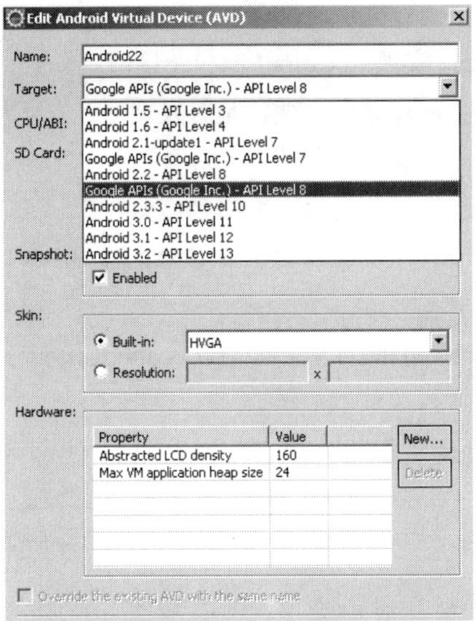

图 12-18　Google API 虚拟设备配置

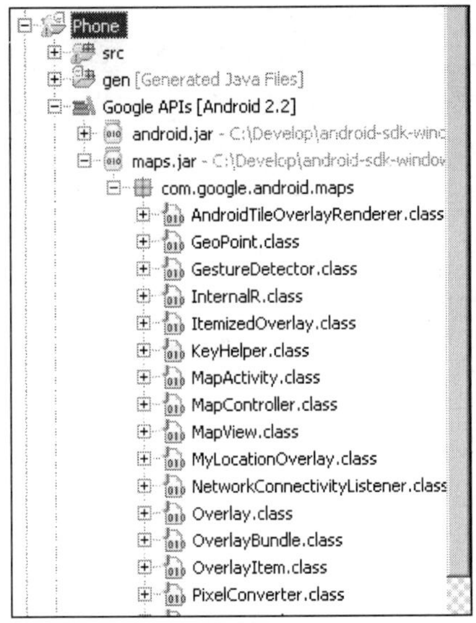

图 12-19　maps.jar 类库包

这样，我们就可以在开发中使用 Google 提供的 Map 相关功能了。我们有两种方式可以将我们的应用程序和地图应用集成起来，最简单的方式是使用系统提供的“地图”应用程序（这个程序在安装了 Google API 才有），和使用浏览器类似，直接使用 ACTION_VIEW，传入一个“geo:x,y”的 Uri 就可以了，代码如下：

```
private void t21(){
Uri uri = Uri.parse("geo:39.92,116. 46");
Intent intent = new Intent(Intent.ACTION_
                          VIEW,uri);
startActivity(intent);
}
```

执行结果如下，它会调用 Android 系统内置的“地图”应用程序，并按照参数中的经纬度数值定位到指定的位置（北京），如图 12-20 所示。

图 12-20　Android 内置的地图应用程序

如果我们还想进一步的希望能够对地图的视图进行编程和控制，可以使用 Google API 提供的 MapView（地图视图）相关类。

12.5.3　MapView

和 Web 中的 WebView 技术类似，Google 将地图相关的应用功能封装到 MapView 相关类当中。但和 WebView 的使用不同，由于需要使用一些 Google 提供的地理信息服务，MapView 的使用是受到限制的，开发者需要一个 key 才能在程序中使用 MapView 技术。我们下面通过一个程序示例来了解一下在应用中使用 MapView 进行开发的一个简单的过程。

1. 获取数字签名指纹

如果开发者已经在 Android　Developer 网站上进行了注册，就应该已经有了一份数字签名。如果暂时没有，也没有关系，我们可以用系统自带的，用于程序调试的数字签名。这个数字签名在我们安装 SDK 时自动生成，它会保存在<用户文件夹>/.android/debug.keystore 这个密库中。密库和签名的信息如下：

- 密库名称（Keystore name）："debug.keystore"
- 密库密码（Keystore password)："android"
- 密钥别名（Key alias）："androiddebugkey"
- 密钥密码（Key password）："android"
- 公共名称（CN）："CN=Android Debug,O=Android,C=US"

我们下一步就是要获取"androiddebugkey"这个密钥的指纹信息，用于向 Google 申请 MapView 的使用密钥。它可以通过运行下面的命令来生成：

cd <用户文件夹>/.android

```
keytool -list -alias androiddebugkey -keystore debug.keystore
```

keytool 是 JDK 提供的密钥工具，它在 JDK 的 bin 目录下能够找到（可以为其设置 JAVA_HOME 系统变量并放入 PATH 路径中）。这个命令的含义是：切换到用户文件夹的.android 目录下，使用 keytool 工具，显示（-list）在密库 debug.keystore（-keystore debug.keystore）中的 androiddebugkey（-alias androiddebugkey）这个密钥的信息，其中就包含了相关密钥的指纹（MD5 Fingerprint）信息。程序运行如下图 12-21 所示：

图 12-21　keytool 获取认证指纹

获取的指纹信息就是下面的类似 B6:11:CE….的一个字符串。

2. 使用数字签名指纹获取 Map 开发用 Key

获取指纹信息后，就可以到 Google Code Android Add-ones 网站的“Maps API Key Signup”的页面（http://code.google.com/android/add-ons/google-apis/maps-api-signup.html）上进行注册了。这个页面包含了相关的注册相关的信息，注册还需要一个 Google 账号进行登录（使用 Gmail 账号就可以），因为它会将 MAP API Key 和账号进行关联，接受使用协议后，在下方的 My certificate's MD5 fingerprint:字段中可以填入上一步获得的指纹（图 12-22）：

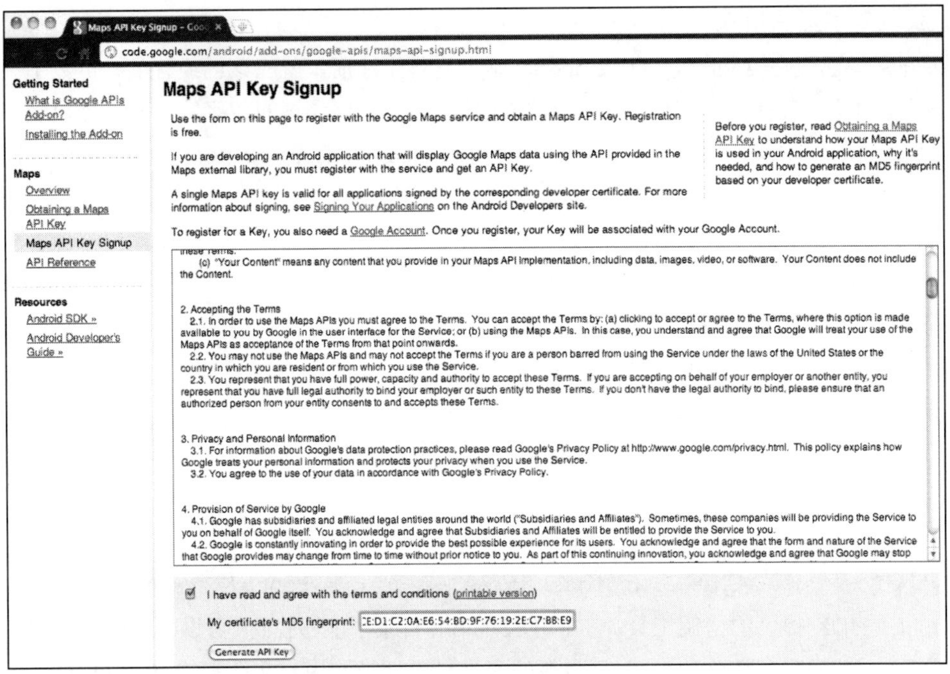

图 12-22　Google MAP API Key 注册页面

然后，点击 Generate API Key 按钮，系统就会生成 API Key，在注册成功的页面显示 Key 的内容和相关的使用说明（图 12-23）。

图 12-23　Map API 注册成功信息

这里读者不需要担心笔者信息的安全问题，因为这里的密钥和 Key 都是根据笔者开发环境自动生成的仅用于调试的信息。此外，我们这里使用的数字签名实际上是一种自签名，主要是为了方便调试用的，最后不要在软件正式发布和应用中使用。

3．创建示例程序 Activity

我们在 Phone 示例程序中新建一个 MapviewActivity，内容如下：

```
MapviewActivity.java
public class MymapActivity extends MapActivity {
   @Override
    public void onCreate(Bundle savedInstanceState) {
        super.onCreate(savedInstanceState);
        setContentView(R.layout.mapview);
        setMap();
}
@Override
protected boolean isRouteDisplayed() { return false; }
}
```

这个地方唯一的特别之处在于继承了 MapActivity，这个 Activity 封装了一些 Map 相关的应用特性让我们能够直接调用。我们还使用了一个布局模板 layout/mapview，还调用了一个 setMap()方法（在后面实现）来加载和设置地图数据。最后的 isRouteDisplayed 方法是 MapActivity 要求实现的，一般情况下这样写即可。

此外，我们还需要在程序设置文件和布局文件中进行相关的设置。

4．应用程序设置

应用程序的设置需要编辑 AndroidManifest.xml 文件，主要包括 Activity、Map 类库引用和网络访问及定位权限等几个部分：

（1）Activity 注册：

```
<activity android:name=".MymapActivity" android:label="Mapview"/>
```

（2）Map 类库引用，由于 Map API 属于 add-on，需要在程序中进行附加引用：

```
<uses-library android:name="com.google.android.maps" />
```

（3）互联网访问和定位权限设置：

```
<uses-permission android:name="android.permission.INTERNET" />
<uses-permission android:name="android.permission.ACCESS_FINE_LOCATION" />
```

5．模板文件设置

我们需要在模板文件中添加 MapView 的项目，并且在这里设置 apiKey：

```
mapview.xml
<?xml version="1.0" encoding="utf-8"?>
<LinearLayout xmlns:android="http://schemas.android.com/apk/res/android"
    android:id="@+id/main"
    android:layout_width="match_parent"
    android:layout_height="match_parent">
    <com.google.android.maps.MapView
        android:layout_width="match_parent"
        android:layout_height="match_parent"
        android:enabled="true"
        android:clickable="true"
        android:apiKey="0NquLfnQK1ZAD0N09BJx61Mf5WROsCsC-DSO0uQ"
```

```
        android:id="@+id/mymapview"
        />
</LinearLayout>
```

请注意：android:apiKey=...这一行，这个 Key 就是我们在前两步获取的 API Key，而且理论上而言，这个 Key 适用于在这个开发环境中所有的 MapView 的相关应用，开发者不需要重复申请。

6．API 简单应用

这里我们通过实现 setMap()方法，可以设置一个简单的地图：

```
    private void setMap(){
        MapView mv=(MapView) findViewById(R.id.mymapview);
        mv.setBuiltInZoomControls(true);
        mv.getZoomButtonsController().setAutoDismissed(false);

        MapController myMapController = mv.getController();
        GeoPoint beijing=new GeoPoint(39920000,116460000);
        myMapController.setCenter(beijing);
        myMapController.setZoom(12);
    }
```

这里完成了下面几个操作：

（1）调用 findViewById()方法获取 Activity 中的 MapView 对象；

（2）设置显示并永久显示放大缩小控制按钮；

（3）获取一个 MapView 控制器；

（4）调用控制器的 setCenter()方法将地图的中心放到北京，这里使用了 GeoPoint 对象，它使用整数来表示经纬度（经纬度数值*10e6）；

（5）设置地图显示缩放级别为 12，默认为 1，最大为 21，数值越大，比例尺越小。

这个程序运行的结果如下图 12-24：

图 12-24　MapView 显示地图

这里我们只是简单的设置和显示了一幅地图，下面我们来了解一下如何将地图和相关信息进行整合。

12.5.4　POI 应用（Point of Interest 兴趣点）

只有将地图和地理相关的信息结合起来，LBS 系统才能提供更大的价值，比如，用户已经可以使用手机获取当前的位置，还需要进一步获取和当前位置相关的其他信息，附近的餐馆、学校、车站，甚至人等等，这种信息在 LBS 应用中通常被称为 POI。

我们还是以上一节的程序为例，我们已经有了一个地图，我们希望在这个地图上能够显示一些地点，并且用户可以和地图进行交互。在 Android 中，要在地图上显现其他的信息，包括一些图形信息，使用的是 Overlay（覆盖层）技术。由于我们希望能够自己控制 POI 信息的显示和操作，我们需要建立自己的 Overlay，为此我们继承 ItemizedOverlay 来创建一个新的类：

```
MyOverlay.java
public class MyOverlay extends ItemizedOverlay<OverlayItem> {
    private ArrayList<OverlayItem> mOverlays = new ArrayList<OverlayItem>();
    private Context mcontext;
    public MyOverlay(Drawable defaultMarker,Context context) {
        super(boundCenterBottom(defaultMarker));
        mcontext=context;
    }

    @Override
    protected OverlayItem createItem(int i) {return mOverlays.get(i); }

    @Override
    public int size() {return mOverlays.size();}

    public void addOverlay(OverlayItem overlay) {
        mOverlays.add(overlay);
        populate();
    }
    @Override
     protected boolean onTap(int index) {
         OverlayItem item = mOverlays.get(index);
         AlertDialog.Builder dialog = new AlertDialog.Builder(mcontext);
         dialog.setTitle(item.getTitle());
         dialog.setMessage(item.getSnippet());
         dialog.show();
         return true;
    }
}
```

让我们简单的分析一下：

（1）这个类继承了 ItemizedOverlay，使用的泛型是 OverlayItem；

（2）这个类是基本上是一个容器，它可以容纳一个 OverlayItem 的 List 集合，它们具有相似的外观和行为，可以用于对 POI 信息进行分组；

（3）OverlayItem 用于保存关联项目信息；

(4)构造方法中的 defaultMarker 表示可以显示项目的图形，而 Context 可以用于进行和 Activity 相关的操作；

（5）Super（boundCenterBottom（defaultMarker））表示将传入的参数作为覆层对象图形，定位的基点在底边中间；

（6）重写 Createitem()方法可以在 Map 显示项目时从 List 中将对应的项目取出；

（7）重写 size()方法可以返回 List 的大小；

（8）自定义的 addOverlay()方法可以将 OverlayItem 放入 List 中；

（9）注意在添加了 List 对象后，需要执行 populate()方法让它能够实际显示出来;

（10）通过重写 onTap()方法可以响应覆层对象的点击事件；

（11）onTap()方法传入的参数是索引，这里我们使用索引将对象取出，然后通过该对象的相关信息构造和显示一个对话框。

下一步是 MyOverlay 的使用，我们在上一节的 setMap()方法中添加下面的代码：

```
MymapActivity.java
    private void setMap(){
…
        // 创建一个 Overlay 组
        MyOverlay itemizedOverlay = new MyOverlay(this.getResources().getDrawable
(android.R.drawable.star_on),this);

        // 创建并添加 Overlay 项目
    OverlayItem overlayitem;
    overlayitem = new OverlayItem(new GeoPoint(39904000,116399000), "天安门", "");
    itemizedOverlay.addOverlay(overlayitem);

    overlayitem = new OverlayItem(new GeoPoint(39903000,116425000), "北京站", "");
    itemizedOverlay.addOverlay(overlayitem);

    overlayitem = new OverlayItem(new GeoPoint(39924000,116435000), "朝阳门", "");
    itemizedOverlay.addOverlay(overlayitem);
        // 将组添加到 MapView 中
        mv.getOverlays().add(itemizedOverlay);

    }
```

这里执行了下面几个操作：

（1）基于前面定义的类创建一个 itemizedOverlay 对象，参数分别是一个系统图标和当前的 Activity;

（2）创建一个新的 OverlayItem 对象，附加的信息（构造方法参数）包括地理位置，标题和描述信息;

（3）将此 OverlayItem 添加到 itemizedOverlay 中，并类似的添加另外两个；

（4）将 itemizedOverlay 对象添加到 MapView 视图的 Overlay 列表（使用 getOverlays 方法取出）中。

程序的执行效果如图 12-25 所示：

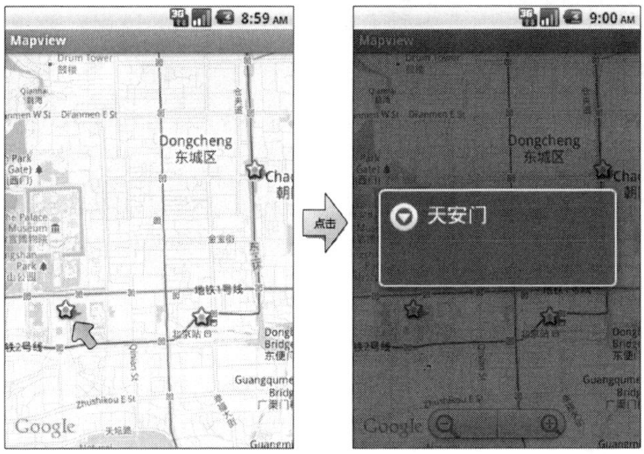

图 12-25　POI 显示和点击响应

我们可以看到，添加的对象以图标的形式显示在地图上，当点击这些图标的时候，会出现带有相关信息的对话框。

这样，我们借助 android.location、com.google.android.maps 等类，就可以完成有关于定位和地图等相关应用的开发了。

下面我们来了解一下 Android 中的短程无线通信技术：蓝牙和 NFC。

12.6　Bluetooth 蓝牙通信技术

蓝牙是一种近距离无线通信技术和标准。

1994 年，爱立信率先开始研发蓝牙技术，它早期是由爱立信联合诺基亚、IBM、东芝和 Intel（这个组织称为 SIG）合作的开发的，现在已经成为最重要的短距离无线通信技术标准。

蓝牙的名字源于十世纪的一位丹麦国王 Harald Blatand，他喜欢吃蓝莓，牙龈每天都是蓝色的，所以也号称蓝牙国王，他口齿伶俐、善于交际，将挪威、瑞典和丹麦统一了起来，所以当标准小组准备推广蓝牙技术的时候选择了这个名字，因为他们觉得“蓝牙”这个名字非常贴切，能够充分体现出这项技术致力于设备间信息传输和沟通的特点（图 12-26 为蓝牙技术标志）。

Bluetooth®

图 12-26　蓝牙技术标志

蓝牙技术的特点是简单轻量、硬件设备便宜而且功耗非常低，扩展性好，所以能够非常广泛的应用到需要短距离通信的场合，如计算机设备、便携电脑、手机、平板电脑、甚至耳机、鼠标键盘、音响、汽车、玩具、工商业设备等等。蓝牙技术还在向更低功耗、更高速度和更方便使用等方向进一步发展，以适应更广阔的物联网和电子商务应用的需求。

在手机平台上，蓝牙通常用于信息传送（消息和文件）和耳机应用。作为现代化智能手机操作系统，Android 相关的 API，可以帮助开发者开发基于蓝牙技术的应用程序。

要理解蓝牙应用开发的过程，必须先要了解蓝牙应用使用的过程。要想在两个蓝牙设备之间进行通信（如 A 要连接 B 发送一条信息），必须要先进行配对，而配对的过程是先需要 B 设置为允许发现或者可被发现的；然后 A 进行发现搜索，找到 B 后系统会开始配对操作，通常需要用户同意并输入一致的配对码；配对成功后双方就可以进行通信了；同时配对会建立一种永久的“信任”的关系，下次再通信时不需要重新的配对操作，只需要设备开启就可以了。

由此，我们也会了解到，在进行蓝牙应用开发的过程中，需要下面几个阶段和相关的要素：

（1）开发和应用环境

Android 从 2.0 版本开始提供比较完善的蓝牙开发接口，即 API Level 为 5 的系统才能使用，目前 Android Bluetooth API 主要包括 android.bluetooth 这个类包和相关的类：

- BluetoothAdapter 蓝牙适配器，可进行蓝牙相关功能的控制和操作
- BluetoothDevice 蓝牙设备，标识目标设备
- BluetoothSocket 蓝牙套接字，用于发送数据
- BluetoothServerSocket 套接字服务器，用于接收数据
- BluetoothClass 蓝牙设备类型，如电脑、手机、鼠标、耳机等等

（2）蓝牙应用权限设置

在 Android 程序中使用蓝牙需要相应的权限，在系统中提供了两个权限控制项目，分别用于使用蓝牙和管理蓝牙：

```
<uses-permission android:name="android.permission.BLUETOOTH" />
<uses-permission android:name="android.permission.BLUETOOTH_ADMIN" />
```

（3）获取蓝牙适配器

所有蓝牙相关的本地操作都是通过适配器类来完成的，可以通过 getDefaultAdapter()获取系统默认的适配器实例。

```
        // 获取本地蓝牙适配器实例
        mBluetoothAdapter = BluetoothAdapter.getDefaultAdapter();
        // 如果为空，表明系统不支持蓝牙
        if (mBluetoothAdapter == null) {
            Toast.makeText(this, "Bluetooth is not available", Toast.LENGTH
LONG).show();
            finish();
            return;
        }
```

（4）开启蓝牙和允许发现配置（Enabling Discoverability）

有了适配器实例后，开启蓝牙非常简单，直接调用 enable()方法即可：

```
   mBluetoothAdapter.enabled();
```

但通常希望能够提示用户来控制蓝牙的开启（图 12-27），如下面的代码，它使用了系统的 action（BluetoothAdapter.ACTION_REQUEST_ENABLE）：

```
        if (!mBluetoothAdapter.isEnabled()) {
  // 提示用户开启蓝牙
            Intent enableIntent = new Intent(BluetoothAdapter.ACTION_REQUEST_ENABLE);
            startActivityForResult(enableIntent, REQUEST_ENABLE_BT);
```

```
        } else {
          // 继续程序
        }
```

如果用户选择开启，则系统会开启蓝牙，并且向程序返回 RESULT_OK，以作后续的处理。

开启蓝牙，表明可以使用蓝牙来发现或者连接其他蓝牙设备，当并不表明可以被其他设备发现（默认是可发现的），要手动设置可被发现，可以使用下面的代码，它也直接调用系统的确认提示：

```
Intent intent = new Intent(BluetoothAdapter.ACTION_REQUEST_DISCOVERABLE);
intent.putExtra(BluetoothAdapter.EXTRA_DISCOVERABLE_DURATION, 300);
startActivityForResult(enableIntent, REQUEST_DISCOVERABLE_BT);
```

注意：这里可以设置可被发现的时间限制，这里为 300 秒。提示对话框如下图 12-28：

图 12-27　开启蓝牙提示

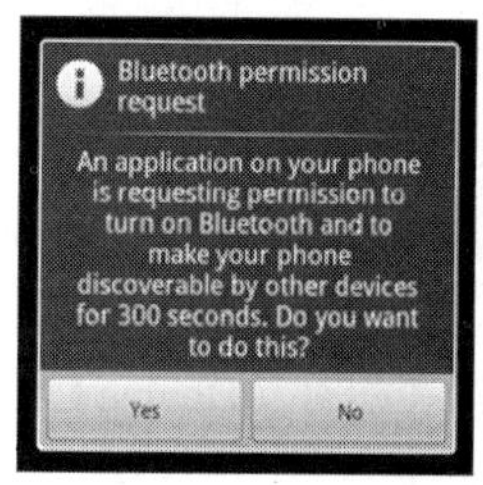

图 12-28　蓝牙设备可被发现的设置提示

相关的要素如下：

（1）设备查找和发现（Finding/Discovering Devices）

在发起连接的一端，Adapter 可以使用 startDiscovery()方法来搜索和发现目标设备，这个过程的实现如下：

首先需要注册两个 Receiver，它们分别响应发现过程结束和找到设备事件：

```
    IntentFilter foundFilter = new IntentFilter(BluetoothDevice.ACTION_FOUND);
    registerReceiver(_foundReceiver, foundFilter);
    IntentFilter discoveryFilter = new IntentFilter(BluetoothAdapter.ACTION_
DISCOVERY_FINISHED);
    registerReceiver(_discoveryReceiver, discoveryFilter);
```

然后重写这两个 Receiver 的 onReceive()方法，在找到设备信息时填充一个设备信息列表，而在发现过程结束后，取消这两个 Receiver 的注册，参考代码如下：

```
  private BroadcastReceiver _foundReceiver = new BroadcastReceiver() {
    public void onReceive(Context context, Intent intent) {
      /* get the search results */
```

```
        BluetoothDevice device = intent.getParcelableExtra(BluetoothDevice.
EXTRA_DEVICE);
        /* add to list */
         devices.add(device);
        /* show the devices list */
        showDevices();
      }
    };
    private BroadcastReceiver  discoveryReceiver = new BroadcastReceiver() {
      @Override
      public void onReceive(Context context, Intent intent)
      {
        /* unRegister Receiver */
        Log.d("EF-BTBee", ">>unregisterReceiver");
        unregisterReceiver( foundReceiver);
        unregisterReceiver(this);
         discoveryFinished = true;
      }
    };
```

最后就可以启动发现的过程了：

```
    mBluetoothAdapter.startDiscovery();
```

这个方法有个好处是它是一个异步过程，不需要考虑线程被阻塞问题，这个过程时间通常为 12 秒。发现过程后，如果找到设备，将会得到一个 BluetoothDevice 设备对象数组，每个成员是一个 BluetoothDevice 实例，它包括了 MAC 地址、设备名称和类型（BluetoothClass）等设备信息，可使用 getAddress 等方法获得。

（2）设备连接和配对（Device Connect/Pair）

在上一步，我们就获取了一个搜索到的设备列表，列表中的 Device 对象包括了它的 MAC 地址，蓝牙通常使用这一地址来进行设备的标识和连接依据，如可以使用 getRemoteDevice()方法来生成一个 BluetoothDevice 实例：

```
    // Get the BLuetoothDevice object
    BluetoothDevice device = mBluetoothAdapter.getRemoteDevice(address);
```

通过这个 Device 调用 createRfcommSocketToServiceRecord()方法可以进一步建立连接，获取一个 BluetoochSocket，它用于向目标设备的 BluetoothServerSocket 发送信息：

```
    BluetoothSocket msocket = device.createRfcommSocket
ToServiceRecord(MY_UUID);
```

在连接特别是第一次连接的过程中，系统会进行配对的相关操作，如在屏幕上出现配对的对话框请求用户的响应（图 12-29）：

图 12-29　蓝牙配对请求

配对的过程本质上是一个用户安全干预和交换密钥的过程，配对成功后就可以继续连接和通信的过程了。

（3）获取和选择已配对的设备

如果配对的操作成功，系统会将其记录在一个已绑定列表中，下次进行连接时，就可以省略配对的过程了。下面的代码通过 getBondedDevices()方法可以获取已配对设备的列表，用户可以直接在其中选择需要连接的设备来进行通信，而不需要重复进行搜索和配对的过程：

```
Set<BluetoothDevice> pairedDevices =mBluetoothAdapter.getBondedDevices();
if (pairedDevices.size() > 0) {
    //获取每个设备的名称和 MAC 地址添加到列表数组适配器 myArrayAdapter 中。
    for (BluetoothDevice device : pairedDevices) {
        myArrayAdapter.add(device.getName() + " \n " + device.getAddress());
    }
}
```

（4）发送和接收信息

Android Bluetooth API 使用 BluetoothSocket 和 Stream 流方式进行信息的发送和接收。可能的示例代码如下：

```
private final InputStream mmInStream;
private final OutputStream mmOutStream;

// 由 Socket 获取输入和输出流
mmInStream = socket.getInputStream();
mmOutStream = socket.getOutputStream();

// 输出和发送信息
byte[] buffer="要发送的信息";
mmOutStream.write(buffer);

// 输入和接收信息
byte[] buffer = new byte[1024];
int bytes = mmInStream.read(buffer);
```

我们可以看到，在这里对于信息的处理，使用的也是 Socket 技术，基本上和普通的网络应用已经没有太大的区别了。

这里我们讨论了一个基本完整的 Android 蓝牙应用的开发和实现流程，但实际的开发过程中还要考虑很多问题，如对适配器、设备和 Socket 各种状态的处理和转化，多线程的处理和协调等等。遗憾的是，到目前为止，Android 还没有实现在模拟器中模拟蓝牙的应用，蓝牙应用的开发必须在实机环境中完成。但在 Android SDK 中有一个非常好的示例程序（BluetoothChat）提供了相对完整的应用架构，如果确实有需要开发蓝牙应用的需求，有兴趣的读者可以认真研究一下。

12.7　NFC 近场通信技术

前一节我们接触了蓝牙技术，也了解到，蓝牙技术虽然成熟完善，但它有一个很大的弱点（起码在现阶段），就是应用起来比较麻烦。因为要使用蓝牙进行通信，需要一个设置-搜索-连接-配对的过程，而且这个过程需要太多人为的操作，时间也比较长，并不适合于作为随机快速的快速一次性信息传送应用。

因此，在手持设备上 NFC（Near Field Communication）的技术发展最近就受到了很大的关注。因为它被认为可能是手机电子商务应用的一个重要的组成部分和新的发展方向。严格说来蓝牙包括无线网络和 NFC 并不是竞争性的技术，它们都有相对明确的技术优势和应用场合，应该是一个互补的关系。我们下面来具体了解一下相关的信息。

12.7.1 NFC 概述

NFC（见图 12-30）是由飞利浦公司和索尼公司共同开发的一种非接触式识别和互联技术，可以在移动设备、消费类电子产品、PC 和智能控件工具间进行近距离无线通信。NFC 由非接触式射频识别（RFID）及网络互联技术整合演变而来，通过在单一芯片上结合感应式读卡器、感应式卡片和点对点的功能，能在短距离内与兼容设备进行识别和数据交换。

图 12-30 NFC 技术图标

作为一项短距无线通信技术，NFC 通常的有效工作距离非常端，一般小于 4 厘米。它的工作频段是 13.56mh，数据传输率在 106 kbit/s 到 848 kbit/s。 NFC 通信需要发起者（I）和目标体，发起者能够主动生成一个 RF 场，并驱动一个被动的目标体。由于这个目标体可以不需要电源，它的形式就可以非常灵活多样，如标签、卡片、贴纸等等（图 12-31），当然 NFC 的点对点通信也是可能的，即双方都可以是有源的。相比其他无线通信技术，NFC 的最大优势在于其低成本、无需电源和使用的简单方便。

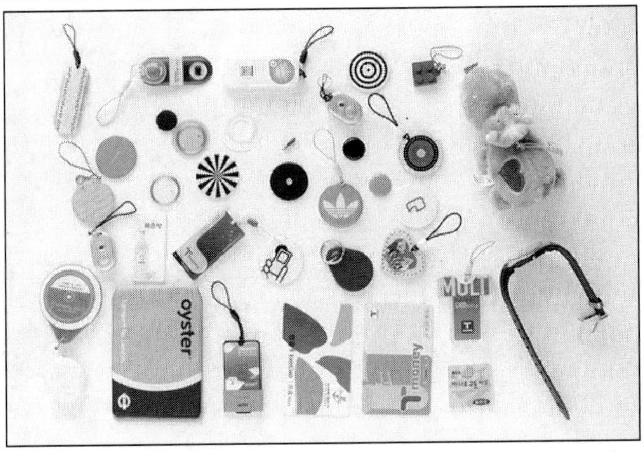

图 12-31 玲琅满目的 NFC 标签

其实日常生活中的 NFC 应用已经无处不在，如我们所使用的公共交通卡就是非常典型的 NFC 应用。但是这种 NFC 应用的缺点就是“可编程”性比较差。然而如果在手机平台上能够得到广泛的应用，NFC 的这个短板有望得到彻底改观，利用手机永远在线和强大的网络和应用能力，这个系统可以在更广泛的层面上进行信息的交流和互通，更加有效的连接各种设备和系统。

配置 NFC 硬件的 Android 设备在屏幕开启是可以作为一个发起者，通常这种模式也被称为 NFC 读写模式，它可以等待 NFC 标签的接近并且能够处理这些事件。在 Android 2.3.3 以上的版本还支持有限的 P2P 通信。

标签操作可以有不同的方式，简单的标签可以提供信息读写，有的可以通过一次性编程实现只读模式；更复杂的情况包括可以进行数学运算，或者提供硬件密码认证功能。更高级的标签还可以包含操作环境，允许在标签上通过代码运行提供更复杂的互操作功能。

下面我们来具体了解一下 NFC 应用的开发在 Android 系统中是如何实现的。

12.7.2 Android NFC 应用开发

Android 系统通过 android.nfc 类包封装了对本地 NFC 适配器的操作接口，可以用于发现和处理标签设备和进行 NDEF 格式的数据操作。其内容主要包括：

- NfcManager（Nfc 管理器）：用于枚举和查询 NFC 适配器。
- NfcAdapter（Nfc 适配器）：代表本地 NFC 适配器。
- NdefMessage 和 NdefRecord：NDEF 是 NFC 的标准数据格式，可以用于存储数据，可以是文本、URL 或者任意 MIME 类型的数据。NdefMessage 是消息容器，它可以容纳多条记录（NdefRecord），用于数据传送。
- Tag（标签）：Tag 能够代表多种形式的 NFC 标签实体，包括标签、卡、钥匙环或者其他设备。
- TagTechnology（标签技术）：表示 Tag 对象支持的不同类型的 NFC 技术规范。

我们下面以 Google 提供的 NFC Demo 程序为例简单的说明一下在 Android 系统中进行 NFC 应用开发的过程和要点。

这个程序在 Level 10 以上的 Platform Sample Code 中可以找到，但需要注意的是，处理标准的 android.jar 文件，这个程序还需要一个名为 guava-r09.jar 的类库，可以在网上搜索到并下载它，下载后将其使用“Add External Jars”方法，添加到 android 工程文件之中（图 12-32）。

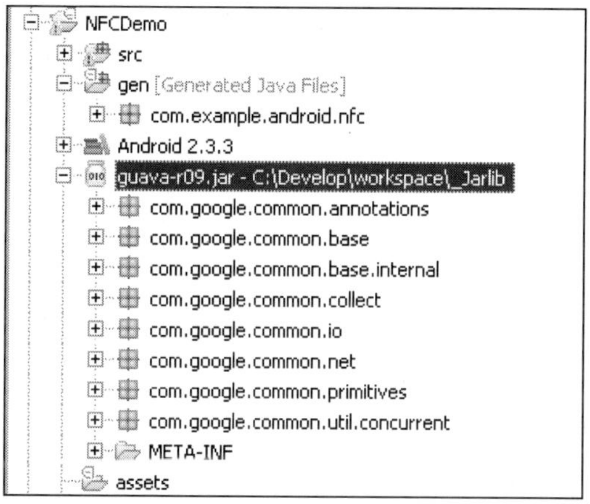

图 12-32　NFCDemo 需要的附加 guava 类库

NFCDemo 程序模拟了使用 NFC 设备接近一个标签，并从标签中读取数据并进行显示的一个典型的 NFC 应用的流程，这个使用了 NFC 类库的核心功能，但这个程序本身的运行不需要 NFC 硬件的支持。程序的核心分为两个部分：

FakeTagsActivity：这个 Activity 会显示一个列表，用于容纳模拟 Tag 中的 NDEF 数据，点击这个列表会模拟使用设备接近一个 NFC 标签，实际上是向系统发出一个类型为 ACTION_TAG_DISCOVERED 的 Intent。

TagViewer: 这个 Activity 会接受来自系统的 Intent，如果类型匹配为 ACTION_TAG_DISCOVERE（在 Menifest 文件中定义），则解析这个 Intent，取出其中的数据并且显示出来。

我们下面来看看其核心的实现：

（1）Android Manifest 声明

作为一个 NFC 应用，首先需要在应用配置文件 AndroidManifest.xml 中进行相关的设置，包括：

NFC 硬件应用的权限设置：

```
<uses-permission android:name="android.permission.NFC" />
```

在 Android 版本支持方面，API level 10 能够提供相对完善的 NFC 功能，通常设置如下：

```
<uses-sdk android:minSdkVersion="10"/>
```

还需要在程序中指明需要 NFC 硬件设备的支持作为软件运行的系统需求：

```
<uses-feature android:name="android.hardware.nfc" android:required="true" />
```

（2）Intent 过滤器

我们可以在 AndroidMenifest.xml 文件中看到下面的内容：

```
        <activity android:name="TagViewer"
            android:theme="@android:style/Theme.NoTitleBar">
            <intent-filter>
                <action android:name="android.nfc.action.TAG_DISCOVERED"/>
                <category android:name="android.intent.category.DEFAULT"/>
            </intent-filter>
        </activity>
```

这个设置表明，TagView（就是显示 NFC 消息的那个）这个 Activity 会处理来自系统的类型为"android.nfc.action.TAG_DISCOVERED"的 Intent。

（3）ntent 列表

在 FakeTagsActivity.java 文件中的核心内容如下：

```
public class FakeTagsActivity extends ListActivity {
..
@Override
public void onCreate(Bundle savedState) {
    super.onCreate(savedState);
    final ArrayAdapter<TagDescription> adapter = new ArrayAdapter<TagDescription>(
            this, android.R.layout.simple_list_item_1, android.R.id.text1);
    adapter.add(new TagDescription
("Broadcast NFC Text Tag", MockNdefMessages.ENGLISH_PLAIN_TEXT));
    adapter.add(new TagDescription(
   "Broadcast NFC SmartPoster URL & text", MockNdefMessages.SMART_POSTER_URL_AND
   _TEXT));
   adapter.add(new TagDescription(
   "Broadcast NFC SmartPoster URL", MockNdefMessages.SMART_POSTER_URL_NO_
   TEXT));
    setListAdapter(adapter);
    mAdapter = adapter;
}

@Override
public void onListItemClick(ListView l, View v, int position, long id) {
   final TagDescription description = mAdapter.getItem(position);
   final Intent intent = new Intent(NfcAdapter.ACTION_TAG_DISCOVERED);
   intent.putExtra(NfcAdapter.EXTRA_NDEF_MESSAGES, description.msgs);
   startActivity(intent);
}
}
```

第一部分是在 onCreate()方法中，向列表添加了三个项目，它们都是 TagDescription 类型（在前面进行了定义）的；第二部分定义了事件响应方法，在点击列表项目时，会取出当前项目，并将其内容装入新创建的类型为 NfcAdapter.ACTION_TAG_DISCOVERED 的 Intent 中，执行这个 Intent，将会启动相应的 Activity 或者程序。

（4）从 Intent 取出并显示 Tag 消息内容

在前面 Manifest 文件中，我们已经在 TagViewer 的 Activity 中定义了相关的过滤器，就可以知晓，TagViewer 能够响应这个 Intent，下面我们来看看它怎样显示 Tag 的内容：

```
public class TagViewer extends Activity {
…
    void resolveIntent(Intent intent) {
        // Parse the intent
        String action = intent.getAction();
        if (NfcAdapter.ACTION_TAG_DISCOVERED.equals(action)) {
           // When a tag is discovered we send it to the service to be save. We
           // include a PendingIntent for the service to call back onto. This
           // will cause this activity to be restarted with onNewIntent(). At
           // that time we read it from the database and view it.
            Parcelable[] rawMsgs = intent.getParcelableArrayExtra(NfcAdapter.
                                  EXTRA_NDEF_MESSAGES);
            NdefMessage[] msgs;
            if (rawMsgs != null) {
                msgs = new NdefMessage[rawMsgs.length];
                for (int i = 0; i < rawMsgs.length; i++) {
                    msgs[i] = (NdefMessage) rawMsgs[i];
                }
            } else {
                // Unknown tag type
                byte[] empty = new byte[] {};
                NdefRecord record = new NdefRecord(NdefRecord.TNF_UNKNOWN, empty,
                                                   empty, empty);
                NdefMessage msg = new NdefMessage(new NdefRecord[] {record});
                msgs = new NdefMessage[] {msg};
            }
            // Setup the views
            setTitle(R.string.title_scanned_tag);
            buildTagViews(msgs);
        } else {
            Log.e(TAG, "Unknown intent " + intent);
            finish();
            return;
        }
    }

    @Override
    public void onNewIntent(Intent intent) {
        setIntent(intent);
        resolveIntent(intent);
    }
…
}
```

这里的核心内容是：

① 获取并判断 Intent 的 Action 类型，看看是否来自合法的 Tag 和操作；

② 执行 Intent 的 getParcelableArrayExtra()方法获取模拟的 Tag 消息内容，并转换为 Parcelable[]；

③ 如果转换成功，进一步转换为 NdefMessage[]，这个是 NFC 格式的信息；

④ 如果转换不成功，说明格式有问题，就直接将其整个封装到一个新的 NdefMessage 中；

⑤ 最后显示取出的结果。

（5）小结

最后总结一下，这个程序的执行过程是一个 NFC 功能的模拟演示程序，它使用 FakeTagsActivity 作为一个模拟的 Tag 设备列表，并封装了需要传输的 Tag 信息；当列表项目被点击时，它会启动一个类型为 ACTION_TAG_DISCOVERED 的 Intent，并发送给系统，这个过程和在一个真实的 Android 设备上去靠近 Tag 标签是一样的，因为这一过程由 Android 系统进行处理，它能够将硬件系统抽象并屏蔽其中的差异性，这样我们就可以使用程序来模拟真实的操作过程；当 Intent 启动后，由于 TagViewer 在系统中设置了 Intent 过滤器，系统会知道需要调用它来对这种类型的 Intent 进行处理，这样，TagViewer 就会被启动，并且 Intent 中会传来相关的 Tag 格式的数据，最后，在 TagViewer 中，可以从 Intent 中取出其封装的数据并显示出来。

程序的运行如图 12-33 所示：

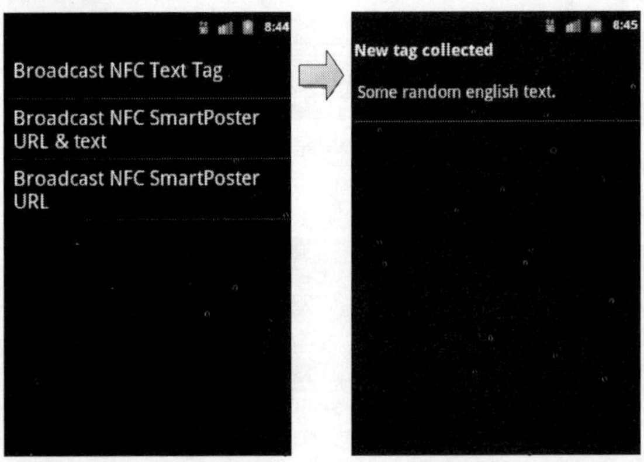

图 12-33　NFC Demo 示例程序

这样，我们就了解到在 Android 中，NFC 应用程序运行和开发的基本原理，当然，在实际应用中还会有很多问题，比如如何处理多种类型、不同技术规范的 Tag，如何实现更高级的应用如对 Tag 进行读写，如何在 NFC 设备之间实现数据交换等等。

我们在下面一节中会进行简单的说明。

12.7.3　高级 NFC 应用开发概述

我们这里会对一些高级的 NFC 应用原理做一个简单的了解，但由于篇幅的关系，不会太深入的进行阐述。

1. 多种 Intent 过滤器

我们前面看到的 Intent 过滤器是简单的 Tag 过滤器，它只能够识别有 NFC 接近事件发生，实际上，在 Android 可以提供三种类型的过滤器，NDEF、TECH 和 TAG。

NDEF 是 Nfc Data Exchange Format（NFC 数据交换格式），简单来讲就是符合 NFC 标准格式的数据。这个 Intent 会在发现标签中包含 NDEF 数据时启动，通常它的优先级也是最高的（因为直接包括了业务数据），配置的示例如下：

```
<intent-filter>
  <action android:name="android.nfc.action.NDEF_DISCOVERED"/>
  <data android:mimeType=" text/plain " />
</intent-filter>
```

Android 不会让程序处理所有类型的数据，所以必须指定匹配的数据类型，如“text/plain”。如果该 Intent 启动了，后续的 Intent 将不会启动而是被忽略掉。和 TAG 类型相比，它能够进一步识别数据的格式，显然更接近应用的需求。

开发者还可以配置 TECH（技术类型），它主要针对所使用到的特定的技术规范，其配置如下：

```
<intent-filter>
  <action android:name="android.nfc.action.TECH_DISCOVERED"/>
  <meta-data android:name="android.nfc.action.TECH_DISCOVERED"
       android:resource="@xml/nfc_tech_filter.xml" />
</intent-filter>
```

开发者可以在 nfc_tech_filer.xml 文件中配置希望进行匹配和处理的技术标准列表。例如，如果目标 Tag 可以支持 MifareClassic, NdefFormatable, and NfcA 三种技术标准，如果想要相应捕获处理，必须在技术列表文件中进行设置（至少其中一种）。捕获后，在程序中可以调用 getTechList()来获取这一列表。

这个技术列表的文件的内容类似如下，res/xml/nfc_tech_filter.xml 文件：

```
<resources xmlns:xliff="urn:oasis:names:tc:xliff:document:1.2">
    <tech-list>
        <tech>android.nfc.tech.IsoDep</tech>
        <tech>android.nfc.tech.NfcA</tech>
        <tech>android.nfc.tech.NfcB</tech>
        <tech>android.nfc.tech.NfcF</tech>
        <tech>android.nfc.tech.NfcV</tech>
        <tech>android.nfc.tech.Ndef</tech>
        <tech>android.nfc.tech.NdefFormatable</tech>
        <tech>android.nfc.tech.MifareClassic</tech>
        <tech>android.nfc.tech.MifareUltralight</tech>
    </tech-list>
</resources>
```

最后可以考虑配置 TAG（标签），主要面向标签设备，我们前面已经用到，它会在发现一个 TAG 时候启动，配置如下：

```
<intent-filter>
  <action android:name="android.nfc.action.TAG_DISCOVERED"/>
</intent-filter>
```

三种过滤器可以按照顺序优先进行排列，排列和处理的方式取决于应用的需求和设计。如果有多个 Activity 的 Intent 过滤器配置的配置都满足启动条件，系统会出现一个 Activity 选择器来让用户选择使用那个程序进行处理。

2．前台处理

从应用角度而言，NFC 应当是非常容易使用的，用户希望系统非常的“聪明”，在使用手机接近不同的 Tag 标签时，能够根据标签类别和内容的不同自动的进行处理。实际上，Android 系统也是这样设计的，通过精心的安排和实现三种类型的过滤器，装备 NFC 的 Android 设备可以随需运行需要的程序。

这些设置通常都通过 Intent 过滤器配置和相关的 Intent 处理来完成，我们一般称为 Intent Dispatch（Intent 指派）。

但在某些时候，我们希望有更明确直观的操作，就是希望运行某一个特定程序，只有在运行时才能进行相应的 NFC 应用，处理特定的 Tag 或者数据，并且避免出现选择 Activity 的情况。在这种情况下，我们可以使用 Foreground Dispatch（前台指派）的方式。这个系统允许当前正在运行的 Activity 来处理所扫描到并且匹配的标签数据，优先级更高，但如果 Activity 不能匹配标签数据，则继续由 Intent 处理系统来进行处理。

Foreground Dispatch 只有在程序运行是才进行 Intent 的过滤（适配器和过滤器都是是在程序中配置的），而不需要在 Manifest 文件中定义，系统也不需要知道这个程序能够进行 NFC 的应用，下面的一段代码能够帮助我们了解这一点：

```
public class ForegroundDispatch extends Activity {
   private NfcAdapter mAdapter;
   private PendingIntent mPendingIntent;
   private IntentFilter[] mFilters;
   private String[][] mTechLists;
   private TextView mText;
   private int mCount = 0;

   @Override
   public void onCreate(Bundle savedState) {
      super.onCreate(savedState);

      setContentView(R.layout.foreground_dispatch);
      mText = (TextView) findViewById(R.id.text);
      mText.setText("Scan a tag");

      mAdapter = NfcAdapter.getDefaultAdapter(this);

      // Create a generic PendingIntent that will be deliver to this activity.
         The NFC stack
      // will fill in the intent with the details of the discovered tag before
         delivering to
      // this activity.
      mPendingIntent = PendingIntent.getActivity(this, 0,
            new Intent(this, getClass()).addFlags(Intent.FLAG_ACTIVITY_
            SINGLE_TOP), 0);

      // Setup an intent filter for all MIME based dispatches
```

```
        IntentFilter ndef = new IntentFilter(NfcAdapter.ACTION_NDEF_DISCOVERED);
        try {
            ndef.addDataType("*/*");
        } catch (MalformedMimeTypeException e) {
            throw new RuntimeException("fail", e);
        }
        mFilters = new IntentFilter[] {
                ndef,
        };

        // Setup a tech list for all NfcF tags
        mTechLists = new String[][] { new String[] { NfcF.class.getName() } };
    }

    @Override
    public void onResume() {
        super.onResume();
        mAdapter.enableForegroundDispatch(this, mPendingIntent, mFilters,
                                          mTechLists);
    }

    @Override
    public void onNewIntent(Intent intent) {
        Log.i("Foreground dispatch", "Discovered tag with intent: " + intent);
        mText.setText("Discovered tag " + ++mCount + " with intent: " + intent);
    }

    @Override
    public void onPause() {
        super.onPause();
        mAdapter.disableForegroundDispatch(this);
    }
}
```

这里有几个比较重要的地方：

（1）mAdapter 是 NFC 适配器，它依据 Activity 的状态（onResume，onPause）可以控制 ForegroundDispatch 的启用和停用；

（2）启用 ForegroundDispatch 需要四个参数，context，pendingIntent，IntentFilters 和 TechLists；

（3）pendingIntent 用于在扫描到 Tag 之后填充 Intent 进行回调；

（4）IntentFileters 用于确定可以处理那些类型的 Intent，类似于 Manifest 文件中的定义；

（5）TechLists 声明可以支持的技术规范，这里使用所有支持的技术规范。

这个程序在 10 版本以上的 API Demo 的 NFC 中可以找到，但程序的运行需要硬件的支持，无法在模拟器中看到效果。

3. 写入 NFC 标签

NFC Tag 中的数据都是使用 raw 字节编码的，所以，如果需要进行存储或者读取显示或者编程，就必须进行编解码的操作。这些操作有些是标准化了的（如 NDEF），有些可能需要根据应用的需求自己开发，相关的技术规范和实现可以在 android.nfc.tech 中找到。

我们在示例文件中已经知道如何读取 Tag 信息了，下面的一段代码让我们能够了解 Android 系统如何处理对 Tag 写入数据的操作：

```
    NdefFormatable tag = NdefFormatable.get(t);
    Locale locale = Locale.US;
    final byte[] langBytes = locale.getLanguage().getBytes(Charsets.US_ASCII);
    String text = "Tag, you're it!";
    final byte[] textBytes = text.getBytes(Charsets.UTF_8);
    final int utfBit = 0;
    final char status = (char) (utfBit + langBytes.length);
    final byte[] data = Bytes.concat(new byte[] {(byte) status}, langBytes,
    textBytes);
    NdefRecord record = NdefRecord(NdefRecord.TNF_WELL_KNOWN, NdefRecord.RTD_TEXT,
new byte[0], data);
    try {
        NdefRecord[] records = {text};
        NdefMessage message = new NdefMessage(records);
        tag.connect();
        tag.format(message);
    }
    catch (Exception e){
        //do error handling
    }
```

首先，通过 NFC 接近事件的 Intent 可以获取一个 Tag，即写入的对象，然后通过 NdefRecord 进行数据写入的准备，最后调用 connect()和 format()方法连接和写入 Tag。

4．数据推送

在 NFC 还有一种更高级的应用方式，就是数据推送的方式，和写入方式相比，数据推送可以在两个 Android 设备之间实现数据交换，从而实现将“可编程”的数据通过 NFC 进行传递。数据推送是通过 ForegroundNdefPush（前台推送）的控制来实现的，它只需要通过执行 enableForegroundNdefPush（Activity, NdefMessage）方法来开启推送功能，然后就可以在接近时进行数据推送，其要点有以下几个：

（1）用于数据推送的 Activity 必须在前台运行；

（2）推送数据需要先在 NdefMessage 对象中进行封装；

（3）接收数据的 NFC 设备必须支持 NDEF 推送协议（com.android.npp），而这一协议是可选的。

如果 Activity 启用了前台推送特性，同时在前台运行的话，标准的 Intent 处理将会禁用，当然如果这个 Activity 同时也启用了前台处理，还是可以扫描并处理符合过滤条件的 Tag 的。

在 Android API Demo 中有一个前台推送的示例：

```
    public class ForegroundNdefPush extends Activity {
        private NfcAdapter mAdapter;
        private TextView mText;
        private NdefMessage mMessage;

        public static NdefRecord newTextRecord(String text, Locale locale, boolean
encodeInUtf8) {
            byte[] langBytes = locale.getLanguage().getBytes(Charset.forName("US-ASCII"));

            Charset utfEncoding = encodeInUtf8 ? Charset.forName("UTF-8") : Charset.
```

```
                    forName("UTF-16");
        byte[] textBytes = text.getBytes(utfEncoding);

        int utfBit = encodeInUtf8 ? 0 : (1 << 7);
        char status = (char) (utfBit + langBytes.length);

        byte[] data = new byte[1 + langBytes.length + textBytes.length];
        data[0] = (byte) status;
        System.arraycopy(langBytes, 0, data, 1, langBytes.length);
        System.arraycopy(textBytes, 0, data, 1 + langBytes.length, textBytes.length);

        return new NdefRecord(NdefRecord.TNF_WELL_KNOWN, NdefRecord.RTD_TEXT,
new byte[0], data);
    }

    @Override
    public void onCreate(Bundle savedState) {
        super.onCreate(savedState);

        mAdapter = NfcAdapter.getDefaultAdapter(this);

        setContentView(R.layout.foreground_dispatch);
        mText = (TextView) findViewById(R.id.text);
        if (mAdapter != null) {
            mText.setText("Tap another Android phone with NFC to push 'NDEF Push Sample'");
        } else {
            mText.setText("This phone is not NFC enabled.");
        }

        // Create an NDEF message with some sample text
        mMessage = new NdefMessage(
                new NdefRecord[] { newTextRecord("NDEF Push Sample", Locale.ENGLISH, true)});
    }

    @Override
    public void onResume() {
        super.onResume();
        if (mAdapter != null) mAdapter.enableForegroundNdefPush(this, mMessage);
    }

    @Override
    public void onPause() {
        super.onPause();
        if (mAdapter != null) mAdapter.disableForegroundNdefPush(this);
    }
}
```

这个例子和前面的前台指派非常类似，主要差别是控制推送功能的开启和关闭，另外，它用于实现向目的 Tag 或者设备的自动写入。

下面我们来了解一下 Android 的一个非常重要的硬件应用：传感器。

12.8 传 感 器

自从在 iPhone 上增加了加速度和光感传感器之后，各种传感器应用也成为新型智能手机的一个代表性的特色。Android 提供了一个非常好的传感器应用开发框架，使开发各种传感器应用变得非常简单而有趣。对于 Android 应用程序来说，由于不需要进行相关的控制，Android SDK 可以传感器硬件完全抽象化，简单的将它看成一个数值组发生装置，能够向系统提供不断更新的数组，应用程序只需要进行相应的处理就可以了。

传感器应用的开发也比较模式化，它利用 SensorManager（从系统服务获得）可以从系统获取 Sensor（传感器），可以将传感器加入相关的事件侦听列表，就可以获取传感器的更新数值，从而进行相应的处理。下面用一个简单的例子进行说明：

```
SensorActivity.java
public class SensorActivity  extends Activity implements SensorEventListener {
   static final String LOGTAG = "SENSOR";
   SensorManager sm = null;
   TextView txt_sensor ;

   @Override
   public void onCreate(Bundle savedInstanceState) {
      super.onCreate(savedInstanceState);
      setContentView(R.layout.sensor);
      sm = (SensorManager) getSystemService(SENSOR_SERVICE);
      txt_sensor = (TextView) findViewById(R.id.txt_sensor);
   }

   @Override
   protected void onResume() {
      super.onResume();

      Sensor accelerometer = sm.getDefaultSensor(Sensor.TYPE_ACCELEROMETER);
      Sensor magnetometer = sm.getDefaultSensor(Sensor.TYPE_MAGNETIC_FIELD);
       sm.registerListener(this, accelerometer, SensorManager.SENSOR_DELAY_UI);
       sm.registerListener(this, magnetometer,  SensorManager.SENSOR_DELAY_UI);
      if (accelerometer != null && magnetometer != null) {
      } else {
       Log.e(LOGTAG, "no accelerometer!");
      }
   }

   @Override
   protected void onStop() {
      sm.unregisterListener(this);
      super.onStop();
   }
      @Override
      public void onAccuracyChanged(Sensor arg0, int arg1) {}
      private float[] mGravity;
```

```
        private float[] mGeomagnetic;

        @Override
        public void onSensorChanged(SensorEvent event) {
            if (event.sensor.getType() == Sensor.TYPE_ACCELEROMETER) {
                mGravity = event.values;
              txt_sensor.append("Accel  X: " + event.values[0]);
              txt_sensor.append("Accel  Y: " + event.values[1]);
              txt_sensor.append("Accel  Z: " + event.values[2]);
            }
            if (event.sensor.getType() == Sensor.TYPE_MAGNETIC_FIELD) mGeomagnetic =
event.values;
            if (mGravity != null && mGeomagnetic != null) {
                float R[] = new float[9];
                float I[] = new float[9];
                if (SensorManager.getRotationMatrix(R, I, mGravity, mGeomagnetic)) {
                    float orientation[] = new float[3];
                    SensorManager.getOrientation(R, orientation);
                  txt_sensor.append("Azimut : " + orientation[0]);
                  txt_sensor.append("Pitch  : " + orientation[0]);
                  txt_sensor.append("Roll   : " + orientation[0]);
                // at this point, orientation contains the azimut, pitch and roll
                   values.
            }
            }
        }
    }
```

这里面有几个关键的地方：

（1）可以实现 SensorEventListener 接口，就可以重写 onSensorChanged()来响应传感器的数值更新时间；

（2）调用 getSystemService（SENSOR_SERVICE）方法可以获取 Sensor Manager；

（3）在 onResume()方法中调用 registerListener()方法注册传感器；

（4）注册参数是接口实例、传感器实例和采样率（数据采集间隔）；

（5）在 onStop()方法中调用 unregisterListener()方法取消传感器注册；

（6）重写 onSensorChanged()方法可以响应传感器数值更新事件，相关的应用业务可以在这里实现；

（7）更新的数据都被封装在 SensorEvent 对象中，具体的数值可以从 event.values 这个浮点数组中获取（不管它是合作类型的传感器产生的数据）；

（8）方向的计算有点复杂，它需要加速度和地磁两种类型的数据。

这个程序的执行效果如图 12-34：

我们可以看到，虽然是模拟器，它还是模拟的在 Y 方向（竖直）的加速度。但看来还不能模拟地磁的数组，就是说还不能模拟方位。

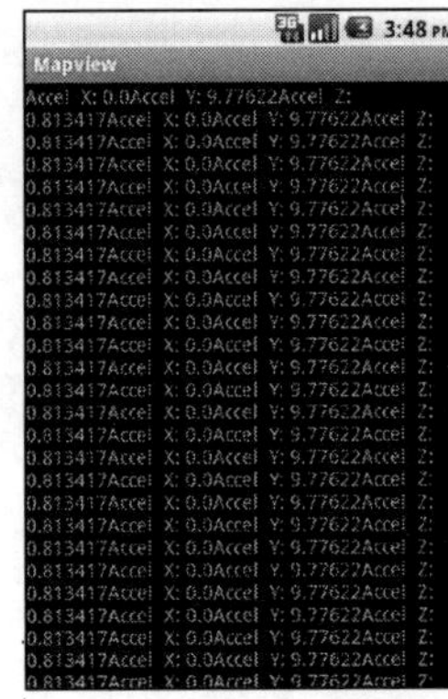

图 12-34　模拟加速度传感器

Android 传感器的相关应用都是被封装在 android.hardware 的类包中，主要包括 Sensor Manager（管理器）、Sensor（传感器实例）、Sensor Event（传感器事件）、Sensor Event Listener（侦听器）等等。其他硬件还包括 Camera（照相机）和 GeomagneticField（地磁场），我们这里就不深入讨论了。

Android 的传感器应用开发框架现在支持的感应种类非常丰富，包括三维加速度、三维角加速度（陀螺仪）、地磁（方向）、光感、接近、温度、压力等类型，而且这样一个框架可以轻易的扩展，支持更多种类的感应应用，这样就给我们带来了更大的应用创新空间。

12.9　总结

在本章节中，我们讨论了和 Android 系统功能相关的一些应用，主要包括：

- 获取系统和网络信息
- 内容管理，包括联系人、图库、媒体库
- 电话相关功能应用的集成
- 定位和地图应用
- 传感器
- Android 对蓝牙技术和 NFC 技术的支持

这些内容让我们了解到，和普通的 PC 系统相比，Android 是更加一个多样化，集成性的应用平台。在这个平台上，集成了大量的内容、信息、应用和硬件系统。同时 Android 提供了一个很好的系统开发框架，让程序员可以充分的利用和集成这些系统，开发出更多、更好、更酷的应用程序。

思考题：

1. 在这些系统相关应用当中，哪些内容是和你目前的开发工作紧密相关的？
2. 在 Android 程序中如何获取系统相关信息？
3. 在 Android 程序中可以读取联系人信息吗？
4. 播放媒体文件有哪两种方式？
5. 如何将定位和地图技术结合起来，有哪些应用前景？
6. 蓝牙使用何种技术进行数据的传输？
7. NFC 应用开发的难点在什么地方？